明代宫廷史研究丛书

主编　李文儒　宋纪蓉　　执行主编　赵中男

明代宫廷家具史

吴美凤 著

故 宫 出 版 社

故宫博物院学术出版项目

总序

宫廷史是历史研究中一个非常重要而又比较特殊的内容。故宫即紫禁城是中国明清两代的皇宫，在长达491年的岁月中，先后有24位皇帝在这里生活和执政。始建于明永乐时期的紫禁城，虽然在清代有过不少改建、重建和新建，但总体上仍保持着初建时的格局，并保存有部分明代建筑与明宫文物。因此，研究明清宫廷史是故宫博物院的优势和责任。但长期以来，我们在清宫史研究方面成果比较显著，而对于明宫史的研究则相对薄弱。从故宫学的视角和要求来看，深入开展明宫史研究，不仅对于研究中国历史很有益处，而且对于发掘故宫的丰富内涵，推动博物院事业的发展，也有着十分重要的意义。因此，从2005年开始，故宫博物院采取多种措施加强明代宫廷史的研究，“明代宫廷史研究丛书”就是其中的一项重要成果。

“明代宫廷史研究”是故宫博物院于2005年确定的重点科研项目，对明代宫廷史中的18个重要课题进行探讨，研究成果以丛书的形式集中发布。经过将近5年的不懈努力，这套丛书将在故宫博物院建院85周年之际，陆续与读者见面。

“明代宫廷史研究丛书”是一项规模较大的学术工程，它在内容、作者、研究方法等方面，具有以下几个特点：

一是内容较为丰富，结构较为整齐。它将明宫史中凡是可以相对独立的内容逐一列出，共计18个专题：既有传统的研究项目，如明代宫廷书画史、建筑史、宦官史、陶瓷史；也开辟了一些新的研究领域，如明代宫廷宗教史、戏剧史、工艺史；还涉及部分相对少见的课题，如明代宫廷家具史、图书史、财政史，等等。可以说，这套丛书内容之丰富、全面，结构之严谨、整齐，在史学研究中并不多见。虽然它还无法囊括明宫史的全部内容，但以目前的书目阵容，应该说基本上涵盖了其中的主要部分。

二是作者阵容较强，研究范围较广。丛书作者几乎都是故宫内外、海峡两岸的知名专家，在各自的学术领域成果斐然。同时，作者队伍还超越了传统的明史范围，其中许多人都是跨学科的学者，由此形成了宫廷史研究向多个领域延伸，再以丛书形式组合在一起的研究格局。

三是研究方法较为独到，撰写体例较为新颖。丛书的特色之一，就是传统的史学研究与文物研究并重。书中关注的已不仅仅是单纯的历史个案，也不再是一件或一类文物，而是包含其背后诸多因素的发展过程。其研究方法，在一定程度上做到了文物与文献相结合，学术探索与实地考察相结合，局部研究与系统研究相结合，既发挥了故宫博物院以“物”见长的优势，又拓展了研究的深度与广度。

四是结合相关活动，服务学术研究。自“明代宫廷史研究”课题正式立项和“明代宫廷史研究丛书”的策划、组稿、撰写方案具体落实以来，书稿的撰写就围绕明宫史及相关的重大问题，同故宫博物院内外的展览、宣传、实地考察、学术研讨等活动紧密结合，并在其中发挥了重要作用。与此同时，这些活动也促进了丛书的成书进程。

目前，“明代宫廷史研究丛书”的撰写工作已取得初步成果，这主要反映在以下几点：

第一，填补了明宫史研究领域的一些空白，即首次从宫廷史的角度，对明代宫廷史进行分门别类、系统全面的研究，取得了较为丰富、具有创新意义的成果。

第二，推动了故宫学的发展，促进了故宫博物院自身业务活动的开展，同时也在一定程度上增加了故宫的社会影响力，拓展了故宫与社会相关机构的合作空间。

第三，逐步确立和提高了明代宫廷史相对独立的学术地位，有助于推动相关领域的深入研究，并将促进中外宫廷研究方面的交流与合作。

当然从整体上看，明代宫廷史研究还处于起步阶段，对于许多重要问题仅仅是开始探索，尚未达到全面深入，更未达到如有些领域那样成熟的研究水平。“明代宫廷史研究丛书”尽管已达19种之多，但仍不能说涵盖了明宫史的全部内容。还有一些题目和内容需要列入或补充，即使已经列入丛书的部分，也存在着一定的不足。对此我们将在今后的工作中，有计划地采取一些针对性措施，继续加强明宫史研究工作，以求逐步克服这些不足。

这套丛书是故宫内外众多学者通力合作的成果。故宫博物院对于项目研究和丛书的撰写，始终予以高度重视，曾多次召开会议专门研究、部署和落实，有力地保证了这项工作的顺利进行。在这一过程中，李文儒副院长作为丛书的总策划、主编和整个项目的主持人，对项目的实施和丛书的撰写付出了大量心血。《故宫博物院院刊》编辑部赵中男编审具体组织协调，从落实项目到处理庞杂，竭尽全力，坚持不懈。丛书的编写与出版，也离不开全院相关部门的支持与配合。正是由于他们的不懈努力，才使这套丛书乃至整个项目，有了一个良好的开端并取得了可喜的成就。

在“明代宫廷史研究丛书”陆续面世之际，我们要诚挚地感谢与故宫博物院密切合作的海峡两岸学者，感谢故宫内外所有热情参与、为此付出努力的人们！没有他们的大力支持和艰辛努力，这套丛书的撰写和明宫史的研究项目是无法完成的。

郑欣淼

2010年7月于紫禁城

目录

绪论

提到明代宫廷家具，很多人脑中可能马上闪过一个念头：这就是明式家具吗？接下来也许有第二个想法：如果不是，那两者间有何不同？的确，目前网络发达，用关键词在网络上一搜索，有关明式家具的信息便铺天盖地地出现。“明式家具”一词兴于20世纪下半叶，经过近50年来的兴扬，此时也许是对“明代家具”或“明代宫廷家具”进行整理的适当时候。

一　德国的包浩斯和“明代硬木家具”

钻研中国家具的学者Sarah Sandler在其讨论明代椅具时，开宗明义的序言中有一段：

> In good Borgesian manner then, the Bauhaus has given us an aesthetic — of plainness, austerity, minimalism, and geometric lines and spaces — for understanding, judging, and even recognizing Ming dynasty hardwood furniture. It is possible that the Bauhaus knew Ming furniture and welcomed it, as it would have rejected ornate chinoiserie or Victorian bric-a-brac. [1]

[1]　Sarah Handler: A Ming Meditating Chair in Bauhaus Light, *Journal of the Classical Chinese Furniture Society*, Winter 1992, p.26. 所引内文由作者暂译。

以上引文的中文大意为：理想的包格思式态度（manner）是，包浩斯已带给我们一种素净（plainness）、严谨（austerity）、极简主义（minimalism），以及几何化线条与空间的审美观，以便去了解、评论，甚至认识到明代硬木家具。包浩斯知道明代家具，并欢迎它，因为它摒除中国式或维多利亚式的繁琐装饰。以上是钻研中国家具的学者Sarah Sandler在其讨论明代椅具时开宗明义的序言。包格思[1]是20世纪阿根廷诗人兼小说家，深受前辈卡夫卡梦幻式写实主义的风格影响，以其个人的卓绝才华，重新诠释卡夫卡的风格，从而赋予卡夫卡崭新的尊荣。对照之下，Sarah 认为，包格思和卡夫卡超越时空的隔代相知相惜，同二次大战时期在德国兴起的建筑风格Bauhaus[2]，和中国明代硬木家具（Ming dynasty hardwood furniture）之间，有异曲同工之妙。因为，Bauhaus 素朴、严谨、几何式的线条与空间，以及极简派的艺术风格，正好可供了解、评断或辨识五百年前中国明代硬木家具（Ming hardwood furniture）。包浩斯美学之于明代硬木家具，就如同Borges思想对卡夫卡一样，超越时间与空间的距离而殊途同归。

由此可知，晚近西方学者对中国“明代硬木家具”或“明代家具”的赞赏与推崇。不过，作者Sarah显然将“明代硬木家具”与“明代家具（Ming furniture）”有意无意地画上等号。“明代家具”就历史意义而言，指的是有明一代，从朱元璋开国的洪武元年（1368）到崇祯在煤山上吊的那年（1644），277年间所制造、产生的家具；“明代硬木家具”就是目前广为人知的“明式家具”。但顾名思义，Sarah所指应系在明代生产的硬木家具，至多仅为明代家具历史进程中的一部

[1] Jorge Luis Borges 著书百部，其中《虚构集》（*ficcions*）在 21 世纪初被美国纽约公共书馆评为 20 世纪 24 本“当代文学的里程碑（Landmarks of Modern Literature）之一”，与俄国的契诃夫（Anton Pavlovich Chekhov）、德国的卡夫卡（Franz Kafka）、英国的艾略特（T. S. Eliot）和爱尔兰的詹姆斯 · 乔伊斯（James Joyce）等作品并列。

[2] Bauhaus（包豪斯或包浩斯）是第一次世界大战后，德国建筑师 Walter Gropius 在德国威玛（Weimar）成立的设计学校。多元化的设计风格在追求线条与空间之关系，有立方形、长方形或圆圈形等，变化多端而丰富多彩，对 20 世纪的设计理念影响深远。

分。仅就字义上解释，两者在时间、空间，或历史环境、背景上有重叠，但无法相提并论。那么，目前所知的“明式家具”，曾几何时成为“明代硬木家具”的代名词？

曾参与创办德国包浩斯设计学院的德籍教授艾克（Gustav Ecke），20世纪上半叶滞留北京，于北京大学、清华大学等校任教，1944年与当时在北京协和医院任职的工程师杨耀以英文合力撰写了 *Chinese Domestic Furniture in Photographs and Measured Drawings* 一书，中译为《中国花梨家具图考》。[1]也许受到艾克教授的影响，1955年美国纽约经营复制家具的德拉蒙得兄弟在他们的产品简介中直接将硬木家具（hardwood furniture）称为“明代家具”。即使早在1937年，英国学者Robert Ellsworth已有一本专著 *Chinese Furniture: Hardwood Examples of the Ming and early Ch'ing Dynasties* 。其内容所述大致减弱了此种认识。[2]但在艾克专书出版约40年后，杨耀的学生陈增弼，将杨耀在其后陆续发表有关传统家具的多篇撰文加以整理，于1986年出版为《明式家具研究》[3]，是为迄今所见最早的有关“明式家具”的出版品。

紧接着，王世襄于1987年、1989年陆续出版了《明式家具珍赏》《明式家具研究》[4]等。书中复以“明至清前期材美工良、造型优美”来界定狭义的“明式家具”，并进一步将时间圈定在“从明代嘉靖、万历到清代康熙、雍正这两百多年间”。“材美”所指的就是花梨、紫檀等硬木家具。[5]“明式家具”一词至此定于一尊。很快的，20世纪90年代，美国加州旧金山致力于中国古典家具研究与收藏的中国古典

---

[1] Gustav Ecke: *Chinese Domestic Furniture in Photographs and Drawings,* Dover Publications, Inc., New York, 1986. 薛吟译、陈增弼校审：《中国花梨家具图考》，地震出版社，1991。

[2] Craig Clunas: *Chinese Furniture, Victoria and Albert Museum – Far Eastern Series,* Springbourne Press Ltd.,England,1988, p.105.

[3] 杨耀：《明式家具研究》，中国建筑出版社，1986。

[4] 王世襄：《明式家具珍赏》，艺术图书公司，1987。王世襄：《明式家具研究》，南天书局，1989。

[5] 王世襄：《明式家具研究》（文字卷），南天书局，1989，页 17。吴美凤：《盛清家具形制流变研究》，紫禁城出版社，2007，页 2 ～ 5。

家具学会（The Classical Chinese Furniture Society），成立了中国古典家具博物馆（Museum of Classical Chinese Furniture），其丰厚的搜罗以“明式家具”为主，与王世襄在港台等地所提出的“明式家具”理念互为呼应。如此不但奠定了王氏在中国古典家具研究领域卓然与先驱之地位，海内外的学术、收藏界也卷起一股“明式家具”的研究与收藏风潮，不管是古董界或市场买卖，无不对“明式家具”发出怀古之热情。[1] 尽管另一位英国学者Craig Clunas在研究过英国维多利亚艾伯特博物馆（Victoria & Albert Museum）超过七八十件的中国古代家具的收藏后，于1988年也出版了*Chinese Furniture, Victoria and Albert Museum – Far Eastern Series*一书，阐述中国家具并不只有“硬木家具”，还有不少的“漆作家具”（*lacquer furniture*）。但是，二三十年来，所谓“明式家具”在拍卖市场的喊价不断地水涨船高，源源不绝的波涛，使所有貌似上述Sarah所指“素净、严谨、极简的艺术风格”或有着“几何化线条与空间”的家具都被纳入“明式家具”的范畴，连不如何“素净”、也带着传统装饰的漆作家具，只因其造型简练典雅，与其“几何化线条与空间”之诉求相符，也勉强出现在“明式家具”的讨论之列，终于引起其他中国学者之异议。

濮安国在Sarah Handler发表该文的稍前就认为，中国的漆作家具有其源远流长的历史背景、独特的工艺制作技巧与背后传统的特殊意蕴，如果将明太祖第十子鲁王朱檀墓出土的“朱漆盝顶描金漆箱”、万历时期的“黑漆描金龙戏珠纹药柜”与“朱红雕漆双层提梁食盒”等等，都归入了“明式家具”的类别，是不适当的。[2] 此种说法虽然

---

[1] 20世纪90年代，美国加州旧金山致力于中国古典家具研究与收藏的中国古典家具学会，成立了中国古典家具博物馆，搜罗颇丰，与王世襄在港台等地所提出的“明式家具”理念互为呼应。该馆的收藏除了明清之际的各式家具外，也有不少墓葬出土的陶质明器等。并就内部藏品与世界各地收藏家的藏品，邀集学者、专家进行相关研究，定期出版*Journal of the Classical Chinese Furniture Society*季刊，但仅持续至1995年就停止了。

[2] Pu Anguo: A discussion of Ming — Style Furniture in Two Parts, *Journal of the Classical Chinese Furniture Society*, Autumn 1992, pp..30 ～ 35. The tiered red carved lacquer picnic box（朱红雕漆双层提梁食盒）is in p. 31.

间接否认了“明式家具”一词“一统天下”的状态，挑战自艾克教授以后，50多年来的独霸性与一元化，但其意欲将漆作家具与“明式家具”作一切割，使两者“井水不犯河水”的思考或许值得商榷。诚然，濮安国是以“历史背景”“迥异的工艺制作技巧”与“特殊的意蕴”三者作为抽离之元素，较倾向于工艺美学的探讨，但这其中的“历史背景”可能才是两者间最大的差异，也是关键所在。何况，关系美学上的技艺与旨趣，“英雄所见略同”是不可避免的。因为，除了外表用漆与不用漆，以及取材用料的差别外，两者之间是否真的没有交集，也是有待商榷的。何况，家具作为人类日常生活所需的器用，以其“形而下者谓之器”之匠作本质，是否应当更务实地关注它与使用人的关系、使用者之身份为何、使用的场合或使用的地区为何。或者，如果可能，在传统帝国的封建体制下，其使用的时间和空间在礼教或仪典上有何象征意蕴？与此同时，不管是“明代硬木家具”“明代家具”或“漆作家具”，都有可能被同一个体、同一族群或社会上同一阶层在同一时间使用，反之亦然。因此，放开视界，扩大视野，对于两者一视同仁地在历史与人文背景上进行更为宽阔、更多元的研究，相信更有助于厘清“明式家具”与“漆作家具”范畴的界定。

二　大户人家的厅堂与庖厨

依王世襄的研究，“明式家具”于明中晚期由江南苏松地区的文人所兴，称作“细木家伙”或“细器”。流风所及，数十年之后的苏松地区“虽奴隶快甲之家，皆用细器”[1]。然则，江北地区呢？其所用为何？这些“细木”家具是否在同一时期就广布于北方，进而深入京畿之地？从历史上政权更迭的演变来看，明代以前大部分的北方地区，自辽代以来，历经金元，政权多由汉人以外的异族掌握，如契丹

[1] 明·范濂：《云闲据目抄》卷二，“笔记小说大观”，新兴书局，1973。

所建之辽国、女真人的金国、党项人的西夏、席卷整个汉人地区的蒙元帝国等。三四百年下来，在非汉族文化之浸淫与融合下，与江南地区似渐行渐远。何况“千里不同风，百里不同俗”，仅汉人地区还地分南北，浩浩长江之隔更使人文地理产生落差，同异相间的区域性文化也是无可避免。

所谓“旁观者清”，20世纪下半叶，美国的“中国通”——在汉学研究领域取得领导地位的费正清（John King Fairbank）认为，因为地理条件的因素，中国干燥的北方与湿润的南方呈现两种不同典型的经济发展状况。[1] 日本学者宫崎市定，长期研究中国历代社会、政治、经济等之流变，也曾指出，明代的政治舞台，“是以北方为主的，特别是以与塞外民族的关系为中心儿发展的”。可是社会经济方面则出于南方，“特别是长江下游三角洲地方，乃是供给北方中央政权财政的，如果仅观察北方的动向，只能明白外面大厅里的与客人接应和往来贸易，而若要看一下里面庖厨之家计筹措，就必须注目于长江三角洲的地方社会”[2]。稍早的另一日本学者桑原骘藏更以具体的数据统计指出南北方在文化上的悬殊比例——从明朝洪武四年（1371）至万历四十四年（1616）的246年间，全中国科举考试产生的会元、三及第（状元、榜眼、探花）的244人之中，南方的登科人数是北方的七倍以上。[3] 换言之，北方与南方，无论是政治、经济或文化的发展，长久以来就有本质上的极大差异。但是，双方在同一个屋檐下，却又是唇齿相依、互为表里地存在着，有如一个大户人家之厅堂与庖厨间的紧密关系。依此，明代中晚期江南地区，这个宫崎市定眼中的“庖厨”

[1] 费正清：《费正清论中国——中国新史》，正中书局，1995，页 1 ～ 9。

[2] 宫崎市定:『明代蘇松地方的士大夫和民衆』绪言“北方和南方”,收入刘俊文主编《日本学者研究中国史论著选译》第六卷，中华书局，1993，页 229 ～ 265。

[3] 北方包括北直隶、山东、山西、河南、陕西等共 29 人，南方含南直隶、浙江、江西、福建、湖广与广东，合计 207 人，南北以外的四川与广西有 8 人。参见桑原骘藏撰：『历史上所见的南北中国』，收入刘俊文主编《日本学者研究中国史论著选译》第一卷，中华书局，1993，页 19 ～ 68。

内所通行的“细木”家具，有其重要性，但并不必然和北方或京畿重镇的“大厅”在同一时间内产生关联，最多仅在某个觥筹交错的过程中现身，添筹注酒的使“大厅”的飨宴更为圆满，当然也不是“大厅”的主角。

20多年来，探讨“明式家具”的文章与专书有如过江之鲫，目前几已饱和。复因经济迅速成长，不管是品味的追求或利益之所趋，所谓“明式家具”或“古董家具”的收藏人口陡增，各种“明式家具”鉴赏或拍卖的出版品也是“遍地开花”[1]，连国家级的博物馆也量身定做式地特别策划专题性的展览，如台北故宫的“画中家具展”(1996)、台北历史博物馆的“风华再现——明清家具收藏展”(1999)。虽然近几年有关北方地区这个“大厅”的探讨如《北方家具》《山西家具》等也陆续浮现，但不论其“质”为何，然仅就其“量”而言，显然与“明式家具”所占的分量不成比例。而近几年来也见有收藏家反向操作、专注于漆作家具的收藏，既非“极简”，也不“素净”，也就跳脱了狭义的“明式家具”之范畴。只不过放眼望去，以宫崎市定的说法，目前坊间对“里面庖厨之家计筹措”早有万般讨论，对“大厅里的与客人接应和往来贸易”也开始投注精力，唯独对这大户人家的主要人物，以皇帝为主的皇室、皇族，也就是明代紫禁城宫苑内之主人，在何时、何处使用了何种家具，或使用人与家具之间的关系为何、有何礼仪上的典制规范等等诸般面相缺乏讨论，但也因此令人好奇。当此之际，《明代宫廷家具史》的撰写，也许正是时候。

三 对“厅堂主人”器用的探讨

传说为北宋权相蔡京之子的蔡绦，撰有《北伐纪实》，记载宋、辽、金之际，宋人出使燕云地区。有一段描述女真头目阿骨打击溃辽

---

[1] 有关明式家具之撰文与著作，参见吴美凤：《盛清家具形制流变研究》，紫禁城出版社，2007，页2～9。

军，辽国天祚帝耶律延禧遁走后，率兵直入当时辽国燕京的宫苑内，燕人对这个新主的迓迎景况：

> 燕人乃备仪物以迎之，其始至于燕之大内也，阿骨打与其臣数人皆握拳坐于殿之互限上受燕人之降，且尚询黄盖有若干柄，意欲与其群臣皆张之，中国传以为笑。金人其后自大，皆燕人用事者及中国若良嗣辈教之尔，是岂金之意哉。

也就是说，历史上称为金太祖的完颜阿骨打，率兵初破辽国燕京，辽主遁走之后，是与群臣一起坐在宫殿内的门槛上接受燕人来归顺的，还问燕人给他的仪物“黄盖”有多少柄，欲使一同出生入死的群臣们，有福同享。对有千年文化的汉人而言，“黄盖”等同黄袍、宝玺，都是皇帝身份的象征，别无分号的天子仪物。宋人记录这事以嘲笑当时女真头目对如何展现一人独尊的“黄盖”之懵懂无知。不管此记是出自稗官野史，或附会、杜撰以泄亡国之恨，都足以反映出宋人自视为礼仪之邦，认为用以象征帝王尊贵的仪物非常严谨、繁复，专断又慎重，非同等闲，即所谓的“礼仪三百，威仪三千”。也从而可知，汉人秉持的政权，其深宫大苑内之诸般器用，往往隐藏着高度的政治意蕴，有其特殊性。根据史料，自诩为驱逐胡人、力追宋制的朱元璋，又更是“以仪礼代替行政，以无可认真的道德当作法律”[1]来建立大明帝国，宫墙之内那些俯仰其间，孜孜于辅佐皇帝的外廷诸臣；内府三宫六院，若隐还现的嫔妃；如影随形，无所不在的内臣太监；还有之国于外的皇亲贵戚们，以及万人之上，制擎这些人与事的主轴人物——皇帝，在其起坐行止与军国大事的运筹帷幄间，如何利用属于物质文化之一的家具，来展现他身为天子的权力？诚然，宫闱森然，“窥伺堂奥”相当不易，尤其“堂奥”所论，本就专注于国家

[1] 黄仁宇：《万历十五年》，食货出版社，2003。

与社稷大事，于此匠作之末的器用家具，史料所涉相当的零散与少见。虽然没有资料并不表示没有发生，但也只能说，仅有的数据却可证明它的存在。唯其如此艰巨，即使披荆斩棘，总要勇往直前，让“明代宫廷家具史”有个开端。

四 “家具”一词在明代其实还不存在

如同漆工艺专家所言，“昔日我国文人著书立说，非关经国大计，即为高头讲章，历史上有关工艺方面的著述，寥寥可数”[1]。事实上，不要说工艺方面，中国历史的研究对象，一向只重帝王将相等政治人物和其所衍生的政治史之“经国大计”，仿佛政治是人类生命中的唯一重心，庶民百姓只是一个群体的存在，有时候也仅是一个统计数据而已。20世纪初期以来，史学家渐渐主张要由下而上，研究一般人的历史，就此开始将研究范围拉大到社会中低层的庶民百姓间，甚至扩及他们凭以为生的职业。[2]也因此，作为百工中的匠人，其所出的家具，才会峰回路转地引起知识分子的关注与讨论。中国传统所谓的“匠气十足”，带有鄙视与轻蔑之意，与云端中不食人间烟火的皇帝和其左右将相，向来有着遥不可及的距离。本书之作，也试图将两者的关系拉近——皇帝坐在匠人所出的宝座，卧在匠人造作的床、榻上，手揣匠人精心修饰的盏杯……他们之间其实更有另一种贴身的关系。故此，本书作为“明代宫廷家具史”研究的发轫，只能自视为粗略之作。全书架构如一具车轮，明代历朝皇帝和皇族如同此轮的车毂，以无法计数的匠人为最外围的圈辋，在车毂与圈辋之间的辐辏——一根根的直木幅条，有如内府四监一作，和外廷负责造办的工部等。在此车毂和圈辋之间涉及家具或相关器用的人与事，都是研究的范围与探讨的对象。

[1] 索予明：《中国漆工艺研究论集》，“国立故宫博物院”，1990，页6。

[2] 江政宽译、彼得柏克著：《法国史学革命》，麦田出版社，页93～111。

“家具”一词，在明代其实还不存在。《明史·舆服志》中，明太祖对官员人等之日常所用，有“木器不许用朱红及抹金、描金、漆金，雕琢龙凤文……百官床面、屏风、槅子……不许雕刻龙文，并金饰朱漆”的记载。所记之标题是“器用之禁”。[1]《大明会典》《礼部志稿》等登载仪轨典制的相关书类，都一再重申：“官吏人等……其椅桌木器之类不许用朱红金饰。”所用的称名均为“房屋器用等第”。嘉靖时期王圻父子所著的类书《三才图会》，几卓、床榻、杌櫈、屏风，与提壶、提炉、拂尘、如意、棋盘、剪刀等，归入“器用”中的“什器类”。[2]晚明江南文人如文震亨的《长物志》等，陈述其理想的书桌、交床、椅杌、橱、架、屏等之取材用料及陈设时，将之置于“几榻类”；其坐墩则和文房四宝、坐团（蒲团）、香盒、置琴的琴台等一起纳入“器具类”。[3]由此可知，终明一代的官民之间，大皆以“器用”笼统的称呼各类起居用具，偶见“器具”“什器”的代称。因此，本书行文中，尽量保持“器用”之名，唯为了易于了解或方便讨论。有时也会顺应文义，将“家具”或“器用家具”两者一并使用。此外，明代器用之造作，完整的数据几乎不曾一见，不像有清一代保留各朝《养心殿造办处各作成做活计清档》的煌煌巨册，有皇帝如何传旨造作，各作画样呈稿，得旨准作、完作等流水记录可供参考。如是之故，此《明代宫廷家具史》之资料繁琐零散，茫茫书海辽阔无边，只能“山随路转”式地屈就所搜集的有限资料进行讨论。

五　本书引用的资料

大体而言，本书的撰写，文字数据从官书典籍中爬梳，如《明

[1]　清·张廷玉等撰：《明史》卷六八《舆服四》，中华书局，1995，页1672。

[2]　王圻等：《三才图会》，上海古籍出版社，1993，页1323。

[3]　明·文震亨撰：《长物志及其他二种》卷六、卷七，“丛书集成初编”，商务印书馆，1936。

史》《明实录》《大明会典》《工部厂库须知》《礼部志稿》等。再辅以明代相关的私人撰述，如嘉靖官至陕西布政使参议的王圻所著的《三才图会》、同时期掌管京城街道房事数十年的锦衣卫张爵所作《京师五城坊巷胡同集》、晚明太监刘若愚所记内廷规制的《酌中志》、清代胡敬记录明代帝王画像的《南薰殿图像考》等。其他还有贺盛瑞的《两宫鼎建记》、赵学聚的《国朝典汇》、赵璜的《归闲述梦》，以及嘉靖时期严嵩的抄家清单《天水冰山录》等；明人陈子龙所辑的《皇明经世文编》、邓士龙编纂的《国朝典故》、焦竑编纂的《国朝献征录》、沈节甫辑录的《纪录汇编》等，囊括了大量的奏疏、家书、文集、笔记等。如《双槐岁抄》、《病榻遗言》、《客座赘语》、《玉堂丛语》、《万历野获编》、《天启宫词》等，都是寻踪探迹的对象。至于稗官野史，或杜撰成分较高的小说则尽量避免，力求其真，以期回归当日史实。

同时，借用国学大师钱穆的一句话："某一制度之创立，决不是凭空忽然地创立，它必有渊源，也决不是无端的消失了，它必有流变。"[1]对物质文化中的家具来讲，何尝不然。明代宫廷家具也不是朱元璋立国的洪武元年（1368）突然的无中生有，不追探其渊源的论述仿佛无根的兰花，可能是好景一片却永远空泛不实；流变的不明就失掉它之所以存在的价值与意义。因此，《明代宫廷家具史》之陈述，在历史传承的背景之外，也会尽力兼顾其形制之缘由与流变之探测。职是之故，大明王朝之前的宋元史料无可避免地会有相当的涉猎与讨论，必要时也上溯至唐或五代时期。所采用数据有《元史》《宋史》，元末明初萧洵的《元故宫遗录》、民国初年研究元代宫苑的《元大都宫苑图考》等，或宋元笔记如李心传的《建炎以来系年要录》、孟元老的《东京梦华录》、周密的《葵辛杂识》等。至于其他探索，有张十庆的《五山十刹图与南宋江南禅寺》，南宋时期日本僧人摹写当时江南禅院家具的《大唐五山诸堂考》，或日人牧田谛亮探讨明代中期

[1] 钱穆：《中国历代政治得失》，东大图书有限公司，1993，页2。

入华僧人周良策彦的『策彦入明記の研究』，或瑞溪周凤编撰的《善邻国宝记》等。其他还有明代与朝鲜、琉球往来的记录《朝鲜李朝实录中的中国史料》《历代宝案》等。

除文字数据外，本书也采用以图证史的方式，以海峡两岸博物院收藏的历代画作为主，次及海内外各大博物馆中所藏的相关画作。至于具体的家具部分，由于明代距今已有五六百年，明亡后的大清帝国入主紫禁城也有两百多年，明代宫廷家具实物的考证不易。所幸近年来故宫博物院陆续将清宫旧藏珍品做有系统的整理、分类、细部工艺研究等，出版为图录式的《明清家具》《明清宫廷家具》《故宫博物院藏明清宫廷家具大观》等，也包括有纪年款的部分，成为本书撰写的主要依据。其他则为散见海内外各大博物馆的收藏，如英国维多利亚艾·伯特博物馆、美国大都会博物馆、日本东京博物馆等。

六　本书章节的编排

本书第一章，从开国的明太祖朱元璋坐像开始，从存世的“真容”与诸多“疑像”的各式坐具中去追溯其渊源，以及宋元以降坐具形制之流变。并尝试从两种截然不同的明太祖画像中的服饰与坐具，去探讨一般所认定的“真容”是否“真容”，“疑像”岂是“疑像”。明成祖的宝座迥异于明太祖，其原因颇值得多方追索。明成祖的“好圣孙”明宣宗不但继承成祖的宝座，也另坐于满缀“卍”字的椅具上，其中是否另有玄机，值得注意。明宣宗在宫苑内四处游走玩乐的《明宣宗行乐图》中，几乎每到一处，都有不同的家具伺候，非常精彩。九岁登基的明英宗，两上两下其宝座，却是中国传统帝王画像中首度正视前方的皇帝，是否与其22年帝位的跌宕起伏有关，令人好奇。明宪宗在其《元宵行乐图》中，意外地让宫中日常所用的宝座首度曝光。明孝宗的宝座之后增设黼扆（屏风），其肘后添了一对鼓几式迎手，是明代皇帝坐像画的新组合，隐身其后的意蕴与其懵懂之龄经历的宫闱惨事是否有关，耐人寻味。明武宗自诩“功盖乾坤，福被生民”，其宝座的安排仿佛也透露出“叛逆”。无嗣的明武宗之后，继承的明世宗笃信道家的灵丹妙药，曾自认“获仙药于御座”；其坚持“入统不入嗣”，与朝臣僵持多年，引发“大礼议”之争，目前台北故宫与故宫博物院所藏的《兴献王坐像》都与清人胡敬的记录不符，令人困惑。曾被臣属批评“酒色财气”样样具备的明神宗，其坐像的坐具却与在位一年的仁宗、在位一个月的光宗一样，并非华丽的大宝座，颇值得探索。明熹宗，这位明代最后一位留有坐像画的皇帝，其黼扆、桌几与繁复的陈设，不但后无来者，也是前无古人，可能与民间的风尚有关。

第二章讨论明代史料上在皇帝殡天之际常出现的“病榻遗诏”“榻前顾命”等记载，从“榻“床”与“床帐”的区别，追溯其根源及分分合合的流变，从而回顾元代宫苑内的“御榻”与“从臣坐床”，并进一步讨论明成祖宝座的渊源。文字上，同一件皇帝的坐具，因使用场所的不同，可以有“御座”“御榻”“金台”，或“宝座”之名称。但其形制为何，只能从现存实物去推测。至于床具形制的演变，可能因南船北马的差异而出现极大的差别。

此外，明代皇帝在宫廷内苑使用宝座、床榻和各式坐具的同时，在宫廷内行走的阁臣僚属，每次上朝或面谒皇帝时所坐为何，或一旦荣宠及身，皇帝所赐的坐具是什么？对现代人而言，可能是另一种意外与惊奇。

第三章写明代“外交的利器”——为数繁多、品目各异的红雕漆器，朱漆戗金等造作的各式器用，小至碗、盘、盒、瓶，大到靠墩、交椅、桌子，甚至是“朱红漆戗金五山屏风帐架床”“朱红漆戗金彩妆衣架”“朱红漆金宝相花折迭面盆”“朱红漆贴金彩妆轿子”等，林林总总，几乎是成家所需的全部器用。明初皇帝以协助“殄灭寇盗，以靖海滨”有功，厚赐日本国王，宛如具体有形的外交利器，无意间也造就了明代宫廷器用的远被海外。而从现藏万历朝的“黑漆描金龙戏珠纹药柜”来看，对照万历十七年（1589）大理寺雒于仁给万历皇帝的《酒色财气疏》，似可遥想当年这位“酒色财气”的皇帝与此药柜的密切关系。而从嘉靖晚期权相严嵩抄家的清单中，也可见到日本及琉球随贡入华的屏风，反映十五六世纪明朝与邻近藩国间物质文化的交流。北宋末徽、钦二帝被金人掳去后仓皇逃至镇江的宋高宗，以“螺钿淫巧之物，不可留”，将镇江府库所留的螺钿器用当众焚毁，还以身作则，指着自己的坐具说：“如一椅子，只黑漆便可，何必螺钿。”朱元璋力战群雄之际，也曾销毁陈友谅类似孟昶“七宝溺器”的镂金床[1]，开国后也力行简朴节用，但其子孙是否也如此恭俭节制，由目前留存的史料、画作与器用来看，其答案可能不尽如人意。

第四章以万历时期工部工科给事中何士晋所汇整的《工部厂库须知》为主，探讨明代宫廷家具的来源。《工部厂库须知》类似今日政府部门对相关各机构的稽核指南，与《大明会典》相互比照，发现明朝内府造办器用家具的相关监作在嘉靖时期的匠役数额竟然高达17000余名。而万历皇帝用以进食的“戗金大膳桌”，每张费银近20两，也令人瞠目结舌。惊异之事还有“明代内府与工部互为敌体”，以及内府太监在器用造作一事的权势究竟有多大。中国家具俗谓建筑之“肚肠”，两者有“大木作”与“小木作”之称，各部件用榫卯接合，不用寸钉的工法，直至21世纪的今日仍被西方惊艳，直指为Chinese Secret（中国秘密）。章节中也就此“中国秘密”略有述及。

同时，以现代家具的尺寸观察明代家具在使用上是否舒适，探讨其尺寸的设定是否与紫禁城始建时关注风水问题一样，有诸如“财德”“进宝”“大吉”“贵子”等吉祥数字的考虑，但目前暂时缺乏具体资料，无法完整地分析。而且此论题也可能见仁见智，也会因时空的变异产生不同的感受，均属试探阶段“节外生枝”的开创性议题。当然，本书也无可免俗的对宫廷器用的用色（如明成祖宝座的用绿

---

[1] 清·张廷玉等撰：《明史》卷一二三《列传第十一》，中华书局，1995，页3687。

等），与器表纹饰（如龙纹、凤纹、龙凤吉祥纹饰）略事整理。

最后，本尝试以现有数据作出明代宫廷家具的来源脉络与去向流布图表，以总结所见。

七　本书的格式与探讨的目标

为便于阅读与易于了解，行文中古籍的征引尽量保持原文，若原字与现代通用字汇不同或字意略异，会在古字后加现代用字于“【】”内，如卓【桌】、合【盒】、倚【椅】等。至于“床”字，则一律用现代通行的“床”字。重要的是，作为物质文化中的一部分，器用或家具在明代宫廷中扮演的角色，明代各朝皇帝三令五申的谕旨或诏令在民间实际执行的成效为何，以及作为上承宋元、下接清代的明代，其宫廷家具在历史的演变中所扮演的角色等，都是本书探讨的目标。全书的撰写，由于个人能力有限，挂一漏万在所难免，期待方家和有识之士不吝指正，或日后有机会能陆续补充改正。

第一章

宝座争夺战
——明代皇帝的坐具与坐像演变

第一节　从《明太祖坐像》谈起

“一愤濠梁大志伸，干戈创业始还淳。”[1]

明太祖朱元璋是濠洲钟离(今安徽凤阳)人。濠洲在南宋画家笔下是“林木蓊翳，山川浩淼”[2]，但他却出身此地的贫贱之家。少年时期因饥馑和疾病，家人相继去世，只身投入皇觉寺为僧，一度沿门托钵，惨淡行乞。二十五岁时加入以红巾包头的明教，对抗元朝的军队。此时中原各地群雄并出，硝烟四起，先后出现了天完、龙凤、大周、大汉、大夏、吴等诸多政权[3]，朱元璋最后扫荡群雄，铸就大业，挣得皇帝的宝座，在1368年于应天府（金陵）即帝位，是为明太祖，年号洪武，开大明帝国277年之基业。清人所撰的《明史》对他的赞

---

[1]　陈域撰：孝陵《铁门诗草》，中山陵园管理局等编《明孝陵志新编》，黑龙江人民出版社，2002，页135。

[2]　中国美术全集编辑委员会编：《中国美术全集 · 两宋绘画》（下），图9说明。

[3]　元末群雄并起，方国珍据温州、台州等地，偶受元帝封号。徐寿辉以江西九江为中心，建天完朝。不久，陈友谅篡其位，改国号为大汉。刘福通尊韩林儿为小明王，在安徽建龙凤政权。张士诚据江苏高邮地区，先称“诚王”，复改为“吴王”，国号大周。明玉珍于蜀地自立为王，建有大夏。其间，朱元璋自己在1364年亦自称“吴王”。

南宋 《濠梁秋水图》 卷，绢本，设色，纵 24 厘米，横 114.5 厘米（天津市博物馆藏）

辞是："豪杰景从，勘乱摧强，十五载而成帝业，崛起布衣，奄奠海宇，西汉以后所未有也。"[1] 三百多年后的清康熙三十八年（1699），康熙皇帝在第三次南巡时往谒明孝陵，并亲书"治隆唐宋"一碑置于明堂上，推崇这位明代开国之君的治绩高于唐宋。朱元璋如此波澜壮阔的一生，他的宝座是否尊贵华丽、璀璨不已？

一 明太祖坐像中的"真容"与"疑像"

《明太祖坐像》"真容"
轴，绢本，设色，
纵 270 厘米，横 163 厘米
（台北故宫藏）

有关明初建都南京的明太祖的宝座史料相当缺乏，现藏台北故宫七幅明太祖坐像所踞之坐具也许可供参考。七像中只有一幅"取姿正面，容貌丰伟……须短而黑，神采奕奕，写像之际，当值盛年"，20世纪70年代台北故宫的索予明考证其为明太祖"真容"。另六幅大同小异，"各像面稍偏，取姿约八分之像，所图之人，隆鼻高颧，额颚突出，黑痣盈面"，也

[1] 张廷玉等撰：《明史》，中华书局，1995，页 56。

就是一般所称“五岳朝天”之像[1]，则视为“疑像”[2]。然不论“真容”或“疑像”，在明代皆与其他帝后的御容一并奉藏于景神殿中。改朝换代后尽收入清廷内府的南薰殿，乾隆十三年（1748）重加装饰，每岁定期抖晾，并于嘉庆二十年（1815）编入《石渠宝笈三编》。参与编制的胡敬并撰有《南薰殿图像考》，逐一详载殿中收藏的历代帝王功臣画像。索予明所考之“真容”，胡敬写的是“疑是成祖像误题签”。[3] 无论如何，诸像或“服冕垂旒、被衮执圭”“黄袍绛履”，或“皮弁织金盘龙袍”“黄袍绛履”，皆流传有绪。因此，将其坐具视为明初宫廷所用之“宝座”，殆无疑问。现暂以索予明所述的“真容”及“疑像”为主，进行讨论。

六幅“疑像”中，“疑像”一、二内容相近，均左右手交迭执圭，所坐为无扶手、山字形双层龙首出头的靠背椅，后者疑为前者摹本。“疑像”三、四皆为交椅形制，前者隐约可识为圈背龙首出头的圈背交椅。后者虽有椅帔罩覆，但由出头外露之处可断为牛头形搭脑的直背交椅。两像均笼袖胸前，双脚置于附设之脚踏上。“疑像”五的坐具形制混沌，靠背处有龙首出头，唯左肘下露出看似卷曲出头的扶手，前后腿柱不一，脚踏单独陈设，与后面的靠背形制扞格不一。推测有两种可能，一为寻常圈椅，在背后置一搭脑出头雕饰龙首的“靠背”，另者为四出头之扶手椅，唯搭脑平直出头并雕饰龙首，扶手

[1] 索予明撰:《明太祖画像考》,《故宫季刊》(第七卷,第三期),1973 年春季,台北故宫,页 65 ～ 66。台北故宫另收藏有四幅此“五岳朝天”之半身像，因无坐具，将另文讨论。

[2] 此考订以两者之衣冠所差为据，参见索予明撰：《明太祖画像考》，《故宫季刊》（第七卷，第三期），1973 年春季，台北故宫，页 61 ～ 75。“真容”与“疑像”缘由之一是太祖开国初期，雄猜好杀，诛戮甚广，复又喜微行察外事，防人识其真像，恐有荆轲刺秦王之事，故特制疑像，流布于外，混淆视听。明人谈迁《枣林杂俎·逸兴典》中提到：“太祖好微行，察外事，恐人识其貌，其赐诸王侯御容一，盖疑像也。”可见明太祖有两种容貌相异的画像，在明代已广为人知，但时人并未指出何者为真。参见李霖灿撰：《故宫博物院的图像画》，《故宫季刊》（第五卷，第一期），页 51 ～ 61。亦以“正常端庄”之像为正身，认为“五岳朝天”之像意在浑淆人目。

[3] 在胡敬的《南薰殿图像考》中，则认为“五岳朝天”之像为“真容”。参见胡敬撰：《南薰殿图像考》，《胡氏书画考三种》，汉华文化事业，1971，页 329 ～ 332。

《明太祖坐像》“疑像”一
轴，绢本，设色
纵 203.3 厘米，横 100.8 厘米
（台北故宫藏）

《明太祖坐像》“疑像”二
轴，绢本，设色
纵 193.8 厘米，横 105.3 厘米
（台北故宫藏）

《明太祖坐像》“疑像”三
轴，纸本，设色
纵 193 厘米，横 1 04 厘米
（台北故宫藏）

《明太祖坐像》“疑像”四
轴，纸本，设色
纵 83.2 厘米，横 50 厘米
（台北故宫藏）

《明太祖坐像》“疑像”五
轴，绢本，设色
纵 167 厘米，横 99 厘米
（台北故宫藏）

《明太祖坐像》“疑像”六
轴，纸本，设色
纵 190 厘米，横 112 厘米
（台北故宫藏）

则为卷曲出头、无雕饰的“混搭”。“疑像”六为圈背出头接饰龙首的圈椅。至于“真容”，是目前流传最广的一幅，据索予明之述，其坐具为“金扶手椅”。[1]

另外，中国国家博物馆藏有两件朱元璋坐像，一幅为“相貌堂堂，着明黄龙袍，端坐龙椅之上”，类如前述“真容”坐像，因其为民国时期摹绘[2]，暂不列入讨论。另一幅明人所绘，容貌类似前述诸“疑像”，坐姿与坐具皆接近“疑像”三。所异者，其卷曲之出头并未加饰龙首，暂列为“疑像”七。

《明太祖坐像》“疑像”七
轴，绢本，设色
纵 173 厘米，横 100.5 厘米
（中国国家博物馆藏）

二　“真容”中的坐具是金圈背交椅，或称“金交椅”

首先检视“真容”的坐具。此像太祖右手微抬，倚在扶手卷曲的出头内侧并露指抚膝；左手一把握住扶手卷曲的出头，手肘向后微抬并后屈，身后不见靠背，显系扶手顺势带出圈背的形制。右肘之后隐约可见椅帔，其下垂的红色里衬可见系住椅盘的黄色绦结系带，尾端可见横出一枨，与同侧袍服下摆露出双绺流苏之前的横枨一角前后相互对应，说明此为支撑交椅的前后二枨。坐具所附之脚踏显然也绑了踏垫，右脚皂靴上的单绺流苏应是踏垫的系带所出。

虽然可观察之处不多，但仅据所见的“蛛丝马迹”，可知坐具为带圈背的交椅。因整器髹金，可称“金圈背交椅”，或简称“金交

[1]　索予明撰:《明太祖画像考》,《故宫季刊》(第七卷，第三期)，台北故宫，页 72。按:图次根据《故宫书画录》(增订本) 卷七，台北故宫，1965。

[2]　据其馆藏资料所述，此幅为民国时期俞明摹绘。中国国家博物馆编 :《中国国家博物馆馆藏文物研究丛书 · 绘画卷 · 历史画》，上海古籍出版社，2006，页 13。

明　黄花梨圆后背交椅
座面支平 70 X 46.5 厘米，通高 112 厘米
（转引自王世襄编著，《明式家具珍赏》，南天书局，1987，页 106）

椅”，并非索予明所谓的“金扶手椅”。一架原为王世襄所藏的实物“明黄花梨圆后背交椅”或可作为整器形制之参考。

此外，其外露部分可见主要支架满饰金钉。明人王圻在《三才图会》中，绘明代皇帝行幸队伍的《国朝仪仗图》，有各式的伞、盖，唯一的坐具是“交椅椅踏”，所附的说明是：“元以木为椅，银饰之，涂以黄金。今制木胎，浑金饰之，中倚为钑花云龙，余皆金钉装钉，上陈绯绿织金褥，四角各垂红丝絛结帉踏，踏制四方，中为钑花盘龙，余用金钉装钉。”[1]说明元代交椅金银辉映，与明代嘉靖时期国朝仪仗之交椅亦不相上下，连同椅踏俱满饰金钉、攒饰云龙纹。

交椅之使用可上溯至高形家具初兴的宋代，交椅或称“校椅”。宋人的笔记写秦观到访苏轼，苏氏提及其伯父封官的诰命到时，“并

[1] 王圻等：《三才图会》，《国朝仪仗图》，上海古籍出版社，1993，页 1889 ～ 1990。《三才图会》为王圻与其子王思义合编，内容包罗万象、图文并茂。王圻，字符翰，号洪洲，上海人，嘉靖四十四年进士，授清江令，调万安，拜御史，峭直敢言，出为福建按察佥事，历官至陕西布政司参议。致仕归里后，以著书为事。王圻子思义，字允明，以著述世其家。

交椅椅踏
（王圻等编集，《三才图会・国朝仪仗图》，
上海古籍出版社，1993，页 1889）

明　黄花梨交杌
面支平时 66 X 29 厘米
（故宫博物院藏）

外缨、公服、笏、交椅、水罐子、衣版等物”，可知交椅在北宋时已是官员到任或出行的必备仪物。交椅由胡床上加靠背而成。胡床或称“马扎”“交杌”等，就是无靠背、携带方便、可张可合的简便坐具。胡床在坐面上施圈背，即成圈背交椅；加了直竖的靠背就是一般所说的靠背交椅。圈曲的背在宋代叫“栲栳样”[1]。栲栳样交椅，据宋人的笔记，“宰执侍从皆用之”，就是大小官员通用。后因秦桧坐交椅时，“偃仰片时坠巾，京尹吴渊奉承时相，出意撰制荷叶托首……凡执宰侍从皆有之，遂号太师椅”[2]。可知加了荷叶形托首的圈背交椅，因为时称太师的宰相秦桧所用而称作“太师椅”，官员也就“上行下效”。

---

[1]　近代研究中国古代家具的西方学者用“horseshoe back”（马蹄背）来称呼此制，参见 Gustav Ecke: The Development of the Folding Chair — Notes on the History of the Form of the Eurasian Chair, *Journal of the Classical Chinese Furniture Society*, Winter, 1990, pp..11 ～ 21.

[2]　陈增弼撰：《太师椅考》，收入《文物》。据陈增弼的研究，宋代交椅的靠背即有四种形制，第一肿是横形搭脑、横向靠背；第二种是横形搭脑、竖向靠背，横形搭脑有时呈牛头形，就叫牛头形搭脑；第三种圆形搭脑、竖向靠背；第四种是第三种上插荷叶托首，即秦桧所用的太师椅。西方学者用“yoke back”称呼牛头形搭脑，参见 Gustav Ecke: The Development of the Folding Chair — Notes on the History of the Form of the Eurasian Chair, *Journal of the Classical Chinese Furniture Society*, Winter, 1990, pp..11 ～ 21.

南宋 《春游晚归图》
册页（故宫博物院藏）

宋人的一幅《春游晚归图》中，骑马的官员身后一执役之肩上所扛就是有荷叶托首的“太师椅”。

20世纪80年代，四川广元地区陆续发掘一批南宋石刻墓，其中保留了南宋嘉泰四年（1204）的浮雕，桌幔上有带托酒盏、带叶果子及果盘，执壶的双髻侍女正向盏内注酒，另一侧便是一张带椅帔的圈背交椅。根据出土报告，此墓系一名四十岁的女性为自己所预修的幕穴。[1] 此现象一则反映有荷叶托首的“太师椅”似仅昙花一现，无托首的一般圈背交椅仍较通行；二则说明一般圈背交椅的使用广泛，不但民间使用，似乎也扩及妇女。或者因“死者为大”，允许女性在往生后使用。凡此种种，颇值得进一步探讨。而交椅在宋代社会中的尊贵地位由此可知。

交椅在元代亦广为通行，尤其在蒙古官员的宴饮图或墓室壁画

[1] 廖奔撰：《广元南宋墓杂剧、大曲石刻考》，1986，页 25 ～ 26。

宋嘉泰四年墓西室石壁石龛浮雕，石刻圈背交椅
（廖奔撰，《广元南宋墓杂剧、大曲石刻考》，1986，页 29）

元 《宴饮图》中的官员
（转引自沈从文编著，《中国古代服饰研究》，台湾商务印书馆，1993，页 447）

明　《明宣宗宫中行乐图》（局部）
卷，绢本，设色，纵 36.6 厘米，横 687 厘米（故宫博物院藏）

圈背交椅，明　余士等《徐显卿宦迹图册》（局部），“金台捧敕”
绢本，设色，纵 62 厘米，横 58.5 厘米（故宫博物院藏）

明　《出警图》（局部）
绢本，设色，纵 92.1 厘米，横 2601.3 厘米（台北故宫藏）

中经常可见，只是没有金银涂饰或“金钉装钉”的装饰而已。[1]明人的画作《明宣宗宫中行乐图》[2]卷中，坐于胡床上正举臂投壶的宣宗，其身后的亭内，便摆了一架髹朱的圈背交椅。现藏故宫博物院的一幅《徐显卿宦迹图》[3]册页，其中一段是徐显卿担任“金台捧敕”的职务，即向辞行的官员颁赐敕书仪式。画中黄幄之下十五岁的万历皇帝坐的是覆红色椅帔的金交椅。台北故宫所藏描写万历谒陵[4]的《出警入跸图》画作，在《出警图》部分，有一架被抬着走的圈背交椅，罩着黄袱，有出头雕饰髹金的龙首，可知为皇帝的御座。两名仆役各自

[1]　山西省文物管理委员会：《山西文水北裕口的一座古墓》，《考古》，1961，页 136 ～ 138。

[2]　此图疑为明宪宗，非明宣宗，当另文讨论。

[3]　《徐显卿宦迹图》描绘万历十二年的国子监祭酒徐显卿。徐显卿，江苏长洲人，年幼失母，刻苦读书。画作记述其入宫任庶吉士到其五十一岁致仕的一生宦迹。其中有一段“金台捧敕”系万历五年曾担任的职务，就是官员外放向皇帝面辞时，捧敕官就“承旨金台之上，自重阶而下，从中转向上丹墀中道，直趋而下，授领敕官，旋一鞠躬而退入班”。“退入班”就是退入左右排班的百官行列中。

[4]　据学者研究，此长卷描述的是万历十一年的谒陵。参见朱鸿撰：《〈明人出警入跸〉本事之研究》，《故宫学术季刊》（二十二卷，第一期），台北故宫，2004 年秋季号。

《大明宣德公主像》真迹
绢本，纵 282.1 厘米，横 91.4 厘米
（美国弗吉尼亚美术馆藏）

明 《沈度像》
绢本，设色，纵 142.7，横 92.4 厘米
（南京博物院藏）

一手托住龙首，另一手握住朱漆缀金的脚踏，近处还可见用来加固兼装饰的金属构件，与“金台捧敕”仪式中使用的整器金漆不同。由此约略可知，宫内百官谒见等正式仪典所坐以金漆为主，行乐或巡幸休憩使用的是朱漆金饰件。无论外表髹饰如何，圈背交椅是明太祖朱元璋的坐具之一，也是皇帝在宫苑内外行幸的必备卤簿的坐具。

不仅明代宫廷内的皇帝使用，宫墙之外的皇族、大小官员等等亦一体通行。目前所知，收藏在美国维吉尼亚美术馆（The Virginia Museum of Fine Art）的一幅《大明宣德公主像》真迹，宣德公主的坐具形制也是圈背交椅。书法极受永乐皇帝喜爱的翰林修撰沈度，和明末兵败降清的洪承畴等等，都留有坐在此制坐具上的肖像画。[1]其中最

[1] 所述诸肖像画一般视为死后祭祀所用，均为南京博物院所藏。

清 《洪承畴像》
绢本，设色，纵 159，横 94 厘米
（南京博物院藏）

明 《李贞像》
纸本，设色，纵 170 厘米，横 89 厘米 （南京博物院藏；庄天明主编，《明清肖像画》，天津人民美术出版社，2003，图 30）

醒目的是开国功臣李文忠之父李贞[1]所坐的坐具。坐像中的李贞身穿紫色五爪龙袍，金革带，跨坐于饰金构件的圈背交椅上，比朱元璋的“真容”坐具似乎更为炫目。而被朱元璋“视如己子”的李文忠，其后人一直收藏着一卷万历三年（1575）明廷派兵镇压西番的《平番得胜图》。画中的固原总兵在蓝幄下正襟危坐在一张覆着虎皮的圈背交椅上。

此外，明代祭祖所用制式的《家堂图》中，列祖列宗所坐亦为此制圈背交椅。入清以后相沿如昔，如清初高举“反清复明”大纛的郑成功，传为其年代最早的一幅坐像，也是坐在圈背交椅上。尔后不管

[1] 李贞是朱元璋姐夫，在元朝末年的兵荒马乱中，带着李文忠投效朱元璋转战各地，居功厥伟，开国后封曹国公，去世后追封陇西王，谥“恭献”。

明 《平番得胜图》“军门固原发兵”（局部）
绢本，设色， 全卷纵 43.8 厘米，横 972.2 厘米
（中国历史博物馆藏）

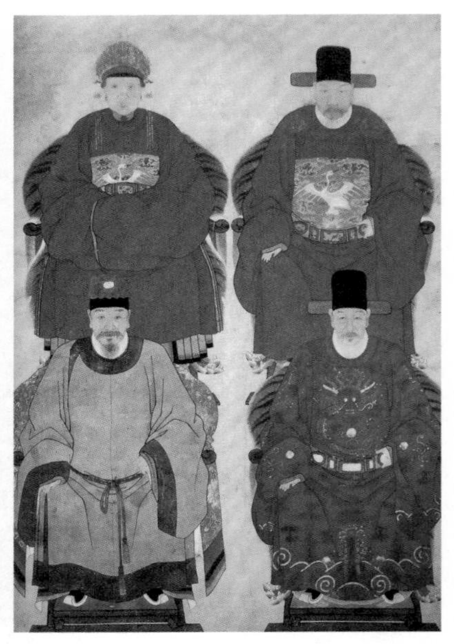

明 《钱三持家堂图像》
绢本，设色，纵 131 厘米，横 84.5 厘米
（南京博物院藏）

《郑成功像》
17 世纪，纸本，设色
（台湾博物馆）

清　王翚《康熙南巡图》“江宁阅武”
（转引自朱诚如主编，《清史图典 · 康熙朝》，紫禁城出版社，2002，页 84 ～ 85）

清　宫廷画家《哈萨克贡马图》
绢本，设色（转引自朱诚如主编，《清史图典·乾隆朝》，紫禁城出版社，2002，页 74 ～ 75）

是《康熙南巡图》中的康熙皇帝，或乾隆时期接见哈萨克来使贡马的《哈萨克贡马图》，均可见此圈背交椅。可知圈背交椅自宋代初兴之后一直到20世纪，不仅通行于庙堂之上，也通用于文官、武将，与民间祖宗祭祀。直至今日，台湾民间还有“娶某大姐，坐金交椅”的谚语。“某”为闽南语“妻”之意，谓男小女大的婚姻，男子有如坐上了“金交椅”般的幸运与福气。凡此皆反映圈背交椅不但在明代宫廷家具史或中国传统家具上地位尊崇，对后世也有广泛、深远影响。

《明太祖坐像》画中，同样坐在圈背交椅上的还有“疑像”三与“疑像”七。唯前者在卷曲的出头加饰龙首，整器连龙首俱为朱漆；后者则用笔粗略，坐具黑漆，出头未饰龙首。

三　“疑像”四坐的是靠背交椅

胡床上加竖直的靠背就是一般所说的靠背交椅。靠背顶端的横枨有平直的搭脑，也有突曲的牛头形搭脑，也就是晚近西方学者所称的

辽 墓室壁画，吉林哲里木盟的库伦旗一号墓（《文物》，1973年8月，页12）

北宋 墓室壁画，福建尤溪（《考古》，1991年4月，页346～351）

牛轭背（yoke back）。明太祖第四幅“疑像”所坐便是此式的靠背交椅，整器包括踏床，皆原木未漆，木纹肌理清晰可见。靠背交椅搭脑之下的靠背在宋代初兴之时有一段发展的过程。

（一）搭脑与靠背的演变

以目前史料所见，由胡床衍生而来的交椅，初起之时椅背为平直的搭脑，下设横枨，时间当在北宋初年与辽代时期[1]，在南北宋之交与金人所据的北方，便见突曲的牛头形的搭脑，但其下仍施横枨，北宋张择端《清明上河图》中“赵太丞家”与金代墓室壁画《孝子故事图》[2]中所置交椅是一样的。稍后南宋初期的宫廷画家萧照[3]作《中兴瑞应图》长卷时，第五段和第六段行进间的仆役所扛的交椅，牛头形搭脑之下已变为竖直背板。[4] 20世纪初在黑水城遗址（今内蒙古自治区额济纳旗）出土一批西夏文物，其中有《义勇武安王关羽

[1] 迄今最早的平直搭脑下为横枨的交椅形制在北宋与辽代出土墓室壁画可见，北宋如福建尤溪墓室壁画。参见《考古》，1991，页346～351。辽代如吉林哲里木盟的库伦旗一号墓。参见《文物》，1973，页12。

[2] 山西闻喜的金代墓室壁画。参见《文物》，1986，页40。

[3] 萧照，字东生，濩泽（山西阳城）人，金兵陷汴京时，曾参加义兵抗敌，后随徽宗朝画家李唐南渡至临安。高宗绍兴时入为画院待诏，擅画山水、人物，存世作品另有《山腰楼观》等。

[4] 著名的《韩熙载夜宴图》中，身为中书舍人的韩熙载与状元郎粲之坐具为此牛头形搭脑。

宋　张择端《清明上河图》(局部)
卷，绢本，设色，纵 24.8 厘米，横 528.7 厘米
(故宫博物院藏)

金　墓室壁画，山西闻喜
(《文物》，1986，页 40)

南宋　萧照《中兴瑞应图》

西夏　《义勇武安王关羽图》
高 72.3 厘米，宽 34.2 厘米 (现藏苏联列宁格勒爱尔米塔什博物馆；转引自史金波等编，《西夏文物》，文物出版社，1988，图 80)

图》，正气凛然的关羽便坐在牛头形搭脑竖直靠背板的交椅上。与此同时，万里之外的云南大理国所出的《大理国梵像图》中[1]，跪地的

[1]　画工张胜温在盛德五年完成的《大理国梵像图》，卷内“药师琉璃光佛其十二大愿”中，跪地“临当刑戮”的人所面对的官员“盛德”为大理国宣宗段智兴，又称利贞(年号)皇帝。参见《中国美术全集 · 两宋绘画》第 67 页图 139 的说明。

（传）元　任仁发绘《琴棋书画图》（琴）
屏条，绢本，设色，各屏纵 172.8 厘米，横 104.2 厘米
（东京国立博物馆藏）

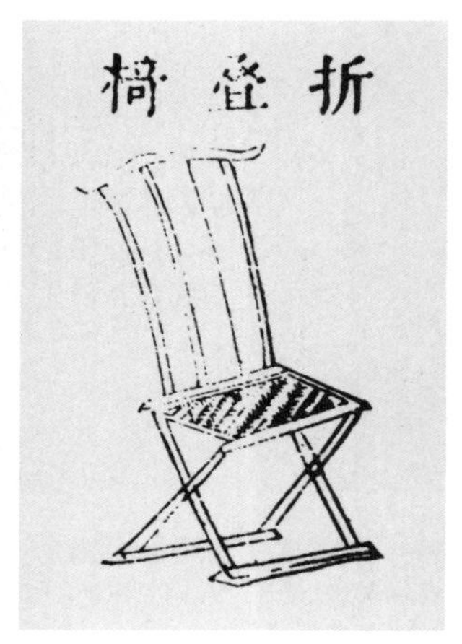

折迭椅
（王圻等编集，《三才图会・器用》，上海古籍出版社，1993，页 1329）

受刑人面对的官员所坐也是此式交椅。据此推测，牛头形搭脑最早形成于10世纪下半叶的北宋中期，下施横枨。搭脑下改设竖直背板最早也在南宋初期的宫廷内，尔后则不分政权畛域，于大江南北间为官府或民间敬老尊贤所用，也成为定制。现藏日本东京博物馆的一组元代的四幅堂屏，描绘文人雅集的琴棋书画场景，文士所踞正是此制牛头形搭脑的竖背交椅，入明之后亦沿此制。才子唐寅的画中可见文士悠然地跨坐其上，王圻的《三才图会》称其为“折迭椅”。综合以上所述，依时序先后列为图表，可清楚地看出，从胡床成为靠背交椅，其搭脑下横枨、竖背，乃至最终定型之演变，过程都有轨迹可寻。虽然明太祖此“疑像”所坐的靠背交椅，在红色椅帔覆盖下无法窥究搭脑之下的形制，但相信亦应为竖直背板，也是自12世纪以降，与圈背交椅并行不悖，且更无所不在的椅制。

表一　靠背交椅牛头形搭脑竖背板衍化表

说 明	形 式	时代	地点	资料出处
横直搭脑、横枨靠背交椅	墓室壁画（腰部残损）	辽代	吉林哲里木盟	《文物》，1973 年 8 月，页 12

续表

横直搭脑、横枨靠背交椅	墓室壁画	北宋	福建尤溪	《考古》，1991年4月，页346
牛头形搭脑、横枨靠背交椅	张择端《清明上河图》	北宋	传世画作	故宫博物院藏
牛头形搭脑、横枨靠背交椅	墓室壁画	金	山西闻喜	《文物》，1983年8月，页84
牛头形搭脑、竖板靠背交椅	萧照《中兴瑞应图》第五段	南宋	传世画作	天津艺术博物馆
牛头形搭脑、竖板靠背交椅	《义勇武安王关羽图》	西夏	黑水城	俄国，列宁格勒爱尔米塔什博物馆
牛头形搭脑、竖板靠背交椅	大理・张胜温《梵像图卷》(局部)	南宋	传世画作	台北故宫藏
牛头形搭脑、竖板靠背交椅	(传)任仁发《琴棋书画图》屏条	元	传世画作	日本，东京博物馆藏
牛头形搭脑、竖板靠背交椅	王圻《三才图会》	明	插图	器用十二卷，折迭椅
牛头形搭脑、竖板靠背交椅	唐寅《李端端图》	明	传世画作	南京博物院藏

值得一提的是，著名的《韩熙载夜晏图》一直以来相传为五代顾闳中所作，但画中韩熙载袒胸所踞之靠背椅，是牛头形搭脑下接竖直背板，若依上述图表靠背形制演变之时程，此画应不会早于南宋初期。

表一最后是明代才子唐寅所绘的《李端端图》，系唐代范樾《云

（传）五代　顾闳中《韩熙载夜宴图》
绢本，设色，纵28.7厘米，横335.5厘米
（故宫博物院藏）

明　唐寅《李端端图》
轴，纸本，设色，纵122.8厘米，横57.3厘米
（南京博物院藏）

溪友议》中所记有关名妓李端端的故事，表现故事主角“狂生”崔涯在三位侍女环伺之下与李端端相会[1]，所坐的正是牛头形搭脑的交椅。此制交椅之兴距唐代已远，唐寅安排狂生使用此坐具，可能反映此制坐具的折迭自如，携带方便，足以表现“狂生”不拘之性格，另亦可知此靠背交椅虽不若圈背交椅尊崇，但在文人如唐寅者之心中有一定之地位。

四 “疑像”六坐在圈椅上

明 花梨花卉纹藤心圈椅
长 60.5 厘米，宽 46 厘米，高 112 厘米
（故宫博物院藏）

圈背交椅的椅盘下，可折迭交错的腿足改为固定的四柱腿足，再将坐面加宽加深，便成“圈椅”，或叫“圆椅”。[2]“疑像”六便是坐在明代的太师椅上。其圈背的卷曲出头加饰金漆龙首，但通体漆黑，披朱红椅帔，特别醒目。椅盘为数层堆栈的须弥座，下施鼓腿彭足、带托泥。

明万历年间的进士顾起元，在其《客座赘语》中，记明太祖孝陵碑石下的趺石神龟：“石龟今藏孝陵殿中，有木平台，上安二御座，乃朱红圈椅，前一朱红案。”[3]所谓的“朱红圈椅”，就是整器髹朱漆的圈椅。中国自古以来就遵循孔子

[1] 中国古代书画鉴定组编：《中国绘画全集》，卷一三，图 123 说明。
[2] 王圻等著：《三才图会 · 器用》，上海古籍出版社，1993，页 1329。
[3] 顾起元：《客座赘语》卷三，“孝陵碑石”，上海古籍出版社，2012。

所言“事死如事生，事亡如事存”之观念，朱元璋在敕定太庙礼器时就援引孔子之说，所有“宗庙器用服御，皆如事生之仪”[1]。因此，此“朱红圈椅”亦应为明太祖生前在宫内所用的坐具形制之一。现藏故宫博物院的一件清宫旧藏“花梨花卉纹藤心圈椅”或可作为参考。

现存史料中有关明太祖的御座，还有《大明会典》所记的：“国初登极仪礼，吴元年所定，用王礼，颇略，故不载。至洪武元年高皇正大位，其仪始详。”[2]有关洪武元年（1368）朱元璋“正大位”的叙述如下：

> 洪武元年，圜丘告祭礼成，校尉设金椅于郊坛前之东，南向。设冕服案于金椅前，候望瘗毕。丞相诸大臣率百官于望瘗位跪奏曰：告祭礼成，请即皇帝位。群臣扶拥至金椅上坐。百官先排班，执事官举冕服案、宝案至前，丞相诸大臣奉衮冕跪进，置于案上，丞相等就取衮冕加于圣躬。[3]

根据所载，整个登极仪皆以“金椅”为中心而进行。此“金椅”会典未详其制，然在圜丘告祭毕后诣太庙时的“卤簿导从”行列中，有坐具“金交椅、金脚踏”等，故知登极所用的“金椅”，与卤簿仪仗的“金交椅”不同，也不可能将“金交椅”误载为“金椅”。故若排除“疑像”一与“疑像”二的龙首靠背椅，只剩“疑像”六的圈椅最有可能，即如“疑像”六般，在扶手出头处添饰龙首，再髹金成为登极所用的“金椅”，与明孝陵碑石内的“朱漆圈椅”为同一形制，不论髹朱或金，此形制正是晚明《万历野获编》所说：“椅之有栝棬联前者，名太师椅。”[4]意即圈背出头的椅具在明代称为“太师椅”，

[1] 张廷玉等撰：《明史》卷五一《志第二十七》，中华书局，1995。

[2] 明·申時行等奉敕重修：《大明会典》卷四五《登极仪》，东南书报社，1963。

[3] 明·申時行等奉敕重修：《大明会典》卷四五《登极仪》，东南书报社，1963。

[4] 沈德符著：《万历野获编》卷二六，中华书局，1997。

元　任仁发《张果老见明皇图》
绢本，设色，纵 41.5 厘米，横 107.3 厘米
（故宫博物院藏）

宋　牟益《捣衣图》（局部）
纸本，白描，纵 27.1 厘米，横 466.4 厘米
（台北故宫藏）

与前述宋人“太师椅”为圈背交椅之形制有别。

（一）圈椅下的三弯腿足

与靠背交椅形制的演变一样，圈椅之圈背与腿足也不是一蹴而就。回顾其形制源流，近的有元代业余画家任仁发的画作《张果老见明皇图》[1]，画中头戴幞头、身穿黄袍，元人眼中的唐明皇跨坐于一具圈椅上，圈背镶缀杂色宝石，厚实的圆形椅盘，云纹直腿，与扶手出头一样都间错饰金，前有脚踏，四角亦缀金饰。在流传有绪的资料中，又可追溯到南宋宫廷画家牟益的作品《捣衣图》，据其卷尾跋语，系以南朝文人谢惠连的《捣衣诗》为本：“纨素既已成，君子行未归，裁用笥中刀，缝为万里衣。”以白描的笔法，写出闺中妇女为远戍未归的征人准备寒衣的场景。画中一宫女端坐在直棂式的圈背椅

[1] 此《张果见明皇图》为任仁发根据《明皇杂录》所记唐明皇与神话传说中的八仙之一张果老相见之情景。任仁发，字子明，号月山道人，松江人，官至都水庸田制使，一生主要从事于治水，是元代著明的水利专家。工书画，尤擅画马、人物、花鸟等。

宋 《折槛图》
轴，绢本，设色，纵 173.9 厘米，横 101.8 厘米（台北故宫藏）

上，圆形椅盘下施鼓腿云纹弯足。此制坐具，在宋人的佚名画作《折槛图》[1]中，汉成帝踞坐的直棂圈椅也可看到[2]，唯其坐面明显可辨识为方形，且为直柱的云纹足。此画年代，据推测可能在宋理宗在位前后。[3]

上述宋元时期的三幅画作，使用直棂圈椅者的身份，不是宫人就是汉成帝、唐明皇，虽然是假托之身份，但显示其为尊贵者之坐具。不过，和圈背交椅一样，单一竖直背板的形制也在南宋悄然成形。日本僧人义介于宋理宗开庆元年（1259）渡海到南宋的径山、天童等诸

[1]　《折槛图》所绘源于《汉书 · 朱云传》。

[2]　直棂式靠背的形制，据 Gustav Ecke 所述，系源自印度。参见 Gustav Ecke: The Development of the Folding Chair — Notes on the History of the Form of the Eurasian Chair, *Journal of the Classical Chinese Furniture Society*, Winter, 1990, pp..11 ～ 21.

[3]　台北故宫编辑委员会：《故宫书画菁华特辑》，2001，页 153。

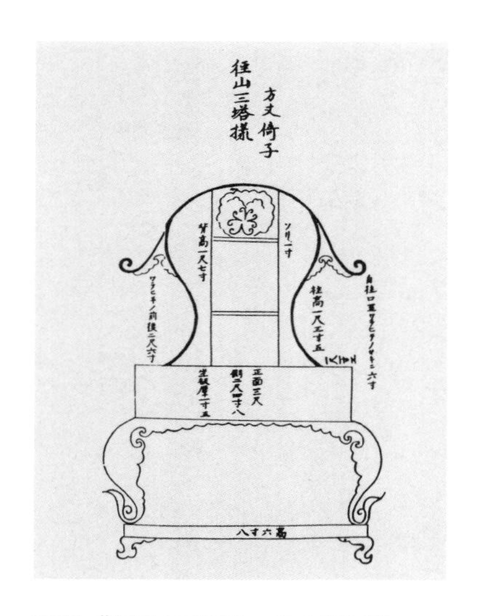

题记“径山三塔样·方丈倚子”，龙华院本《大宋名蓝图》

（收入张十庆编著，《五山十刹图与南宋江南禅寺》，东南大学出版社，2000，页 134）

禅刹“见闻图写丛林礼乐”[1]，四年后归国，将所记辑录成《五山十刹图》[2]，对江南各禅院的建筑格局与院内陈设、器用等多所描绘，影响了日本中世纪镰仓时代京都地区禅寺的布局与建置，并保留至今。其中一幅题记为“径山三塔样”的“方丈倚子”，也就是径山下院三塔寺方丈（住持）的法座，可见圈背下有竖直的背板，椅盘厚高，下接鼓腿三弯足，足端卷云向外，底附踏床，下亦施卷云龟足。南宋时期天下诸寺由朝廷品定寺格，是一种官寺制度。[3]因此，这五山十刹的家具，若非在南宋朝廷的规制下所出，也与宫廷器用或官府所用有或多或少的关联，而禅院高僧之法座，自非寻常百姓可与比拟，有其一定的尊崇地位。此“方丈倚子”与上述故宫博物院题为清宫旧藏的“花梨花卉纹藤心圈椅”相较，除了鼓腿彭牙较为外张，以及纹饰繁简有别外，基本形制大同小异。

如此看来，“疑像”六的圈椅，在形成阶段历经直棂式圈背、圆形或方形椅盘与云纹腿足的演变而逐渐而归一，使用者不是受人瞻仰的高僧，就是唐明皇或汉成帝等独一无二的帝王，以及宫廷内之帝后嫔妃，其成为明代宫廷用物，自有其历史传承的必然性。有明一代

[1] 沙门义介所著同书有三本，名称不同，或曰“大宋诸山图”“大唐五山诸堂图”等，参见田边泰著、梁思成译：《大唐五山诸唐图考》，“中国营造学社汇刊”（第三卷，第三期）。

[2] 《五山十刹图》流传之版本多种，有大乘寺本的《五山十刹图》、东福寺本的《大宋诸山图》、永平寺本的《支那禅刹图》、高常寺本的《大唐五山诸堂图》、泰心院本的《大唐五山十刹之图绘》以及龙华院本的《大宋名蓝图》，前两本于 1911 年被日本定为国宝。参见张十庆编著：《五山十刹图与南宋江南禅寺》，东南大学出版社，2000，页 8。

[3] 张十庆编著：《五山十刹图与南宋江南禅寺 · 序》，东南大学出版社，2000。

的画家若写传统题材的宫闱故事，如明四大家之一的仇英，描写唐代杨贵妃的《贵妃晓妆》；或晚明画家尤求写汉代赵飞燕与其妹赵合德同受汉成帝宠幸的《汉宫春晓图》卷；或明中期画家顾怀描述官员鉴古的《白描人物图》等，都为主要人物布置了此制圈椅。可见圈椅在明代位尊且贵，地位有如宋代的圈背交椅。

明　仇英《贵妃晓妆人物故事图》
册，绢本，重设色，纵 41.1 厘米，横 33.8 厘米
（故宫博物院藏）

明　尤求《汉宫春晓图》“合德贺飞燕”
纸本，墨色，长 801.2 厘米，纵 24.5 厘米
（上海博物馆藏）

（二）直腿的圈椅

圈椅除了鼓腿三弯足制外，还有直柱的腿制。若上溯南宋，画坛上称“南宋四家”之一的宫廷画家马远之子马麟[1]，其画作《秉烛夜游图》中，一人燕坐屋内的圈椅上，正是“只恐夜身花睡去，故烧高烛照红妆”的写景。[2]其圈背下竖直背板取代直棂，椅盘宽广方正，露出的直柱腿足间还有两条横枨。若再往上追寻，

明　顾怀《白描人物图》（局部）
卷（香港大学冯平山博物馆藏）

[1]　中国绘画史上的“南宋四家”为李唐、刘松年、马远与夏圭。参见何政广等策划：《美术大辞典》，艺术家出版社，1988，“夏圭”。马麟是宋宁宗时画院祇候。

[2]　李霖灿撰：《山水画中点景人物的断代研究》，《国际汉学会议论文集》（艺术史组），“中央研究院”，页 527。

宋　马麟《秉烛夜游》
纨扇画册，第二幅（局部），绢本，设色，
24.8 x 25.2 厘米（台北故宫藏）

元　陶质太师椅
（《文物》，1987 年，页 90）

早在北宋年间（1108）的版画，穹庐内一位面受信徒膜拜的高僧，正垂足坐于类似的圈椅上，背后还设靠背（养和）。[1] 就较近的元代而言，1976年山西大同发掘一座元代墓，墓葬明器中有陶质太师椅，圈背直腿，背板饰凤鸟莲花纹，腿柱间有整片的卷云花牙。考证墓葬年代可能是元世祖中统二年（1261）[2]，墓内所出器物与已发现的大同金代大定三十年（1190）阎德源墓，元代至正二年（1265）冯道真墓，或大德元年（1297）王青墓等，不但形制相似，大小也极为接近；且墓主皆为道士，阎德源为“西京玉虚观宗主大师”，冯道真还受封

---

[1] 此段据撰者所述，系引自 1108 年所印的版画，相信此制亦为佛门禅床形制之一。chapter XIII of the *Imperial Commentary on the Buddhist Canon*, Fogg Art Museum, Harvard University. 内文见 *Journal of the Classical Chinese Furniture Society*, Spring 1993, p.40。“靠背”是一种隐背无坐盘之具，古称“养和”。如镜架，后有撑放活动，供坐时后靠，可偃仰观书。带坐盘称“欹床”，如无腿足之椅具。

[2] 大同文物局文物科撰：《山西大同东郊元代崔莹李氏墓》，《文物》，1987，页 87 ～ 90。

明　黄花梨雕螭纹圈椅
长 63 厘米，宽 45 厘米，高 103 厘米
（故宫博物院藏）

明　黄花梨圈椅
长 61.5 厘米，宽 49 厘米，高 100. 5 厘米
（故宫博物院藏）

“清虚德政助国真人”，都是全真教的道官，属社会之上层阶级。[1]

入明之后，此坐具续由官宦或僧道使用，至于为何在明代称为“太师椅”，是否与朱元璋起兵前曾在皇觉寺为僧有关，有待研究。明代中期以后的版画中，官宦或位尊者常使用此“太师椅”。[2]前述万历皇帝谒陵的《出警入跸图》，在回銮的《入跸图》中可看到金漆龙首出头，罩着团龙黄袱的圈椅，应为谒陵期间于行在的室内所用。故宫博物院现藏有不少明代的“太师椅”，如“黄花梨雕螭纹圈椅”“明黄花梨圈椅”等，此制也是所谓“明式家具”中坐具的经典代表。

---

[1]　参见大同市博物馆撰：《大同金代阎德源墓发掘简报》，《文物》，1978，页 1 ～ 13。大同市文物陈列馆等撰：《山西省大同市元代冯道真、王青墓》，《文物》，1962，页 34 ～ 44。

[2]　如张居正等撰:《帝鉴图说》之版画，收入周芜编著《金陵古版画》，江苏美术出版社，1993，页 306 ～ 307。

明初　木质明器，供案，朱檀墓出土
（《文物》，2002 年第 3 期，页 80，图二 -1）

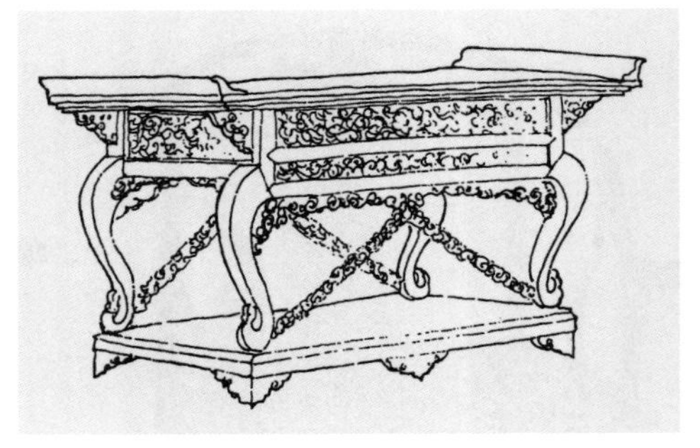

日本京都相国寺法堂供案
（张十庆编著，《五山十刹图与南宋江南禅寺》，东南大学出版社，2000，页 85，图四 -3）

五　“疑像”一、二所坐有双层搭脑

“疑像”一、二的坐具为整器朱漆，无扶手的靠背椅。从冠冕执圭的“疑像”身后可清楚地看到其靠背呈“山”字形横行与竖直的框架式结构，双层搭脑共四出头之龙首昂扬，无椅帔，椅盘方正，盘角雕饰龙首，顺势下接腿面起线的三弯腿，腿足直下尾端的外翻卷草。

此坐具椅盘以下的腿足不难发现有前述南宋宫廷画作《捣衣图》或日僧所绘南宋“方丈倚子”之身影，只是“疑像”所踞，在鼓腿与厚椅盘间添饰一头瞋目的龙。事实上，此制腿足在明初鲁王朱檀墓出土的供案也还见到，而15世纪日本京都相国寺法堂供案之腿足，尤其弯腿顺势起线至足端的外翻卷草雕饰，与此“疑像”坐具腿足的处理手法几乎是一致的。

值得注意的是，椅盘以上的“山”字形双层搭脑组合成的框架靠背，靠背与椅盘边角仍有一段距离，框架靠背形同插在一只方凳上般的突兀，迥异于一般传统单层靠背椅制，在明初以前似相当罕见。若非要“追根究底”，可能要看看日本京都地区的大德寺。该寺内仍保留一架中世纪镰仓时代传自南宋“五山十刹”的法座屏风，双出头的屏顶雕饰宋代流行的蕉叶纹饰。再回头寻根，目光转到山西洪洞县广胜寺内一尊秦广王之坐像。据考证，广胜寺（广胜上寺）始建于东

日本京都大德寺法堂法座屏风

（张十庆编著，《五山十刹图与南宋江南禅寺》，东南大学出版社，2000，页 85，图三 -2c）

上寺地藏殿秦广王及侍者像，山西洪桐广胜寺

（转引自柴泽俊等著，《洪桐广胜寺》，文物出版社，2006，图 174）

明万历　余士等《徐显卿宦迹图》册，“储宷绾章”
绢本，设色，纵 62 厘米，横 58.5 厘米（故宫博物院藏）

汉，历经唐宋金元等期间之天灾、兵燹毁损，几度重修，地藏王殿内左侧为专司人间寿殀生死册籍的秦广王塑像，头戴梁冠，怒目圆睁，拱手而坐。[1]梁冠之后是山字形四出头龙首的靠背，更后的三折围屏与出头蕉叶装饰之形制正与日本京都大德寺的法座屏风如出一辙。依此时代背景，再检视其左右侍者，与太原北宋晋祠内圣母的贴身侍女圆润细腻的风格相近，相信地藏殿内秦广王塑像及其坐具、屏风的成造或修缮，至迟应在南北宋间。入明之后，此制靠背不见于民间，意味着流传不广，也不普及。勉强在《徐显卿宦迹图》中的一段“储宷绾章”[2]可见徐显卿所坐正是双出头的靠背椅，出头处俱雕饰宋代的蕉叶纹。

朱元璋选择这样一种并不流通的坐具是否有其特殊考虑，不得而

[1] 柴泽俊等著：《洪桐广胜寺》，文物出版社，2006，页 4 ～ 20。
[2] 《徐显卿宦迹图》中，“储采绾章”段记徐显卿四十八岁以侍读升左春坊之首，兼掌坊局印信。

知。其利用寺院法刹之器，是否有镇压四方恶煞、震慑八方群雄之意，则有待研究。

六　“疑像”五的坐具形制不明

坐于圈椅上的僧人，版画
(Fogg Art Museum，Harvard University)

“疑像”五两手笼袖向右倾靠，所坐整器黑漆，靠背处可见平直搭脑出头的龙首，左袖肘下露出圈背扶手的卷曲出头，但未饰雕龙。后腿直柱光素无饰，前腿近袍服开衩处却是直柱卷云足，足端触地，饰卷云纹。疑为海棠式的踏床，蜿蜒的立墙面清晰可见连续的“卍”字纹饰，下接卷云龟足。像这样前后腿柱不同调，搭脑与扶手出头的装饰不一致，纹饰分歧，形制无法归类的“混搭”，宛如八方神圣会聚一堂般，处处可见“神迹”，却都无法具体地在家具形制中“指名道姓”。因此，此“疑像”的坐具有两个可能，一是直柱腿足、上为圈背的“太师椅”，背后另插置一平直搭脑的靠背（养和），如前述北宋年间版画“坐于圈椅上的僧人”，僧人背后所靠即“养和”。所不同者，此“疑像”背后的“养和”，其搭脑出头加饰金漆龙首，以及双足多出踏床。至于袍衩处足尖触地的直柱卷云足，则仿佛是宋元画作中唐明皇与汉成帝坐具前腿的缩影。此海棠式踏床有别于一般常见的长方形制，不过在南宋理宗时代[1]，一幅江南禅院径山无准禅师结跏

[1]　无准禅师著有《无准师范禅师语录》六卷，刊于南宋理宗十一年，门人有无学祖元、日本僧人东福圆尔等，对日本禅宗影响很大。参见《海外藏历代中国名画》卷三，湖南美术出版社，1998，图 167 说明。

南宋 《无准禅师》
轴，绢本，设色，纵 135 厘米，横 59 厘米
（日本，东福寺藏）

趺坐的坐像也可见到类似的形制。

另一个可能是四出头的坐具，也就是目前“明式家具”所称的“官帽椅”。但是一般所见的“官帽椅”，搭脑和扶手之出头，不管平头或些微上扬，都是前后一致，如宋人的《孝经图》中，宅中双亲高坐榻上的四出头椅接受奉茶的场景等。若论四出头形制特别突出，则美国大都会博物馆与波士顿美术馆（Museum of Fine Arts, Boston）分别收藏的南宋人金处士的作品《十王图》[1]，从两馆现存的九幅中可看到，殿中的阎王所坐都是四出头靠背椅具，出头处蜿蜒卷曲成“S”形，相较于同为宋代《孝经图》中的四出头，似嫌“夸张”，但从阎王案前受审的小鬼各个惊惧惶恐，案后高坐的阎王威严叱喝的表情，此“S”形四出头也许是加强阎王的震慑威严之气。以形制而论，虽然此“疑像”的四出头、腿柱、踏床等形制的混搭，似乎“前无古人”，但在宫墙之外却是“后有来者”——标题为明代的一幅佚名画作《十六罗汉图》，一位双手合十、接受跪拜的罗汉，垂足所踞的坐具，略呈平直的搭脑及扶手卷曲的出头，其前腿也是直柱卷云足，足尖触

[1] 此套《十王图》又称《十殿阎王图》，现存九幅（大都会博物馆五幅，波士顿美术馆四幅），各图上方有押印“大宋明州车桥西金处士画”。明州即今浙江宁波。金处士，生卒年不详，疑与金大受为同一人。参见《海外藏历代中国名画》卷三，湖南美术出版社，1998，图 198 ～ 200 说明。

北宋　李公麟《孝经图》
卷，绢本，水墨，淡设色，全图纵 21 厘米，横 473 厘米
（美国，普林斯顿大学美术馆藏）

南宋　金处士《十王图》（之三）
轴，绢本，设色，纵 111，横 47 厘米
（美国大都会博物馆藏）

明　《十六罗汉图》
卷，纵 34.1，横 333.1 厘米
（个人收藏）

地。如果说两者有任何关联，勉强可说是朱元璋年少曾入皇觉寺，曾经与罗汉同为佛门弟子。换言之，此“疑像”的四出头、腿柱、踏床等形制与纹饰的混搭所呈现的“奇特”，是否意欲衬托出坐者的身份并非等闲？朱元璋垂足倚于其上，也许正符合了明初将其神格化的效果，与传为朱元璋亲撰的《周颠仙人传》，内容叙述开国前奋战各地时与周颠仙之间的诸般异闻[1]，处处流露出天命神授之隐喻正可相互呼应。

无论如何，四出头椅制，不管椅盘是方或圆，下接直腿或弯腿，在宋代都是尊者的坐具之一。到了明代，被纳入皇帝大朝会或出行时的卤簿仪仗五辂内陈设之坐具。明代皇帝卤簿有“青质玉饰”的玉辂、“赤质金饰”金辂、“黄质象饰”的象辂、“白质鞔以革”的革辂与“黑质漆之无饰”的木辂五辂。五辂除外表妆饰有差以明等级外，内部陈设相同[2]，所坐皆是“红髹坐椅。靠背上雕描金云龙一，下雕云板一，红髹福寿板一并褥。椅中黄织今椅靠坐褥，四围椅裙，施黄绮帷幔”[3]。明人王圻的《三才图绘》中有一幅卤簿的《象辂图》，由线绘中可见，毂轮之上围栏正前方所设缺口内，隐约可见卷云足的低案上陈香炉与灯烛，案后即见一坐具，饰有龙首的四出头搭脑与扶手，圆形椅盘下为鼓出的牙子，再接内弯卷足。事实上，四出头圆椅盘在往后的明代并不常见，但曾几何时，却远渡到了东瀛，美国旧金山亚洲美术馆收藏一对16世纪日本桃山时期的六曲屏风。桃山时期受葡萄牙人带来的西方新式枪械、宗教与文化之影响，虽然短暂，却是往后日本现代化的基础，美术风格华丽奔放。画中可见高鼻蓄髭的一位洋人，坐在一张高大的扶手椅上，座旁有蜷伏于地的黑白二犬，其左右似为家眷、仆从与僚属。此坐具有圆形椅盘与内弯的腿足，卷曲的四出头特别醒目，仿佛飞扬跋扈地在宣示主人的权势与财富。如此

[1] 《御制周颠仙人传》，收入邓士龙辑《国朝典故》卷四四，中华书局，1993。
[2] 王圻等编集：《三才图会》，上海古籍出版社，1993，第1862页。
[3] 张廷玉等撰：《明史》卷六五《舆服一》，中华书局，1995，页1599。

明　《象辂图》

（王圻等编集，《三才图会・器用》，上海古籍出版社，1993，页 1164）

17 世纪，屏心

纸质设色带金

屏高 174 厘米，宽 332.7 厘米（美国旧金山亚洲美术馆藏）

四出头官帽椅式有束腰带托泥宝座

坐面 74.4 X57.8 厘米，通高 124 厘米，座高 50 厘米，扶手高 82 厘米，脚踏 80.6 X 27.5 厘米（中国历史博物馆藏）

看来，十四五世纪明代宫廷家具的蜕变之过程，在日本现代化的演进中也插上一脚，留下了痕迹。

至于较为通行的方形椅盘，中国国家博物馆藏有一件“四出头官帽椅式有束腰带托泥宝座”，楠木彩漆，整器满饰高浮雕或镂雕的牡丹、修竹或灵芝，藤编软屉的坐面就是方形，其扶手出头外卷，牛头形搭脑正中雕饰如意云头纹间刻有“元符年造”。“元符”为北宋哲宗在位

明 官帽椅一对

黄花梨，高 120.6 厘米，座深 44.4 厘米，座宽 58.4 厘米（Nelson-Atkins Museum of Art, Kansas City）

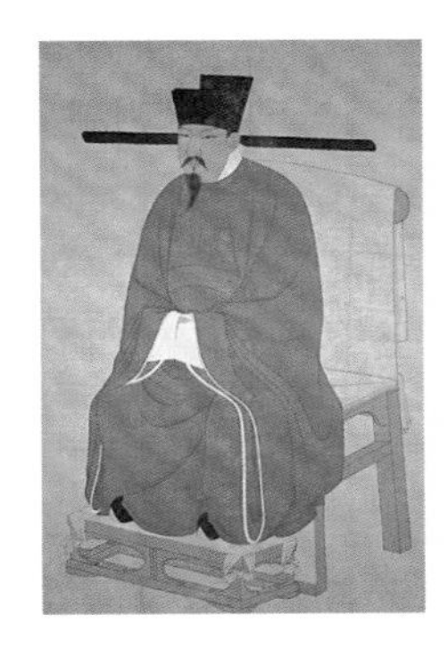
《宋神宗坐像》
轴，绢本，设色，纵 176.4 厘米，横 114.4 厘米（台北故宫藏）

《宋钦宗坐像》
轴，绢本，设色，纵 198 厘米，横 109.3 厘米（台北故宫藏）

《宋高宗坐像》
轴，绢本，设色，纵 185.7 厘米，横 103.5 厘米（台北故宫藏）

《宋孝宗坐像》
绢本，设色，纵 196.7 厘米，横 109.2 厘米（台北故宫藏）

最后三年的年号，然被断为为明代嘉靖年间的宝座。[1]此件尺寸甚大，至目前为止为孤例，是否为明代王府之物，甚至是宫苑内用器，仍待进一步研究。至于一般形制尺寸的“官帽椅”，在明中晚期以后广泛流通于士庶百姓间。目前所存十六七世纪所谓“明式家具”中材美工良、造型优美的官帽椅实物，是现今古董家具收藏家眼中的珍品。

综上所述，“真容”与“疑像”共八幅，其中三幅所坐为圈背交椅，一幅为直背交椅，一幅为圈椅，扶手椅或圈椅加靠背的“混搭”一幅，山字形双搭脑靠背椅两幅，共五种形制。根据史料，朱元璋推翻“异族”入主的蒙元后，其礼乐典章、舆服制度无不跳过元代，直追宋制。[2] 不过，观察宋代皇帝坐像的坐具，从北宋的神宗、钦宗，到南渡后的高宗、孝宗等，所坐都是粗壮、简略的靠背椅。明太祖的五种坐具无一与之相符，可谓“前无来者”，堪为八幅坐像的共同点。究其原因，日常所用的家具，其发展系依实际需要而逐渐改进。以交椅的靠背为例，历经一百多年的演变，到南北宋之交才有“太师

[1]　王世襄编著：《明式家具研究》（图版卷），南天书局，1989，图版检索，页 8，图次甲 98。

[2]　如洪武四年，礼部对西蜀来降的大夏幼主明升（明玉珍子）议定受降、朝见、跪进、待罪等礼节时，大抵皆按宋太祖乾德三年接待蜀主孟昶来降的仪式办理。参见明 · 邓士龙辑：《平夏录》，《国朝典故》卷八，北京大学出版社，1993。

椅”的定制，其他家具也大致如此。而宋亡之后又有元代八十余年的进展，坐具形制更多元，简略的靠背椅显然已不适用。朱元璋扫平群雄之际，采用当时通行最尊贵的坐具有其必然。其中圈背交椅出现三次，可谓频繁，其地位之尊崇可想而知。

坐具多元，与宋代皇帝坐具的单一制不同，为“真容”与“疑像”群的共同点，也是仅有的一点。然则，“真容”与“疑像”孰为本尊？

七　“真容”与“疑像”，孰为本尊？

《明太祖高皇帝半身像》
册，绢本，设色，
纵 63.7 厘米，横 51.8 厘米
（台北故宫藏）

讨论上述共八幅的“真容”与“疑像”孰为本尊，似应加上台北故宫另藏的“真容”半身像一幅，以及半身的“疑像”四幅。明太祖的“一人两貌”，自晚明以来就多有记述，如曾任南京工部尚书的张翰说：“余为南司空，入武英殿，得瞻仰二祖御容。太祖之容，眉秀目炬，鼻直唇长，面如满月，须不盈尺，与民间所传奇异之象大不类。”[1] 晚明学者张萱也说：“先大夫令滇时，从黔国邸中模高皇御容，龙形虬髯，左脸有十二黑子，其状甚奇，与世俗所传相同，似为真矣。余直西省，始得内府所藏高成二祖御容，高皇帝乃美丈夫也，须髯皆如银丝可数，不甚修，无所谓龙形虬髯有十二黑子。”[2] 也就是民间流传“其状甚奇”的“疑像”，两人进入内府所见的却是“美丈夫”的“真容”，并且都同时看到成祖御容。直至近世，对“真容”与“疑像”

[1] 张瀚撰：《松窗梦语》，《续修四库全书》第 1171 册，上海古籍出版社，1995，页 476。

[2] 明 · 张萱撰：《疑耀》，《景印文渊阁四库全书》第 856 册，台湾商务印书馆，1986。

《明太祖半身像》
轴，纸本，设色，纵 101.6 厘米，横 65.4 厘米
（台北故宫藏）

《明太祖半身像》
轴，纸本，设色，纵 110 厘米、横 61.6 厘米
（台北故宫藏）

《明太祖半身像》
轴，纸本，水墨白描，纵 107.6 厘米，横 65.3 厘米
（台北故宫藏）

《明太祖半身像》
轴，纸本，水墨白描，纵 107.1 厘米，横 70 厘米
（台北故宫藏）

孰为本尊的讨论仍然延续，并且各执一说。[1]

晚近医学美容发达，整形医生的妙手往往将人脸整得前后判若两人，这在14世纪的年代是无法想象、也不可能的。人的相貌，终其一生只有一个。如果说“真容”为真，但诸“疑像”也一直并藏于内府，也是其来有自，亦与“真容”一样都流传有绪，无法认定为假。现从坐像画与半身像中的风格特色、衮冕袍服之表现、坐具的时代背景与渊源等多方探索“真容”与“疑像”群可能的完画年代，试行提出“真容”“疑像”孰为本尊的看法。

（一）诸多“疑像”可能的完画年代

1.诸多“疑像”的“草率从事”

对所有疑像，索予明认为其共同特点是：“皆类庸匠所为，其间多幅画工拙劣，不堪入目……草率从事，有失庄敬，实大有悖乎常情。”[2] 并以“服冕垂旒，被衮执圭”的“疑像”一、二为例，认为其衮冕“九旒”，“与《明会典》所载皇帝衮冕之制，亦复离刺颇甚”。[3] 此为索氏据以定为“疑像”的理由之一。其实，其上半身与下半身呈六四比例，构图明显失当，或因仓促之作，或为生手之笔。以帝王之尊，诸多“疑像”的“草率从事”（包括笔画粗拙、构图简略、敷色轻慢等），半身像中还出现白描图像，如同粉本或草稿，亦失庄重，与宋代以来帝王画像皆设色敷染的传统不符。

2.“疑像”一、二的九旒冕“离刺颇甚”？

索氏认为“疑像”一、二之衮冕“九旒”与《明会典》所载“离刺颇甚”。按：《大明会典》记《皇帝冕服》：“洪武十六年定，冕……

[1] 如索予明撰：《明太祖画像考》，《故宫季刊》，1973年春季。王耀庭撰：《肖像·相势·相法》，《美育》，台湾教育艺术馆，第99期，第21～30页。夏玉润撰：《漫谈朱元璋画像之谜》，《紫禁城》（第三十八卷，第六期），紫禁城出版社，第203～206页。

[2] 索予明撰：《明太祖画像考》，《故宫季刊》（第七卷，第三期），台北故宫，页65。

[3] 索予明撰：《明太祖画像考》，《故宫季刊》（第七卷，第三期），台北故宫，页65～69。

前后十二旒。”[1]往后于二十六年（1393）及永乐三年（1405）先后多次改定，嘉靖八年（1529）及万历十五年（1587）亦曾两度增修，此后冠冕之制终明一代大致不变。那么，回顾洪武十六年初次定制之前，或者更早时期之制为何？根据史料，朱元璋推翻“异族”入主的元朝后，其礼乐典章、舆服制度无不跳过元代，直追宋制。如洪武四年，礼部对西蜀来降的大夏幼主明升（明玉珍子）议定受降、朝见、跪进、待罪等礼节时，大抵皆按宋太祖乾德三年（965）接待蜀主孟昶来降的仪式办理。[2]

据《明史》舆服志：“洪武元年，学士陶安请制五冕。太祖曰：‘此礼太繁，祭天地、宗庙、服衮冕。社稷等祀，服通天冠、绛纱袍。余不用。’”[3]洪武元年（1368）如何“服衮冕”，未言其详。以“服冕垂旒”之制而言，《宋史》舆服志是这样写的：“宋初因五代之旧，天子之服有衮冕……前后十二旒。……诸臣祭服。唐制，有衮冕九旒，鷩冕八旒，毳冕七旒，絺冕六旒，玄冕五旒。宋初，省八旒，六旒冕。九旒冕……亲王、中书门下奉祀则服之。”[4]简言之，宋初君臣的衮冕之制因唐制而删改，天子十二旒，亲王、中书门下等为九旒。明代开国功臣李文忠之父李贞，是朱元璋的亲姐夫，在朱元璋称帝后受封“恩亲侯、驸马都尉”，洪武二年（1369）加封“右柱国、曹国公”，洪武十一年（1378）死后被追封为“陇西王”，谥“恭献”。[5]1932年中国营造学社整理李家后人世代收藏的图像，出版为《岐阳世

[1]　明·申時行等奉敕重修：《大明会典》卷六〇《冠服一·皇帝冕服》，东南书报社，1963，页1017。

[2]　洪武四年，礼部对西蜀来降的大夏幼主明升议定同宋太祖乾德三年孟昶来降礼，唯明太祖以明升年幼，“免伏地上表待罪之礼”。参见明·邓士龙辑：《平夏录》，《国朝典故》卷八，北京大学出版社，1993。

[3]　清·张廷玉等撰：《明史》卷六六《舆服二》，中华书局，1995，页1615。

[4]　元·脱脱等撰：《宋史》卷一五一《舆服三》，中华书局，1995，页3522；卷一五二《舆服四》，页3539。

[5]　李文忠于洪武二年亦同时受封曹国公，洪武十七年卒后追封岐阳王。清·张廷玉等撰：《明史》卷一二六《列传第十四》，中华书局，1995，页3746。

《一世陇西恭献王李贞像》(摹本)
(转引自《岐阳世家文物图像册》，中国营造学社，1932)

家文物图像册》。其中的《一世陇西恭献王李贞像》[1]，李贞冕服持笏端坐榻上，其冠为“九旒冕”。死后追封“陇西王”的李贞，其垂旒无疑必遵循当时的冕服之制，可见洪武十六年（1383）左右的明代初期，冠冕亦循宋制。那么，“疑像”中的“九旒冕”作何解释？

检视朱元璋以游丐起事，到最后一统天下，定国号为大明，年号洪武之前，有过多年雄霸一方，以及四五年自立为“吴王”的时期。《明太祖实录》记道：“甲辰春正月……李善长、徐达等奉上为吴王，时群臣以上（朱元璋）功德日隆，屡表劝进。上曰：‘戎马未息，疮痍未苏，天命难必，人心未定，若遽称尊号，诚所未遑……今日之议且止，俟天下大定，行之未晚。’臣固请不已，乃即吴王位。”[2]甲辰年是元至正二十四年（1364），四年后朱元璋才正式称帝。称王与称帝不同，“德合天地者称帝，仁义合者称王”——王之位阶在皇帝之下，若依宋制，称王之时头戴九旒冕是合于礼制的。因此，若说“疑像”一、二完成于朱元璋称吴王之际，应为合理之推测，九旒冕并非“离刺颇甚”之举。

3.“疑像”脸部取姿皆“六分像”，具同一时代风格

王圻《三才图会》中将人物脸部传统画法归纳为十一种，从“一分像”到“十分像”，还有最后的“背像”。七幅坐像与四幅半身像的

[1] 1932年中国营造学社整理李家后人世代收藏的图像，出版为《岐阳世家文物图像册》，原出版品图像漫漶，本图为摹本。

[2] 《明太祖实录》卷一四，甲辰春正月丙寅，“中央研究院”历史语言研究所，1966，页175。

像法十一等体

（转引自王圻等编集，《三才图会》，上海古籍出版社，页 1639 ～ 1640）

所有“疑像”，其脸部取姿大约都是十一等图中的“六分像”，顶多是“七分像”[1]。与宋代诸帝坐像相较，此六七分像的表现方式无疑是上追宋制的做法，也显示此“疑像”群具有共同的时代风格，完画时间相近。“真容”则为“九分像”，却与诸“疑像”风格明显相异。

上述李文忠之父李贞，先后留有两幅图像，一为身穿紫色五爪龙袍，金革带，跨坐于饰金构件的圈背交椅上，当于洪武二年（1369）加封“右柱国、曹国公”所作，其脸部取姿偏于“七分像”或“八分像”，与洪武十一年（1378）死后封王的《一世陇西恭献王李贞像》的脸部“九分像”明显不同。后者完画时间有待推定，但与同为“九分像”的“真容”却因此具有相近的时代风格。据此推测，诸“疑像”的完画年代在“真容”之前。

4. 诸“疑像”的龙纹有三爪、四爪或五爪

仔细观察所有“疑像”中象征天子之龙袍，不是龙纹含糊不定，就是龙爪之数表现不明。疑像五龙爪之数为三，“疑像”三、六、七以线绘的方式更能清楚看出，有行龙三爪或云龙三爪者；团龙、游

[1]　索予明文内以此为“八分像”，似不尽相符，其所据为何，待考。索予明撰：《明太祖画像考》，《故宫季刊》（第七卷，第三期），台北故宫，1973，页 66。

“疑像”三之线绘图，涂大为线绘

“疑像”六之线绘图，涂大为线绘

“疑像”七之线绘图，涂大为线绘

“真容”之线绘图，涂大为线绘

龙或行龙四爪者。半身像中有龙爪四者；同一画像中有龙爪三、龙爪四者；或一身兼具三爪、四爪、五爪者。简言之，所有“疑像”，不管坐像或半身像，龙纹共同点是爪数的含混、不一致。与此同时，“真容”的线绘图中，不管是胸前或两肩的团龙，都清楚可见是贲张的五爪。相形之下，“疑像”群的龙爪显得充满含混、犹豫，反映的是不一致性与不确定性。

龙纹在中国由来已久，但正式将龙据为己有的是宋徽宗。“政和元年十二月七日，诏：‘元符杂敕，诸服用以龙或销金为饰……及以纯锦徧绣为帐幕者，徒二年，工匠加二等，许人告捕，虽非自用，与人造作，同严行禁之。’”[1]政和年间还禁止官民以“龙”字为名字。[2]不过，以龙为皇帝专属则始自宋徽宗的高祖宋仁宗。仁宗在位期间曾诏定天下官民

[1] 《宋会要辑本 · 舆服四 · 臣庶服》，世界书局，1964，页 1797。

[2] 宋 · 洪迈著 :《容斋随笔 · 帝王后妃篇》，汉欣文化事业，1994，页 47。

的屋宇器服之制、朝廷命妇的首饰。不得“奇巧飞动如龙形者”。[1]尽管如此，终宋一代并未制定龙爪该当何数。如今所见宋代龙纹的爪数有三或四者。元人入主中原后，泰定三年（1326）虽曾“申禁民间金龙文织币”[2]，也未明定皇帝的龙纹爪数。一直到至元二年（1336），元顺帝妥欢贴睦尔才禁用五爪龙。[3]此时朱元璋九岁，数年后各地旱灾、蝗害、瘟疫等接踵而至，天下混乱，豪杰并起，朱元璋也投身反元的浪潮，于至正十二年（1352）投奔红巾军的郭子兴，此后转战南北，到至正二十四年春天自立为“吴王”。诸多“疑像”中龙爪的含混、不一致与不确定，或许正反映当时天下未定，称王之礼制大率皆依宋制的龙爪三、龙爪四，也夹杂了一点元末新制皇帝专断的五爪龙。换言之，除了九旒冕的“疑像”一、二外，其他龙爪“乱无章法”的诸“疑像”均可能出自在雄霸一方、与群雄对峙之混乱时期。

5.朱漆、黑漆或原木未漆的坐具

仔细观察坐具的用色，诸“疑像”中有朱漆二、黑漆四，和木材肌理毕现的原木未漆一。朱元璋在开国后的洪武二十六年（1393），更定冠服、居室、器用制度等，规定官民人等“不许制造龙凤文及僭用金酒爵，椅卓木器之类亦不许用朱红金饰”。[4]换言之，皇帝所用应非金即朱，黑色是官民人等可用色之一，原木未漆更只见于庶民之间。[5]

回顾中国家具史，宋仁宗天圣七年（1029）就已明定：“士庶、僧道无得以朱漆饰床榻，九年，禁京城造朱红器皿。”景佑元年（1049）又下诏：“凡器用毋得表里朱漆、金漆，下毋得衬朱。”[6]等等。目前

[1] 《宋会要辑本·舆服四·臣庶服》，世界书局，1964，页1796～1797。
[2] 明·宋濂撰：《元史》卷三〇，泰定三年三月乙卯，鼎文书局，1977，页669。
[3] 明·宋濂撰：《元史》卷三九，至元二年夏四月丁亥，鼎文书局，1977，页834。
[4] 《明太祖实录》卷二〇九，洪武二十四年六月己未，“中央研究院”历史语言研究所，1966，页3117。
[5] 如宋代王居正所绘《纺车图》中，一边哺乳一边摇纺轮的村妇所坐小凳。参见中国美术全集编辑委员会编：《中国美术全集》，文物出版社，图19。
[6] 元·脱脱等撰：《宋史》卷一五三《舆服五》，中华书局，1995，页3574～3576。

所存宋代诸帝后的坐具，器表的髹饰确是非金即朱。然而，“疑像”中仅“服冕垂旒”的二幅为朱漆，其余有四幅为黑漆该当何解？检阅宋人李心传所撰的《建炎以来系年要录》，记有民间传说的“泥马渡康王”的故事。康王赵构即后来的南宋高宗，在南渡初期有一段：“绍兴初，徐康国为浙漕，进台州螺钿椅桌，陛下即命焚之，至今四方叹诵圣德。上指御座曰，如一椅子，只黑漆便可用，何必螺钿？”[1]此记显示，辗转逃到临安（杭州）的宋高宗，在南宋宫廷内的御座为外表光素未饰螺钿的黑漆椅子。在兵马倥偬、大局未定之时，高宗不用金，连螺钿装饰之器用都烧掉，只坐一只黑漆椅子来宣示节俭，因此被“四方称颂盛德”[2]。朱元璋在力追宋制之余，是否也不忘记效仿南宋高宗的节用措施？因为类似的事件在朱元璋身上也发生过。清人撰写的《明史》，将朱元璋的手下败将陈友谅纳入“列传”中，并记其奢侈之状：“友谅豪侈，尝造镂金床，甚工，宫中器物类是。既亡，江西行省以床进。太祖叹曰：此与孟昶七宝溺器何异！命有司毁之。”[3]后面这位使用七宝溺器（镶嵌多种宝石的便盆）而被朱元璋批评的孟昶，就是在宋太祖乾德三年（965）来降的蜀主。朱元璋甚至还将元顺帝御制的水晶宫漏以同样的理由给打碎了。[4]由是观之，原木未漆的坐具，其旨意更昭然若揭——素朴无饰，与社会中下阶层所坐无异，是否宣示自身来自草莽，即使已贵为一方之主，仍以身作则，用示亲民？在兵马倥偬、战火缭绕之际，大局尚未完

[1] 宋·李心传撰：《建炎以来系年要录》，《景印文渊阁四库全书》第327册，台湾商务印书馆，1986，页327～396。

[2] 宋·李心传撰：《建炎以来系年要录》，《景印文渊阁四库全书》第327册，台湾商务印书馆，1986，页327～396。

[3] 清·张廷玉等撰：《明史》卷一二三《列传第十一》，中华书局，1995，页3690。

[4] 被朱元璋赶到漠北的元顺帝妥欢帖睦尔，史载他“尝手制龙船样式，命工依样而为……又自制宫漏……又自削木构宫，高尺余，栋梁楹榱，宛转皆具”。《中国营造学社汇刊》（第三卷，第二期），页158。另，世宗朝的斐绍宗，正德十二年进士，曾上疏嘉靖：“太祖贻谋尽善，如重大臣，勤视朝，亲历田野，服浣濯衣，钟蔬宫中，毁镂金床，碎水晶漏，造观心亭，揭大学演溢之类，陛下所当绎思祖述。”参见清·张廷玉等撰：《明史》卷一九二《列传第八十》，中华书局，1995，页5097。

全底定，黑漆或无漆坐具之画作四处张贴，是否为争取更多民心的必要举措？

若谓画作用于争取民心，最值得观察的是“疑像”五。画中朱元璋双手笼袖，斜倚右侧，从右扶手下斜至椅盘左侧似覆有疑似僧人的袈裟类织物，织物地纹可见整齐划一的方格，每格内各饰一象征佛教的“卍”万字纹，左侧椅盘处在“卍”万字格纹间还可见朱红的葵花双框边。“卍”英文为“swastika”，原为梵文“srivatsa”，有“吉祥海云相”或“吉祥之所集”之意，也象征太阳或火，是佛教的标志或护符。历来有左旋“卍”与右旋“卐”两种方式呈现，传统中土地区多作左旋“卍”[1]，常用于寺庙建筑、佛教文物或法器仪轨上以震慑四方，民间则用以祈福平安或驱魔避邪。但如“疑像”五般将之覆在椅面，再直接坐于其上则不常见，此安排应非偶然，也非比寻常。明太祖在其《三教论》中说：“其佛仙之幽灵，暗助王纲，益世无穷。”[2]以此佛门信物加上团龙黄袍，是否欲借神佛之力，“暗助王纲”？是否是昭告天下其曾为佛门弟子，行事作为将秉持佛法，敬天畏命？或者暗寓其为佛法所授的真命天子，将拯救流离困苦的无主生民？不论诉求为何，在天下底定之后已无此需要，故推测此画像至迟应在称帝之前。

(二)“真容”应非真容

1.“真容”中金碧辉煌的金交椅

“真容”中的金交椅，其交叉的腿足上满布连续金钉，是所有明太祖坐像中唯一金漆、金饰的坐具。明人王圻所著《三才图会》中，元人的交椅之制不过是“涂以黄金”而已，“真容”的金交椅不但浑金饰之，又“金钉装钉”，夺目耀眼，有过之而无不及。不过，却与

[1] 藏传佛教则以右旋“卐”为正规，称为“雍仲”，意为坚固，象征光明，还有轮回不绝之意。

[2] 朱元璋撰：《明太祖御制文集》，台湾学生书局，1965，页 345 ～ 348。

前所述朱元璋当众毁弃陈友谅豪奢的“镂金床”，大叹其与孟昶的“七宝溺器”相异，又将元顺帝亲手所制的水晶宫漏打破等诸般事迹大相扞格。尤其是，朱元璋在自称吴王后两年，典缮署以宫室图稿进呈，朱元璋看了以后的反应是：

> 上见其有雕琢奇丽者即去之。谓中书省臣曰：“宫室但取其完固而已，何必过苹为雕斫。昔尧之时，茅茨土阶，采椽不断，可谓陋矣。然千古之上称盛德者，必以尧为首，后世竞为奢侈，极宫室苑囿之娱，穷舆马珠玉之玩，欲心一纵，卒不可遏，乱由是起矣。夫上能崇节俭，则下无奢靡。吾尝谓珠玉非宝，节俭是宝，有所缔构，一以朴素，何必极雕巧以殚天下之力也。”[1]

定鼎中原之后的洪武元年（1368）八月，“有司奏造乘舆服御诸物，应用金者，命皆以铜代之。有司言费小不足靳。上曰：‘朕富有四海，岂吝于此？然所谓俭约者，非身先之何以率下？小用不节，大费必至。开奢泰之原，启华靡之渐，未必不由于小而至大也。’”[2] 为了以身作则，率先将御前器用应该用金的全改以铜代，明初被命为国子监祭酒的许元[3]，就曾以“不当用象牙床”被劾[4]。凡此俱在昭示天下其崇朴示俭的节用之心。如此的明太祖，岂会言行不一地让自己坐在一架金钉满布、华丽炫目的金交椅上？

若进一步观察，“真容”的坐具满布连续性金钉的装饰手法其来有自。描写北宋京城繁华景象的《东京梦华录》，作者孟元老在追忆

[1] 《明太祖实录》卷二一，丙午岁十一月己巳，“中央研究院”历史语言研究所，1966。

[2] 《明太祖实录》卷三四，洪武元年八月丙申，“中央研究院”历史语言研究所，1966。

[3] 许元，字存仁，金华人，以行王道、省刑薄赋讲于朱元璋。吴元年擢国子监祭酒，出入左右近十年，后忤旨逮死狱中。参见张廷玉等撰：《明史》卷一三七《列传第二十五》，中华书局，1995，页 3953 ～ 3954。

[4] 明 · 邓士龙辑 ：《国初事迹》，《国朝典故》卷四，北京大学出版社，1993，页 81。

宋仁宗后和宫女

（沈从文编著，《中国古代服饰研究》，台湾商务印书馆，1993，页380）

往昔开封府在正月十四日皇帝“车驾幸五岳观”的仪仗时，号为“天武”的军官随驾护卫，殿前官骑马配剑作为前导，殿前步军中的“御龙直”，平日负责制造及保管皇帝的御用之物，此时也携带“金交椅、唾壶、水罐、果垒、掌扇、缨拂之类”随驾出行，而其“御椅子皆黄罗珠蹙，背座则亲从官执之”。[1] 也就是说，皇帝出行的御椅，是铺设着黄色罗纱，上面镶缀真珠，由亲从官带着。[2] 检视宋代帝后坐像，北宋时期的宋仁宗后、神宗后、徽宗后，及钦宗帝后等坐像，其金漆

[1]　邓之城注、孟元老著：《东京梦华录》，汉京文化事业，1984，页170～171。

[2]　王明荪编撰：《大城小调——东京梦华录》，时报文化出版，1987，页203～204。

坐具俱沿着木构与腿柱衔接之线，或云纹角牙与云纹腿足的边缘起伏，去镶饰密集连串的真珠，连足下的踏床（脚踏）亦复如是，使得整器灿然炫目，有如现代城市于节日喜庆时主要建筑外表装饰的耀眼灯饰。如此前后对照，“真容”金碧辉煌的金交椅隐然有其直追宋制之旨意，但应非力言“珠玉非宝，节俭是宝”的明太祖在世时所作。

2.“真容”应出自宫廷画院

“真容”不但金交椅的金钉连贯细密，一丝不苟，再看整幅画作皆采坚挺遒劲的铁线描，笔笔工整，法度严谨，比例精确，设色平涂，未加渲染，色彩浓丽，全图并以地毯为地，整体画面与诸“疑像”之风格迥然不同，接近宫廷“院体”绘画之特色。[1]所谓“院体”，根据学者的解释，“是由画院画家所形成的风格体系”，如宋代翰林书画院的宫廷画家所创立的典型风格，如北宋的“宣合体”，南宋宫廷画家李唐、刘松年、马远、夏圭等的画风被称为南宋的“院体”。同样的，明代宫廷画家主导的画风就称为明代的“院体”。[2]

仔细观察“真容”中太祖左肩及坐具有更动的痕迹，从地毯、双足、踏床并其坠下之流苏所见，整幅画作运笔并非一气呵成，应该是在一位师傅（master）的主持之下，多名生徒（disciples）合力完成的集体之作。[3]而这样的作品，只在“人多势众”的画院组织中才有可能产生。石守谦也认为此画为明太祖洪武时期“仅存少数之此期宫廷作品之一”[4]，若是宫廷之作，表示洪武时期有宫廷画家，这是毫无疑问的。目前所知洪武时期的宫廷画家有沈希远、赵原、盛著、周位等等。[5]但有宫廷画家并不等同宫廷画院组织的存在，“真容”由多人合

[1] 石守谦认为此“真容”为明太祖时期宫廷作品之一。参见石守谦撰：《明代绘画中的帝王品味》，《文史哲学报》，台湾大学，1993，页10。

[2] 单国强编：《明代院体》，山东美术出版社，2005，页1。

[3] Chang — hua Wang: *Material Culture and Emperorship – The Shaping of Imperial Roles at the Court of Xuanzong (r.1425-35)*, A Dissertation Presented to the Faculty of the Graduate School of Yale University, 1998, p..167 ～ 169.

[4] 石守谦撰：《明代绘画中的帝王品味》，《文史哲学报》，台湾大学，1993，页10。

[5] 穆益勤编：《明代院体浙派史料》，上海人民美术出版社，1985，页1 ～ 7。

力完成，则应为宫廷画院所为。检视目前相关学者之见，明代“画院”之名一直要到成祖的永乐时期才出现——永乐至弘治年间的邱濬有诗称：“仁智殿前开画院，岁费鹅溪千匹绢。”以及同时期徐有贞的诗作：“先皇（成祖）在御求画名，画院人人起声价。”[1]等等。即便如此，因成祖虽曾试图仿效宋代翰林书画院体制，命阁臣黄淮“选端厚而善画者完其任”，唯几次亲驾北征，戎马倥偬，画院的组织机构和职称升迁还很不完善，仍属于初创阶段。[2] 要到其皇孙明宣宗的宣德年间，“随者社会的安定，经济的复苏和宣宗本人对绘画的酷爱，宫廷绘画得到迅速发展，画院机构日趋正规”[3] 。换言之，明代宫廷画院院体风格的成形最早的也在永乐时期。那么，这幅画院集体之作的明太祖“真容”，其完画年代是否在明太祖生前的洪武时期，就不免使人疑惑。

3.“真容”金交椅下的地毯

《石渠宝笈三编》记“真容”下“地敷氍毹”[4]。“氍毹”即地毯，是该画最特殊之处，正如石守谦所言：“在其周遭的背景，尤其是画面的下部，太祖座下四周有着繁复、细密的装饰纹样组合成的地面（或地毯），这是前代帝王肖像画上所未曾见过的。”[5] 此前所未有的地毯装饰，依石守谦之说，较有可能“来自当时专作外销画的宁波画师

---

[1] 以上转引自单国强编:《明代院体》，山东美术出版社，2005，页 1。其他则林莉娜撰:《明代画院制度略考》，《追索浙派》，台北故宫，2008，页 192。按:邱濬，海南岛琼山人，景泰五年进士，累官文渊阁大学士、户部尚书兼武英殿大学士等职，熟悉国家典故，《明宪宗实录》总裁官，著有《琼台会稿》二十四卷、《大学衍义补》等。徐有贞，江苏吴县人，初名“理”，宣德八年进士。正统七年疏陈兵政五事，即《武功集》。正统十四年土木堡之变，因倡议首都南迁使仕途受阻，改名“有贞”。景泰七年参与武清侯石亨、太监曹吉祥的“夺门之变”，有功于英宗复辟，由副都御史升任内阁首辅，封武功伯兼华盖殿大学士。

[2] 单国强撰：《明代宫廷绘画》，王春瑜主编《明史论丛》，中国社会科学出版社，1997，页 265 ～ 268。单国强著：《明代绘画史》，人民美术出版社，2001，页 6 ～ 7。

[3] 单国强著：《明代绘画史》，人民美术出版社，2001，页 7 ～ 9。

[4] 台北故宫编：《石渠宝岌 · 秘殿珠林三编》，1969，页 4571。

[5] 石守谦撰：《明代绘画中的帝王品味》，《文史哲学报》，台湾大学，1993，页 10。

之手”，如陆信忠等民间职业画师所作之《十六罗汉图》等。[1] 诚然，画作可能出自南方画师之手，但画中“地敷氍毹”的创举因何而来？其纹样所据为何？

朱元璋力追宋代典章制度，但有宋一代的帝后坐像下皆素净无华，无地毯之设，可以确定“真容”下的地毯并非宋制之余绪。检视自古以来的华夏之地也并非无地毯之用[2]，远的不说，唐代诗人白居易的诗作《红线毯》：“太原毯涩毳缕硬，蜀都褥薄锦花冷，不如此毯温且柔，年年十月来宣州。”即已指出八九世纪的唐代，制造地毯之处至少有太原及四川，但两处所造不是硬涩就是太薄，都不及宣州所织的温柔厚软。也因为宣州地毯“线厚丝多卷不得”，丝线又多又厚无法卷起，需要100名挑夫一起担进宫中：“披香殿广十余丈，红线织成可殿铺。”铺设于十余丈广的宫殿，说明不但丝线厚多，尺寸也庞然。如此“彩斯茸茸香拂拂”地毯，使得“美人踏上来歌舞，罗袜绣鞋随步没”[3]。白居易如临现场般描写在地毯上载歌载舞的美人鞋袜都随着舞步没入毯中，可能意在针砭宣州官员不惜民力、物力的造豪奢地毯以为贡品，但从而可知，至迟在9世纪上半叶的中唐时期，中土的地毯制造已相当兴盛。五代南唐后主李煜的《浣溪沙》，也记有“红日已高三丈透，金炉次第添香兽。红毯地衣随步皱，佳人舞点金钗溜”[4]等，对其宫掖彻夜笙歌曼舞于地毯上进行描写。

从现存画作中也可见到8～10世纪间地毯的使用。唐代周昉描写宫庭妇女日常生活的《挥扇仕女图》，画中“观绣”的场景是在一席地毯上进行。地毯有大小边，均饰以缠枝花卉纹，大地（主要装饰部

[1] 石守谦撰：《明代绘画中的帝王品味》，《文史哲学报》，台湾大学，1993，页11～14。

[2] 中国的地毯使用源远流长，但经常被忽略，或有所讨论亦往往从17世纪开始，直到19世纪末才受到西方商人的重视。见 Virginia Dulany Hyman: *Carpets of China and Its Border Regions*, Michigan, Ars Ceramica, Ltd., 1982, p.1 ～ 5。

[3] 唐 · 白居易著：《白氏长庆集》卷四《红线毯》，收入《景印离藻堂四库全书荟要》第364册，世界书局，1988，页364。

[4] 吴颖等编：《辑校汇笺传李璟李煜全集》，《浣溪沙》，汕头大学出版社，2001，页76～77。

唐　周昉《挥扇仕女图》，“观绣”
卷，绢本，设色，纵 33.7 厘米，横 204.8 厘米（故宫博物院藏）

唐　张萱《捣练图》（宋摹本），“织修”
卷，绢本，设色，纵 37 厘米，横 147 厘米（美国波士顿美术馆藏）

唐　孙位《七贤图》
卷，绢本，设色，纵 45.2 厘米，横 168.7 厘米（上海博物馆藏）

份）由数个团花及四个角花组成，相当繁复缛丽。开元间任史馆画直的张萱[1]，其画作《捣练图》有宋人摹本留存，其中“织修”的部份设一绿色地毯，正细心理线的两名宫女，一箕坐于地，另一踞坐于一黑漆方机上，双足垂踏于毯边。唐末画家孙位的画作《高逸图》（或名《七贤图》），现存的四贤都各自坐于一方华丽的地毯上，皆以红色为地，其大小边或镶如意云头纹、连续环纹，或单朵花卉纹，大地则隐约可辨为云头纹，或连续单朵花卉纹等等。尔后的五代，契丹画家胡瓌有一幅《卓歇图》，描述契丹可汗与其妻盘坐宴饮于地毯上，仆从随侍执壶、进酒、献花等，前方正起舞作乐。[2]还有一幅传为宋人陈居中的《文姬归汉图》，画中文姬与匈奴左贤王坐于地毯上对饮，两人所出之两子紧依着文姬于地毯上。由此可知，自唐中期以来，一

[1] 张萱，陕西西安人，唐开元间任史馆画直，工人物，尤擅贵族妇女、婴儿、鞍马。
[2] 中国美术全集编辑委员会：《中国美术全集》，人民美术出版社，1993，图版说明 55。

五代　胡瓌《卓歇图》
卷，绢本，设色，纵 33 厘米，横 256 厘米（故宫博物院藏）

（传）南宋　陈居中《文姬归汉图》
卷，绢本，设色，纵 147.4 厘米，横 107.7 厘米（台北故宫藏）

人或多人，乃至铺殿地毯之使用，在宫廷殿阁或具显赫地位者间已是常见之事，除了延续席坐的传统，俨然有地位之象征。

因此，宋代帝后坐像下皆无地毯之设就令人不解。据《宋史》，国之大宴时："殿上陈锦绣帷帟，垂香球，设银香兽前槛内，藉以文茵。设御茶床、酒器于殿东北楹间，群臣盏斝于殿下幕屋。"[1]有"文茵"（垫席）之记，未见高形坐具之设。进一步检视其他数据，南宋初陈骙所撰的《南宋馆阁录》，详载南宋临安朝廷内各殿阁间的布置与陈设，连各轩堂内设有坐具若干，并其形制、漆色等都巨细无遗。其中，不但一般官员之居室未见陈放地毯，皇帝御前所用陈设只"前设朱漆隔黄罗帘，中设御座、御案，脚踏黄罗帕褥，御屏画出水龙"[2]，连"朱漆隔黄罗帘""脚踏黄罗帕褥"等都写入，若其下铺有地毯当不致略过不提。由此推定，南宋宫廷之内应无地毯之设，而力追宋制的明太祖，其"真容"金交椅下所设之地毯就显得非常突兀。

至若明太祖金交椅下的地毯纹样，其上下大边以呈直线曲折（zigzag）的S形为饰，往内的上下两排由数个环形、方形、三角形、十字形、心形等组合成连缀的雪花纹。大地则以双环为蕊心，由线条绕成数个三角形为花瓣，规律的层层向外开展，形成团花，四角饰以三叶形图案（trefoil motifs）。整件地毯以大红、棕红和深蓝、土耳其蓝等色交替，于雪花纹、团花纹的线条空隙间再填上白色的圆点。西方学者Virginia Dulany Hyman在研究中国地毯时，归纳上述《文姬归汉图》中的地毯纹样图案有圆形、方形、三角形、十字形、曲折形等几何图形，以及心形和三叶纹饰等，用色以红或棕红、深蓝、土耳其蓝等为主，再加上四周宽边明显的白色圆点，认为此华北地区十二三世纪时期受蒙古与中亚交流之影响。[3] 此亦证明"真容"与《文姬归汉图》，

---

[1] 元·脱脱等撰：《宋史》卷一一三《宴飨》，中华书局，1995，页 2683。

[2] 宋·陈骙撰：《南宋馆阁录》卷二，"丛书集成续编"第 53 册，新文丰出版社，1991，页 591。

[3] Virginia Dulany Hyman: *Carpets of China and Its Border Regions*, Michigan, Ars Ceramica, Ltd., 1982, p..62 ～ 66。

相隔一百余年的两件画作，其地毯用色、几何构图等元素，以及白色圆点的使用如此接近，殊非巧合。如此看来，明太祖“真容”地毯纹样的主导者应一定程度地受到蒙元文化的影响。

4.“真容”可能的成画时间

建文帝允炆继位后不久开始实行废藩或削藩政策，各地藩王皆不自安，导致就藩北平的燕王朱棣发动“靖难之变”。万历二十三年（1595）的进士邓士龙所辑的《奉天靖难记》有一段：“时诸王坐废，允炆日益骄纵，焚太祖高皇帝、孝慈高皇后御容，拆毁后宫，掘地五尺，大兴土木，怨嗟盈路，淫佚放恣，靡所不为。”[1]《立斋闲录》中也有类似记载：“建文嗣位，荒迷酒色，不近忠良……渎乱人伦，灭绝天理，又将父皇母后御容尽行烧毁。”[2] 此或即历史事件中的“成王败寇”之论，然不管所述真实性如何，是否为建文帝烧毁，此段“父皇母后御容尽行烧毁”之记也许是明成祖制作太祖（及高皇后）御容的正当契机。明成祖堂而皇之制作“真容”的诸多借口，或者说是旁证之一。

那么，可能的完画时间为何时？索予明考订“真容”的冠服制，发现其与明成祖永乐三年（1405）更定的《明会典》：“皇帝常服……永乐三年（更）定：冠，以乌纱冒之、折角向上，袍黄色，盘领窄袖，前后及两肩各织金盘龙一。”“契然符合无间”，从而论定此幅为明太祖“真容”。若从另一角度思考，其完画时间是否最早也就在永乐三年典制更定之后？

卒于永乐十六年（1418）的姚广孝（僧道衍），是明成祖“靖难之变”成功的推手，死后敕封“荣国恭靖公”，其坐像之坐具形制一如明成祖之宝座，除了龙纹改以如意云头纹外，整器也见繁缛的堆栈雕琢，可见成祖即位后常驻跸行在北平，文教重心北移，百官之用

---

[1] 明 · 邓士龙辑：《奉天靖难记》，《国朝典故》卷一一，北京大学出版社，1993，页 203。

[2] 明 · 邓士龙辑：《立斋闲录》，《国朝典故》卷四〇，北京大学出版社，1993，页 968。

明 《姚广孝像》
轴，绢本，设色，纵 184.5 厘米，横 120.6 厘米
（故宫博物院藏）

器也渐染北人之审美情趣，宫廷中新的美学风尚已然形成，与宋代帝后坐具之简质风格已渐行渐远。观察明太祖“真容”画作繁复缛丽之风格与金碧辉煌的表现，尤其用笔的流畅与设色之圆熟比之永乐二年（1404）的《明成祖坐像》更有过之，甚至更倾向成祖之后的《明宣宗坐像》。总而言之，既然明代画院初创于永乐时期，则“真容”的完画时间最早也应在永乐中期以后。

若进一步缩短最可能的完画时间点，似应在永乐十九年（1421）正式迁都北京，祭告太庙之前。揣度成祖创作此“真容”之旨意——开创大明帝国的一代英主，理当具备“容貌丰伟”“神采奕奕”的恢宏气度，将其置于一向尊崇的宋制“太师椅”上，并连珠缀饰，整器施金，其下更敷已身熟习的五色地毯，如此上下交相辉映，金碧灿烂，用示上承宋制，下启大明，既有威武之尊，又显华丽之势，方足彰显其承先启后之丰功伟业，并与整座新生的北京城相互映衬。如果说，成祖主导画院画家别制此“真容”会令皇族困惑不解，引发异议，或少数存世朝臣、亲信、宫人们的窃窃私语，但在“靖难”得位后长达十年的诛杀建文遗臣，“瓜蔓抄”似的灭门十族等作为，应该让他们记忆犹新，要不噤若寒蝉也难。何况，数千里外的新都北京，有几个识得太祖本来面目？紫禁城内更是门禁森严，闲杂人等根本无缘得入太庙。

《明宣宗坐像》
绢本，设色，纵 252.2 厘米，横 124.8 厘米
（台北故宫藏）

明人何乔远的《名山藏》说："（永乐）十九年正月甲子朔，上诣太庙奉安五庙神主。"[1]五庙就是太祖之前的四代先祖[2]，再祔太祖之神位合为五庙。成祖将曾经在位四年的建文皇帝排除，以凸显自己是太祖以降，唯一正统的皇位传承者。二十年前与建文皇帝四年艰苦的皇位大战已然船过水无痕。有着"新生"容貌的太祖坐像就此高悬于新建的太庙之内，供后世子民瞻仰。此即前言开场所述，一百年后张翰、张萱等官员深入大内时目睹的太祖"御容"。

综上所述，"真容"与"疑像"坐像中的五种坐具，当以"真容"所坐的金交椅最为尊贵华丽。然而，索予明等所认定的"真容"与"疑像"应值得商榷。从其衮冕、服制、龙爪、画像风格、坐具形制，以及地毯的使用与纹样等文献数据与图像相互比对，"疑像"可能才是本尊，"真容"应非真容。"真容"可能在永乐中期以后所作，其下限或为永乐十九年（1421）北京新都建成、明成祖祭告太庙之前。诸多"疑像"的完画年代可能亦有先后，最晚也在朱元璋洪武称帝之前。若从坐具形制的演变进程与用色背景观察，"疑像"三、四、七或作于与群雄争战之时，"疑像"一、二应在自立为吴王之时，"疑像"五、六最晚在洪武称帝之前。当然，以上诸般的反复推测仅为多元面相的探讨之一，还有待于发掘更多的直接性史料，再行更深入之研究。

---

[1] 明 · 何乔远撰：《名山藏》，收入《典谟记》，"八闽文献丛刊"，福建人民出版社，2010，页 235。

[2] 五祖为明太祖，及明太祖在洪武元年正月壬申追尊的前四代：德祖玄皇帝、懿祖恒皇帝、圣祖裕皇帝、仁祖纯皇帝。参见清 · 谈迁撰：《国榷》，《续修四库全书》第 358 册，上海古籍出版社，1995，页 227。

第二节 “百战金川靖难兵”之后——从太宗到宣宗

一篇黄鸟朝天户，百战金川靖难兵。[1]

明太祖在洪武三十一年（1398）告别一手开创的大明帝国，遗言中有一段：“朕膺天命三十一年，忧危积心，日勤不怠。”[2]尽管生前是如此事必躬亲地处理国政，以期避开前朝“人君安逸不管事”[3]之败因，也唯恐重蹈唐代藩镇割据导致国势衰敝之覆辙，又顾虑到宋代因军事不振导致异族入侵而灭国，因此，对取得的天下，仿照上古周代的封建制度，在洪武三年（1370）年开始分封诸子镇戍各地，以屏藩帝国，但将周制更为“分封而不锡土，列爵而不临民，食录而不治事”[4]，以确保大明帝国既无外犯之忧，亦无内乱之虞，国祚绵绵长久。不过，人算不如天算，仍避不开“祸起萧墙”的内乱纷扰，而且就在长孙建文继其位之后发生。建文采纳齐泰、黄子澄诸人“秀才朝廷”的奏请，锐意削藩，并同时谴责北平皇叔朱棣的燕王府的僭越违制，以致双方交恶。在朱元璋升遐后不到一年，燕王朱棣就以“清君侧”为名，与建文皇帝展开长达四年、伤亡无数、大小百余次的叔侄大战。最后在建文四年（1402）六月，朱棣兵临南京城下，开国功臣李文忠之子李景隆与谷王朱穗打开金川门迎降后，结束了《明史》上说的“靖难之役”。[5]朱棣旋即位南京，年号永乐，并在永乐十八年（1420）将国都迁往北京，在位期间五度亲征漠北，于永乐二十二年最后一次征途的班师回朝中驾崩。死后庙号“太宗”，百余年后的子孙世宗，于嘉靖十七年（1538）将“太宗”改为“成祖”，使其成为

[1] 朱元璋死后，侍寝的宫人殉葬，家眷由朝廷养活，叫“朝天女户”。参见中山陵园管理局等编：《明孝陵志》，黑龙江人民出版社，2002，页136。

[2] 清·张廷玉等撰：《明史》，中华书局，1995，页3659。

[3] 《明太祖实录》卷一一三，洪武十年六月二十日。

[4] 清·张廷玉等撰：《明史》卷一二〇《列传第八》，“赞辞”，中华书局，1995，页3659。

[5] 许文继等著：《正说明朝十六帝》，香港，中华书局，2005，页32～33。

《明成祖坐像》
轴，绢本，设色，纵 220 厘米，横 150 厘米
（台北故宫藏）

中国封建制度历史上兼具“祖”与“宗”的皇帝。[1]

这位从漫长艰苦的四年内战中挣得宝座，又“前无古人，后无来者”、兼具开国之“祖”与守成之“宗”的皇帝，《明史》帝王本纪的赞辞有“成功骏烈，卓乎盛矣”之语。[2]目前所见坐像画中的坐具，与其父明太祖的多元坐具完全不同。

一 明成祖华丽的大宝座

（一）明成祖的坐具是“前无古人”的创举

现藏台北故宫的《明成祖坐像》，胡敬的《南薰殿图像考》说：“坐像高四尺九寸，面深赤，虬髯，颏旁别出二绺向上，翼善冠，黄袍，地敷氍毹。”[3]只见画中的朱棣，右手轻握玉带，左手抚膝，八步大跨于宽敞的大扶手椅上。此坐具坐面宽阔，三面设横向与竖直的框架式结构，“山”字形靠背，搭脑与扶手出头共雕饰龙首六，龙首皆口衔璎珞绦结，与其皇父明太祖诸多坐像的坐具完全不同，与宋代开国之君赵匡胤的《宋太祖坐像》却似乎有若干传承。

宋太祖的坐具也是支架式山字形靠背结构，但坐面更为宽广，袍

[1] 依据封建宗法制度，帝王庙号是“祖有功而宗有德”。开代有功者，称之为“祖”。而其余有德，则盖以“宗”称之。每朝代只应有一位国君称“祖”。参见朱鸿撰：《朱棣——身兼“祖”与“宗”的皇帝》，《鸿禧文物》，创刊号，1996，页 145 ～ 161。

[2] 清·张廷玉等撰：《明史》卷七《本纪第七·成祖本纪》，“赞辞”，中华书局，1995，页 105。

[3] 清·胡敬撰：《南薰殿图像考》，收入《胡氏书画考三种》，汉华文化事业，1971，页 332。

《宋太祖坐像》
轴，绢本，设色，纵 191 厘米，横 169.7 厘米
（台北故宫藏）

北宋　圣母坐像，彩塑
圣母像通高 228 厘米
（《中国美术全集·五代宋雕塑》，图 85）

袖尽开，两边离扶手还有一些点距离，其扶手与搭脑出头所雕饰的龙首还口衔璎珞绦结，但在扶手与靠背的衔接处少了一组出头的龙首。坐面下的腿足间设壶门式灵芝纹开光，托泥下为云纹龟足。整器髹朱，并在支架的衔接、转折处以金属构件包镶，虽未加宝饰，但宋太祖跨坐其上，双手垂握膝前，俨然有庄严凝重的富贵气息。

相较之下，明成祖的宝座在扶手与靠背的衔接处多设一组出头的龙首，坐面下如前述《捣衣图》中五代宫廷妇女圈椅之云纹腿足，只是卷曲的云纹起自牙条，经角牙处直转下足端，线条更为缱绻华丽，也形似前引南宋时期五山十刹中禅院“方丈倚子”之腿足、角牙、牙条一体连做的方式。[1]最重要的是，出头龙首所衔的璎珞绦结不但加长、扩大，也更色彩缤纷。椅帔之外所见的山字形靠背与扶手尽是密集镶嵌的杂色宝石，支撑的直柱与椅盘边沿也满缀杂宝，整器说不完的璀璨华丽，再加上成祖长髯美须，一手护带、一手抚膝的雄跨其上，翩翩然有泱泱帝王的恢宏气度。整幅坐像之气势超越了南北宋诸

[1]　张十庆撰：《关于宋式弯腿带托泥供案》，《文物》，2002 年第 3 期，页 81。

帝后所坐，直逼四百余年前被众军士们“黄袍加身”的赵匡胤。

赵匡胤本为后周世宗柴荣的检校太傅、殿前都点检，后周世宗驾崩，虽有幼主恭帝柴训继位，然众军士在出师抵御来犯的北汉与契丹联军时，于陈桥驿“以黄衣加太祖身”[1]。这就是历史上著名的“陈桥兵变”。赵匡胤“黄袍加身”，天下遂为赵家所有。成祖也是一样，帝位并非直接得自太祖。此外，根据前节所引《三才图会》脸部取姿的画法，两者都是八分像，身形亦同属八分之一偏侧坐姿。《宋太祖坐像》与宋代诸帝所坐截然不同，何时由何人所作，有待研究，但明成祖坐姿与坐具的呈现，对明太祖而言，是一种革命性的创举，俨如另一种场域的“靖难之役”。

（二）山西太原晋祠圣母殿的刘太后

形制与明成祖宝座非常接近的还有北宋时期山西太原晋祠圣母殿中圣母的坐具。圣母殿供奉上古周武王之妻邑姜，也就是周成王和叔虞之母。彩塑的圣母凤冠蟒袍盘腿端坐，三面如建筑结构般横向与竖直的支架式组合，宋代常见的牛头形搭脑，出头雕饰凤首，扶手与靠背的转接处雕饰凤首，与永乐宝座的结构相几乎一致，所差者后者之搭脑与出头俱较为平直，并增饰椅帔覆盖其上。此外，两者皆坐面宽广，扶手出头，各饰龙凤。最相近之处为所有支撑之“鹅脖”（短柱）皆雕饰精致，每柱俱如望柱头般的堆栈而成，仿如具体而微的建筑物望柱。此种小柱堆栈的做法，观察前节南宋僧人的坐具，也许可知其流传渊源。与此同时，圣母的椅盘下为须弥座开光，是一般通行的神佛造像台座，永乐宝座之制则较贴近南宋禅院或元代宫廷使用的云纹腿足。

太原晋祠圣母坐具的背板有宋人的墨书题记“元祐二年”。[2] 供奉

[1] 元・脱脱等撰：《宋史》卷一《太祖本纪》，中华书局，1995，页 2 ～ 4。

[2] 中国美术全集编辑委员会编：《中国美术全集・五代宋雕塑》，人民美术出版社，1993，图 85 说明。

圣母的主殿建于北宋仁宗天圣元年(1023)，正是仁宗以十二岁幼龄即位之时，也是其母章献明肃刘太后临朝摄政之始。[1]由于当朝官员质疑刘太后欲仿“武则天第二”，复以其出身卑微，民间对其又有“狸猫换太子”之传言，质疑其权力取得的合法性。刘太后是否欲借周武王之妻邑姜本身多重历史意蕴之女性身份，将自身“巧妙地隐讳自我于理想化的圣母实像之后”[2]，以彰显其临朝摄政之正当性与权力取得之不可置疑，已有学者提出讨论。前后对照，朱棣以“靖难之役”取得大位，虽师出有名，终非理直气壮，尔后对《明太祖实录》一修再改，马皇后是否如其所载为其生母也是谜团重重[3]，得位之后对抵死不从的建文诸臣如齐泰、黄子澄等痛下杀手，尤以江南名儒方孝儒的“诛十族”最惨绝人寰。种种有悖于法、理、情的作为，终其之世，皆难杜悠悠众口。其坐具如此贴近刘太后所坐，是不谋而合，还是别有用心，都令人好奇。

《明成祖坐像》
轴，绢本，设色，纵 268 厘米，横 149 厘米
（西藏布达拉宫藏）

[1]　刘太后，太原人，出生不久即成孤儿，被人扶养后被一制银者带入汴京，十五岁进入襄王府。襄王即赵恒，后来的宋真宗。真宗即位后进为美人（内朝封号），因无宗族，改姓刘，复晋为修仪、德妃。章穆皇后薨，真宗即立其为皇后。当时宫内李宸妃生赵祯，即后来的宋仁宗，但刘皇后据为己子。真宗崩，仁宗继位。十年后刘太后薨，仁宗才得知生母实为李宸妃，非刘太后。参见《宋史》卷二四二《后妃》，中华书局，1995，页 8612 ～ 8617。

[2]　李慧淑撰：《圣母、权力与艺术——章献明肃刘后与宋朝女性新典范》，“207 开创典范——北宋的艺术与文化研讨会”，台北故宫，2007 年 2 月。

[3]　永乐生母之说成谜，一说为高丽人碽妃所出，见《太常寺志》。转引自许文继等著：《正说明朝十六帝》，香港，中华书局，2005，页 66。

（三）大同小异的《明成祖坐像》有两幅

西藏布达拉宫也收有一幅《明成祖坐像》，右上方有竖行楷书题识“大明永乐二年四十五岁三月初一日记”[1]。永乐二年（1404）为其入主南京的第二年，不管是面部、胡须、衣袍、坐姿等，整体构图与内容都与台北故宫所藏之坐像大同小异，其画幅宽为149厘米，唯纵268厘米，比后者要高约50厘米。如此使得坐具在相形之下更为宽厚壮硕。按明太祖在开国初年便开始接触藏传佛教，对西藏地区实行“广行招谕”与“多封众建”的政策，建立朝贡贸易和茶马互市，确保中央与地方的领属关系。永乐年间，成祖不但“崇其教”，更召请藏僧来京，讨问法要，接受灌顶，并任用藏僧举办法事。国都北迁后，更在宫中设立“番经厂”，厂中“供西番佛像，皆陈设近侍司其香火”。[2]所谓“番经”，就是藏传佛教的经典。在太祖与成祖的统辖下，以藏僧与番经代其“终修职责，抚治人民”，此明成祖画像“作为贵重礼品送到西藏，也就不难理解”。[3]因此，此幅坐像比朱棣留存北京宫内之尺寸要“宏伟”些，也许有其政治考虑。

无论如何，对明成祖宝座的讨论，除了形制比拟《宋太祖坐像》、《晋祠圣母殿刘太后坐像》外，其宝座外表的雕饰繁复、镶嵌杂宝，还璎珞绦结、五色缤纷，迥然异于宋太祖或刘太后之坐具，也不曾见于宋代诸帝坐像上之坐具，或明太祖的诸多坐像，可谓“前无古人”之创举。此现象因何而来，也颇令人好奇。

（四）明成祖宝座的渊源

明成祖宝座华丽的外表纹饰，也许可从时间上更接近的元代宫廷去探索。1930年成立的中国营造学社，曾广征博引，将元、明人

---

[1] 西藏文管会欧朝贵撰：《布达拉宫藏明成祖朱棣画像》，《文物》，1985年第11期，页65。

[2] 明·刘若愚著：《酌中志》卷一六《内府衙门职掌》，北京古籍出版社，1994，页118～120。

[3] 西藏文管会欧朝贵撰：《布达拉宫藏明成祖朱棣画像》，《文物》，1985年第11期，页65。

的笔记，编写成《元大都宫殿图考》，对故元宫廷建置与陈设详加考略，谓元故宫大明殿中设有“七宝云龙御榻”“七宝灯漏”，广寒殿内有“金嵌玉龙御榻”等[1]，可知元宫廷坐榻或用器常以各色宝石镶嵌。前举元人任仁发的《张果老见明皇图》，画中唐明皇所坐之圈背亦见杂宝镶缀。根据资料，营造元大都的达鲁花赤，“以大业甫定，国势方张，宫室城邑，非巨丽宏深，无以雄八表”，认为宫室“非巨丽”就不足以震慑八方，而经始设计宫殿的也黑迭儿[2]，领旨承作的范围，除了“魏阙端门，正朝路寝，便殿掖庭”，亦含“衣食器御”等，又其“规画宫城，制度结构，取法汴京，亦与汴宫同其泰半，所不同者，宋世制度简质，禁中多具山林风味，元宫专尚华缛，金碧灿烂，内部装修以及陈设且有取材异国，侈诡过甚者”[3]，故知元宫室营造之制度结构取法被其灭亡的宋朝，而与北宋汴京宫城相异之处是“元宫专尚华缛，金碧灿烂”，此亦即蒙元游牧民族传统的美学情趣。

朱棣二十一岁就藩燕地，一直到四十四岁进入南京城称帝，在原为元代都城的北平已渡过23年。到永乐十九年（1421）正式迁都北京时，又常驻跸称为行在的北京。因此，至其六十五岁宾天之时，前后在北京的时间总计至少有40余年。北人的审美情趣，相信耳濡目染地影响了成祖对器用的选择，包括坐具。

前节曾提及现藏故宫博物院的《姚广孝坐像》，其上正楷金书“敕封荣国恭靖公赠少师姚广孝真容”。画中的姚广孝结跏趺坐，坐具虽有四出头椅制的雏形，但坐面宽广，搭脑与扶手出头之雕饰均为如意云头纹饰，且重重堆栈，连支柱也布满云头，腿足间还有托泥的厚实基座，以及类似覆莲的云朵纹，踏床与托泥同制。所坐除四出头的

[1] 朱偰撰：《元大都宫苑图考》，“中国营造学社汇刊”（第一卷，第二册），1930，页71 ～ 80。

[2] 达鲁花赤为蒙语“daruyaci”的音译，或译为“达鲁噶齐”，意为掌印者，长官或首长之意，元代各州县均置此官。也黑迭儿是阿拉伯人。转引自陈垣著：《元西域人华化考》，收入《陈寅恪先生全集》。

[3] 朱偰撰：《元大都宫苑图考》，“中国营造学社汇刊”（第一卷，第二册），1930，页 102。

南宋　灵隐寺椅子
（转引自张十庆撰,《关于宋式弯腿带托泥供案》,《文物》，2002，页 81，图 5～3）

纹饰由北宋流行的蕉叶纹改为云头纹外，与南宋江南禅院五山十刹中灵隐寺椅子，几乎是一致的。按：姚广孝十四岁为僧，法名道衍。相士袁珙说他“三角眼，形如病虎，嗜杀成性”[1]。入燕王府后成为“靖难之役”的推手，立下不世奇功。成祖赐名“广孝”，永乐十六年（1418）卒后又敕封“荣国恭靖公”，为他辍朝二日，并亲撰碑文。洪熙元年（1425）成祖驾崩，继位的仁宗复追赠其“少师”之衔。[2]如此不世出的“开国”功勋，其坐具在当时自是尊崇无比。此坐像因其题款中之“少师”，故其完画时间最早应于洪熙元年或稍后。观其坐椅所具建筑框架之遗痕，扶手下的鹅脖也见建筑望柱之堆栈与繁缛的雕饰，显示出国都北移之后，北京朝廷百官之用器渐染北人之审美意识，是不可避免之趋势与风尚。

再回顾比《姚广孝坐像》早十余年的明成祖坐像，大宝座靠背的建筑架构直追宋代开国之君与北宋圣母殿内之圣母坐具，腿足传承了北宋宫廷用器中坐椅形制，以及南宋江南禅院坐具牙条之繁复雕饰，整器外表又摒除宋制的“简质”，直接撷取被他五度远征的蒙古人所崇尚之杂宝镶嵌，繁华缛丽，颇有震慑八方的“巨丽”与灿烂，正似与元大都宫殿内的“七宝云龙御榻”等相互呼应，逐渐形成南来的汉人之国，其身外的器用具有北人的形制与纹饰之审美意识，隐然成为《姚广孝坐像》坐具之先驱。

由此看来，定都南京的明太祖，其八幅坐像中之诸般坐具，延续

[1]　清・张廷玉等撰：《明史》卷一四五，中华书局，1995，页 4079。
[2]　杨新主编:《明清肖像画》,《故宫博物院藏文物珍品大系》，商务印书馆，2008，页 5。

了承自宋室南迁之后，江南地区坐具简明细致的传统。迥异于明太祖的诸多坐具，明成祖的大宝座代表的是国都北迁之后，因袭自晚唐五代以来开阔厚重的形制，外表装饰上又糅合蒙元北人的审美情趣，堪称“前无古人”的创举。两位皇帝的坐具因此在形制与纹饰上具体而微的各自显露了“南船北马”的差异。而明成祖的大宝座，也成为明代多数皇帝坐像画的滥觞，在明代宫廷家具史上极具开创地位，正好符合明代历史上其兼具“祖”与“宗”庙号之地位。

二　“父以子贵”的明仁宗与“好圣孙”明宣宗

（一）明仁宗坐具的朴实无华

明成祖朱棣猝崩于最后一次北征之归途，由已册封皇太子20年的长子朱高炽仓促继位，是为仁宗。然登大宝不及一年，便以四十八岁英年因病崩逝。时间虽然短暂，但宽刑省狱、洁身自制等仁政，史家评价：“当靖难师起，仁宗以世子居守，全城济师。其后成祖乘舆，岁出北征，东宫监国，朝无废事。”[1]

根据史料，仁宗之得大位颇为坎坷。“靖难之役”中，虽然他“全城济师”的留守北平燕王府，但其弟朱高煦随父征战，屡建战功，颇获成祖倚重，且他自己对皇太子之位也久存觊觎；最受宠的幼弟朱高燧阴结太监，对皇位也是虎视眈眈。永乐初，朱棣对储位人选仍举棋不定时，密问所倚重的翰林侍读学士解缙，君臣两人的对话如下。

> 缙称：“皇长子仁孝，天下归心。”
>
> 帝不应。
>
> 缙又顿首曰：“好圣孙。”谓宣宗也。
>
> 帝颔之，太子遂定。[2]

[1]　清·张廷玉等撰：《明史》卷八《仁宗本纪》，中华书局，1995，页 112 ～ 113。

[2]　清·张廷玉等撰：《明史》卷一四七《列传第三十五》，中华书局，1995，页 4121。

解缙先说由仁孝的皇长子朱高炽继位是“天下归心”的事，见成祖不置可否，只好加码说道，皇长子的儿子朱瞻基可是“好圣孙”啊！于是成祖才点头钦定朱高炽为太子。原来朱瞻基甫落地即得成祖之心——“生之前夕，成祖梦太祖授以大圭，曰：‘传之子孙，永世其昌。’既弥月，成祖见之，曰：‘儿英气溢面，符吾梦矣。’”[1]日后并以国师姚广孝和能臣夏原吉、蹇义刻意辅导之。若长子朱高炽继任，皇位顺理成章地就会传给成祖宠爱的皇长孙朱瞻基。就这样，朱高炽“父以子贵”地登上皇位。

如果再读前述明太祖登极仪中太祖之坐具为“金椅”，而据《大明会典》所载，仁宗“以储宫嗣立，稍有所更定，累朝因之”[2]。意即新皇帝的登极仪式在太祖拟定后，到了仁宗即位时稍作变更，宣宗以后各朝的嗣位皇帝皆因袭如故。仁宗于坐具一事的更定是，内府司设监等先期在“于奉天殿设宝座”，登极当日，“由中门出升宝座”。因此想定此“宝座”可能是成祖坐像中的华丽大宝座，或至少如太祖“真容”中的金漆坐具。不过，今日所见的《明仁宗坐像》中的坐具，一如其祖父明太祖“真容”中之圈背交椅，除了象征皇室的髹金之外，更少金钉装饰，显得朴实无华，似也衬托出其储位的坎坷与短暂在位的仓促。观其容貌，比薨年近五十之龄较为年轻，其身披团龙黄袍，或许是储位东宫时所作。

（二）“好圣孙”明宣宗坐在“卍”字圈椅上

朱瞻基二十九岁继承皇位，年号宣德，庙号宣宗。不负成祖所望，仁政爱民，任用贤臣，以著名的“三杨”[3]等贤臣为股肱，辅佐朝政，成功地守住大明的基业。目前所存的两幅《明宣宗坐像》挂

[1] 清·张廷玉等撰：《明史》卷九《宣宗本纪》，中华书局，1995，页 115。

[2] 另正德十六年嘉靖自藩国入继大统，非嗣位皇帝，特定有“肃皇帝登极仪”，参见《大明会典·登极仪》。

[3] “三杨”为杨士奇、杨荣、杨溥。参见清·张廷玉等撰：《明史》卷一四八《列传第三十六》，中华书局，1995，页 4131 ～ 4142。

《明仁宗坐像》
轴，绢本，设色，纵 111.2 厘米，横 76.7 厘米
（台北故宫藏）

《明宣宗坐像》（一）
轴，绢本，设色，纵 210 厘米，横 171.8 厘米
（台北故宫藏）

轴，其中一轴只见宣宗的坐具与其父仁宗坐像之圈背交椅大相径庭，其形制与雕饰却与宠爱他的祖父所坐几近相同，连宝座下氍毹之纹饰也大同小异，若仔细观察，仅镶嵌在搭脑与扶手的杂宝略有减少，环绕椅盘、脚踏束腰部份的饰带隐去而已，使用同样的一尊宝座彷佛是在昭告天下，其实这位“好圣孙”才是成祖钦点的皇位继承人，仁宗仅是暂时不得已的“插花”之作。同时，根据胡敬的记录，宣宗肖像本身“高五尺”[1]，比成祖肖像的“高四尺九寸”，还多了一寸，此是否暗示守成有功的宣宗，其在位期间宇内承平的“仁宣之治”是青出于蓝而略胜于蓝？[2]

另一幅《明宣宗坐像》，笼袖宣宗的坐具形制如明太祖“疑像”

[1] 根据台北故宫所记，收藏于该院的《明宣宗坐像》有两幅，均为挂轴。胡敬的《南薰殿图像考》或《石渠宝笈》均仅记后者，亦即黄袍圈椅的坐像（一）。清•胡敬撰：《南薰殿图像考》，收入《胡氏书画考三种》，汉华文化事业，1971，页 333。

[2] 在西藏布达拉宫的明成祖画像，画幅纵 268 厘米，横 149 厘米。成祖本身身高不明，依画中比例应较北京宫内所悬大许多。唯此尺幅可能因应当初布达拉宫内某处或某特定仪式而量身打造，可能有其特殊意蕴，暂不列入比较。

《明宣宗坐像》(二)
轴，纸本，设色，纵 252.2 厘米，横 124.8 厘米
(台北故宫藏)

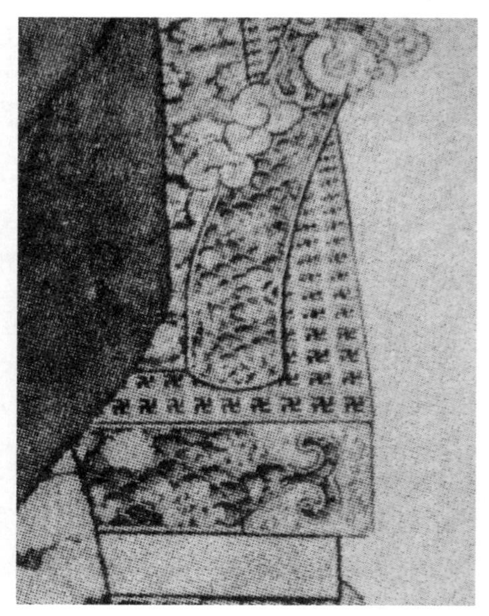

《明宣宗坐像》(二)(局部)
椅盘坐面的“卍”字纹

六的圈椅，扶手出头也雕饰龙首，只不过宣宗的圈椅龙首后接龙身，并沿着圈背蜿蜒而上，并缀饰高浮雕如意云头纹饰，连前腿的柱身也“飘”挂着云头，极为醒目，比太祖“真容”所坐更为华丽。椅盘的束腰与腿柱，甚至脚踏等皆为方正的线条。特别要注意的是，椅盘坐面的边框满饰佛教的“卍”万字纹，与明太祖“疑像”五坐具上疑为袈裟类织物的“卍”万字纹似遥相呼应。目前故宫博物院的一架清宫旧藏“宣德款填漆戗金双龙纹立柜”，背面横框有款识“大明宣德甲戌年制”[1]，立柜正面框角及左右侧板下部也分别缀饰了红色“卍”万字黑方格锦纹地。

“卍”英文为“swastika”，原为梵文“srivatsa”，为“吉祥海云相”或“吉祥之所集”之意，也象征太阳或火，是佛教的标志或护符(logo)，历来有左旋“卍”与右旋“卐”两种方式呈现。传统的中土

[1] 按：宣德朝仅有甲寅年，并无甲戌年，此疑为明万历年改刻。参见胡德生著：《故宫博物院藏明清宫廷家具大观》，紫禁城出版社，2006，页 604。

地区多作左旋“卍”，藏传佛教则以右旋“卐”为正规，称为“雍仲”，意为“坚固”，象征光明，还有轮回不绝之意。但根据史料，古老的西藏苯教是以左旋的“卐”为崇奉的符号。中国自从汉代佛教入华以来，历代帝王崇佛的现象多反映在开窟建寺，法会祈福等活动，此印记也多半出现在佛身本尊或驱凶避邪的信物上。大英博物馆收藏一幅唐代绢画《千手千眼观音菩萨像》，“千手千眼”表示圆满无碍，普度众生，并能消灾解祸，降邪伏魔。此画中的观音，“千手”各执法器或结手印，除了日、月、金乌、蟾蜍外，还可见一方左旋的“卍”字印记。到宋金时期已广泛普及于日常器用的盆架与衣杆上。而从8～13世纪中的五百年间，远在西南的南诏、大理国，分别在其残存的“塔砖拓片”与“绢符咒”上出现右旋的“卐”标记。而明代的一尊瓷造阿弥陀佛像，阿弥陀佛头顶螺髻，双目微闭，“眼观鼻、鼻观心”之处亦清楚可见一左旋的“卍”印记。不管左旋的“卍”或右旋的“卐”[1]，置于立柜四角，虽为装饰，也许有震慑四方、驱魔避邪之意，但将之放在坐具的坐面上，迄今为止还是首见，应非偶然，也非比寻常。

明　宣德款填漆戗金双龙纹立柜
长92厘米，宽60厘米，高158厘米
（故宫博物院藏）

---

[1] 按：藏传佛教以右旋“卐”为正规，中原地区多为左旋“卍”，但西藏地区古老的苯教却以左旋“卍”作为崇奉的符号。

红色“卍”字黑方格锦纹地，宣德款填漆戗金双龙纹立柜
长 92 厘米，宽 60 厘米，高 158 厘米
（故宫博物院藏）

唐 《千手千眼观音菩萨像》
绢本，设色，纵 79.3 厘米，横 62 厘米
（大英博物馆藏）

金 木盆架
座圈径 12.8 厘米，通高 13.8 厘米
（大同市博物馆撰，《大同金代阎德源墓发掘简报》，《文物》，1987 年 4 月，页 9）

宋 衣杆，河南安阳出土
（参见《考古》，1994 年 10 月，页 910 ～ 918）

南诏 塔砖拓片，大姚县白塔出土
（云南省文物管理委员会，《南诏大理文物》，文物出版社，1992，图 52）

大理 绢符咒，崇圣寺主塔出土
长 61 厘米（云南省博物馆藏；云南省文物管理委员会，《南诏大理文物》，文物出版社，1992，图 92）

明 米黄釉阿弥陀佛瓷像
通高 62.6 厘米
（中国国家博物馆藏）

明朝初年，“太祖招徕番僧，本借以化愚俗，弭边患，授国师、大国师者不过四五人”，意即太祖立番僧为国师，为的是“弭边患”，及至成祖时，不但“兼崇其教，自阐化等五王及二法王外，授西天佛子者二，灌顶大国师者九，灌顶国师者十有八，其他禅师、僧官，不可悉数”。[1]迁都北京后，宫中除了“汉经厂”“道经厂”外，也设立了“番经厂”。“番经”就是藏传佛教的经典，也就是在宫中“习念西方梵呗经咒”[2]，成祖看来极为崇奉藏传佛教，但多少还是有“宣抚”与“招纳”之意[3]。宣宗继位后，对藏僧建寺供养，大量封授，“曰大慈法王，曰西天佛子，曰大国师，曰国师，曰禅师，曰都纲、曰剌痲”等等。据统计，京师受封的番僧至少1000余人，“渐开明代皇帝过度崇奉藏传佛教之门”[4]。因此，此幅《明宣宗坐像》，宣宗坐具椅盘上密布的“卍”万字纹饰，是否与其热衷于藏传佛教有关？

(三)“万年天子”功过于神佛?

一般对文物中符号的解读，有所谓的“深层含义”的探讨，“圆明园遗址中的每一处断垣残壁、废砖旧瓦都包含着‘失败的耻辱’这一概念”。同时，在参观一位领袖人物的旧居或纪念馆时，“从他的房屋、家具、穿着中发现他的习性癖好的印记，发现他高雅或粗俗，勤俭或奢侈的程度”。换言之，“在‘实’的文物中包含着‘虚’的东西”[5]。此幅坐像所见的“实”是宣宗坐在数不清的“卍”字上面。这其中的“虚”究竟为何？宣宗即位之初，御驾亲征，兵不血刃地平定了汉王朱高煦的谋反，也抚定了蠢蠢欲动的赵王朱高燧。虽然没有太祖开创基业的丰烈伟业，也没有成祖四方征战的谋定江山，但其时四海升平、国势渐盛，作为大明帝国的皇帝，身着龙袍，坐在庄重的

---

[1]　清・张廷玉等撰：《明史》卷三三一《西域传》，中华书局，1995，页 8577。

[2]　明・刘若愚撰：《长安客话・酌中志》卷一六，北京古籍出版社，2001，页 116 ～ 121。

[3]　何孝荣撰：《明代皇帝崇奉藏传佛教浅析》，《中国史研究》，2005 年 4 期。

[4]　何孝荣撰：《明代皇帝崇奉藏传佛教浅析》，《中国史研究》，2005 年 4 期。

[5]　张国田撰：《文物的符号特征》，《北方文物》，总第 29 期，1992 年第 1 期，页 97 ～ 101。

圈椅上，出头处雕饰昂然的龙首，沿着圈背尽是龙身蜿蜒，已然足够表现帝王的威严与皇权的稳固。那么，以传统世俗的眼光去考虑宣宗此举对至尊的佛门有大不敬之意，是否正是宣宗所要表达或宣示的，对绝对神权的觊觎或挑战？谁才是真正的天下第一？有学者指出，此幅坐像为纸本，不同于一般的绢材，应系宣宗升遐后为内廷家眷祭祀之用，属非正式的肖像。[1] 如果说，带有佛教“卍”万字纹饰坐具的肖像画与其使用目的及置放场所无关，从另一个角度去思考，是否可能有其隐藏其内的寓意或意蕴？果真如此，这位相士袁珙口中的“万年天子”[2]，以热衷崇佛为表，隐藏其内的可能是雄猜大略之思，欲与诸神争锋。有道是，“寄语恒河诸佛子，莫把菩提作树看”[3]。这“实”与“虚”之间，宣宗的政治权谋竟是凌驾于其祖父与高祖之上？

（四）明宣宗使用的胡床

前节述及明代宫廷画作《明宣宗宫中行乐图》，其中的“投壶”一段，宣宗所跨正是胡床，该长卷另有宫人射箭、踢球或打马球等游戏，宣宗都是踞坐胡床观赏。“胡床”，就是目前常见无靠背、交脚、可折叠的坐具。顾名思义，是从西方传过来的坐具，三千多年前埃及第十八王朝的墓室壁画中，即可见到年轻早逝的国王图腾哈门（Tutankhmun）坐在设垫的“胡床”上。尔后中亚的亚述王国（Assyria Empire），在其所遗留的浮雕残片上也可看到一名弹竖琴的人坐在胡床上。公元2世纪时期，罗马帝国的石棺雕刻中也可见到一名女子正垂

---

[1] Chang — hua Wang: *Material Culture and Emperorship – The Shaping of Imperial Roles at the Court of Xuanzong* (r.1425 ～ 35), A Dissertation Presented to the Faculty of the Graduate School of Yale University, 1998, p.177.

[2] 成祖时的太常寺卿袁珙是国师姚广孝所推荐，原为相士，受成祖之命，看了皇子朱高炽及皇孙朱瞻基的相，对前者说了“后代皇帝”，对后者说了“万年天子”之语。参见焦竑著：《国朝献征录》卷七〇《太常寺・袁珙》。

[3] 宫中英华殿供奉西番佛像，殿前有菩提两株。“寄语恒河诸佛子，莫把菩提作树看”是天启年间翰林院侍讲学士张士范对此两株菩提所作偈语。

坐胡床哀悼逝者。[1]可知胡床传入中国以前在中东、中亚或欧陆地区流转已久。中国最早使用胡床的人是2世纪中期的汉灵帝，“灵帝好胡服、胡帐、胡床、胡坐、胡饭、胡空侯、胡笛、胡舞，京都贵戚皆为竞之”[2]。三国时期的曹操，史载他在西征时突遇马超偷击，“公将过河，前队适渡，超等掩至，公犹坐胡床不起”[3]。两则史料透露，汉灵帝喜欢胡床以后，上行下效，雄猜的曹操也不遑多让。从此以后，胡床以其简便，用则张之，不用则合，以及或佩于鞍马，或挂于车辕，还可挂于室内壁上等多功能用途而相当普及，不但是军旅、出猎、行商所用，也为文士日常生活之需。美国波士顿美术馆藏一卷宋人摹本《北齐校书图》，描写北齐文宣帝高洋命樊逊等人刊校五经、诸史，画中诸人或展卷注思，或执笔书写，或坐于交脚的胡床览读。宋、辽、金时期在胡床上安设靠背成为新坐具的交椅，但朱元璋开国之前与陈友谅的鄱阳湖大战，据明人的笔记，“两军接战方酣，太祖据胡床坐舟端，指挥将士”[4]。说明即使与曹操相隔一千多年，军前指挥所坐仍然相同。此外，朱元璋与陈友谅双方尔虞我诈、战情胶着之际，陈友谅的洪都守将胡均美萌生异心，派其子来试探倒戈之事，所提条件使朱元璋面有难色。这时，“刘基自后踢所坐胡床，上意悟，许之，均美遂以城降”[5]。站在后面的刘基就是足智多谋的军师刘伯温，从后面踢了朱元璋所坐的胡床，因而成就胡均美来降美事，可见胡床也是争战时期朱元璋的“宝座”。宣宗之孙宪宗也有一卷在宫苑内巡幸的《明宪宗元宵行乐图》，画中宪宗坐在殿檐下的黄幄内观看阶下宫人施放烟火，由坐具袒露的部份，可见是朱漆加金饰构件的交椅，与宣宗

---

[1] *World Furniture*，图 4，页 11；图 29，页 16。后者现藏大英博物馆。吴美凤撰：《宋明时期家具形制之研究》，中国文化大学艺术研究所美术组硕士论文（上），1996，页 157。

[2] 刘宋・范晔著：《后汉书・志第十三・五行一・服妖》，鼎文书局，1981。

[3] 吴美凤撰：《宋明时期家具形制之研究》，中国文化大学艺术研究所美术组硕士论文（上），1996，页 99。

[4] 明・陆粲撰：《庚己篇》卷七，中华书局，1987。

[5] 明・邓士龙辑：《国朝典故》卷五，中华书局，1993。

《北齐校书图》(局部)，宋摹本
卷，绢本，设色（美国波士顿美术馆藏）

《明宪宗元宵行乐图》(局部)
卷，纵 37 厘米，横 624 厘米（中国国家博物馆藏）

所坐略同。

胡床虽系一介小小器用，传入中土以后名称很多，如“马札”“马闸”“麻榨”“交床”或“交杌”等等，不一而足。在明代嘉靖年间制定官员乘轿之制时，也顺便将之纳入使用条例，就是“兵部尚书下营之日，也只许乘马（不许乘轿）。其余军职，不许上马用交床，出入抬小轿。但有违犯的……

明　有踏床交杌
面支平 55.7x41.4 厘米，高 49.5 厘米（王世襄藏；转引自《明式家具研究》（图版卷），南天书局，1989，页 31，甲 41）

从重罚治”[1]。知明代官书称之为“交床”，也可用来协助上马。胡床形制千年以来几无二致，仅为足下有无踏床（踏脚，搁脚处）之分，有踏床的较为罕见。前举故宫博物院现藏一架明代的“黄花梨交杌”无踏床之设，另一件私人收藏则带踏床。两件均非朱漆金饰的宫廷器用，但可作为形制及结构参考。

三　明英宗——坐像中首位正视前方的皇帝

宣宗当政十年后驾崩，由九岁的长子朱祁镇登上皇位，是为英宗。英宗前后有两个年号，为正统与宾天之前的天顺。正统十四年(1449)，由于太监王振之怂恿，英宗亲率50万大军御驾亲征北境来犯的蒙古瓦剌，不幸在土木堡溃败。明军全数覆没，英宗本人被掳，虽然仅当了一年阶下囚就被迎回，但是景物依旧，人事已全非，朝廷

[1]　明・张时彻编：《嘉靖新例・诏令奏议类・兵例》，嘉靖二十七年刊本。

《明英宗坐像》
轴，绢本，设色，纵 210 厘米，横 171.8 厘米（台北故宫藏）

早拥立其弟朱祁钰为皇帝，是为代宗，年号景泰。一直到景泰七年（1456），英宗都以“太上皇”之称被幽禁于紫禁城东南一隅的南宫[1]，并受到严密监视。最后在景泰八年（1457）时，乘景帝病重之际，由

[1] 英宗幽禁之地因在紫禁城东南角，故称“南宫”。幽禁之处为崇质殿，整区又称延安宫。

几名太监及朝廷官员在暗夜破南宫之门，拥簇着轿内的英宗进入东华门，在天明早朝之前复登皇位，史称“夺门之变”。[1]这位明代第六位皇帝，合计在位22年间，一年被俘北居，七年被幽禁南宫，宝座失而复得，皇帝之路颇为曲折起伏。土木堡之役的惨败一般认为是明史上由盛转衰的分水岭，姑不论政经大事的成否，英宗有一些作为被史家赞为“盛德之事，可法后世”[2]，如天顺年间释放了“靖难之役”时被朱棣幽禁的建文帝次子，当年两岁幼童如今已是五十余岁的“建庶人”朱文圭。左右近侍曾加劝止，恐朱文圭滋生变乱，英宗却回以“有天命者，任自为之”[3]。临终前并遗诏停止殉葬，废除传统嫔妃为皇帝殉葬之制度。终明之世的后继诸帝敬谨遵行，不复以嫔妃殉葬。如此人性化的变革，所见的《明英宗坐像》也颇多创举。

（一）身服龙衮、正襟危坐在“五山”宝座上

首先，宋代诸帝后的半身像或坐像，入明之后的明太祖、成祖、仁宗及宣宗等四帝坐像皆采八分之一侧角入画，也就是整体偏侧取像，像主的视线也不是正视前方。英宗坐像却将传统微侧的姿势转向正前方，全幅构图以像主为中轴线，左右对称。英宗本人不但正襟危坐，还庄重肃穆地正视前方，成为自宋以来的帝王肖像画中，第一个正坐、正视前方的皇帝，仿佛在“正视”他失而复得、得来不易的宝座。其次，此坐像一反其祖宗们坐像画中所披之黄袍，改用明代皇帝正式仪典用的朝服。传统的“黄袍加身”固然代表皇帝，但依制绣有十二团龙与十二章缀饰的“龙衮”[4]却更能象征至高无上的皇权。最

---

[1]　许文继等著：《正说明朝十六帝》，香港，中华书局，2005，页 117 ～ 137。

[2]　清・张廷玉等撰：《明史》卷一二，中华书局，1995，页 160。

[3]　明・邓士龙辑：《国朝典故》卷四八《天顺日录》，中华书局，1993。

[4]　清・胡敬撰：《南薰殿图像考》，收入《胡氏书画考三种》，汉华文化事业，1971，页 334。按：“龙衮”即明代皇帝朝服，即如坐像中所示，为黄色衮服，盘领、右衽、阔袖。两肩及前后有团龙各一，下部前后有团龙各二，左右有团龙各二，共十二团龙。朝服上下饰十二章，衣饰为日、月、星辰、山、龙、华虫六章，裳饰为宗彝、藻、火、粉米、黼、黻六章。

后，其宝座如其祖、父之架构，但亦有所变革。其一，成祖所坐椅盘以上如建筑般结构的靠背与扶手，已不再架空，横竖的搭脑、扶手支架间由隐约的龙纹板块填实，成为密不透风的五山靠背。其二，沿着五山上沿，成祖、宣宗坐具装饰杂宝镶嵌之处由蜿蜒的髹金行龙取代，原先昂扬出头龙首所衔之彩结流苏简化了，扶手前缘与椅盘交接处立有卷云站牙。椅盘下多了方整厚实的须弥座束腰，上下雕刻仰覆莲饰，转角并以髹金龙首瞋目咬住卷云腿足，踏床与束腰同制。整器在转角及接合处均饰金属构件。

（二）《明英宗坐像》的启后之功

观察《明英宗坐像》中的容貌，正值盛年，不似土木堡事件前二十出头的青稚，表情庄重雍容，对照其对释放建庶子“有天命者，任自为之”的豁然态度，相信是历经南苑六七年的幽禁岁月，在第二次登极之后的天顺年间所作。清人郑板桥曾为诗设想其南宫幽居的岁月：“南苑凄清西苑荒，淡云秋树满宫墙，从来百代圣天子，不肯将身作上皇。”在深宫成长的皇帝，一切施政作为理当遵循祖宗所定之制，如果不是历经土木堡战役50万军臣的死难，在胡地为囚一年，回到出生之地的宫城又已人事全非的被幽禁七年，应该不会“为生者悯”地释放建庶人、“为死者哀”地废除嫔妃从殉。明人的笔记谓“英宗一言，前足以杜历代之踵袭，后足以立万世之法程”，并赞其为“不世出之明君”。[1]这两件事在经国大事上微不足道，却反映再度登基的英宗，心境似已超越所有典章制度与礼法旧俗的框架而怀抱以人为本的人道关怀。如果不是这样，何致在明代立国近百年之后，一反前朝诸帝，打破祖宗成规，将“架空”的宝座填实，穿起最隆重的朝服正襟危坐于其上，雍容豁然地正视前方？

虽然后世史家评断明英宗“前后在位二十四年，无甚粺政”[2]，但

[1] 明·陆容撰：《菽园杂记》卷一〇，中华书局，页120。
[2] 清·张廷玉等撰：《明史》卷一二《英宗后纪》，中华书局，1995，页160。

此幅《明英宗坐像》，是继成祖大宝座“前无古人”的开创后又变革，有承先之意蕴。此外，英宗之后的明代诸帝坐像，多袭英宗首创的实体五山宝座，并身服“龙衮”地正襟危坐，也正视前方；甚至以异族入主中土的清代帝后坐像之坐具，形制亦大体源自明英宗的宝座，也都身穿龙衮，采正坐姿势，正视前方。凡此皆为《明英宗坐像》“启后”的作用，在明清宫廷史或中国家具史上都可谓居功甚伟，意义不凡。[1]

四　《明宪宗元宵行乐图》中的扶手椅

英宗死后由其长子朱见深继位，是为宪宗，年号成化。宪宗登此大位也是饱经忧患，历经波折。其皇父的“土木堡之役”后，朝廷因“国不可一日无君”，不久便拥立其叔郕王朱祁钰登基为景帝，年号景泰，即史书上的明代宗。当时年仅三岁的朱见深被立为皇太子，但三年后被其叔代宗废除，改为沂王。一直到十一岁时，皇父英宗复位后才又做回太子。其皇储名位之得与失，均与其皇父英宗的起伏祸福相倚。所见的《明宪宗坐像》，在取像角度、坐姿、服制与坐具，均紧随其皇父之模式。若要深究其差异，恐怕就只是踏床的束腰上下多了三道加固作用的包镶金饰构件。有可能实际上为同一尊宝座，仅再略事修缮而已。

不过，前举的《明宪宗元宵行乐图》长卷中，却可看到属于宪宗自己的宝座。此画旨在描绘宫廷内的元宵行乐景象，随者卷轴地开展，举凡杂技、魔术、货郎车担、烟花爆竹或鳌山灯市等，应有尽

---

[1] 有学者研究指出，英宗之前的肖像身躯偏左或偏右侧，是因在太庙祭祖的顺序是，太祖的高曾祖居向南的正中；太祖的曾祖、父亲与成祖排其右墙，面西；太祖的祖父、太祖与仁宗排其左墙，面东。因此，放眼过去，两排坐像相对但都是望向正中的高曾祖。参见 Cheng — hua Wang: *Material Culture and Emperorship-The Shaping of Imperial Roles at the Court of Xuanzong*,Dissertation of Yale University, 1998, p..174 ～ 175. 但这样无法解释为何英宗转为正向，因为终明一代，祭祖排列的顺序与位置都未曾改变，只是曾集体挪至景神殿与西苑而已。

《明宪宗元宵行乐图》（局部）
绢本，设色，纵 37 厘米，横 624 厘米
（中国国家博物馆藏）

《明宪宗元宵行乐图》（局部）
绢本，设色，纵 37 厘米，横 624 厘米
（中国国家博物馆藏）

有。引首有题签“成化二十一年仲冬吉日”。长卷中宪宗出现三次，共两坐一站。“两坐”之一即为前举坐胡床观烟火的一景；一站是宪宗站立于殿前檐下，左手扶着玉带俯视前方，似正凭栏观望殿外琳琅满目的货郎摊。身旁三名宫眷随侍在侧，身后殿内两名幼童正躬身聚于火盆前伸手取暖，背后左右对称，上陈五色瓶事的长桌之后，便是一尊主人暂缺的空宝座。场景的描写极为生动活泼，宛如宝座的主人刚刚才移步离去。此座通体髹朱线金，高起的靠背板顶部平整，两端以及扶手板前端各饰以髹金龙首作为出头，黄色椅帔紧连同色坐袱，从下垂的袱衣边隐约可见椅盘下的束腰，踏床上亦附黄色踏垫。宝座与取火幼童的身形比照，宽幅与深度显然都不及《明宪宗坐像》中的宝座，有如经过收小与简化，比较贴近一般独坐的尺寸。

“两坐”的另一坐是宪宗坐在殿前黄幄下，身躯偏右，闲坐在整器髹朱线金的扶手椅上，正在观赏阶下热闹的杂耍表演。框架式的牛头形搭脑和直出的扶手亦以雕饰龙首为出头，倚着扶手的右肘下可见两柱鹅脖衔接椅盘，竖直的背板上挂有黄色椅帔，直形腿柱间施开光，下设托泥，未设踏床，宪宗双足因而可以悠晃地直接触地。以现有的史料，此形制的扶手椅，描写其皇祖宫苑活动的《明宣宗宫中行乐图》中，宣宗玩球的右后方有一亭，亭内亦置一张类似的扶手椅，唯龙首出头的搭脑横杆似较为平直。百余年后的神宗，到昌平谒陵回

《明宪宗元宵行乐图》（局部）

绢本，设色，纵 37 厘米，横 624 厘米（中国国家博物馆藏）

明　《入跸图》（局部）

绢本，设色，纵 92.1 厘米，横 3003.6 厘米（台北故宫藏）

明人绘 《明宣宗宫中行乐图》（局部）
卷，绢本，设色，纵 36.6 厘米，横 687 厘米（故宫博物院藏）

銮时经由水路，在舟中行坐的一景中，正襟危坐面向前方的神宗，虽然背后多了层明黄厚垫，但依稀可看出所坐似是同制扶手椅，只是扶手下加了实板，同时是整器髹金，与宪宗在宫苑内所用器表髹朱线金的装饰有别。上述三例出现的场合都是户外，应非巧合，可能是明代皇帝在殿外的宫苑巡幸或出行时，除了圈背交椅、胡床之外的另外两种常备椅具——礼制上的谒陵活动，庄严肃穆，用的是全器髹金；宫苑内的游幸行乐，则用髹朱线金之坐具。两者器表处理的差异，反映的是即便均为御前所用，仍因地制宜地陈设位阶不同的家具。

第三节　《明孝宗坐像》的新组合
——迎手为凭、围屏是靠

一　孝宗身旁的迎手与宝座后的围屏

根据史料，宪宗一生宠爱的万贵妃骄横跋扈，无法容忍宪宗与其他后妃有任何后嗣。因此，孝宗朱佑樘在六岁以前是被宫中的太监、宫女和被废的吴皇后等，在深宫偏僻之处偷养的。六岁曝光以后立刻被宪宗立为太子，由宪宗生母周太后在宫中抚育[1]，但相关太监、宫女与其生母也相继死亡，不是自缢就是死因不明。相信这一段宫闱惨事对在懵懂之年的朱佑堂有极深的阴影。在十八岁之前也是朝夕处于恐惧与威胁中，随时要提防万贵妃。若以现代心理学常识的判断，没有精神偏差或异常已属难得，但他即位后，却表现得温和宽容，用人唯贤。晚明的学者朱国祯说："三代以下，称贤主者，汉文帝、宋仁宗与我明之孝宗皇帝。"[2]以如此的历史背景观察流传后世的《明孝宗坐像》，有充满令人想象的空间。

明孝宗的宝座基本上是承自宪宗，但在扶手板下将原先一横两竖的结构改成平行的两横板，以往龙首所衔的五色璎珞绦结改成单一的金色，后者的改变在视觉上有较为素雅之感。除此而外，坐像外在变化也不少——前期的祖宗坐像，不管是侧坐、正坐，都一手抚膝，另手握住玉带，孝宗则与开国的太祖所有"疑像"一样的笼袖胸前，使得左右袖口各锈有两只腾云的翟鸟如一字排开般齐整。与此同时，朝服下摆的裙裾向两边大幅展开，张覆之余，坐面须弥座下仅露出些许腿柱上的鼓腿龙首，也因此使得朝服侧身的团龙更为醒目。最重要的是，笼袖的手肘各倚在一只形制如"鼓凳"的迎手上，"鼓凳"开

[1]　参见清・张廷玉等撰：《明史》卷一一三，中华书局，1995，页 3518 ～ 3520。

[2]　转引自许文继等著：《正说明朝十六帝》，香港，中华书局，2005，页 166。

《明孝宗坐像》
绢本，设色，纵 209.8 厘米，横 115 厘米
（台北故宫藏）

光处可见饰有十二章中之宗彝[1]，与下裳所绣之宗彝互为呼应。而且，宝座的后面张设一组一大两小的三曲大围屏，同宝座一样，顶沿雕饰蜿蜒游龙，各板屏心在层层的卷云中皆见龙腾其间。迎手与围屏的加入是皇帝坐像画中前所未有的现象。而极目所见，朝服上与宝座上的龙纹不计外，仅围屏至少就有十八条龙奔腾其间。晚近西方艺术史学者对中国的宫廷绘画有另一番层面的探究，比如对宋徽宗所作的《瑞鹤图》，在殿脊上空遨然飞翔的群鹤解构为象征帝王的权力等，并以此视作“被发现的真实”。[2]

观察孝宗圣颜有若青年，不似崩天之际的三十八岁壮年之容，上身略向前倾，颈项紧缩，瞠目直视前方，目光凝结中稍嫌恍惚，而抿嘴紧闭，神色看似惊恐，仿若对登基前被追杀的黑暗岁月心有余悸，完全不若前朝诸帝坐像所见之雍容气度与帝王威仪。藩国朝鲜的《燕山君日记》中，记朝鲜来使跪进孝宗后，仰望其容貌是“髯而瘦，颜色白”[3]。语意中亦有苍白之意。而加设“迎手”，似俾便随手可得“依靠”。背后一大两小的三曲屏风更突显孝宗以其拥有之政治权力，欲利用多重的屏帐来保护自己。其上增添矫健的飞龙也宣示其坚固的

---

[1] 衮服十二章中之宗彝，为宗庙礼器，表示孝。“虎彝”象征勇猛。蜼为长尾猴。“蜼彝”象征智慧。宗彝是古代宗庙祭祀所用的酒器，取供奉、孝养之意。

[2] Peter C. Sturman: *Crane Above Kaifeng: The Auspicious Image at the Court of HuiZong*, Ars Orientalis, Vol.20 (1990), p..23 ～ 56.

[3] 吴晗辑：《朝鲜李朝实录中的中国史料》（二）卷一二，弘治十五年三月庚辰，中华书局，1980，页 804 ～ 808。

南宋　马和之《女孝经图·后妃章第二》
绢本，设色纵 26.4 厘米，横 823.8 厘米
（台北故宫藏）

南宋　马和之《女孝经图·夫人章第三》
绢本，设色纵 26.4 厘米，横 823.8 厘米
（台北故宫藏）

帝王权力不容置疑。凡此也许亦为“被发现的真实”，也可能是其坐像在承袭前朝诸帝的传统之余，另添一些开创性的组合。

不过，虽然是宫廷内帝王坐像陈设组合之首创，若放眼于中国家具的发展史，围屏设于坐具背后早有其渊源。早在汉魏北朝时期即已流行的“榻与围板”及“枰与围板”等等之组合，用以衬托坐主的身份。著名的北魏司马金龙屏风漆画，画中灵公与其夫人均坐于三面围板的低榻上，更是演变成后世坐榻的雏形。而单屏、三折或多折屏风与坐具并未合而为一，仅在陈设时用为组合的现象，也同时有其个别的发展。以单屏而言，时间近一点的是南宋的《女孝经图》。《女孝经》是唐代教化女性的经典。据传南宋初期的高宗书写后命画家马和绘图以附，以一文一图的形式，劝戒妇女该敬谨遵守的孝道与女性的各种礼仪规范。画中“开宗明义章第一”或“后妃章第二”，后妃所坐身后的座屏，出奇的庞大，望之俨然如高墙，或室内常设的隔断。又有两名宫女立于屏前相视而语，竟无法彰显出屏前穿戴冠服后妃的身份与地位。而“夫人章第三”中，庭园内夫人端坐椅上与宫人说话，背后陈设的一架座屏相则对较为明显。观察其他宋代帝后坐像身后都没有任何陈设，相形之下，8世纪时期西南地区一方之主的南诏

8 世纪　异牟寻仪政图，云南石钟山石窟

（云南省文物管理委员会编，《南诏大理文物》，文物出版社，1992，图 133）

南宋　杨粲坐像，白沙岩妆彩雕塑，贵州遵义永安乡杨粲墓

高 97 厘米（中国美术全集编辑委员会编，《中国美术全集·五代宋雕塑》，人民美术出版社，1988，图 159）

国王异牟寻之坐像[1]，背后的屏风有如放大的靠背，牛头形搭脑出头并雕饰龙首，与宋代诸帝后的雕饰几无二致，但其屏风如直矗高耸，望之崇伟，威仪似比宋代帝后更胜一筹。

事实上，同为宋代，远在边疆，天高皇帝远的播州安抚使《杨粲坐像》也不遑多让，其坐具除了搭脑出头与宋代帝后一样雕饰龙首外，背后隐约可见屏障，显然也比其主子宋理宗要威风许多。连下乡访视的官员，即使坐在一只小杌子上，也会在背后设一座单屏，四隅甚至包镶金饰，以显示其地位之尊贵独大。长久以来宋朝政权一向被史家评为“弱干强枝”，地方强于中央，于此地方官员或边远小国国王之坐具形制与陈设似可见一斑。

至于多曲围屏的陈设，在北魏时期的石刻画像中，就可见到帷幔高卷之下，高冠男子与花簪满头的女子在榻上对坐，多曲的围屏耸立其后。就时代近一点的来说，12世纪张胜温梵像图卷内的一段“诃

[1] 异牟寻为唐开元年间知沙州刺史盛罗皮之后，其祖父阁罗凤为唐天宝年间所册封之云南王，于唐大历十四年嗣位为南诏国王。

张胜温《梵像图卷》（第十二愿）
（云南省文物管理委员会编，《南诏大理文物》，文物出版社，1992）

北魏　画像
（中国美术全集编辑委员会编，《中国美术全集·石刻线画》，人民美术出版社，1988，图 13）

张胜温《梵像图卷》，“诃梨帝母众”
（云南省文物管理委员会编，《南诏大理文物》，文物出版社，1992）

梨帝母众”（按：即民间所称的“鬼子母”），其背后设四曲围屏，屏心还水波粼粼，似闻涛声，有其映衬作用。相较之下，明孝宗坐像后所新设的一大两小组合的三曲围屏，似超越了《女孝经图》中的夫人，更为接近人所尊崇的“诃梨帝母众”，其正中坚实的大板仿佛屏障，两侧略窄的折屏有如伸出的羽翼般斜出，将宝座牢牢护住，也顺势将宝座两边的扶手圈牢。三曲围屏宛若“惊恐”孝宗的铁卫，与孝宗朝服特别张大的裙裾一前一后，将孝宗保护得密不透风。可见孝宗坐像对围屏的巧妙运用，前所未有，甚至比“诃梨帝母众”更加用心。

至于孝宗两侧手肘所倚之迎手，虽说貌似宋元以降常见的坐墩或莳花器座，然制成“鼓凳”状陈设于坐具两旁则颇为罕见。尤有甚者，其开光施皇帝朝服十二章中形似虎蜼的宗彝，是将朝服中皇帝

《北齐校书图》（局部）（宋摹本）
卷，绢本，设色（美国波士顿美术馆藏）

独具的礼器作为凭倚了。南北朝时期清谈风盛，士大夫席坐挥麈清谈时，身躯往往斜倚着“隐囊”。北齐颜之推的《颜氏家训》说：“梁朝全盛之时，贵族子弟……无不熏衣剃面，傅粉施朱，驾长檐车，跟高齿屐，坐棋子方褥，凭斑丝隐囊。”[1]意即梁朝的贵族子弟像妇女般，将胡须剃净后涂脂抹粉，把衣服香熏过，穿高跟鞋，坐的是棋盘似的方褥，身躯所倚的是丝质隐囊。隐囊一般置于胁下或身后，功能类如施于前肘下的“凭几”。“凭几”或称“隐几”“懒几”“夹膝”“隐膝”等，席坐或跪坐时架于膝，伏肘其上以供休息，谓“悬肱憩息”。连出行的车舆上都设：“天子至于下贱，通乘步舆，方四尺，上施隐膝。”[2]流传到日本变成“挟轼”，发音如中文的“胁息”。保留不少唐代文物的京都正仓院，至今还收藏一具唐代“挟轼”。凭几与隐囊虽都为人所依靠，但形制与材质完全不同。前者多木质，形制固定如“冂”形，后者为条囊状，以织物为囊，中实棉絮，外表刺绣各种花纹为饰，如《颜氏家训》所记的“丝质斑斓”。前举宋人摹本《北齐校书图》中，在一旁侍候的诸女，有抱木质懒几或怀拥私质隐囊者。唐代画家孙位，也有一卷描绘南朝清谈名士的《七贤图》（或称《孙位高逸图》），双手持麈的七贤之一正“坐棋子方褥，凭斑丝隐囊”。

由此可知，隐囊比隐几更属清谈助兴之物，隐然有闲散、野逸之趣，甚至代表南朝清谈风气中文士的荒诞与颓废。孝宗在宝座上，身躯两侧加设鼓凳式迎手，其创意源由如何，是否在确保自身安全与皇

[1] 北齐·颜之推撰：《颜氏家训·勉学篇》，华夏出版社，2002。
[2] 参见周一良著：《魏晋南北朝史札记》，中华书局，1985，页 431 ～ 432。

明万历　黄地三彩双龙纹鼓墩
高 34.1 厘米（大英博物馆藏）

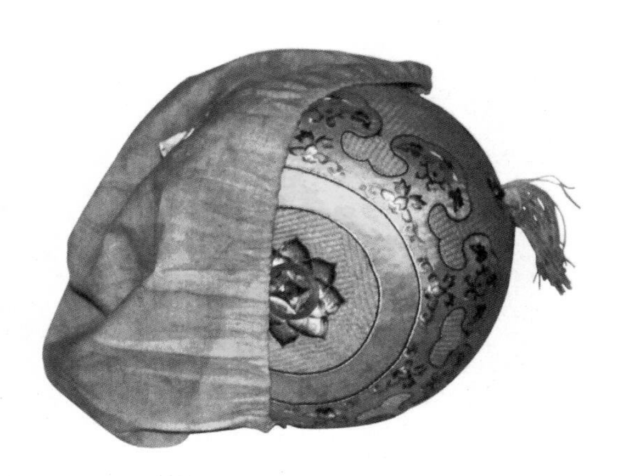

清　黄缎绣勾莲宝相花台席迎手和葛布套
（大同市博物馆撰，《大同金代阎德源墓发掘简报》，《文物》，1987 年 4 月，页 9）

位稳固之后寻找一刻的闲散，有待进一步考证。此迎手功能虽如隐囊，然器形如同坐具中的开光鼓凳。观察其高度，应约二三十厘米，现存故宫博物院的一只万历时期的瓷制“黄地三彩双龙纹鼓墩”也许可供具体鼓凳形制之参考。而《明孝宗坐像》画中迎手之设，往后皇帝坐像必也依样画葫芦地在宝座两侧陈设鼓凳式迎手，如世宗、宪宗等坐像画中所见。至清代则方圆俱备，不但置于宝座内，也常与靠背、坐褥合为一份，通用于室内陈设。此亦应为《明孝宗坐像》画影响后世的现象。

二　自称“功盖乾坤，福被生民”的明武宗

弘治十八年（1505）五月，孝宗宾天，长子朱厚照继位，是为明武宗，年号正德。武宗为皇后张氏所出，是明代诸帝中唯一以真正嫡长子身份登临大位的。再加上其生辰若按时、日、月、年之顺序，与地支中的申、酉、戌、亥巧合[1]，在命理上称为“贯如连珠”，主大

[1]　明武宗生于弘治四年九月二十四日申时，即辛亥年甲戌月丁酉日申时。许文继等著：《正说明朝十六帝》，香港，中华书局，2005，页 182。

清代养心殿端暖阁内之陈设

（转引自朱家溍编著，《明清室内陈设》，紫禁城出版社，2004，页 51）

清代养心殿西暖阁三希堂内之迎手、靠背、坐褥成套

（转引自朱家溍编著，《明清室内陈设》，紫禁城出版社，2004，页 50）

富大贵。因此，登基之前的生活无疑是集三千宠爱于一身。宝位之得如此顺遂，但在位期间却“耽乐嬉游，昵近群小”[1]。正德九年（1514）正月的“庆成宴”到天黑才现身，久候的文武群臣及天下四夷朝贡使之“席前皆设烛，前此所未有也”。[2]也发生过白日出外狩猎，半夜回宫的“午夜视朝”之事。又自更名“朱寿”，自封“总督军务威武大将军总兵官”，自封“镇国公”，令兵部存档，户部发饷，并以此衔巡行天下。有几年的元旦、冬至，不是在陕西榆林就是在山西宣府度过，或正在太原巡幸，使得群臣几次穿上朝服“于奉天门行遥贺礼”[3]等等，到处吃喝玩乐，放荡不拘，为所欲为。

《明武宗坐像》
绢本，设色，纵 211.3 厘米，横 149.8 厘米
（台北故宫藏）

正德十五年（1520）亲讨宁王宸濠之乱，宸濠兵败于王守仁之师，被执至通州自杀，但根据朝鲜使臣所见，武宗将之纳为己功，为此大肆庆祝，称自己“功盖乾坤，福被生民”，及“气吞山岳，威振华夷”[4]。其种种“快意人生”的戏剧化作为，为有明一代诸帝中少见。《明武宗坐像》中的武宗，正是锐目扬眉、桀骜不驯之貌，其坐具之形制与纹饰却显然多承自孝宗，仅在双肘所倚的鼓凳式迎手面沿

[1]　清・张廷玉等撰：《明史・本纪第十六・武宗》，中华书局，1995。
[2]　续文献通考・王礼考・朝仪二》，明武宗正德十二年。
[3]　《续文献通考・王礼考・朝仪二》，明武宗正德十二年。
[4]　吴晗辑：《朝鲜李朝实录中的中国史料》（上编）卷一四，中华书局，1980，页 933 ～ 934。

增饰黄色短折，唯一明显的“叛逆”是将孝宗陈设于宝座后一大两小的围屏撤去，并移除身后靠背的椅帔，整体坐像倒别有一番“爽快利落”之气势，与史料所载其种种恣意之作为倒能相互印证。嘉靖初年来华的朝鲜使臣向其国王汇报出使所闻武宗的作为：“见之皇帝不顾国事，巡游陕西，而杨廷和、杨楮等三阁老在焉，待门而入，至夕而退。六部尚书亦常在司……正德皇帝之所以不败者，专由朝廷大臣之尽职故也。”[1]也许旁观者清，武宗自称的“福被生民”，可能要倒过来写成“生民福被”，其江山社稷的维持不坠，就如朝鲜使臣所说的，都是朝廷众臣的尽忠职守所致，也就是“生民”的福荫。

三 “大礼议”下的明世宗

正德十六年（1521）三月，三十一岁尚无子嗣的武宗英年驾崩，帝位悬空了30多天后，皇太后与诸臣议决由与孝宗有堂兄弟关系的兴献王朱佑杬[2]之世子朱厚熜继位，是为明世宗，年号嘉靖。朱厚熜在正德十六年（1521）四月二十二日从就藩的湖北安陆抵达北京城外时，对进城的礼仪就坚持己见，并从此展开与群臣长达四年的礼法争议，此即明史上的“大礼议”事件。首辅杨廷和及内阁诸臣以“兄终弟及”之遗诏迎来朱厚熜，期望他与武宗一样，以“皇子”的身份承继孝宗，尊孝宗为“皇考”，将亲生父亲兴献王改称“皇叔父”，但朱厚熜认为自己是在“兄终弟及”之祖训下来“嗣皇帝位”的，“继统不继嗣”，孝宗应为“皇伯考”，自己的父亲才是“皇考”。如此一来，就与“皇伯考”孝宗成为君臣关系，孝宗就是自己的臣子了。“大礼议”事件中有百名以上的官员因反对世宗之议，分别受廷杖致死、下

---

[1] 吴晗辑：《朝鲜李朝实录中的中国史料》（上编）卷一六，中华书局，1980，页 1057。

[2] 朱佑杬为宪宗第四子，成化二十三年封兴王，弘治四年建邸安陆，正德十四年薨，谥曰“献”。胡敬撰：《南薰殿图像考》，收入《胡氏书画考三种》，汉华文化事业，1971，页 338 ～ 339。

诏狱拷讯、削职为民或充戍边疆等。反之，亦有附和世宗之见者因而一步登天，享尽荣华富贵。世宗最终成功地将兴献王称皇称帝，同时也称宗附庙。[1]后代史学家认为世宗坚持到最后的胜利是皇权的极度扩张，并已至随心所欲的地步。无论如何，明朝皇权的正统因武宗的无嗣与朱厚熜的继位，从孝宗、武宗一系至此转移到世宗一系。

（一）明世宗的坐像沿袭孝宗

在如此纷扰的“大议礼”之下所看到的《明世宗坐像》，是跳过明武宗直达孝宗，其宝座、鼓凳式迎手与一大两小的三曲围屏几乎与孝宗坐像是一致的。但仔细比对之下，背板加宽但扶手板却内缩而升高，两边扶手前端的金漆雕龙因而特别突出，背置黄色靠背，将原本孝宗置于后侧的迎手挪前至身旁座沿，宝座的腿足由传统的鼓腿卷云足简化为卷云直立足。背后的三曲围屏大体沿袭仍循孝宗形制，也将宝座护住，但已拉开一点距离，不再是密不透风。屏座也拉高成为双层，屏座站牙的金漆雕龙也相对更为明显，屏心的卷云层次也更繁复，云龙下并增饰汹涌波涛，使画面有“大浪卷起千堆云”之感。最特别的是，屏心中央有“千堆云”左右对称的将世宗的头部团团围住，下接厚实的靠背。视觉所及，世宗的

《明世宗坐像》
绢本，设色，纵 209.7 厘米，横 155.2 厘米
（台北故宫藏）

[1] 胡凡著：《嘉靖传》，人民出版社，2004，页 100 ～ 108。

“圣颜”就朝鲜使臣的描述是“面瘦颐尖，颧高鼻长，眼尾上斜，殊无风采”[1]。竟是滴水不漏地被护在云雾中。如果说与孝宗的坐像间还有任何差异的话，就是整个三曲围屏的屏座与边框皆为大红髹饰，围住的是宝蓝色宝座与其间黄袍朝服的世宗，色彩层次分明。如此看来，《明世宗坐像》在坐具的选择与整体编排上与武宗的皇父孝宗是并行的，又因细枝末节地些微变更以及色彩的运用，使得整体的呈现更形坚定、明确、清楚，仿如将抽象的“大礼议”胜利的战果转化为具象的宣示。事实上，“大礼议”也见具体的胜利——晚明著明的学者焦竑，在他的笔记中便称世宗的父亲朱佑杬为“献皇帝”[2]。

嘉靖除了在“大礼议”中展现其自信与坚持外，据明人的笔记：“自古人主多拘避忌，而我朝世宗更甚。”[3]意即嘉靖沉迷谶语之事尤甚于前人。在经过一番礼仪之争后的登极当日，“御袍偶长，上屡俛而视之，意殊不惬”。首辅杨廷和发觉了嘉靖的不快，马上进言：“此陛下垂衣而天下治。”才使得“天颜稍怡”。晚年在西苑召太医徐伟前来察脉，“上坐小榻，衮衣曳地，伟避不前，上问故，伟答曰：‘皇上龙袍在地上，臣不敢进。’上始引衣出腕，诊毕，手诏在直阁臣曰，伟顷呼地上，具见忠爱，地上人也，地下鬼也”[4]。这一纸下给当值阁臣的手诏，传到徐伟耳中，使他“喜惧若再生”，惊吓得好像在鬼门关走了一遭般。万一说的是“皇上龙袍在地下”，恐怕当下就逮进诏狱烤问其对皇帝的“忠爱”了。更令人惊异是，《明史》有一段记嘉靖四十四年（1565）“秋八月壬午，获仙药于御座，告庙”[5]，就是在御座出现“仙药”。《明世宗实录》亦有相关详细的描述：

> 壬午，上谕礼部曰，顷二日，朕所常御褥及案上有药丸

[1] 吴晗辑：《朝鲜李朝实录中的中国史料》（上编）卷一八，中华书局，1980，页1115。
[2] 明·焦竑撰：《玉堂丛语》，中华书局，2007，页228。
[3] 明·沈德符撰：《万历野获编》卷二，中华书局，1997，页57。
[4] 明·沈德符撰：《万历野获编》卷二，中华书局，1997，页57。
[5] 清·张廷玉等撰：《明史·本纪第十八·世宗》，中华书局，1995，页249。

太和殿的宝座（故宫博物院藏）

各一，盖天赐也。其举谢典遣告诸神，礼官请并告太庙，从之，仍请百官疏贺报罢已。上亲奏谢于太极殿，遣公张溶、驸马谢诏、伯方承裕、尚书高拱、杨博，分告朝天等六宫庙。[1]

不管是在“御座”上获得“仙药”，或在“御褥”及“案”上发现了自认“天赐”的药丸，其结果是要告太庙，并亲自在太极殿致谢，还大张旗鼓地遣派公侯及官员到各庙向天谢恩。嘉靖此举令人瞠目结舌，从而想到近世太和殿的宝座事。著名的宫廷史专家朱家溍先生，于20世纪60年代，从一张光绪二十六年（1900）的旧照片中看到民国初年袁世凯称帝前原陈设在太和殿的宝座，于是在紫禁城内一处堆放残破家具的库房内，找到这张已破败的“髹金雕龙大椅”，尔

[1]《明世宗实录》卷五四九，嘉靖四十四年八月壬午。

太和殿的宝座，徐小燕线绘
（胡德生著，《故宫博物院藏明清宫廷家具大观》，紫禁城出版社，2006，页 513）

后参考宁寿宫内仍存的类似龙椅，与康熙皇帝朝服坐像的宝座，再集结木活、雕活、铜活与漆活等的能手多人，经过934个工作日的努力，尽力回复其原来面貌，再放回太和殿原处，也就是目前所见的太和殿宝座。[1]此宝座通高约四尺，底座宽约五尺、深约两尺，形制是牛头形搭脑四出头的靠背椅，但搭脑与扶手均为蜿蜒的龙身，龙首于出头处昂然回顾，望向背板上一前身直立、张口贲目的正面团龙，似乎对其龙尾被正龙的前爪攫住而怒不可遏。搭脑出头下的支柱亦见一龙盘

[1] 朱家溍撰：《金銮殿的宝座》，《故宫博物院院刊》，1980 年 2 月，页 89 ～ 90。

旋其间，左右扶手下支撑的二柱各有二龙缠绕其上，总共十二只盘龙都回首朝向靠背上的正龙，各个昂首奋须、张牙舞爪。椅盘下的须弥座，透雕的云水间有双龙戏珠纹饰。朱家溍先生从髹漆的方法和雕龙的造型观察，认为“很可能是明嘉靖时重建皇极殿后的遗物”[1]。按《明史》所记，嘉靖三十六年（1557）夏四月：“奉天、华盖、谨身三殿灾。”三殿受灾后重盖，至四十一年（1562）秋九月“三殿成，改奉天曰皇极，华盖曰中极，谨身曰建极”[2]。就是重建后将原来的奉天殿改名“皇极殿”，入清后再更名为“太和殿”，是明清皇帝登极、大朝会、命将出征等重大典礼举行之处。此尊“重建皇极殿后的遗物”若系随着重建皇极殿而重新造作，迄今也有四百余年的历史了。果真如此，则不知是否即为嘉靖四十四年，即皇极殿重建三年后，嘉靖“获仙药”的御座？

此外，据史料所载，当初朱厚熜从湖北远来抵京之日，相关各司先行在宣武门外，南向“设帷幄御座于中”，并于宫内“设御座于华盖殿，设宝座于奉天殿”[3]，同一天至少为这位新皇帝准备了三张坐具，显见不同仪式或不同场合之坐具，其形制应当也不尽相同——宣武门帷幄内的“御座”，以其为室外，应为张合方便的圈背交椅；于华盖殿受文武百官行叩头礼之“御座”则为为圈椅，也就是明代的太师椅；而在奉天殿行告天地之礼所坐，应略同《明武宗坐像》中的宝座。这些在仪式进行的记载上都仅称“御座”或“宝座”。

（二）“大礼议”外一章——令人困惑的《兴献王坐像》

明世宗“大礼议”事件中的主角兴献王，无独有偶的，存世的

---

[1]　朱家溍著：《故宫退食录》，北京出版社，1999，页 404 ～ 406。

[2]　清·张廷玉等撰：《明史·本纪第十八·世宗》，中华书局，1995，页 244 ～ 248。

[3]　参见《礼部志稿·登极仪·肃皇帝登极仪》，收入《景印文渊阁四库全书》第 597 ～ 598 册，台湾商务印书馆，1983。

坐像竟也令人困惑。2008年夏秋间，美国旧金山亚洲博物馆（Asian Art Museum, San Francisco）举办一场名为“Power and Glory: Court Arts of China's Ming Dynasty”的中国明代宫廷特展，展品集结成书，以中文标题为“兴献王朱佑杬着衮服翼善冠坐像轴”的画作为封面。此幅《兴献王坐像》借展自故宫博物院，与目前台北故宫另藏的《明兴献王坐像》大不相同。两坐像所服俱为代表皇帝身份的十二章朝服，前者的坐具与武宗所坐类似，显然承自武宗，后者则跳过武宗、孝宗等前朝诸帝，与继成祖大位，但在位仅一年的仁宗一样，是首服翼善冠，身着龙衮，坐圈背交椅，上覆双层厚重的椅帔。两像虽然坐具有差，但面貌相似，应为同一人，且无疑是嘉靖入继大统后所作。

问题是，清代嘉庆初期的胡敬，在《南薰殿图像考》中是这样写的：“明兴献王像二轴，绢本，一纵七尺四寸，横五尺二寸，设色画，坐像高五尺二寸，黑须。一纵三尺四寸，横二尺四寸，设色画，坐像俱负黼扆、翼善冠、龙衮。”[1]也就是说，两百多年前，胡敬整理南薰殿历代帝后像时所见明宫旧藏的兴献王坐像是有两轴，尺寸差异甚大，与两岸所藏略同，但“俱负黼扆、翼善冠、龙衮”。“黼扆”就是屏类器用。换言之，胡敬所见的两轴兴献王坐像之背后都有是屏风的。这样看来，目前两岸故宫所藏皆非胡敬当年所见，两幅坐像恐怕也都只能暂列为“疑像”了。

“兴献王”朱佑杬在成化二十三年（1487）被封为“兴王”，正德十四年（1519）薨，谥曰“献”，成为“兴献王”。嘉靖与群臣僵持四年的纷扰，就是要将其父提升为“帝”，也就是“兴献帝”。嘉靖在鏖战群臣之际，于嘉靖五年（1526）特别兴建“世庙”奉祀，十年后又新盖“献皇帝庙”，旋又改题“睿宗庙”以祭，将原在奉先殿其他列

[1] 胡敬撰：《南薰殿图像考》，收入《胡氏书画考三种》，汉华文化事业，1971，页338～339。

《兴献王朱佑杬着衮服翼善冠坐像》
轴，绢本，设色，纵 108.3，横 76 厘米
（故宫博物院藏）

《明兴献王坐像》
轴，绢本，设色，纵 237.6 厘米，横 164.2 厘米
（台北故宫藏）

祖列宗肖像移入旧有的“世庙”，并改名“景神殿”[1]。朱佑杬生前虽未曾真正坐过皇帝的宝座，但百年后却意外地在纷扰之下罗列于明代诸帝后祭祀肖像之间。这样的历史背景，其坐像画不免令人好奇。然则，真正的《兴献王坐像》在何处？还是胡敬所记有误？

四　“龙德不正中”的《明穆宗坐像》

明世宗在嘉靖四十五年（1566）驾鹤西归而去。世宗本有三子，但庄敬太子朱载壡在嘉靖二十八年病死，对大位蠢蠢欲动的景王朱载圳又比世宗早一年过世，皇帝的宝位有如上天垂怜般落到裕王朱载垕身上，年号隆庆，是为明穆宗。《穆宗实录》记道：“上即位，承

[1]　嘉靖四十四年，复以神宫监奏睿宗庙之柱产芝，更名“玉芝宫”。参见明・申時行等奉敕重修：《大明会典》卷八九《庙祀四・景神殿玉芝宫》，东南书报社，1963。

《明穆宗坐像》
轴，绢本，设色，纵 205.3 厘米，横 154.5 厘米
（台北故宫藏）

之以宽厚，躬修玄默……无为自化，好静自正。”[1]《明史》的“赞辞”说穆宗：“端拱寡言，躬行俭约。”[2]现藏台北故宫的《明穆宗坐像》，宝座大致承自世宗、孝宗的“围屏护座”形式，座上也见其皇父承自孝宗以来的鼓几式迎手，不过是将之置于身后，而非同世宗一样的置于身旁。最大的改变是宝座后的三曲围屏，不见沿着屏顶或屏边所饰的金漆双龙抢珠或游龙，屏框也改色了，致其皇父坐像中大红色“ㄇ”字形的无形护网顿时消失无踪。屏心由孝宗与世宗的一龙独尊改为双龙抢珠，屏风须弥座束腰的站牙虽仍镶嵌杂宝，但非朱漆。进一步观察坐像，护头的云层呈向外扩散状，且用笔散漫、软弱，不似世宗坐像笔力遒劲地将头部坚实拱出。同时，穆宗虽然端整肃穆地正襟危坐，但其身躯却并非与其祖宗一样，不偏不倚地安坐宝座正中，而竟然是挪至其右方，致使右侧身后应左右互为对称的迎手隐而未见，此种“位移现象”于帝王坐像画中相当罕见。

艺术性绘画作品之讨论泰半由作者（画家）出发，从而进行个人风格与时代风格的探讨，作者及其时代背景为讨论之主轴，然中国传统的帝后肖像皆为佚名之作，均以纪实为原则，祭拜性的功能为前提，画家是谁并不重要。由史料所见，太祖时期“尝集画工传写御容”，陈遇、陈远或沈希远等亦曾奉诏“写太祖御容”，永乐中有陈撝“写太宗御容称旨”，孝宗时“蒋宥治中都御史朱瑄荐入京应制写御

[1] 《明穆宗实录》卷一，嘉靖四十五年十二月，“中央研究院”历史语言研究所，1966。
[2] 清・张廷玉等撰：《明史・本纪第十八・世宗》，中华书局，1995，页 258。

容”等[1]，然此仅有之资料并无法直接证明所述诸画家即为目前所见坐像之作者。而帝后肖像画因祭祀空间的需要，皆为盈尺巨幅，悬挂高壁，与临祭者有一定的距离，因此绘制技巧与方法有如壁画般，力求清晰、翔实与写真。因此，如此艰巨任务信系由宫中带锦衣卫职的主要画家统筹，辅以众多画师或学徒“画士官”合力完成。[2]无论主次或首从，必皆以诚惶诚恐之心进行。毕竟有任何闪失或差错，画家与相关官员的处境都将不堪设想。此幅《明穆宗坐像》，出自何人之手无从得知，但“偏离正位”，甚至明显的隐去一边作为倚靠的迎手，应非为首画家一时疏忽，或画士官的粗心大意。而如此干冒“龙德不正中”[3]之“大不韪”罪名，是否另有“隐情”或政治上的“不轨”图谋，俱耐人寻味。

五　尺幅最小的《明神宗坐像》

隆庆六年（1572）五月，“偏离正位”的穆宗在位不到六年就龙驭上宾，由十岁的皇太子朱翊钧继位，是为明神宗。次年改元万历，历时48年，是明史上在位最久的皇帝，也是备受争议的皇帝。登极初期的十年间由顾命元辅张居正佐政，二十岁以后亲政，一度勤于政务，励精图治，但后三十年却“怠于临朝，勇于敛财，不郊不庙”[4]。数十年不上朝，不计其数的奏折不批不复，留中不发，百官无所适从，遇缺未补，政府的运作几乎停摆。长时期的“无为而治”，清人治《明史》时对他的评语是：“晏处深宫，纲纪废弛，君臣否隔……

[1]　明·朱谋垔撰：《画史会要》，收入《四库全书简明目录》卷一二，台湾商务印书馆，1983。

[2]　Chang — hua Wang: *Material Culture and Emperorship – The Shaping of Imperial Roles at the Court of Xuanzong,* A Dissertation Presented to the Faculty of the Graduate School of Yale University, 1998, p..170 ～ 171.

[3]　《周易》九二爻辞：“见龙在田，利见大人。”何谓也？子曰：“龙德而正中也。”《周易》曰：“见龙在田，利见大人，君德也。”

[4]　转引自许文继等著：《正说明朝十六帝》，香港，中华书局，2005，页246。

《明神宗坐像》
轴，绢本，设色，纵 110.7 厘米，横 76 厘米
（台北故宫藏）

明之亡，实亡于神宗。”[1]不过，若将镜头拉高，从更高更远的角度，以一个“大历史”（macro－history）的眼光来看，中国封建制度发展至万历时期，中央集权、财政紊乱、军备低能等等诸般现象，与同时期正向工业革命奋力迈进的西方诸国，甚至致力于西洋化、商业化的东邻日本相较，几近背道而驰地渐行渐远，致使两百多年后在“鸦片战争”的相遇中溃败，恐怕是必然的因果。[2]

台北故宫所藏的《明神宗坐像》，神宗身着朝服，不是承袭其皇父或皇祖的五山雕龙大宝座，而是坐在圈背交椅上。双手也并未笼袖胸前，而是张臂搁于圈背扶手上，微露的右掌轻抚右膝。背后的椅帔，由其图案与色泽观察，至少有两重以上不同的椅帔，层层堆栈，罩覆着圈背与扶手，整个坐像仿若陷于一堆织锦匹料中，座后也不见高矗的三曲围屏。

（一）明神宗对自己坐像的“荒怠”与“不为”？

若开国的太祖除外，在万历之前，仅在位一年的仁宗坐像与一幅兴献王坐像使用圈背交椅。排除从未真正登极为帝的兴献王，只有仁宗。如果仁宗是因在位不到一年猝然而崩，仓促之下无法制作如同其皇父成祖般有着华丽宝座的坐像，那么在位近半个世纪之久的神宗，有的是时间去准备坐像的绘事，就像他在万历十二三年就开始筹划

[1] 张廷玉等撰：《明史・本纪第二十一・神宗》，中华书局，页 295 ～ 296。
[2] 黄仁宇著：《万历十五年・自序》，食货出版社，2003。

营建身后的陵寝，并数度亲自前往踏勘一样。[1]就算不兴造新的宝座，承袭祖、父等前朝之规制也是历朝常见之事。因此，似嫌简略的坐像画因何致此？检视坐像的尺幅，几乎是列祖列宗的半幅而已，是明代诸帝的坐像中尺寸最小的，甚至比同为圈背交椅的仁宗坐像还小。如此地“轻车简从”，与长达48年的皇位，从时间的“量”上比较，令人有失衡的感觉，以“情”与“理”的角度观察亦极不相符，令人费解。按：万历驾崩于五十八岁之龄，坐像上的容貌却与明人《出警入跸图》中的策马戎装，或舟中行坐之容貌相仿，据学者考证，该长卷应系描写万历十一年（1583）的春祭谒陵。[2]是以此坐像应为其二十余岁所作，甚至是更早的青年万历。那么，往后的30余年，明神宗对自己的坐像都一无所为？

依穆宗遗诏，十岁的万历皇帝由内阁“三辅臣并司礼监辅导”，内阁“三辅臣”以高拱为首，依次为张居正、高仪，“司礼监”即秉笔太监冯保，而万历的生母李太后自然是其监护人。冯保与高拱素有嫌隙，万历登极不到七天，就借李太后、张居正之力，以高拱曾说过“十岁太子如何治天下”为不敬，令高拱回籍闲住。高仪不数日也病死，于是万历身边形成李太后、张居正、冯保的“铁三角”。万历朝的前十年，以张居正为首的内阁，改革吏治、充实仓廪、增加税收，政府焕然一新。张居正为臣为师，尽心尽力，以“夫人不言，言必有中”[3]的严谨，对万历的管教无微不至，连每年元宵各宫院例行的鳌山烟火与新样宫灯，或万历六年（1578）的皇帝大婚，张居正都以天下民力有限，力谏小皇帝节用。[4]张居正之于万历，“比于威君严父，

[1] 定陵于万历十二年十月“钦定寿宫式样”，十三年八月正式营建，至十八年六月完工。完成时神宗二十八岁，至其崩逝之五十八岁，其间整整闲置30年。《明神宗实录》卷一五四，“中央研究院”历史语言研究所，1966，页2847。

[2] 朱鸿撰：《〈明人出警入跸图〉本事之研究》，《故宫学术季刊》（第二十二卷，第一期），2004，页183～213。

[3] 转引自黄仁宇著：《万历十五年》，台湾食货出版社，2003，页13。

[4] 《明神宗实录》，“中央研究院”历史语言研究所，1966，页520，778～779，1399。

又有加焉”[1]。而小皇帝对张居正的教诲往往不敢有异。冯保身为近侍兼秉笔太监，更是李太后的耳目。《明史》有道：

> 慈圣太后遇帝严，保倚太后势，数挟持帝，帝甚畏之。……孙海、客用为乾清宫管事牌子，屡诱帝持刀，又数进奇巧之物，帝深宠幸。保白太后，召帝切责，帝长跪受教，惶惧甚。保属居正草帝罪己诏，令颁示阁臣，词过挹损，帝年已十八，览之内惭，然迫于太后，不得不下。居正乃上疏切谏。[2]

从上述可知，已经十八岁的青年皇帝在内廷弄个刀，把玩奇巧之物，冯保就向太后告状。皇帝因而受到切责，不但长跪受教，还要对外廷阁臣颁下张居正草拟的《罪己诏》，接着张居正再加码“上书切谏”。显然内有冯保、外有张居正，李太后居中镇守，长期以来的“铁三角”将万历包裹得密不透风。一直到万历十年（1582）张居正病逝，局面顿时改观。

亲政后不久，万历便借故宣布冯保的十二大罪，将之发配南京孝陵。接着清算张居正，两年内抄其家，使张家老少有的饿死，有的自杀。籍没的财物一百什箱被抬进大内给万历过目[3]，内容虽不见史载，但五年以后，万历还在追问工部有关张居正在京的没官房产作何处理[4]，是“余恨未消”还是忆起师生旧情，不得而知。虽然亲政后十年间主导了在东北、西北以及西南的“万历三大征”[5]，但所有的正

---

[1] 明・沈德符撰：《万历野获编・张居正辅政》，中华书局，1997。
[2] 清・张廷玉等撰：《明史・列传第一百九十三・宦官二・冯保》，中华书局，1995，页 7800。
[3] 《明神宗实录》，“中央研究院”历史语言研究所，1966，页 2756、2771、2819。
[4] 《明神宗实录》，“中央研究院”历史语言研究所，1966，页 3491。
[5] 许文继等著：《正说明朝十六帝》，香港，中华书局，2005，页 240 ～ 244。

史、野史上对他开创“奏折留中”“经筵讲义”[1]的先例，以及近三十年不上朝、不郊不庙的“不为”却耿耿于怀。尤其对他一心专宠郑贵妃，欲立其子福王朱常洵为皇太子终究不遂，一再推迟皇长子朱常洛的出阁讲学与立储，而长期与臣僚抗争一事，普遍认为他酒、色、财、气兼具，称其晚期为“醉梦之期”。

不过，明人的笔记中，对张居正在万历六年（1578），也就是万历皇帝大婚的那年，因父丧回籍，有这样的描述：

> 张居正奉旨归葬，所经由藩臬守巡迓而跪着，十之五六……传居正所坐步舆，则真定守钱普所创，前重轩，后寝室，以便偃息，旁翼两庑，各一童子立，而左右侍为挥箑炷香，凡用卒三十二舁之。[2]

张居正一行所经之处，不但地方大员要跪迎，所乘的步舆前有重轩会客，后有寝室供偃息，两旁走廊还各有一名童子立如侍卫，其左右还另有侍从炷香、挥扇子。连本人在内，步舆上至少有五名。四月从北京出发，到七月中返回京城，一路由32个舁夫扛着，如同一座移动的屋宇。万历皇帝有知，也许宁可成为这个万人之上、一人之下的首辅，因为不管这个“元辅张先生”是虚伪矫情、专制毒辣，或是“工于谋国，拙于谋身”，至少可以在某方面肆意的为所欲为。而作为一个皇帝，虽然“普天之下，莫非王土”，但在这个行之百年的官僚体制下，皇帝仅是皇权的象征，一种制度的要件而已，他的权力是被动的，他需要做的仅是行礼如仪，按表操课，摒除个人意志，听凭百官摆布，成为他的曾叔祖孝宗弘治一样的“有道明君”。他实际上所

[1]　“奏折留中”是对臣僚呈上的奏疏既不批示，也不发还，留在宫中。经筵讲义呈上，皇帝就不需要亲自参加经筵。此先例彻底切断了百官与皇帝之间无形和实际的接触。参见许文继等著：《正说明朝十六帝》，香港，中华书局，2005，页239。

[2]　明·焦竑著：《玉堂丛语》，中华书局，2007，页276。

能控制的极为微薄，连想立宠爱的贵妃之子为皇太子，都要与群臣纠斗15年，闹得满城风雨，终究还是徒劳无功，无能为力。名义上他是天子，即使“世间已无张居正”[1]，实际上他还是受制于有如无数个“张居正”般的百官臣僚。如果万历皇帝是这样的“心灰意懒”，而“采取长期怠工的消极对抗”[2]，导致所见的“荒怠”与“不为”，那么，是否要准备一幅如同列祖列宗般坐在华丽大宝座上的坐像画，就显得无足轻重，或根本已微不足道了。

即便如此，从描绘其谒陵的《出警入跸图》中，可看到“舟中行坐”的万历皇帝坐的是四出头龙首出头的涂金宝座，以及仆役们所扛髹朱饰金的圈椅与圈背交椅，与《明宪宗元宵行乐图》所见相仿，俱反映明代宫廷家具的特色与其使用形制的延续性。1958年发掘万历的定陵，出土中殿有万历的神座，其左右为孝端、孝靖两皇后神座。[3]神座为石质，座前皆设香炉、左右烛台、香瓶等黄琉璃五供。三神座皆五山形制，出头皆雕饰龙首，神宗神座的左右扶手板较长，使纵深相对加深，背板正面中间祥云朵朵间饰高浮雕的五爪蛟龙，龙首俯停板沿上，两旁龙爪攫住板沿，虎视眈眈之余似尽其戒护森严之威，其背面则龙身蜿蜒饱满，五爪贲张。1979年四川明代蜀僖王陵出土，墓室中庭正对大门中央有一红砂石宝座，靠背正中亦饰高浮雕的云龙纹，唯腾龙为四爪。由其圹志可知，蜀僖王是明太祖第十一子蜀献王朱椿之孙，宣德九年（1434）薨后赐谥为“僖”，其陵寝的建筑格局与地上的亲王府相同。[4]故知中国人“事死如事生”之传统观念，推测定陵内三座神座之形制与蜀僖王一样，均系生前御用，若非一模一

[1] 黄仁宇著：《万历十五年》，台湾食货出版社，2003，页 1 ～ 49、95 ～ 109。

[2] 黄仁宇著：《万历十五年》，台湾食货出版社，2003，页 1 ～ 49、95 ～ 109。

[3] 孝端皇后为平民之女，十三岁与万历皇帝成婚，为其原配。孝靖皇后为光宗朱常洛生母，原为慈圣李太后慈宁宫宫人，生前受尽万历冷落。万历九年（1581）薨，继光宗朱常洛之父熹宗，谥“孝靖”，迁葬万历定陵。

[4] 成都市文物局考古研究所撰：《成都明代蜀僖王陵发掘简报》，《文物》，2002 年第 4 期，页 41 ～ 54。

万历皇帝神座，定陵出土 （定陵博物馆藏）

万历皇帝神座背面

样，也所差无几，而皇帝与藩王身份的不同，也反映在龙爪的表现上。如此也更突显神宗坐像之不取宝座是其“荒怠”中的“不为”。

红砂石高浮雕云龙宝座，正面、侧面

（成都市文物局考古研究所撰，《成都明代蜀僖王陵发掘简报》，《文物》，2002 年第 4 期，页 45）

六　在位最短的明光宗

《明光宗坐像》

轴，绢本，设色纵 203.3 厘米，横 131 厘米

（台北故宫藏）

万历四十八年（1620）七月二十一日，明神宗万历升遐归西，当了20年忐忑的皇子、19年不受宠的皇太子的朱常洛于八月初一日即位，是为光宗，旋于九月一日猝崩，是明朝历史上在位最短的皇帝。如此的仓促，《明光宗坐像》中，光宗所坐是与其皇父万历或远叔祖明仁宗一样的髹金圈背交椅，唯前两者圈背上为不同色调、纹饰的两重椅帔，层层堆栈，光宗仅覆一重的单薄，似乎反映着在位的短促。其容貌肃然，令人联想到其39年皇子、皇太子生涯的坎坷与落寞。

第四节　黼扆、瓶、几陈设俱全的《明熹宗坐像》

光宗猝崩，致使万历的皇长孙、光宗的皇长子朱由校，在不到两个月之间，一跃而坐上皇帝的宝座，是为明熹宗，年号天启。虽然即位仓促，但所见《明熹宗坐像》之缤纷繁复，相当令人眼花缭乱。胡敬的记载是："明熹宗像二轴绢本，一纵六尺四寸，横四尺九寸，设色画，坐像高三尺六寸，黼扆冠服同上，旁二几，陈设瓶炉书策。一纵三尺四寸，横一尺三寸五分，设色画，坐像高一尺九寸，黼扆冠服陈设并同。"[1]目前两岸故宫各藏一幅《明熹宗坐像》，皆与胡敬所述符合，坐像身后都负"黼扆"，左右各一迎手，上设"瓶、炉、书策"。尽管两幅尺寸差距不小，但两者的容貌神情、宝座、屏风和陈设什物等都极为相似。观察明代列朝各帝的坐像，纵或有异，或各自有差，但《明熹宗坐像》所呈现的竟是前无古人、独一无二的景象，因此格外引人注目，也令人好奇。也许从其构图、内容、陈设等方面进行探讨，并比较其与前朝诸帝坐像之差异，再尝试拉高视线，将触角伸出宫墙之外的官宦与士庶间，或可窥究其与历朝列祖列宗坐像不同之原因。

一　两幅大同小异的《明熹宗坐像》

两幅《明熹宗坐像》均为一大两小独板组合成的"山"字形宝座，所有的线角施金，背板略高出两边的扶手，扶手前端与坐沿间雕饰简约的云纹，上嵌杂宝。椅盘厚实，亦嵌杂宝，下为方整的须弥座，再接带托泥框架式直柱腿足，角牙饰张口龙首，足端雕外扩卷云，其下再接一须弥座，框架式的台座下又以须弥座为底，座前有同制的须弥座束腰脚踏，皆绿漆描金，间亦镶嵌杂宝。左右扶手板上各

[1]　胡敬撰：《南薰殿图像考》，收入《胡氏书画考三种》，汉华文化事业，1971，页338。

《明熹宗坐像》
轴，绢本，设色，纵 203.6 厘米，横 156.9 厘米
（台北故宫藏）

《明熹宗坐像》
轴，绢本，设色，纵 112.2 厘米，横 75.7 厘米
（故宫博物院藏）

施一面向前方的行龙，鼻环下衔瓔珞帨带。背板上两行龙相对，昂首之际正好衬出熹宗衮服十二章之首的日、月肩章，顺势而上到其首服翼善冠。左右扶手板与背板皆满饰云龙纹，描金的框线分别髹以翠绿与宝蓝，与黄花蓝地相间的坐垫相互辉映。熹宗双手笼袖胸前，身后的左右各露出一鼓凳式迎手，四面开光，几面覆袱，垂挂瓔珞，与铺首衔环相间为饰。

宝座两旁各置一朱漆高几，几上满布陈设。从露出的抹头约略可辨为云纹大理石几面，其下为高束腰须弥座。上下分别为仰莲与朵云雕饰，往下再接鼓腿彭牙三弯足，腿足中段、足端与鼓腿俱雕饰云纹。腿足下复设须弥座为整器之底座，下施覆莲纹。上下两组须弥座束腰间的绦环板开光，并饰与几面、底座面相同的云纹大理石。

宝座右方高几上有炉、鼎与觚形花器，上插折枝牡丹、兰、竹等，炉鼎间各夹陈书策，共有陈设五件。左方高几上依序有青铜器中的簋，簋的腿足间可见其后有一青铜狮尊，狮尊上似设一龙蜿蜒而升、再俯首下衔一炷香，白烟并缭绕向上。与升龙相对的另一边似为青铜器中带提梁的卣，其后为尊形花插，上插折枝牡丹。花插旁有一青瓷有盖尊，后为高迭的书策，共有陈设约六件。

宝座与两高几后设一独板大座屏，也就是胡敬所言的“黼扆”。屏心以祥云为地，绘双龙戏珠，袅袅上升的腾云若仙山缥缈，将熹宗的头首护住。屏顶朝外的两行龙背道而走，张口衔住璎珞垂帨，正中高挂火焰明珠，两龙相对抢珠。宽阔的朱红边框镶嵌杂宝，左右亦饰雕龙。整组坐像由两侧髹红高几向上延展至朱红屏框，链接成视觉上的大“П”字形，从而坚实紧密的圈住宝座与熹宗，与护住熹宗头首的“山”字形缥缈祥云似里外应合。

两岸故宫所藏的《明熹宗坐像》，就画面所示，乍看宛如同一幅，应系出自同一粉本，然仔细观察，却是同中有小异。最大的差别除尺寸外，台北故宫的《明熹宗坐像》，宝座两侧的案几腿足较为高挑瘦长；故宫博物院的则略显矮壮，然故宫博物院的瓶中花卉，如绽开的粉红牡丹，晕染细腻，较为生动自然。最明显的相异处为宝座前的氍毹，也就是毛织成的地毯，故宫博物院的为蓝地满绘绿色缠枝牡丹，蓝绿相间，与宝座的蓝绿浑然一体；台北故宫的为似锦繁花，五色杂陈，并见数尊游龙围绕宝座。此外，前者的氍毹向后展延直越过大座屏，后者所见则仅铺陈至高几尽处的座屏之前。

二　《明熹宗坐像》与明代历朝皇帝坐像有何不同

胡敬所谓明熹宗坐像“冠服同上”，就其为文之序，所指应为熹宗之前在位仅一个月的皇父《明光宗坐像》，或皇祖《明神宗坐像》。两者均服龙衮，头戴翼善冠，与明熹宗冠服是一致的，唯两者的坐具都是圈背交椅，上覆厚重几至垂地的椅帔。只有神宗之前的穆宗，与世宗坐像，身后有“黼扆”，不过这“黼扆”是三山式曲屏，与熹宗背后所负的单屏还是有别，而这三折式围屏首次出现于孝宗，坐像上，世宗、穆宗仅因袭前制而已。若再向前追溯，其余列祖列宗的坐像，不是与光宗、神宗坐像一样地踞坐圈椅，或同英宗般地跨于宝座上，身后既无三曲的“黼扆”，也无熹宗的独板座屏，更遑论宝座与黼扆间的“旁二几，陈设瓶、炉、书策”。换言之，明代皇帝的坐像，除开国的明太祖有迥异的“真容”与“疑像”之别，坐具各自有差，已如本章第一节所述外，此明熹宗坐像与其他列祖列宗的坐像相去甚多。这位明代倒数第二位皇帝，也是明代宫廷所留最后一幅皇帝的坐像[1]为何如此大张旗鼓地与众不同？

三　明熹宗其人其事

明熹宗朱由校生于万历三十三年（1605）十一月十四日，生母出身低微，与其皇父光宗的生母一样，均为侍候起居的宫女，也就是神宗口中的“都人”。虽然神宗生母李太后亦为“都人”，但神宗对待同为“都人子”的皇长子朱常洛与其皇长孙朱由校却相当冷淡。依明代制度，“大抵皇子生十岁而入学”[2]，也就是十岁开始念书，但神宗却迟至万历二十三年，朱常洛已十三岁时，才勉强同意其出阁读书。此后断断续续，仅复讲几次[3]，以致朱常洛一生总共只读几次书。皇太子为“储君”，朱常洛身为皇长子，神宗未依“册立皇子不过数龄”之传统[4]，百般推迟，一再拖延至万历二十九年十月，朱常洛十九岁时，才在内外廷臣的交章固请与李太后的命令下，勉强册封其为皇太

[1] 明思宗是明代最后一位皇帝，并未留下坐像。据故宫博物院，紫禁城出版社所出《清史图典》第二册《顺治朝》页8的《崇祯帝像》，为近人所绘。

[2] 《明神宗实录》卷二六七，万历二十一年闰十一月辛巳，“中央研究院”历史语言研究所，1966。

[3] 《明神宗实录》卷五四八，万历四十四年八月壬寅，“中央研究院”历史语言研究所，1966。

[4] 《明神宗实录》卷二六七，万历二十一年闰十一月辛巳，“中央研究院”历史语言研究所，1966。

子。[1]皇太孙为“储贰”，神宗至万历四十八年七月驾崩前，一直未立朱由校为“皇太孙”[2]，出阁讲学更只字不提。因此，十六岁的朱由校在同年八九月内，由皇孙变成皇子，也来不及册封为“皇太子”，就遽然登上大宝，在“名位未正”之下登基，也是明朝历史上唯一一位目不识丁的皇帝。

无独有偶，明熹宗在位七年之间宠信的内臣魏忠贤也是一位目不识丁的文盲。魏忠贤本市井无赖，外貌“形质丰伟，言辞佞利”，其人“尝从武弁习骑射”“性多疑狡诈，然有胆气……若其歌曲弦索，弹棋蹴踘，事事胜人”，意即玩乐戏耍之属，样样高人一等。万历十七年（1589）入宫为太监，因缘际会，得以随侍年当冲幼的熹宗，其“服劳善事，小心翼翼……曲意逢迎，巧会旨趣”[3]，加上一身玩乐的本事，使得“生性好动”的朱由校如鱼得水。登极之后，魏忠贤一跃龙门，成为大权在握的司礼监秉笔太监兼掌东厂，与熹宗的乳母客氏表里为奸，“挟天子以令百官”，无论内廷或外朝，“附之者升之九天，一月三迁，蟒玉峥嵘，忤之者坠之九渊，褫衣夺职，禁锢沉埋”。[4]熹宗这边则斗鸡走马，拉弓射箭，无一遗漏，还与近侍、宫人群聚蹴踘、斗蟋蟀、荡秋千、捉迷藏等，玩乐不尽。明人所撰的《天启宫词》就有“玉兰干畔赌迷藏，虎洞阴深背月光，捉得御衣旋放手，名花飞出袖中香”等描写，所言的老虎洞就在乾清宫丹陛下。[5]熹宗也常舞刀弄剑，往往在乾清殿玩到半夜还不歇息。又“好挟弹放鸟铳”，连近侍“在宫中亦皆习之”。一名叫王进的近侍在御前放铳，铳不

[1] 清・张廷玉等撰：《明史》卷二一《本纪第二十一・光宗》，中华书局，1995，页 293。
[2] 《明光宗实录》卷五，泰昌元年八月戊午，“中央研究院”历史语言研究所，1966。
[3] 明・朱长祚撰：《玉镜新谭》，中华书局，1997，页 2 ～ 4，69。
[4] 明・朱长祚撰：《玉镜新谭》，中华书局，1997，页 123。
[5] 明・秦兰征撰：《天启宫词一卷附校语一卷》，收入王德毅主编“丛书集成续编”第 279 册，新文丰出版社，1989，页 491。

慎炸开，将自己的左手打得无影无踪，也差点伤及熹宗。[1]魏忠贤还“导上以武，每月怂恿御操”，遂有“内操之制”，直把大内当操兵演练之所，简选精兵数百名，操刀劫刃，金鼓震天，使得整个内廷“绣桷金铺天上头，飒风笳鼓似边州”[2]。每操还试红衣大炮，使“宫阙悉为震动”。[3]

明人的宫词里说熹宗“不好女色”，宫内有历代珍藏书画，将李伯时画的昭君出塞大幅与赵子昂画的鬼子母揭钵手卷两种并陈御览，结果“君王不爱倾城色，只看鬖鬖揭钵图”。[4]数据显示，熹宗最感兴趣的，可能就是“自操斧锯凿削”[5]的创作。

被开国的明太祖朱元璋赶到漠北的元顺帝妥欢帖睦尔，史载他“尝手制龙船样式，命工依样而为……又自制宫漏 ……又自削木构宫，高尺余，栋梁楹榱，宛转皆具”。[6]熹宗似乎也不让这前代亡君专美于前，如将宫中的大铜缸凿孔设机关，“挑动后可令水势逆飞，或泻如瀑布，或散若雪霰，最后则亭亭玉立直上如柱”，此时缸底预置如核桃大的镀金木球，“忽上玉柱之尖，盘旋上下，久而不坠”。《宫词》中说这是熹宗的创意。[7]这光景犹如四百年后的今日，美国赌城拉斯维加斯著名大酒店前的成排水舞。事实上，熹宗诸如此类的创意还有一种水傀儡戏，将长宽三丈的方铜池贮水，浮竹板，上承傀儡，池侧设账，由几名钟鼓司官藏在帐后，操纵机关，使傀儡转动，宣演

---

[1] 明·蒋之翘撰：《天启宫词》，蓝格抄本，台北“国家图书馆”藏，微卷，编号13129。

[2] 明·蒋之翘撰：《天启宫词》，蓝格抄本，台北“国家图书馆”藏，微卷，编号13129。

[3] 明·蒋之翘撰：《天启宫词》，蓝格抄本，台北“国家图书馆”藏，微卷，编号13129。

[4] 明·秦兰征撰：《天启宫词一卷附校语一卷》，收入王德毅主编“丛书集成续编“第279册，新文丰出版社，1989，页492、499。

[5] 明·刘若愚著：《酌中志》，收入《长安客话·酌中志》，古籍出版社，2001，页72。

[6] “中国营造学社汇刊”（第三卷，第二期），页158。

[7] 明·秦兰征撰：《天启宫词一卷附校语一卷》，收入王德毅主编“丛书集成续编”第279册，新文丰出版社，1989，页497。

“东方朔偷桃”“三宝太监下西洋”等戏码。[1]

《天启宫词》说明熹宗：“帝性喜土木，日夕躬自营缮小房，雕镂刻画，工师莫能及。”[2]所谓“罢朝常是运斤时”，就是外廷朝退后通常就是他手操斧锯，大展身手之时，“圣性好营建回廊、曲室……宫中旧有蹴圆亭，上又手造蹴圆堂三间”。蹴圆就是专供蹴踘（踢毽子）之处。《天启宫词》也记道：“上好雕镂木器护灯小屏八幅，手刻寒雀争梅。”这八幅的小屏完工后戏说要近侍拿去卖，还“谕以御制之物，价须一万”，第二天近侍竟然如数将银子奏进，使得熹宗“大喜”。[3]宫内营建或器用之造本有御用监、内官监等专司其职，但熹宗对于木器工艺，不但创作，雕镂，也包含漆作，而且无论大小件，几乎无所不包。“上好手作漆器、砚床梳匣之属，皆饰以五彩，工巧妙丽，出人意表。”尤其砍削正当得意之时，“或有急切章疏奏请定夺，命识字女官朗诵官职、姓名、朱语，诵毕，玉音辄谕王体乾辈曰：‘我都知道了，你们用心行去。’”王体乾是与魏忠贤狼狈为奸的同党。一得圣旨，诸奸当下自然是“狥其爱憎，恣意批红”。[4]整个天启朝七年，看起来好像魏忠贤等辈在外廷忙着扰乱朝政，陷害忠良，熹宗则在宫内恣情快意地玩得不亦乐乎。

据晚明太监刘若愚的《酌中志》所述，熹宗“操斧锯凿削”时，还是“解服盘礴”，意即是脱了衣服“干活儿”的，大有专业木作师傅的架势。而完成后高兴一阵就毁掉重来，显然对操弄釜锯与髹漆之事相当乐在其中，并非偶然的即兴之作。因此，合理的推测，《明熹宗坐像》中出现的雕朱案几，甚至所踞的宝座，都可能经过他的一

[1]　明・秦兰征撰：《天启宫词一卷附校语一卷》，收入王德毅主编“丛书集成续编”第279册，新文丰出版社，1989，页493。

[2]　明・蒋之翘撰：《天启宫词》，蓝格抄本，台北“国家图书馆”藏，微卷，编号13129，页4。

[3]　明・秦兰征撰：《天启宫词一卷附校语一卷》，收入王德毅主编“丛书集成续编”第279册，新文丰出版社，1989，页494。

[4]　明・秦兰征撰：《天启宫词一卷附校语一卷》，收入王德毅主编“丛书集成续编”第279册，新文丰出版社，1989，页489。

番检视或修缮，甚至有些还是他的得意之作。然而，坐像上宝座与屏风的组合，若说自孝宗首创，世宗与穆宗承之，但熹宗坐像跳隔数代因袭之余，所见的一对高几与“瓶、炉、书策”之陈设，却是祖宗所无，独一无二地编排，这也是熹宗的创意吗？一墙之隔的宫闱之外，官宦与庶民的坐像画为何？

四　明熹宗的创意？宫闱之外坐像画的演变为何？

（一）开国初期的微侧坐像

如前节所述，明太祖有“真容”与“疑像”之纷扰，然不管孰为真容、孰为分身，八幅坐像皆偏坐一侧。开国功臣李文忠之父李贞，也就是朱元璋的姐夫，在兵荒马乱中带着李文忠投效朱元璋转战各地，居功厥伟，后封曹国公，追封陇西王，谥“恭献”。[1]他在坐像中身穿紫色五爪龙袍，金革带，目光与身躯均微侧一边，一手扶带，另手抚膝。所坐的圈背交椅，上覆椅帔。开国初期的翰林修撰沈度，其坐像，亦整体略朝向一侧，也是一手抚膝，一手扶带。坐的也是圈背交椅，上覆椅帔。明初太祖的八幅诸坐像，以及成祖、宣宗的坐像，均为此身躯整体偏侧的坐姿。观察所有宋代帝后坐像，如前节亦皆偏向一侧入画。因此，偏侧的坐姿应为自宋以来至明代初期，不论宫内宫外，一体通行的传统。所不同者，仅圈椅与宝座的差异而已，此应入为明代开国以来第一种坐像的文本。

（二）宣德时期以后像主转向正前方

以目前所见，美国维吉尼亚美术馆收藏的一幅时代注明为宣德时期的《妇人像》，画中妇人正向前方，笼住的双袖俱绣四爪行龙，身分显然非亲王即贵戚，坐具也是圈背交椅，上覆椅帔。而如前所引同

[1] 有关李贞、李文忠，参见张廷玉等撰：《明史》卷一二一《列传第九·公主》，中华书局，1995，页3671。

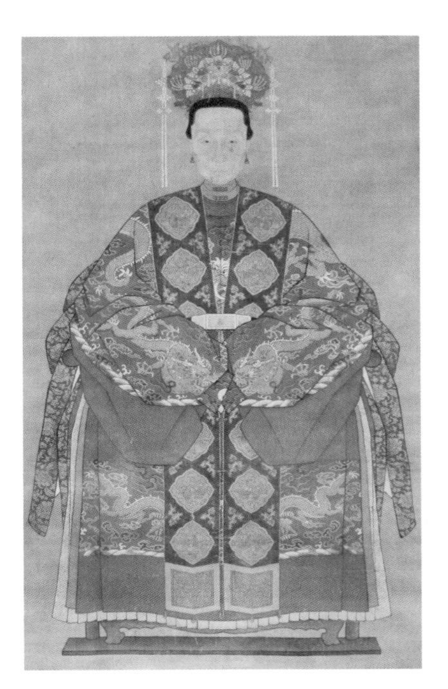

明宣德　《妇人像》
绢本，纵 166.3 厘米，横 92.7 厘米
（美国维吉尼亚美术馆藏）

明　《南京刑部尚书顾璘夫人像》
轴，纸本，设色，纵 209 厘米，横 106 厘米
（南京博物院藏）

明　南京刑部尚书顾璘像
轴，纸本，设色，纵 209 厘米，横 106 厘米
（南京博物院藏）

明　《汪孺人像》
轴，绢本，设色，纵 150.6 厘米，横 97.1 厘米
（安徽省博物馆藏）

馆的另一幅《大明宣德公主像真迹》，画中宣德公主亦整体转正，面向正前方，俱类如《明英宗坐像》，但双手笼袖胸前，所踞亦为圈背交椅，上覆椅帔。南京博物馆的肖像画收藏中，有南京刑部尚书顾璘与顾璘夫人像，后者的上诗堂题有“嘉靖二十三年五月十五日”之款识。安徽省博物馆收藏一幅《汪孺人像》，像主所着命妇朝服之补子类如公、侯、伯、驸马等合用的麒麟，在上诗堂的赞词有“万历二年”（1574）的款署。三幅除像主不同外，在背景、构图、服制、用色等几乎相同，俱正向前方，坐具皆为圈背交椅，上覆椅帔，与明初《宣德时期妇人像》或成化初年的《大明宣德公主像真迹》中所见是一致的。[1]顾璘为弘治九年（1496）进士，后官至南京刑部尚书。依制诰所署的嘉靖二十三年（1544），似乎夫人比其本人早走一年。无论如何，其活动年代为明代中期之末。而《汪孺人像》则晚了30年，已是明代中晚期。因此，若维吉尼亚美术馆所藏该幅的时间断代为宣德时期，则为入明以来坐像画的首度变革，并且至少持续至明代中晚期。而此式坐像，应为明代坐像画的第二种文本。

（三）弘治晚期至嘉靖初期又一变

2008年秋天，美国旧金山亚洲美术馆举办中国明代宫廷文物的展览，展品中有一件来自故宫博物院博物院，题名为“宫廷贵妇着红云凤袍像轴”（Portrait of a court lady in a red phoenix gown），时间断代为15～16世纪，也就是弘治晚期至嘉靖初期。画中红衣凤袍的“宫廷贵妇”正向前方，头戴五翟冠，左右两侧并“金翟二个、口衔珠结二个”，其

[1] 据《明史・公主传》，宣德有两女，一为顺德公主，正统二年下嫁石璟，薨年不详；另为常德公主，章皇后生，正统五年下嫁薛桓，成化六年薨。若后者在下嫁时为十五岁，则薨年应约为四十五岁，接近此“真迹”中的中年妇人样貌。按：此时间距宣德时期约三四十年。参见张廷玉等撰：《明史》卷一二一《列传第九・公主》，中华书局，1995，页3671。

身份应系世子之下的长子夫人或镇国夫人。[1]画中除了传统的圈背交椅，上覆椅帔外，身后还多了一只高几，须弥座高束腰，彭牙三弯带云纹饰腿足。几上陈设炉、瓶、香盒与莳花，看似贴金点缀的香炉上有一坐兽，口吐丝丝的香烟正袅袅上升，一金漆走兽环抱瓶身盘旋而上。另一侧有一名侍女，装扮齐整，手捧奁盒。与此同时，美国维吉尼亚美术馆的收藏中，还有数幅时代标为十五六世纪的明代坐像画，如《官员与其妃像》《仕女像》《武乡县主簿尚忠君像》等，都与前述"宫廷贵妇"的坐像一样，正向前方，圈背交椅上覆椅帔，身后俱设一高几，几上陈设炉、瓶、香盒与莳花，旁立一侍女。只是女像的侍女双手多捧奁盒，男像的侍女则手奉书策或小箱。至于身份，"官员与其妃像"中的官员，胸前补子所绣为仙鹤，属一二品。"仕女"的补子看似亦为一二品的锦鸡。"主簿"画像上款有"敕授侍仕郎武乡县主簿讳尚忠府君像"。以明代的职官制度，"主簿"仅为八品，但其补子似为三、四品孔雀，是否身故后敕授为"侍仕郎"后所赐，尚待确认。不过，仅就此推测，似乎在《宣德时期妇人像》与《大明宣德公主像真迹》之文本后，至弘治晚期，贵族与品官间的坐像图出现第三种坐像画文本，即像主后增设一几，几上点缀莳花、瓶、炉陈设，旁侍一平头整脸的侍女。

（四）明代坐像画两种文本并行不悖

同为十六七世纪的坐像画，中国历史博物馆所藏的"歧阳王世家文物"中，有一幅明代《临淮侯李言恭及其夫人袁氏像》。歧阳王是开国功臣李文忠于洪武十七年（1385）卒后追封，其子李景隆在"靖难之役"中，与谷王朱橞一起打开南京城的金川门，迎降燕王朱棣的靖难之师，三传后封"临淮侯"，以卒后无子由其叔袭封，再三传至李言恭，于万历三年（1575）袭封，后加少傅、少保，万历二十七年

[1]　洪武二十六年制衮冕十二章，定帝后、命夫命妇与士庶百姓的服制，参见明太祖敕撰：《礼制集要》，明嘉靖间宁藩朱宸洪刊本，台北"国家图书馆"，微卷。

明 《宫廷贵妇着红云凤袍像》
轴，绢本，设色，纵 162 厘米，横 99.8 厘米
（故宫博物院藏）

明 《官员与其妃像》（官员部份）
轴，纸本，设色，纵 144 厘米，横 92.7 厘米
（美国维吉尼亚美术馆藏）

15～16 世纪 《仕女像》
轴，绢本，设色，纵 160 厘米，横 104.1 厘米
（美国纳尔逊美术馆藏）

明 《武乡县主簿尚忠君像》
轴，绢本，设色，纵 167 厘米，横 99 厘米
（美国维吉尼亚美术馆藏）

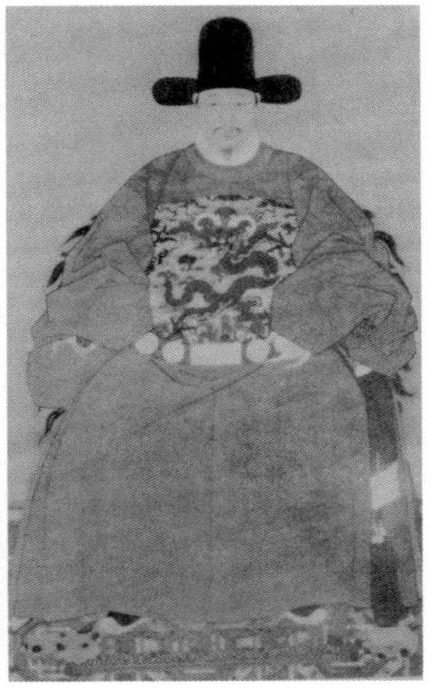

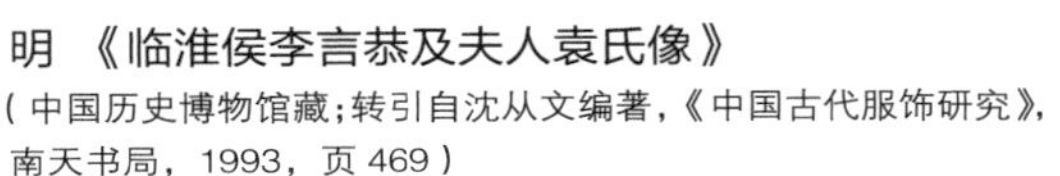

明　《临淮侯李言恭及夫人袁氏像》
（中国历史博物馆藏；转引自沈从文编著，《中国古代服饰研究》，南天书局，1993，页 469）

明正统四年　《女容像》
轴，绢本，设色，纵 119 厘米，横 65.1 厘米（安徽省博物馆藏）

(1599) 卒。[1]因此其成画年代亦为明代晚期，画中的李言恭与其夫人均正向前方，跨坐圈背交椅，外覆椅帔。

此外，安徽省博物馆的收藏中，有一幅无款的《女容像》，像主手捻佛珠，脚跨圈背交椅，左身后有执巾侍女，右侧为一束腰高几，上置札、牍、莳花、炉、瓶，隐约可见袅袅升烟，上方诗堂题款曰：

> 生享遐龄，殁享哀荣。陶母之贤，孟母之贞。截发断机，义方训明。有桂斯芳，有兰司馨。蛰蛰绳绳，和蔼于庭。若此淑嘉，坤范通称。行年济九秩，吊祷于灵。宜乎遐荫，百世昌京。正统四年己未岁，会阳二月大雪，节后五日，实殁后六日，眷生胡逻再拜敬撰。[2]

以上叙述像主有“陶母之贤，孟母之贞”，为“坤范通称”，就是

[1]　张廷玉等撰：《明史》卷一〇五《表第六·功臣世系表一》，中华书局，1995，页 3008 ～ 3011。

[2]　安徽省博物馆编：《安徽省博物馆藏画》，文物出版社，2004，页 75。

今日所称家庭主妇中的模范母亲。由其服饰可知像主之夫或子并未居官，系普通庶民身份，于正统四年（1439）以九秩高龄过世。此坐像和李言恭及其夫人坐像，以目前所知之资料，具有关键性的指标意义。因为，后者反映，《宣德时期妇人像》、《大明宣德公主像真迹》中正向前方、圈背交椅上覆椅帔的第二种坐像文本，至明晚期仍持续在贵族间流通，并未因续起的第三种文本之出现而消退。前者则显示，在弘治晚期高官显宦间兴起第三种坐像文本，其实早在五六十年前的正统初期，就已在民间出现。

（五）《明熹宗坐像》的踵事增华

明 《老妇人像》
轴，纸本，设色，纵 214.9 厘米，横 120.1 厘米
（美国维吉尼亚美术馆藏）

据所见资料，除了美国纳尔逊美术馆（Nelson Gallery of Art）所藏的“仕女像”外，其余均为维吉尼亚美术馆所收藏。该批坐像在1980年由Brig. General John S. Letcher 捐赠，可能系在华搜集所得。捐赠品中另有一幅时代定为十六世纪晚期、十七世纪早期的《老妇人像》，内容与上述诸幅相较又有一些变化。像中老妇人高踞的交椅并非圈背，而是牛头形搭脑出头的扶手椅。扶手出头下之鹅脖曲折内缩，座后是横陈的束腰大桌，腿柱下带托泥，桌上的陈列琳琅满目，炉、瓶、香盒、莳花，卷轴、书策、文房四宝等一应俱全，在妇人身后两侧对称地铺展开来，不见侍女，但桌后正中耸立一架山水画大插屏，所露出山水画的裱边俱将屏框遮蔽。老妇人胸前补子的朵朵祥云中隐约可见仙鹤，亦为一品之高眷或夫人。画中所见的插屏、桌具和桌上陈设等，品类与数量都比第三种文本繁复，堪称第四种文本。也就是说，

此《老妇人像》的年代，约当万历晚期至明熹宗之时。明熹宗在位仅七年，不管《明熹宗坐像》是生前或猝崩后所制，时间都不会相差太远，都是17世纪上半叶。如果此幅坐像的断代无误，其成画时间就先于《明熹宗坐像》，而随后的《明熹宗坐像》，则是"踵其事而增华，变其本而加厉"。

为求更清楚地呈现明代坐像画之演变，现将以上所举诸例，包括《明熹宗坐像》，及上述所列举的明代诸帝坐像，依其时间、构图及其身份试作附表二于下，并暂以A、B、C、D分别代表四种文本：

表二 明代坐像画的演变

时代	款署或画作题名	构图	文本	身份	收藏地
明早期	"李贞像"	微侧向、一手扶带，一手抚膝，圈背交椅、椅帔	A	曹国公	南京博物馆
明早期	"明成祖坐像"	微侧向、一手扶带，一手抚膝，跨于宝座上	A	皇帝	台北故宫
明早期	"沈度像"	微侧向、一手扶带，一手抚膝，圈背交椅、椅帔	A	一二品	南京博物馆
宣德时期	"妇人像"	正向、双手笼袖胸前，圈背交椅、椅帔	B	王侯高眷	美国维吉尼亚美术馆
明早期	"明宣宗坐像"	微侧向、一手扶带，一手抚膝，跨于宝座上	A	皇帝	台北故宫
明早期	"大明宣德公主像真迹"	正向、双手笼袖胸前，圈背交椅、椅帔	B	公主	美国维吉尼亚美术馆
正统四年	"女容像"	正向、双手握捻念珠，圈背交椅、椅帔，高几、莳花、瓶、炉、书策、侍女	C	庶民	安徽省博物馆
明	"仕女像"	正向、双手笼袖胸前，圈背交椅、椅帔高几、瓶、炉、莳花、侍女	C	一二品夫人	美国纳尔逊美术馆
嘉靖二十三年	"南京刑部尚书顾璘夫人像"	正向、双手笼袖胸前，圈背交椅、椅帔	B	一二品夫人	南京博物馆
明中晚期	"宫廷贵妇着红云凤袍像"	正向、双手笼袖胸前，圈背交椅、椅帔，高几、瓶、炉、莳花、侍女	C	一二品夫人	故宫博物院
明	"敕授侍仕郎武乡县主簿讳尚忠府君像"	正向、双手笼袖胸前，圈背交椅、椅帔，高几、瓶、炉、莳花、侍女、盝顶小箱	C	三四品官员	美国维吉尼亚美术馆

续表

万历二年	“汪孺人像”	正向、双手笼袖胸前，圈背交椅、椅帔	B	有爵的高眷	安徽省博物馆
万历二十七年	“歧阳王世家三世临淮侯李言恭及夫人袁氏像”	正向、双手笼袖胸前，圈背交椅、椅帔	B	临淮侯	中国历史博物馆
明	“明神宗坐像”	正向、双手笼袖胸前，圈背交椅、椅帔	B	皇帝	台北故宫
明	“明光宗坐像”	正向、双手笼袖胸前，圈背交椅、椅帔	B	皇帝	台北故宫
明	“官员与其妃像”（官员像）	正向、双手笼袖胸前，圈背交椅、椅帔，高几、瓶、炉、书策、侍女	C	一二品官员	美国维吉尼亚美术馆
明	“老妇人像”	正向、双手笼袖胸前，四出头扶手椅，桌几、瓶、炉、书策、文房四宝、果物，背有山水画插屏	D	一二品夫人或高眷	美国维吉尼亚美术馆
17 世纪上半叶	“明熹宗坐像”	正向、双手笼袖胸前，四出头扶手椅，桌几、瓶、炉、书策、文房四宝、果物，背有山水画插屏	D	皇帝	台北故宫、故宫博物院博物院

虽然上述所列数据仍然不足以作量化地分析，但从时代的排比进行交叉比对可知，以李贞、沈度等侧向坐姿为第一种文本（A），在宣德以后似全然的销声匿迹。宣德时期的《妇人像》与《大明宣德公主像真迹》等，坐像正向前方，双手笼袖胸前，跨坐于圈背交椅上，上覆椅帔，是明代贵族显宦间祭祀坐像画第二种文本（B）之嚆矢，并以皇家与官家为主。如临淮侯李言恭或明神宗、明光宗的坐像等，终明一代未曾消退。弘治晚期兴起的第三种文本（C），在像主身侧增设高几，上陈书策与炉、瓶、香盒与莳花，另一侧出现执巾侍女，与第二种文本并行不悖的各自流通。明代晚期出现了更为繁复的第四种文本（D），以坐具为主的“身外之物”不断扩大衍生，背景“道具”琳琅满目，像主宛如置身自家厅堂，仿佛将生前所拥有的玩好、什器，尽其可能的在往生后的另一个世界全部重现，此种演变正符合文物的发展由简入繁的轨迹。而15世纪上半叶出现的第三种文本，虽然庶民的坐像所见不多，但仅以资料丰富的《女容像》为例，应可推测

弘治晚期贵族显宦间坐像编排的趋于繁复，似与民间同步而行，至若是否民间流风之所及，仍有待搜集更多的资料进行探讨。

五 《明熹宗坐像》的因袭与创意

《明熹宗坐像》的构图、陈设与编排，除象征天子的宝座、龙纹雕饰、与髹朱高几外，其余的对象如几上的书策、香盒、觚与瓶的花插，甚至牡丹等，均似乎与十六七世纪兴起的第四种文本——《老妇人像》，大同小异。唯《老妇人像》的像主身后为一张束腰大桌，《明熹宗坐像》则显然是后来居上的将之一分为二，成为左右高束腰高几各一，仿佛力求左右对称外，也为了容纳更多或更大的陈设，如左侧的青瓷盖碗带铜座与方鼎，右侧的圆簋器、卣与青瓷尊等。

观察第三种文本以降，像主以外的瓶、炉、书策之陈设，若有青铜器亦仅为作为花插的觚、香炉或加上香盒等，未见鼎、簋之器。从明初的画作观察，明宣宗曾有一幅赐太监莫庆的御笔戏写《嘉禾图》[1]，盛装禾穗的是一只高古的瓶器，似乎是有明一代画作中使用高古青铜器的滥觞。一直到明末，有关莳花岁景的描写，或仿古意主题的画作，常会以上古的青铜觚器或罍器作为花插，如陈淳的《瓶荷写生图》[2]、陶成的《岁朝图》[3]，以及唐寅画的仿《韩熙载夜宴图》[4]等。而正统二年（1437）宫廷画家谢环描写三杨等人在杨荣的杏园聚会的

[1] 《明宣宗嘉禾图》，轴，绢本，着色，纵 38.4 厘米，横 30.3 厘米，台北故宫，《故宫书画图录》（六），1991，页 143。

[2] 陈淳：《瓶荷写生》，轴，纸本，墨画，纵 107.7 厘米，横 43.8 厘米，台北故宫，《故宫书画图录》（七），1991，页 222。

[3] 陶成：《岁朝图》，轴，纸本，设色，纵 109 厘米，横 48 厘米，台北故宫，《故宫书画图录》（六），1991，页 291。

[4] 唐寅：《韩熙载夜宴图》，轴，绢本，设色，纵 146.4 厘米，横 72.6 厘米，台北故宫，《故宫书画图录》（七），1991，页 13。

明　陶成《岁朝图》
轴，纸本，设色，纵 109 厘米，横 48 厘米
（台北故宫藏）

《杏园雅集图》[1]，树荫之下的高桌上，隐约可见壶、尊等两三种青铜器作为摆饰。尔后描写文人雅聚的画作，如正德年间谢时臣的《文会图》[2]、晚明变形画家陈洪绶等描绘北宋四大家苏东坡、黄鲁直、米元章、蔡天启与驸马王晋卿诸人聚会的《西园雅集图》卷，也是在长长的大案边摆设尊彝之器。按其构图的位置与编排，仍以作诗、绘画、论道为主，青铜彝器形同点缀。不过，与此同时，在明中期以后的其他画作，也可见到青铜器在种类与数量上渐增，甚至专以品古为主题，将鼎、彝、爵、觚等各式青铜器陈列满桌，再逐一品古。如杜堇的《玩古图》或仇英人物故事册页中的《竹院品古》。换言之，明代画作中高古青铜器的出现是在正统以后，明代中期兴发的第三种坐像画文本，即像主身侧伴随炉、瓶、香盒等事，或许与此艺坛的风潮有关。而成化到仇英的年代，文士们所盛行的青铜玩古，正好解释了《明熹宗坐像》中出现诸多青铜彝器的缘由与时代背景。也就是说，《明熹宗坐像》上繁多的青铜器，其来有自，即民间的风潮。然则，诸多品古图中的彝尊或鼎壶，终究只是旁观者的赏古、品古、论古，或鉴古。若将之置入坐像画中，作为像主背景之陪衬，其意义显然不同，

[1] 谢环，字廷循，永嘉人，生卒年未详。“三杨”为杨士奇、杨溥、杨荣。谢环的同名画作目前知有两幅，尺寸与内容的编排略有不同，分别收藏于江苏镇江市博物馆与美国纽约大都会博物馆。另，美国国会图书馆藏有 1560 年的“杏园雅集图”版画，参见吴诵芬撰：《镇江本〈杏园雅集〉的疑问》，《故宫学术季刊》（第二十七卷，第一期），2009，页 104。本文所引图为镇江市博物馆藏。

[2] 谢时臣：《文会图》，卷，绢本，设色，纵 28.9 厘米，横 121.6 厘米，上海博物馆藏。

明　唐寅《韩熙载夜宴图》
轴，绢本，设色，纵 146 厘米，横 72.6 厘米
（台北故宫藏）

明　谢环《杏园雅集图》
卷，绢本，设色，纵 37 厘米，横 401 厘米
（镇江市博物馆藏）

明　杜堇《玩古图》
轴，绢本，重设色，
纵 126.1 厘米，横 187 厘米
（台北故宫藏）

明　仇英《人物故事图册》（之二），“竹院品古”
绢本，重设色，纵 41.1 厘米，横 33.8 厘米
（故宫博物院藏）

尤其是《明熹宗坐像》左边的方鼎，与右边的圆簋。

中国传统所谓的“问鼎中原”，意指对天下至尊的皇位有觊觎之心，“鼎”是上古青铜器时代最重要的炊器，也是“藏礼于器”的青铜礼器之首。西周时期的列鼎制度中，天子用九鼎，诸侯用七鼎，卿大夫用五鼎等，以次则依序递减其数，诸侯若僭用九鼎，就有“问鼎”之嫌。作为食物容器的“簋”，则配合鼎数，天子用九鼎配八簋，诸侯七鼎配六簋等。是则《明熹宗坐像》中左侧的方鼎与右侧的圆簋，正是象征着天圆地方之中，像主为天下之子。

商代后期 后母戊方鼎
通高 133 厘米，口长 79.2 厘米
（中国国家博物馆藏）

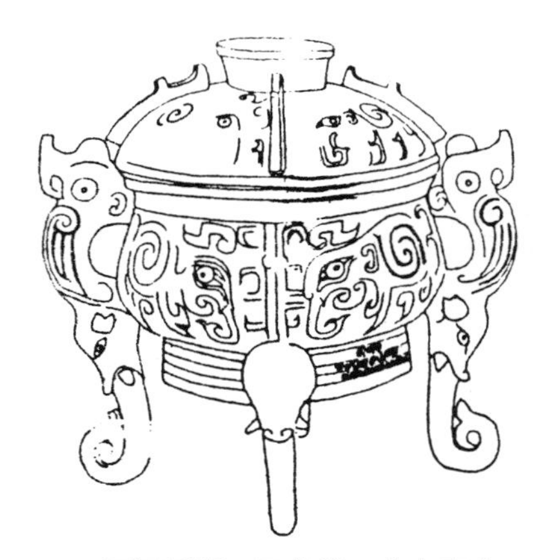

西周早期 乙公簋，北京房山琉璃河出土，线绘
（转自马承源主编，《中国青铜器》，上海古籍出版社，1994，页 138）

六 《明熹宗坐像》——中国历代帝王坐像中独一无二的绝响

有明一代的开国初期，人物坐像画以身躯偏左或偏右为主，一手抚膝，一手扶带，除皇帝踞坐宝座外，坐具皆为圈背交椅，上覆椅帔，是为第一种文本。到了宣德时期，虽然宣宗坐像仍因袭前朝，但皇亲贵戚或显宦间的坐姿似乎开始有所变化，像主身躯转正，双手笼袖胸前，面向正前方，坐具仍是前期的圈背交椅，是为第二种文本，包括后来的《明英宗坐像》。而明英宗正统初期，第三种文本在士庶间兴起，即像主身侧增设高几，上陈书策、炉、瓶与香盒、莳花，另一侧出现执巾侍女，并与第二种文本并行不悖地各自流通。至明代晚期达官之家出现了更为繁复的第四种文本，像主的“身外之物”琳琅满目，宛若置身自家厅堂。而《明熹宗坐像》不因袭光宗或神宗之第二种文本，径自颉取宫闱之外繁复的第四种文本，更进而“踵其事而增华，变其本而加厉”，以一为二，添加诸多青铜礼器。因此，《明熹宗坐像》是由下而上，从宫闱之外进入掖庭，与传统“上之所好，下必甚焉”之社会风潮相反，在明代皇帝坐像中独树一帜，成为另类的创意。而此是否与熹宗本人目不识丁，未具备传统的宫廷教育有关，

颇值得研究。

明人的笔记多写魏忠贤在外如何总揽威权，节制文武，在内盈满骄横，翻覆在手。每岁生日时，于乾清宫西南角的直房接受拜贺："奉觞春昼锦如云，白玉阑西曙色分，二十四衙齐跪拜，一声千岁满宫闻。"——其"千岁""千千岁""九千岁"之声还上辙御座[1]，好不威风。然而，《天启宫词》也有道："秋风拂面猎场开，匹马横飞去复来，玉腕控弦亲射杀，山呼未毕厂公回。"说的是魏忠贤驰马飞过熹宗面前，毫无顾忌，熹宗"恶而射之，马中颊立毙，诸内侍叩头三呼万岁，忠贤怏怏称病先归"。[2]熹宗此举不啻让诸内侍明白，魏忠贤的生死，只在他的弹指之间，而《明熹宗坐像》中，醒目地在左右增设象征天子的方鼎和圆簋，也仿佛在昭告天下，谁才是真正的天子。

综上所述，定都南京的明太祖，其八幅坐像中之诸般坐具，延续了承自宋室南迁之后，江南地区坐具简明细致的传统，而长久以来孰为"真容"与"疑像"之论，也许"疑像"才是本尊，在元末力战群雄、大局未定之时所制。所谓的"真容"，可能是明成祖所作，时间应在国都北迁之后。明成祖华丽的大宝座，代表的是定都北京之后，袭自晚唐五代以来开阔厚重的形制，外表装饰上又糅合蒙元北人的审美情趣，堪称汇聚了百余年来晚唐、五代以降，包括宋、元两代数百年北人坐具之特色。父子两人的坐具因此分道扬镳，具体而微地各自显露了"南船北马"在形制与纹饰上本质的差异。而明成祖的大宝座，成为明代皇帝坐像画的滥觞，在明代宫廷家具史上极具开创地位，恰好符合他在明代历史上其兼具"祖"与"宗"庙号之地位。

宋代诸帝后的半身像或坐像，入明之后的明太祖、成祖、仁宗及宣宗等四帝坐像皆采八分之一侧角入画，也就是整体偏侧取像，像主

---

[1]　明・秦兰征撰：《天启宫词一卷附校语一卷》，收入王德毅主编"丛书集成续编"第279册，新文丰出版社，1989，页489。

[2]　明・秦兰征撰：《天启宫词一卷附校语一卷》，收入王德毅主编"丛书集成续编"第279册，新文丰出版社，1989，页493。

清　宫廷画家《乾隆朝服像》
轴，绢本，设色，纵 571 厘米，横 142 厘米
（故宫博物院藏）

的视线也非正视前方。然而，生平历经惨痛的“土木堡之变”、南宫幽禁七年余，最后经过暗夜“夺门之变”才又坐上大位的明英宗，一反传统的偏侧坐姿，在首创的五山宝座上，其坐像构图以自身为中轴线，左右对称。英宗本人穿上正式的龙衮，不但正襟危坐，还庄重肃穆地正视前方，成为自宋以来的帝王肖像画中，第一个正坐、正视前方的皇帝，仿佛在“正视”他失而复得、得来不易的宝座。明亡后的清代，历朝帝后坐像之坐具，形制皆与明英宗的宝座相仿，都身穿龙衮，采正坐姿势，眼睛也都正视前方。虽然后世史家评其“前后在位二十四年，无甚粺政”，然其坐像画不但有创举之功，也有“启后”作用，在明清宫廷史或中国家具史上都可谓居功甚伟，意义不凡。

明孝宗坐像虽承自前朝，但其前倾的坐姿、状若“惊恐”之神情，宝座左右增设鼓几与三曲围屏，宛若将其团团护住，似在坚定其帝王权力的不容质疑，也仿佛“被发现的真实”，此可能是其坐像踵事增华的根源，使其坐像在因袭之余，有了开创性的新组合。由外藩入继大统后即引发“大议礼”之争的明世宗，坐像中的宝座是跳过明武宗直达孝宗。而“大礼议”之争的主角，嘉靖的父亲兴献王，目前两岸故宫所藏的《兴献王坐像》都与清代胡敬撰写《南薰殿图像考》时之叙述不符，恐怕都只能暂列为其“疑像”。

明代皇帝的坐像画中，在位48年的明神宗所坐的坐具与在位仅一年的明仁宗或其子“一月皇帝”明光宗所坐的坐具相同，皆为圈背交椅后覆椅帔，其尺幅甚至是三者最小的，令人不解，可能长期与臣僚争斗后仍徒劳无功，以致“心灰意懒”的荒怠与不为所致。

明代倒数第二位皇帝，也是明代宫廷所留最后一幅的《明熹宗坐像》，宝座后置单板座屏，两旁增设高几，上“陈设瓶、炉、书策”，与其他列祖列宗之坐像相去甚多，可能系宫闱之外新兴风潮之流风所及，与传统“上之所好，下必甚焉”之社会风潮相反，此是否与熹宗本人目不识丁、未具传统的帝王教育有关，颇值得研究。而其坐像的另类创意，在所有帝王坐像中独树一帜，也是“前无古人，后无来者”的绝响。

明代最后一位崇祯皇帝未及留下任何坐像画，就在身边唯一的太监王承恩陪同下于崇祯十七年（1644）三月十九日到煤山自缢。披荆斩棘而开创大明帝国的明太祖，可能没有想到他与诸方英雄豪杰历经多年的交手与纠缠才终于胜出的“宝座争夺战”，在276年后会是这样仓皇而狼狈的结局。

第二章

君尊臣卑
——宫廷内的起坐与行卧间

第一节 “榻前顾命”与“凭几之诏”中的榻与几

弘治十八年（1505）五月初六日，明孝宗驾崩前一日，内阁首辅刘健与阁臣李东阳、谢迁等三人受召至乾清宫：

> 由右阶升殿……穿重幔，上仙桥，又数步见御榻。上着黄色便服坐榻中，南面。臣健等叩头，上令近前者再。既近榻，又曰：“上来。”于是直叩榻下。上曰：“朕承祖宗大统，在位十八年，今年三十六岁，乃得此疾，殆不能兴……。朕自知之，亦有天命，不可强也。……朕为祖宗守法度，不敢怠荒，凡天下事先生每多费心……”因执臣健手若将求诀者。……上又曰：“东宫聪明，但年少好逸乐，先生每勤请他出来读些书，辅导他做个好人……。”[1]

[1] 明·邓士龙辑：《国朝典故》卷四九，中华书局，1993。

明孝宗大渐时召阁臣至榻前，并执着刘健的手殷殷叮嘱要教太子（后来的武宗）多读些书，做个好人，像这样“榻前顾命”的临终托付还有六十多年后的穆宗：

> 己酉，上疾大渐，召大学士高拱、张居正，高仪至乾清宫，受顾命。……上倚坐御榻上，中宫及皇贵妃咸在御榻边，东宫立于左。拱等跪于榻下，命宣顾命曰：“朕嗣祖宗大统，方今六年，偶得此疾，遽不能起，有负先皇付托。东宫幼小，朕今付之卿等。宜协心辅佐，遵守祖制，保固皇图。卿等功在社稷，万世不泯。”拱等咸痛哭，叩首而出。[1]

根据史料，景泰皇帝殡天前也是召武清侯石亨至“榻前受命”，代行郊坛之礼。[2]英宗于天顺八年（1464）仙遐之际，亦召皇太子及相关内官至其“榻前”谕示。[3]有明一代，甚至连皇后大渐时，也召阁臣“于榻前”，垂询国事。[4]凡此显示，明代帝后似皆“寿终正寝”于榻上，而非“床”上。[5]此外，穆宗临终前被召至榻前受命的内阁首辅高拱，不数日即因言辞不敬被新登极的万历皇帝及其母后诏令休致回籍，高拱临终前著有一书《病榻遗言》，自言张居正与万历皇帝的大伴冯保勾结夺其首辅之位。无论如何，曾位极人臣的首辅高拱，似乎也是卧病在“榻”，而并非“床”。[6]

---

[1] 明・邓士龙辑：《国朝典故》卷三八，中华书局，1993。

[2] 明・焦竑编：《国朝献征录》卷一三《内阁二》，台湾学生书局，1965。

[3] 《明英宗实录》卷三六一，天顺八年春正月己巳，“中央研究院”历史语言研究所，1966。

[4] 明・邓士龙辑：《国朝典故》卷三二，中华书局，1993。

[5] 是否因循古礼，知道大限将至而由寝间移至榻上，待考。

[6] 明・高拱著：《病榻遗言》，中华书局，2005。

一 “病榻遗诏”与“榻前顾命”的榻

(一)“榻”“床”与“床帐”的区别

“榻”与“床”不管在具体的形制上还是象征意义上，均有区别。其具体形制，两千年前东汉刘熙《释名・释床帐》的解释是，“长狭而卑曰榻，言其榻榻然近地也”。而“人所坐卧曰床”。[1]“长狭而卑”并未具体说明其尺寸。“人所坐卧”的床自然要够长，也不能狭窄。如此简单的定义经过千余年的演变，显然已不敷使用，在家具史的进程中也造成混淆。前节所述，朱元璋打到江宁时“独留冯国用侍卧榻旁，上解甲酣寝达旦酣寝达旦”，可见到了元明之际，“榻”的尺寸不断扩充，也长到可卧，几乎与“床”的功能相同。乃至今人对两者的定义是“只有床身，床面别无装置的卧具曰‘榻’，一般比床小”；床则为“各种卧具的总称”。[2] 元代负责宫廷饮食调理的回人忽思慧，在元文宗天历三年（1320）撰有《饮膳正要》一书，其中一幅“饮酒避忌”的插图，斜靠的皇帝所踞看起来就是“只有床身，床面别无装置”，类如唐五代时期常见的低矮大榻，长度与高度也许未变，但进深似乎比床少了一半，有如目前单人床的睡垫般。可见“床”与“榻”发展到了元代，不但已经不是刘熙在《释名》中的解释，两者在形制、功能上也并无一定的界限了。

现藏故宫博物院一具定名为“釉里赭花纹神座”的瓷制品，坐面上是五山靠背，座足作张口鱼咬卷云足，整个器身满绘折枝花卉及祥云图案。[3]此“神座”若为明器，以传统“事死如事生，事亡如事存”的观念，是往生者生前所用具体而微之模型，只是材质可能有所变化，制作之精粗有所差异而已，故推测此五山形制之坐具在元代亦为皇亲

---

[1] 汉・刘熙著：《释名》卷六《释床帐》。参见王国珍著：《〈释名〉语源疏证》，上海辞书出版社，2009，页 222。

[2] 王世襄编著：《明式家具研究》，南天书局，1989，页 186、172、180。

[3] 中国美术全集编辑委员会编：《中国美术全集・工艺美术编・陶瓷》，图版 40 说明，上海人民美术出版社，1993。

元 《饮膳正要》卷一，“饮酒避忌”
（据明景泰七年内府刻《续修四库全书》本，页 541。

元 釉里赭花卉纹神座
高 24.1 厘米，长 29 厘米
（故宫博物院藏）

国戚或权贵阶层所用。但是，1971年出土的山东邹县明鲁王朱檀墓，墓中陪葬明器中有一件木制“床”，形制与尺寸似乎都与此“神座”相近。观其纵深，做为卧寝之用似稍嫌窄狭。[1]朱檀是朱元璋第十子，生于洪武三年（1370），薨于洪武二十二年，按明制，“皇子封亲王……冕服车旗邸第，下天子一等”[2]。故知明初开国不久，至少亲王以上的权贵已使用此制的“床”。也就是说，作为皇帝的朱元璋，以及往后诸帝，应该都曾使用过此制的“床”。明代中期王圻《三才图会》中所示的“榻”，其三面设围板，与“釉里赭花纹神座”或朱檀墓的明器“木床”。形制相近，只是此“榻”之面宽较短，进深则似一倍有余，也就是“明式家具”中所称的“罗汉床”[3]；或西方学者概称的“couch bed”。[4] 其形制除了面阔外，其实是接近三面围板的宝座。

[1] 此制一般都称为“榻”，将在下节讨论。

[2] 明·张廷玉等撰：《明史》卷一一六《列传第四·诸王》，中华书局，1995，页 3557。

[3] 王世襄编著：《明式家具研究》（文字卷），南天书局，1989，页 180。按：罗汉床是否因其供一人独睡而名，有待考证。唯台湾地区，有“罗汉脚”之称，指“早期渡海来台的内地先民，有不少是赤脚终生的罗汉脚，单丁独汉，既无田产，又无家室，游手无赖，闲散街衢，成群结队，好勇轻生”，是较为负面的形容。参见庄吉发著:《清史拾遗》，台湾学生书局，1997，页 325。

[4] “couch bed”，意为长沙发或睡椅。参见 Sarah Handler: Comfort and Joy: A Couch Bed for Day and Nigh', *Journal of the Classical Chinese Furniture Society,* Winter, 1991, p.4 ～ 19.

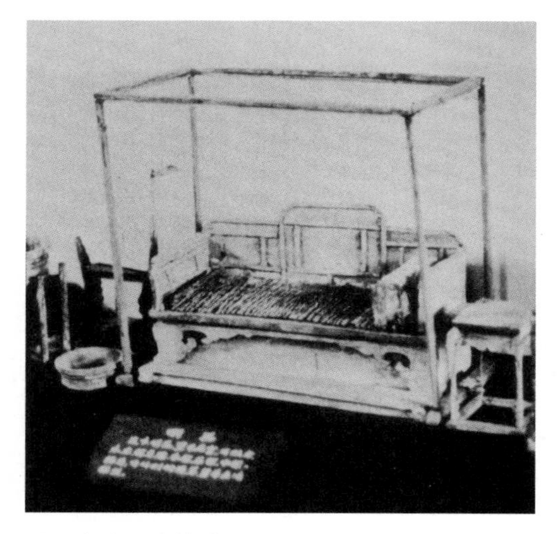

明　木床，朱檀墓出土
（山东省博物馆藏；转载自 *Journal of the Classical Chinese Furniture Society*, Winter, 1991, p8）

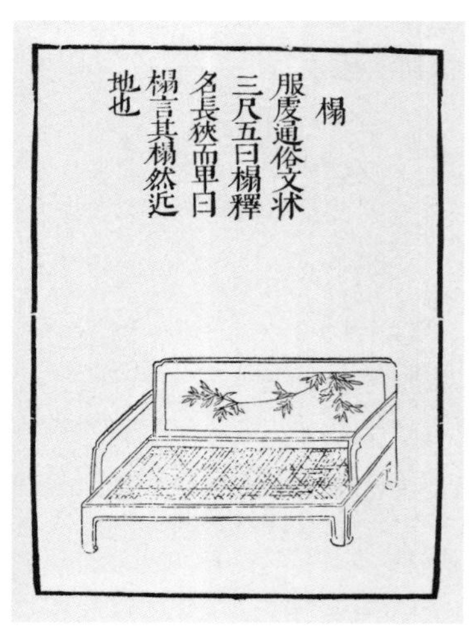

榻
（《三才图会》，上海古籍出版社，1993，页 1332）

与此同时，《三才图会》未见“床”之记载，但另有“床帐”一条，意即卧寝用的床与帐是分不开的，有立柱、柱间安栏板、柱上承顶，柱间施帐，一如明式家具中的“架子床”[1]。与《释名》的《释床帐》所说（“帷，围也，所以自障围也。……幔，漫也，漫漫相连缀之言也。帐，张也，张施于床上也。……承尘，施于上承尘土也。”[2]），似乎相差无几。看来，漫漫的千年岁月下来，到了明代，原先与“榻”只有长短之差的“床”是消失了，但带架“床帐”仍一往如昔，只是今人改称为“架子床”。无论如何，不管是朱檀墓中的“木床”或《三才图会》中三面围板的“榻”，都绝非今人就寝所用的“床帐”。换言之，明代的“榻”有多种形制，有时称为“床”，但与“床帐”截然不同。这种“榻”坐着宽敞，若要睡卧就显然非常局促。要说明代帝后皆在此种“榻”上龙驭上宾，或是一人之下、万人之上的高拱也是卧在此榻上写他的临终遗言，未免令人疑惑。

---

[1] 王世襄编著：《明式家具研究》，南天书局，1989，页 71。

[2] 汉·刘熙著：《释名》卷六《释床帐第十八》。参见王国珍著：《〈释名〉语源疏证》，上海辞书出版社，2009。

检视传统家具史的发展，“床”原作“牀”，两千年前《说文解字》的定义是：“安身之几座也，从木，片声。”[1]说明“床”是古人“几座”之衍生，可坐可卧，目前所见最早的床都是有固定床栏的。[2]

回顾传统家具史，两汉时期的“榻”通常狭而长，故常有两人合坐的“合榻”，而尺寸仅供一人独坐的叫“枰”。[3]“床”“榻”“枰”三者的使用，依《风俗通义》的“愆礼篇”所记：“南阳张伯大，邓子敬小伯大三年，以兄礼事之，伯卧床上，敬寝下小榻，言常恐，清旦且拜。”[4]可知“床”的地位高于“榻”，“枰”则一定是一人独尊的坐具。到了北魏时期，王侯贵族陪葬的遗物中，已将三者合而为一，成为可供夫妇一起使用的“石棺床”[5]——兼具“床”的初始形制、“榻”的尺寸、“枰”的功能，其四周还刻绘墓主夫妇分乘龙虎的升仙图[6]，后档有青龙、白虎、朱雀、玄武四神以定方向，前并有羽人引导，俨如夫妇两人升天之载具。是否为其生前所用，尚待研究。不过，北魏建明二年（531）的石佛碑像显示，释迦与多宝二佛侧身垂脚自在地坐于类似形制的坐具上。[7]由此可见，至迟在北魏时期，此三面围板、至少可供两三人垂脚同坐的新兴坐具，已在社会显贵或佛门间流通。事实上，其形制已近今日“明式家具”所谓的“罗汉床”。与此同时，“榻”与“枰”则分道扬镳：“榻”仍然是榻，长度大致相同，仅进深时有宽窄之分；一人独坐的“枰”则逐渐被高升的椅具取

[1] 汉・刘熙著：《释名》卷六《释床帐》。参见王国珍著：《〈释名〉语源疏证》，上海辞书出版社，2009。

[2] 如战国时期河南信阳和湖北荆门的木制大床，参见《文物》，1957。

[3] 吴美凤撰：《宋明时期家具形制之研究》，中国文化大学艺术研究所美术组硕士论文（上），1996，页87。

[4] 吴美凤撰：《宋明时期家具形制之研究》，中国文化大学艺术研究所美术组硕士论文（上），1996，页87。

[5] 此北魏石棺在洛阳也出土了十余具，均为王侯贵族厚葬之遗物。中国美术全集编辑委员会编：《中国美术全集・石刻线画》，上海人民美术出版社，1988，页11。

[6] 中国美术全集编辑委员会编：《中国美术全集・石刻线画》，上海人民美术出版社，1988，页11。

[7] 金申著：《中国历代纪年佛像图典》，文物出版社，1994，页480。

北魏　石棺床

（中国美术全集编辑委员会编,《中国美术全集·石刻线画》,人民美术出版社，1988，页 11。）

北魏　石佛碑像

砂岩，高 47.5 厘米，宽 20 厘米，厚 3.5 厘米

（固原博物馆藏）

代，如宋代帝后所坐，“枰”之名也因此消失。

再观察“榻”的发展。台北故宫现藏有据传为元代宫廷画家王振鹏的手卷，其中描写徐惠妃谏唐太宗的一段，画中的唐太宗正斜坐大榻上接受宫人陆续呈上珍宝，如如意、灵璧石，还有养鹰人“锡宝齐”[1]在一旁等着献鹰。其坐榻的坐面宽广，接近床的尺寸，又有三面围板，转折间粗具五山形制，且一人独坐。姑不论此画作之年代是否存疑，此唐太宗的坐具至少可作为元明时期宫掖内廷御榻形制之参考。另一方面，《饮膳正要》内也另有一幅讲究胎教“寝不侧坐……席不正不坐”的“妊娠食忌”插图，画中正坐的妇人坐具也是一张五山屏风的大榻。此榻似乎勉强可以就寝，看起来也有“床”的功能。事实上，目前所知元人的坐榻，比起《三才图会》或今人所说的罗汉床，是更长、更深的。如元至顺刻本《事林广记》中，两位剃发结辫的元代官员相对坐在一张三面围栏的大榻上打“双陆”，半趺坐的另一只脚垂搁在榻前的榻登上。“双陆”的棋戏在唐代非常盛行，入宋后的江淮地区似消停许多，但同时期辽金统治下的北方依旧风行，入元之后更成为“全民运动”，无论是南北地区还是上下阶层的人，皆

[1] 王振鹏，字朋梅，号孤云处士，浙江永嘉人，官漕运千户，擅界画。“昔宝赤”（或称“锡宝齐”),蒙古语,指养禽鸟的人,是大汗身边众多供役者。其他还有宝儿赤（厨师），玉典赤（门卫）、玉列赤（裁缝）、忽儿赤（奏乐者）等。

热衷此道，连元顺帝也在内廷与宠臣哈麻“以双陆为戏”[1]，相信也是坐在此式大榻上进行。若与人物的比例对照，此大榻显得宽敞舒坦，也适合长时间久留或睡卧，若为明代帝后宾天之所，也还算勉强。那么，承元之后的明代，其“榻”制是如何形成的？可能要先从元代诸多的“坐床”谈起。

元　王振鹏画手卷，“徐惠妃谏唐太宗”（台北故宫藏）

元《饮膳正要》卷一，“妊娠食忌”（据明景泰七年内府刻《续修四库全书》本，页538）

蒙古官员打“双陆”，《事林广记》，元至顺刻本（转引自沈从文编著，《中国古代服饰研究》，台湾商务印书馆，1993，页444）

（二）元代宫苑内金碧辉煌的“御榻”与“从臣坐床”

元末明初的陶宗仪[2]，撰有《南村辍耕录》三十卷，记载元代社会掌故、文物与典章等，其中“宫阙制度”一节对元廷大都宫苑建筑与陈设叙述详备。洪武初的工部主事萧洵随大将军徐达到元大都毁其宫殿，写下《元故宫遗录》存世。民国十九年（1930）创建的“中国营造学社汇刊”中，研究元代宫室建筑的《元大都宫苑图考》，便主要以此

[1]　明・宋濂等撰：《元史》卷二〇五《哈麻传》，中华书局，1976。

[2]　陶宗仪，字九成，号南村，浙江黄岩人，后居松江。科举失利，举进士不第，入明定居云间（今上海松江），开馆授课，终身不仕。人称“南村先生”。著有《书史会要》《南村辍耕录》等。

两书为参考资料，在其中“诸作及铺设”一节中，整理列出元大都宫室内各式榻床与其陈设。今归纳两者，列表如下：

表三 元大都宫苑中榻床铺设位置表

序号	所在地	名 称	备 注
1	大明殿	七宝云龙御榻、白盖、金缕褥，并设后位、诸王百僚怯薛官侍宴床，重列左右	大明殿为大内正衙前部，登极、朝会之所。素缎白伞盖一顶，泥金书梵字于其上，镇伏邪魔，护安国刹。[1] 怯薛“kešig”，突厥语“kezik”的音译，怯薛官是皇帝的亲兵近侍[2]
2	延春阁寝殿	楠木御榻	延春阁系大内正衙后部。除楠木御榻外，并有四列金红小连椅[3]
3	延春阁寝殿东夹	紫檀御榻	
4	延春阁后香阁	御榻	
5	延春阁后香殿	楠木寝床	
6	延春阁后香殿柱廊	楠木小山屏床，饰以金	
7	宸庆殿	御榻	在大内右侧以奉佛为主的玉德殿后，玉德殿有时亦兼听政[4]
8	广寒殿内小玉殿	金嵌玉龙御榻，左右列从臣坐床	广寒殿在万寿山顶，为大内燕游之处，明宣宗《广寒殿记》略谓尝侍太宗文皇帝燕游于此。今顾视殿宇，岁久而圮，命工修葺，宣德八年四月丁亥[5]
9	兴圣殿	榻张白盖，设扆屏、诸王百僚宿卫官侍宴坐床	兴圣宫正殿，兴圣、隆福两宫俱位于大内宫城西部，中隔太液池。用途类如清代大内之六宫及五所，规模宏阔，恍若离宫[6]
10	兴圣殿柱廊寝殿	各设御榻，裀褥咸备	
11	奎章阁	御座	奎章阁位于兴圣殿之西廊，专掌秘玩古物艺文监，后改称宣文阁[7]

[1] 朱偰撰：《元大都宫苑图考》，“中国营造学社汇刊”（第一卷，第二期），1930，页79。

[2] 怯薛官所司“凡上之起居饮食，诸服御之政令，怯薛之长皆总焉，中有云都赤，乃侍卫之至亲近者”。参见陶宗仪撰：《南村辍耕录》，中华书局，1997，页19。

[3] 朱偰撰：《元大都宫苑图考》，“中国营造学社汇刊”（第一卷，第二期），1930，页79～80。

[4] 朱偰撰：《元大都宫苑图考》，“中国营造学社汇刊”（第一卷，第二期），1930。

[5] 朱偰撰：《元大都宫苑图考》，“中国营造学社汇刊”（第一卷，第二期），1930，页35。

[6] 朱偰撰：《元大都宫苑图考》，“中国营造学社汇刊”（第一卷，第二期），1930，页41。

[7] 朱偰撰：《元大都宫苑图考》，“中国营造学社汇刊”（第一卷，第二期），1930，页50～51。

续表

12	延华阁	御榻、从臣坐床咸备	在兴盛殿后，规制高爽，与延春阁相望[1]
13	隆福宫正殿	镂金云龙樟木御榻	隆福宫为崇养太后之地，太后有时亦御以听政[2]
14	隆福宫寝殿	御榻，裀褥咸备	
15	嘉禧殿	御榻	在隆福宫东侧，御榻设在中位佛像之旁[3]
16	仪天殿	御榻	在万寿山太液池中圆坻上[4]
17	每妃嫔院	三东西向为床	在兴圣宫东西两院
18	花亭毡阁	玉床宝座	厚载门外御苑[5]

根据《南村辍耕录》：“凡诸宫殿乘舆所临御者，皆丹楹、朱琐窗间金藻绘，设御榻，裀褥咸备。”[6]也就是皇帝所到之处，皆设有“御榻”，且毯垫俱备。事实上，元代大都宫苑的御榻，当不仅以上18座宫殿内所述，以及皇帝“乘舆所临御者”。如延华阁花苑东之端本堂，为皇太子正位东宫之处，太子讲读亦在此。据记载，太子曾有一次正在里面读书时，他的近侍们臂上停着鹰在堂外廊庑间追逐嬉闹，想引诱太子出来玩乐。[7]可见端本堂至少也有一座以上等级仅次于皇帝的坐榻。

至于形制，根据《元史》，至元三年（1337），“夏四月丁卯，五山珍御榻成，置琼华岛广寒殿”。[8]此“五山珍御榻”，应指五山形制，同王振鹏画作中唐太宗的坐具相近。而所谓“珍”，即是表面嵌缀金

[1]　朱偰撰：《元大都宫苑图考》，“中国营造学社汇刊”（第一卷，第二期），1930，页52。

[2]　朱偰撰：《元大都宫苑图考》，“中国营造学社汇刊”（第一卷，第二期），1930，页55。

[3]　朱偰撰：《元大都宫苑图考》，“中国营造学社汇刊”（第一卷，第二期），1930，页59、79。

[4]　朱偰撰：《元大都宫苑图考》，“中国营造学社汇刊”（第一卷，第二期），1930，页33。

[5]　朱偰撰：《元大都宫苑图考》，“中国营造学社汇刊”（第一卷，第二期），1930，页66～67。

[6]　元・陶宗仪撰：《南村辍耕录》，中华书局，1997，页251。

[7]　元・陶宗仪撰：《南村辍耕录》，中华书局，1997，页21。朱偰撰：《元大都宫苑图考》，“中国营造学社汇刊”（第一卷，第二期），1930，页53～54。

[8]　明・宋濂等撰：《元史・世祖本纪・至元三年》，中华书局，1976。

玉杂宝，可能就是陶宗仪所记广寒殿内小玉殿的“金嵌玉龙御榻”。其他陈放于“丹楹、朱琐窗间金藻绘”的宫室间的诸榻，不是“七宝”，就是“镂金云龙”。此外，萧洵的《元故宫遗录》中记大明殿后的延春阁后香殿，“至寝处床座，每用裀褥，必重数迭，然后上盖纳失失，再加金花贴异香”，其余各处宫殿内的榻上也尽是“裀褥咸备”。“纳失失”，或叫“纳石失”“纳赤思”等，清代常作“纳克实”(način)，源自波斯语“nasish”之音译，即“缕皮傅金为织文者”[1]，也就是元代织金锦，源于中亚，将切成长条的金箔夹织在丝中，叫“片金法”；或将金箔捻成金丝和丝线交织，称作“圆金法”，多由回回工匠织造，深受蒙古贵族的喜爱。不但皇帝有大量“纳失失”织成各式图案的服饰，元代宫廷的“质孙”宴（或译为“只孙”，蒙文“jisun”）更要求与宴的勋戚、从臣、近侍或乐人等一律穿上由“纳失失”织成的一式服制。[2] 想象当年大元宫苑内，在宫室“丹楹、朱琐窗间金藻绘”的金碧辉煌之间，坐榻陈设缀金玉杂宝，敷覆其上的又是层层裀褥的金光闪闪，整个大明宫殿自是华丽多彩、炫目缤纷。

萧洵的《元故宫遗录》中记大明殿内“中设山字玲珑金红屏台，台上置金龙床，两旁有二毛皮伏虎，机动如生”[3]，此“金龙床”应即“七宝云龙御榻”，并将之陈放于一个山字形的金红屏台上，两旁还有两张栩栩如生的虎皮等，比陶宗仪所述详细。两书对元代皇帝在大明殿内的坐具形容或用语不同，但《元大都宫苑图考》之作者朱偰推断，“此即近世所谓宝座”[4]。朱偰所言“近世”，当指晚清、民国之世。前章所讨论的宝座已述明清宝座与明代之渊源。萧洵所记较详尽

[1] 虞集，参见明·宋濂等撰：《元史》卷一八一《柳贯》，中华书局，1976。

[2] “质孙”宴意为“一色服”，指要求与宴者穿着上下有别但等级不同的一色服装。参见尚刚撰：《纳石失在中国》。马建春撰：《元代西域纺织技艺的引进》，新疆大学学报（哲学·人文社会科学版），2005 年 3 月，页 73。

[3] 明·萧洵撰：《元故宫遗录》，北京古籍出版社，1980。

[4] 朱偰撰：《元大都宫苑图考》，“中国营造学社汇刊”（第一卷，第二期），1930，页 78。

之处还有“广寒殿内有间玉金花玲珑屏台床，四列金红连椅”[1]，陶宗仪所记为“左右列从臣坐床”，是则此“坐床”可能是独坐的靠背椅，但左右延展，至长可坐两人以上，共有四列，类如张居正所编《养正图解》中的“任用三杰”，官员排排坐在四人一组的长连椅上。但也可能是如南宋画家赵伯驹所作的《汉宫图》中，由多具靠背椅并排连接而成。至于所谓“金红连椅”，有两种可能：一为连椅表面髹朱并施金线，故一眼望去是金红一片；二为椅上之坐褥或椅背所覆之椅帔系红色织物间夹杂“纳失失”织成的图案。不管是“片金法”或“圆金法”所织成，都会让整个椅帔在一片红海中金光闪烁。

（三）明成祖的燕王府邸——兴圣宫

回顾至正二十八年（1368）七月，元顺帝北遁，四年之后，十一岁的朱棣被封为燕王，又十年就藩燕国。到了北平，将前元宫苑内之兴圣宫改为燕王府邸，一直到建文元年（1399）起兵“靖难”，前后驻此18年。而朱棣进驻兴圣宫时，并未大兴土木，因为兴圣宫除正殿外，“多建别院，乃至侍女宦人之室，庖厨、湢浴，无一不备，又设周庐板屋，以备宿卫，规制极为明确”[2]，应已符所需。根据《元大都宫苑图考》，洪武初年明太祖遣大将徐达将元皇城拆毁至何种程度，不得其详，但经考证，至少还有西苑广寒殿确未被毁，仅是“缩北拓南”地改造城市。而所言的“拆毁”，并非专指大内宫苑，因为“遍检群籍，并无一炬焦土之证”[3]。何况床榻类之规格都不小，元顺帝北遁之际当不可能携走。因此，身处元人之宫苑近20年的朱棣及其嫔妃，相当有可能接触或使用过以上列表中的各式榻具，尤其是广寒殿中小玉殿内的那具“金嵌玉龙御榻”。因此，耳濡目染之下，生活习

---

[1] 明・萧洵撰：《元故宫遗录》，北京古籍出版社，1980。

[2] 朱偰撰：《元大都宫苑图考》，“中国营造学社汇刊”（第一卷，第二期），1930，页41。

[3] 朱偰撰：《元大都宫苑图考》，“中国营造学社汇刊”（第一卷，第二期），1930，页6～8。

性与起居用器受其影响乃为顺理成章或不可避免之事，凡此俱为明成祖宝座之尺幅、五山形制与其皇父明太祖所用诸座截然不同之肇因，以及其外表璀璨华丽之缘由。最重要的是，成祖在永乐十九年（1421）迁都北京之后，其大内宫廷器用之形制与装饰，包括御榻在内，因而有蒙元胡俗之元素与内涵，进而与明太祖南京宫苑内用器之形制、纹饰等，都渐行渐远，此应为合理的推测。

此外，大明殿中并设了后位、诸王百僚以及怯薛官等之侍宴坐床，还重列左右，其他宫殿也多见从臣的坐床，有别于汉人宫室中，皇帝的坐具唯我独尊、嫔妃从臣仅能侍立两侧之传统。朱偰认为，元人此举是对内外与君臣之别看得不甚严重，正是“华化未澈底之点”[1]。不过，反过来说，此点或许正是明成祖入燕就藩，就便以兴盛宫为其燕邸之后，日日浸沉于其宫室的榻床陈设与器用间，不知不觉感染其华丽多彩、炫目缤纷的氛围而被“胡化”了。

（四）“御座”“御榻”“金台”以及“宝座”

弘治十八年（1505），江苏吴县进士徐祯卿的笔记中有一段，记朱元璋开国之初，因诛夷过滥，太子朱标时相劝谏，甚至进以“上有尧舜之君，下有尧舜之民”之言。朱元璋大怒，认为其说暗喻没有“尧舜之民”是因为没有“尧舜之君”，听了太子所说，“即以所坐榻射之”。[2]就是盛怒之下，抄起他所坐的“榻”往太子身上射去。朱元璋再有如何强壮的臂力，也无法将《事林广记》中两位打“双陆”的蒙古官员所踞的大榻举起，更不用说“射”出。至于王振鹏作品中唐太宗所坐，以其长度与深度，也不太可能，就算《三才图会》中的坐榻勉强可行，也有一定的难度。因此，此段记载有三个可能性：首

[1] 朱偰撰：《元大都宫苑图考》，“中国营造学社汇刊”（第一卷，第二期），1930，页5～6、41。

[2] 徐祯卿撰：《翦胜野闻》。徐侦卿，字昌穀，吴县人，弘治十八年进士，官国子博士。参见清·张廷玉等撰：《明史》卷一一六，中华书局，1995。

先，明太祖确实力大无穷，臂力惊人，可以将《三才图会》中的坐榻举起再射向太子；其次，当时身在南京的明太祖，以其器用之节约崇俭，坐榻及宫内所用理当就近取自江南，其宫内御用或有更为精简的坐榻，形制或尺幅都比《三才图会》中的榻为小，或甚至是三面无围板的坐具，使太祖可以将其举起射出；最后，就是同为江南人的徐祯卿，个人对坐榻的认知或定义存在差异，明太祖所抄起的家伙其实仅是单人的坐椅而已，如同"真容"或"疑像"中的坐具一般。无论何种可能，于此皆反映。明初以来，以南京为主轴的江南地区，和国都北迁后京畿重镇的北方，尤其是宫廷大内所用，家具的形制或装饰，在根源与发展之初始即存在着根本上的差异。

朱棣以燕王起兵的"靖难之役"，在挥军南下前，曾与李文忠之子李景隆等所率领的南军发生一场决定性的"白沟河之战"，致使南军溃散。决战前夕，"是夜大雨，平地水深三尺，及上卧榻，加交床于榻，坐以至旦"[1]。大雨淹过"卧榻"，朱棣只能将交脚的胡床置于卧榻上，坐到天亮。虽不知其"卧榻"之形制，但要"水深三尺"，才能"及上卧榻"，表示朱棣所卧之榻，高度至少是在三尺左右。明制一尺约当现代的30厘米，三尺为近100厘米的高度，确是相当高，此叙述即便夸大，应主要在形容大雨滂沱之势，凸显大战前夕艰困之处境。

明代皇帝在宫廷内，于"榻"之使用频繁，以开国的朱元璋来讲，"榻"可以"射"人，也不仅是坐具。明人的笔记上道："本朝大明律未成书时，闻自御榻至殿庑皆黏律文于上，朝夕览观，亲加删正，然后成书。"[2]是指太祖在制定大明律的过程中，自其"御榻"到走廊间都贴满了律文草稿，早晚就近查看，随时删定，是则此御榻可能尺寸不小，以致三面围板可权充壁面使用。洪武三十年（1397）的进士黄淮，在朱棣南京登极之后，"首蒙召见，访以大政，深称意

[1]　清・张廷玉等撰：《明史》卷二九《志第二十七》，中华书局，1995。

[2]　明・李乐撰：《见闻杂纪》卷五。

旨，即命入翰林，凡侍朝，特命谢公缙与公立于御榻之左，以备顾问……上或就寝则赐坐榻前论议”[1]。则此“御榻”是为成祖办公之处，“坐榻”为其寝卧之所。在位仅一年的仁宗，性格宽厚仁恕，甫即位就“召学士杨士奇、杨荣、金幼孜至榻前”[2]，垂询死刑犯定谳是否恰当事宜。孝宗也曾多次召阁臣至其榻前谕示，如弘治十年（1497）三月，“经筵毕，上召大学士徐溥、刘健、李东阳、谢迁至文华殿御榻前，上出各衙门题奏本曰：‘与先生辈商量。’”[3]显示明代皇帝都在“御榻”上处理政事。根据史料，嘉靖皇帝曾经在一觉醒来后，兵部左侍郎吴嘉奏上如何迎战来犯的蒙古人，嘉靖立即“就御榻索烛诵之，玉音琅然，卒用其计退虏”[4]，就是睡醒了马上就在“御榻”上朗读奏文，是则就寝的“御榻”也兼问政。此外，穆宗在位的有一天，召来当时首辅高拱，“执公手比行至乾清宫，公不敢入，穆皇顾曰：‘送我。’公承旨直至乾清宫，上御榻坐，手犹未释也”[5]。穆宗拉着高拱的手，要高拱陪他上乾清宫，一直到坐上殿内“御榻”还没松手，其间高拱还一度迟疑“不敢入”，也说明位高如首辅的高拱，对殿内“御榻”的戒慎戒恐之情。“御榻”代表皇帝，也是皇帝的代称。稍后的宪宗朝，历任翰林学士、兵部尚书的尹直，在其笔记中写道：“今制，每旦常朝御奉天门，其御座谓之金台。”[6]可知在奉天门的“御榻”，有人直呼“御座”，在成化朝也叫“金台”。如此看来，行走于宫苑内的群臣，对皇帝坐具的敬谨之称并不一致，以致“御座”可以叫“金台”，可能指“御榻”，也可能是如坐像图中的“宝座”。前举孝宗朝的刘健、李东阳、谢迁三大臣，其墓志铭分别由后来的大学士贾咏、杨一清、首辅费宏撰写，内容不约而同都详记墓主们“榻前

[1] 明・焦竑编：《国朝献征录》卷一四《内阁三》，台湾学生书局，1965。
[2] 清・张廷玉等撰：《明史》卷九四《志第七十・刑法二》，中华书局，1995。
[3] 明・焦竑著：《玉堂丛语》卷四，中华书局，2007。
[4] 明・焦竑编：《国朝献征录》卷四一《兵部四》，台湾学生书局，1965。
[5] 明・焦竑编：《国朝献征录》卷一七《内阁六》，台湾学生书局，1965。
[6] 明・尹直撰：《謇斋琐缀录》，收入邓士龙辑《国朝典故》卷六〇，中华书局，1993。

顾命”一事，也反映明代官员咸视“直叩御榻”为仕途的顶峰，若蒙“榻前顾命”地临终托付，则更视为毕生仕宦的至高荣宠，由此而生的忠君体国之热血澎湃，至死不渝，以报效主上“知遇”之恩。

（五）“御榻”之形制为何

虽然明人的笔记中对皇位的继承、国阼的延续与皇帝的“御榻”都有详尽地铺陈，但大都并未对“御榻”的形制或纹饰多所描写或叙述。检视洪武初年，明太祖对臣僚如翰林编修王辉、王琏、张翀、马亮、陈敏，或给事中崔莘，秘书监直长萧韶等等之赏赐品中也见“几榻帏帐衾褥”[1]等，或许有明一代宫廷内御榻之实物可旁敲侧击式地从与宫廷有密切关系的臣僚所用中去试作探讨。明英宗正统二年（1437）三月初一日，大学士杨荣、少傅杨士奇与大宗伯杨溥及阁员五人齐聚杨荣家的杏园中，宫廷画家谢环为之作画而成《杏园雅集图》。画中杨士奇与杨荣坐于三面围板的长榻上，板心与坐板面似施山水纹的大理石，内弯的简化马蹄足下带一圈托泥，前置一长条脚踏，供两人垂足所用。[2]另外，弘治十八年（1505），礼部尚书吴宽、礼部侍郎李杰、南京副都御史陈璚、吏部侍郎王鏊及太仆寺卿吴洪等五人于“公暇辄见，酒馔为会”，因五人恰为同乡、同朝，又志同、道同地相会一处，因而留有一幅《五同会图》。画中后三人一组缓步前行，吴宽与李杰则同坐一张大榻上，五屏式围板边框与坐板立墙俱为如意云头纹饰，大理石屏心呈现云雾山水，层层迭迭，坐面另施团花为边饰的草席。彭腿云纹足下设托泥，两人的脚下为覆有编织花卉

[1]《明太祖实录》卷八二，洪武六年五月丙辰、洪武六年五月庚午；卷八三，洪武六年六月辛未，“中央研究院”历史语言研究所，1966。

[2] 谢环，生卒年不详，字廷循，永嘉人，宣德间征入画院，授锦衣卫千户，复升指挥。按：目前《杏园雅集图》除此件收藏于镇江市博物馆外，美国大都会博物馆亦有要件大同小异之画作，美国国会图书馆亦收藏一件内容相近的版画本。参见吴诵芬撰：《镇江本〈杏园雅集图〉的疑问》，《故宫学术季刊》，2009 年 9 月，页 73 ～ 137。参见 Sarah Handler: The Chinese Screen — Movable Walls to Divide, Enhance, and Beautify, *Journal of the Classical Chinese Furniture Society*, Summer, 1993, p.4 ～ 31.

明　谢环《杏园雅集图》

卷，绢本，设色，纵 37 厘米，横 401 厘米（镇江市博物馆藏）

明　丁氏《五会同图》

卷，纸本，设色，纵 41 厘米，横 181.7 厘米（故宫博物院藏）

的踏板。约略同时代，有一卷现藏荷兰阿姆斯特丹瑞克斯博物馆（Rijks Museum, Amsterdam）明四家之一的仇英之画作，系仿宋代张择端的《清明上河图》，画中宫内殿宇之下正笙歌乐舞，三位官员交头接耳地同坐一大榻上观赏。此坐榻围板板心刻画不明，但形制与前述谢环所作略同。仇英的另一幅画作《九成宫图》，则显示宫苑楼阁内的家具缤纷，皆面北陈设，中置一椅帔罩覆的四出头交椅，左侧三折大围屏之内是一架三面围栏的大榻，下施托泥。晚明画家尤求应王世贞之请，根据当时书画大家文征明所撰的《赵飞燕外传》，用墨笔白描了一卷仿古的《汉宫春晓图》，其中有一段汉成帝“初幸飞燕”，画中多折的大围屏内，可见汉成帝与飞燕两人缱绻于一座五山形制的箱形大榻上，下有长方形大踏床。

明　仇英《清明上河图》
卷，绢本，设色，纵 35 毫米，横 900 厘米
（荷兰阿姆斯特丹瑞克斯博物馆藏）

仇英　《九成宫图》（二）
卷，纵 31.8 厘米，横 342.2 厘米
（日本，大阪市立美术馆藏）

明　尤求《汉宫春晓图》
卷，纸本，墨笔，纵 24.5 厘米，横 801.2 厘米
（上海博物馆藏）

因此，若比对故宫博物院收藏一件以“罗汉床”为名的崇祯时期实物“崇祯款填漆戗金云龙纹罗汉床”，通体髹红，整器饰雕填戗金，坐面上三面矮围板，坐面下四面宽牙板并开壶门式曲边，

明　崇祯款填漆戗金云龙纹罗汉床

长 183.5 厘米，宽 89.5 厘米，面高 43.5 厘米，通高 85 厘米（故宫博物院藏）

马蹄腿足方整拙壮，背板正面及左右两侧为双龙戏珠纹，间饰填朵彩纹。背板里面是山水波涛，中饰正龙，双爪高举聚宝盆，两侧行龙各一，间饰彩云朵朵及杂宝纹与“卐”字纹，后背正中上侧刻“大明崇祯辛未年制”款识。“崇祯辛未”为崇祯四年（1631），也就是明熹宗朱由校驾崩后，其弟朱由检继承大位的第四年——可发现其形制与谢环《杏园雅集》、仇英《清明上河图》，甚至《三才图会》中的“榻”制相近，所差者也许就是坐面的长短与深浅之别。依此观察存世的其他实物，如故宫博物院另藏的“黑漆嵌螺钿花鸟纹罗汉床”，其形制与尺寸亦非常接近，为三面矮围板、牙板宽壮与壶门式曲边与马蹄足，唯通体黑漆，嵌饰硬螺钿牡丹、莲花、桂花树及锦鸡、喜鹊等花鸟纹。[1]或者，远在美国的沙可乐氏（Arther M. Sackler Collection）的藏品中，有一张形制相当，但尺幅更长、更深的“罗汉床”，时间断代为15～17世纪，通体五彩螺钿镶嵌，满缀花、叶、朵、云纹，正面牙板平顺，与坐面山墙皆为双龙戏珠纹，背板里面正中为一正龙，前有火

[1]　此件时间断为明代，据故宫博物院宫廷部家具专家胡德生表示，此件是 19 世纪 50 年代琉璃厂自山西运回，后为故宫博物院购藏。

花鸟纹罗汉床
长 182 厘米，宽 79.5 厘米，高 84.5 厘米（故宫博物院藏）

15～17 世纪　罗汉床
长 202.2 厘米，宽 78.7 厘米，深（宽）122 厘米
（美国沙可乐氏藏）

焰明珠，与两侧对称的行龙形成三龙戏珠。

如此看来，上述明前期到明晚期的五幅画作，从15～17世纪，跨越时空两百年，依时间先后有三面围板、五屏式围板、三面围板、三面围栏以及如宝座式的五山形制，可见三面围板与多屏式围板是同时并行。而所见的明代实物中，俱为三面围板形制，也许就是明代最通行的榻制。腿足初为内弯马蹄与云纹腿，往后都趋向简约的内弯马蹄，除晚明画家尤求仿古的箱形坐面外，其余均设托泥。若谓明代诸帝“病榻遗诏”或“榻前顾命”中可能的大榻，上述现存的实物应无可能。五张画作中，也许仅尤求《汉宫春晓图》中汉成帝与赵飞燕所

清初　紫檀嵌瓷心罗汉床
长 248 厘米，宽 131.5 厘米，高 92 厘米（故宫博物院藏）

用之大榻方足以担此大任，其余画中之榻或存世的实物“罗汉床”，或许就是与诸臣议论国是所坐。

上述画作与实物最大的不同是前者之腿足下俱施加固作用的托泥，后者则在牙板加宽与腿足加厚后，拿掉了托泥，显见晚明之际的工匠在成作的技巧上似有所突破。此外，五山或五屏式围板虽不见于晚明实物中，但入清之后似有更为繁复的演变。故宫博物院另藏的一张断代为清初的“紫檀嵌瓷心罗汉床”，除了牙条与腿足与其他晚明或明代实物一样宽厚外，坐面边沿所施为九屏式床围，此或许正反映着物质文化随着改朝换代的不同氛围而进入另一个阶段，崭新的时代风尚已隐然蕴酿。

二　“凭几顾命”“凭几之诏”的几

（一）明代宫廷皇帝的用几与其传统的意蕴

前述洪武初年，明太祖对臣僚如翰林编修王辉、王琏、张翀、马亮、陈敏，或给事中崔莘，秘书监直长萧韶等等，有“几榻帏帐衾褥”[1]之赐，彰显几榻在日常器用中的必要性、重要性，以及受赐者之荣宠，同时也反映出几与榻之间的紧密关联。明代的官方文书或文

[1]　《明太祖实录》卷八二，洪武六年五月丙辰、洪武六年五月庚午；卷八三，洪武六年六月辛未，“中央研究院”历史语言研究所，1966。

人笔记中，皇帝临终前对少数重臣的“病榻遗诏”或“榻前顾命”，有时也以“凭几顾命”或“凭几之诏”来表示。成化元年（1465），宪宗以立皇后而诏告天下：“帝王为治，莫先于正家。正家之道，必自大婚始。惟先帝临御之日，常为朕简求贤淑，已定王氏育于别宫以待期矣。迨至凭几顾命，犹以婚期责成有司。”[1] 晚明才子王世贞为吏部侍郎陶大临所作传记中说：“《帝鉴图说》也，实公发之，乃世庙凭几之诏，公所进于华亭者深矣。”[2]意即嘉靖临终前对首辅徐阶所提的《帝鉴图说》其实是陶大临所发。沈德符在他的《万历野获编》中记道：“孝宗凭几之诏，仅命三辅臣受遗，而不及刘、载二公，则内外亲疏之别也。”[3]“三辅臣”即前述刘健、李东阳、谢迁。“刘、载二公”指兵部尚书刘大夏，以及都察院左都御史戴珊。[4] 沈德符意为刘、戴两人，一握兵权，一掌风宪，俱位居要津，孝宗平日对两人召对之次数远多于三辅臣，但在临终时却仅召三辅臣托付，可见是亲疏有别，人臣视“凭几之诏”为无上尊荣。

“凭几之诏”有时也简作“凭几”，沈德符写晚明的穆宗：“穆宗凭几，仅高、张二公受遗。”[5] 即穆宗驾崩时只有高拱及张居正奉召受遗命。王世贞所撰《张公居正传》中说：“慈圣……敕谕居正，谓我不能视皇帝朝夕，恐不若前者之向学勤政，有累先帝托付，先生有师保之责，与诸臣异，其为我朝夕纳诲，以辅台德，用终先帝凭几之谊，社稷苍生永有赖焉。”[6]“慈圣”就是万历皇帝的生母慈圣皇太后李氏，在万历十岁登基时从慈宁宫移居乾清宫以便就近照护小皇帝起

[1]　《礼部志稿》卷六一《宫闱备考》，收入《景印文渊阁四库全书》第 597 ～ 598 册，台湾商务印书馆，1983。

[2]　明・焦竑编：《国朝献征录》卷二六《吏部三・侍郎》，台湾学生书局，1965。

[3]　明・沈德符著：《万历野获编补遗》卷二，中华书局，1997，页 825 ～ 826。

[4]　刘大夏，字时雍，华容人。都察院左都御史戴珊，字廷珍，江西浮梁人。上述五人在画作《十同年图》中入画。

[5]　明・沈德符著：《万历野获编补遗》卷二，中华书局，1997，页 830。

[6]　明・焦竑编：《国朝献征录》卷一七《吏部三・侍郎》，台湾学生书局，1965。

居。敕谕为万历大婚，李氏要搬回慈宁宫时对张居正之敕语。[1]“谊”通“义”字，“凭几之谊”说的是张居正受过穆宗的临终托付（同受遗命的高拱已逝），不同于其他大臣，膺有重任，更要忖度义理人情，应全方位辅佐年轻的万历。

事实上，明代皇帝的“凭几遗诏”其来有自，甚至源远流长。上古的周天子便是临终前倚在几上顾命的，“成王将崩，命召公，毕公，率诸王相康王，作顾命。王乃洮颒水，相被冕服，凭玉几”[2]。意即周成王自知大渐，召辅臣前来托付，临终前穿上代表天子的冕服，倚靠在玉几上传遗诏。因此，明代皇帝的凭几并非创举，而是一种严谨制度的传承，天子临去之际的传统礼仪。

几在器用上的象征意蕴可能还高于榻。上古席地而坐，“几者所以安身，少不当凭几”。在席地而坐的年代，年少者不当用几，几为年老者凭倚之器，也是敬老之器，与行路的杖合称“几杖”，更在几上铭书“安无忘危，存无忘亡，孰惟二者，必后无凶”，杖上刻“辅人无苟，扶人无咎”等字，用以表示君子居安思危、俯仰有度之意。[3]

因此，明初大儒董伦，与方孝孺同侍经筵，建文初官拜礼部侍郎兼翰林院学士，建文皇帝还手诏“怡老堂”匾额三大字，并赐髹几、玉鸠杖。[4]晚明的焦竑称其为“宠遇”。[5]董伦上书谢恩说：

> 髹几玉杖，法古制之多仪，圭画云章，赐佳名以“怡老”，朝着夸其荣美，缙绅叹此遭逢。……然桓荣受几杖于

[1] 清·张廷玉等撰：《明史》卷一一四《列传第二·后妃二》，中华书局，1995，页3534～3536。

[2] 《尚书·周书·顾命第二十四》。

[3] 《诗经·大雅·行苇》：“或肆之筵，或授之以几。”郑玄笺：“年稚者为设筵而已，老者加之以几。”孔颖达疏：“几者所以安身，少不当凭几。”

[4] 清·张廷玉等撰：《明史》卷一五二《列传第四十·董伦》，中华书局，1995，页4187。

[5] 明·焦竑撰：《玉堂丛语》，中华书局，2007。

太常，而不闻有宸翰之赐，晏殊题旧学于神道，而不见有几杖之颁，在于昔贤，犹难兼乎其美，愧兹老朽，乃得荷乎鸿私。……自今将杖以戒噎，则当思四海或有饥馁之民，凭几以安身，则当念一物或有失所之叹。[1]

董伦所述“法古制之多仪”应指汉代几杖之赐，源于《周易》中几杖象征君子的矜矜业业、无荒无怠、远近察觉、俯仰有则。[2]董伦说，汉代的桓荣官拜主管宗庙的太常，是汉明帝为太子时的太子少傅，仅受几杖，没有皇帝的御书；宋代的晏殊，历集贤殿学士、同平章事兼枢密使，先后为礼部、刑部、兵部等尚书，又封临淄公，功绩卓著，也仅得御书，没有几杖之赐。如今他何其荣幸，竟一人兼具双重殊荣。董伦因此诚惶诚恐，自许以受赐之几杖作为戒慎之器，多思天下饥馁饿莩、思其所怙之民。

以外，上古周天子对七十岁告老辞官者亦有几杖之赐。[3]到了汉代，几杖之赐还另有意蕴。西汉文帝时，吴国太子刘贤进京朝见，与皇太子刘启博戏，相争不下时态度不恭，被皇太子怒而击杀，其王父吴王刘濞愤恨而称病不来朝，文帝也就赐吴王几杖，使其免朝。后刘启即位为景帝采御史大夫鼂错之议，大削诸王封国领地。吴王旧恨未消，新仇又起，遂联合其他封国，以“清君侧”为名发动“七国之乱”。因此，一千多年后的明代中期，官拜都御史的四朝老臣林俊，对江西宁王府奏请更换其府内殿宇琉璃瓦，孝宗准其支银两万两之事以为不可，上陈《论宁府用琉璃疏》：“伏望圣明笃懿亲、断大义、垂

[1]　明·宋端仪撰：《立斋闲录》，收入邓士龙辑《国朝典故》，中华书局，1993。桓荣为东汉人。参见《后汉书》卷三七《列传第二十七》。晏殊为北宋人，亦为著名词人。参见元·脱脱等撰：《宋史》卷三一一《列传第七十》，中华书局，1995，页 10195 ～ 10198。

[2]　参见《后汉书》卷五二《列传第四十二》。

[3]　王梦鸥注译：《礼记今注今译·曲礼》，台湾商务印书馆，1981，页 9。

善处……毋涉吴王几杖之赐，叔段京鄙之求。”[1]前者即汉文帝优容吴王，赐其几杖免朝，吴王却在景帝即位后起而叛国；后者指春秋时郑国君主庄公对其王弟叔段的封地请求一再退让，导致叔段封地扩增，封国强盛后起兵叛乱。林俊以此影射不可太纵容宁王府，以免贻害无穷。果然在孝宗之后的武宗时代，宁王宸濠起兵造反。[2]明人的文集说林俊“有先机之见哉”[3]。如此看来，几杖虽小，却隐藏玄机，由管窥大者莫过于此。

（二）宫内皇帝、宦官与人臣的用几

明人的笔记写永乐二十二年（1424）成祖率军北征的归途中，有一段：“上（指成祖）御幄殿，凭几而坐，大学士杨荣、金幼孜侍，上顾问内侍海寿曰，计程何日至北京，对曰，其八月中矣。”[4]由此可知，几与榻一样，是皇帝视事的近身家具，与皇帝相终始，平日亦常不离身，在宫廷家具中的重要性不言而喻。除此而外，几也为通晓文墨的内侍秉笔之用。宪宗时的僧人继晓进献房中秘术给宪宗，受到优宠，被尊为法王。宪宗还想拨内帑数万为其造佛寺，当时居官刑部员外郎林俊以为不妥，上疏请斩妖僧继晓。宪宗见疏大怒，将其下狱准备处死。协助批阅文书的司礼太监怀恩叩首直言不可杀谏官，不敢奉此诏令。宪宗大怒：“举所御砚掷之，恩以首承砚，未中，复怒仆

---

[1] 明・林俊撰：《论宁府用琉璃疏》，收入陈子龙等辑《皇明经世文编》卷八七《林贞肃公集》，中华书局，2005。清・张廷玉等撰：《明史》卷一九四《列传第八十二・林俊》，中华书局，1995，页 5136。

[2] 宁王为明太祖第十七子朱权，洪武二十四年封，其后人朱宸濠于武宗正德十四年起兵谋反。清・张廷玉等撰：《明史》卷一一七《列传第五・诸王二》，中华书局，1995，页 3591 ～ 3597。

[3] 明・陈洪谟撰：《治世余闻》卷三，中华书局，1997，页 21 ～ 22。

[4] 明・杨荣撰：《北征记》，收入沈节甫纂辑《纪录汇编》卷三四，新文丰出版社，1967。

其几，恩脱帽解带，伏地号泣。"[1]宪宗将其所用砚台摔向怀恩，没打中，又飞身扑向怀恩的几前。宪宗果真怒不可遏，也从而可知内府太监的文书都是凭几而作。

宫内非但皇帝、内臣、外朝人臣等用几，于赐宴、经筵时亦使用几。建文朝的翰林侍讲方孝孺于洪武时期首次奉召入宫，受赐于宴，太祖要测试方孝孺的人品，几次故意将几使歪，但方孝孺"几稍欹，必正之而后坐"[2]，一定将几扶正了才坐。明太祖认为方孝孺"几不正不坐"，是"举动端肃"的"庄士"，后来便延揽入朝，辅佐皇孙建文帝。

洪武初年太祖分封诸子为王时，亲自草拟册文，正好李善长北征奏捷，太祖认为捷报写得很好，便将撰写捷报的唐之淳连夜传唤进宫。明人的笔记中叙述唐之淳入宫之后：

> 帝问曰："是汝草露布（捷报）耶？"（唐之淳）对曰："臣昧死草之。"良久，中侍以短几置之淳前，列烛，帝令膝坐，以封王册文一篇授之曰："少为弘润之。"之淳叩首曰："臣万死不敢当。"帝曰："即不敢，姑旁注之。"[3]

唐之淳在皇帝面前受赐而坐，太祖令宦官揣了一只"短几"在其面前，要他就御拟的册封文书润笔修饰。此外，明人陈洪谟记弘治初年："张学士元祯，南昌人，为日讲官，上命设低几，就而听之。盖张短小不及四尺，且貌寝，然声音朗彻，闻者竦然，上亦起敬，故特

[1] 明・焦竑撰：《玉堂丛语》，中华书局，2007，页104。刑部员外郎林俊、僧人继晓、宦官怀恩生平等参见清・张廷玉等撰：《明史》卷一九四《列传第八十二》，中华书局，1995，页5136～5140；卷三〇四《列传第一百九十二・宦官一》，页7777；卷三〇七《列传第一百九十五・佞幸》，页7884。

[2] 明・邓士龙辑：《国朝典故》卷二〇《革除遗事》，中华书局，1993。

[3] 明・徐祯卿撰：《剪胜野闻》，收入沈节甫纂辑《纪录汇编》卷一三〇，新文丰出版社，1967。

设此几以便之。”[1] 说的是翰林学士张元祯其貌不扬，身形短小，但由于其才学便给，日讲时孝宗特别设低几来迁就他。

从太监怀恩、唐之淳、张元祯等人用几的描写，可知明代宫廷中，有一般的几，也有“短几”“低几”等。事实上，到了明代，几不但尺寸有别，形制也不尽相同。然则几之为器用，其初始为何？

（三）“几”器初始之形制与演变

几是中国器用史上最早的家具之一，器表象形如其字，有如注音符号的“ㄇ”，多为三或四足。汉代的画像砖、画像石中经常可见的西王母，大多席地据几而坐。如山东嘉祥的“洪山西王母”画像砖，西王母双手笼袖于三足几上，前有跪捧灵芝者，蟾蜍、玉兔、鸡首羽人等随侍两侧；四川画像砖的“西王母”，则双手笼袖坐于龙虎座上，左为神话中的三足乌，前有蟾蜍起舞。蟾蜍之后两名席坐者前有一只三足几，几面两端还清楚可见宛如翘头的形制。传为唐代王维所作的《伏生授经图》，白发年迈的伏生在讲授《尚书》时所凭倚的则是一架翘头四足几。宋代著名的文人苏东坡，其门人曾戏作一联：“伏其几而袭其裳，岂为孔子。学其书而戴其帽，未是苏公。”[2]意即穿上孔子的衣裳，伏在几上，未必成得了孔子，同样的，学苏氏的书法、戴着东坡巾，仍就不是苏东坡，嘲讽当时那些仿效苏轼衣冠、装模作样的文人。另外，宋室南渡，宋高宗的宫内陈设是“帏帐无文绣之丽，几榻无丹漆之饰”[3]，以几榻不髹朱用示素朴节俭。凡此说明，自有器用以来，几是神仙所用，在人间则与帝王或饱读诗书之文人画上等号，除了有特别因素外，器表多为漆作。几为家具之一，是社会上层使用者身份、地位与权力的象征。

明代嘉靖三十一年（1552），时任南京御史的王宗茂，曾上《纠

[1] 明·陈洪谟撰：《治世余闻》卷三，中华书局，1997，页 26。
[2] 明·俞弁撰：《山樵暇语》，“笔记小说大观”九编，新兴书局，页 17 ～ 18。
[3] 宋·徐梦莘编：《三朝北盟会编》卷四二，上海古籍出版社，2008。

劾误国辅臣疏》，纠劾的对象是“误国辅臣”严嵩。疏中说“臣非不知嵩之数十假子，待嵩而举火……臣既为几上肉，其后不遑恤也”[1]，“假子”即养子或义子。王宗茂说严嵩的数十名假子已摩拳擦掌，等着严嵩一声令下要来对付他，自己的处境有如“几上肉”。不过，形容人之束手无策，有如待宰的鱼肉，传统上皆以“俎上肉”言之。如历史上著名的鸿门宴，樊哙劝刘邦趁隙脱身，说的是“如今人方为刀俎，我为鱼肉”[2]，其意以俎为砧鱼肉之用器。“民以食为天”，作为砧鱼肉所用，俎之为器用，根据出土资料，早在殷商时期就有了，于祭祀时盛放祭品，并依其所置牲品之不同分别称为“牛俎”“羊俎”“豕俎”。只有天子祭祀才三牲全备，称“太牢”。诸侯以下仅能以“羊俎”“豕俎”为祭，不得用“牛俎”，称

战国　漆几，信阳楚墓（一号墓）
长 60.4 厘米，宽 18.1 厘米，23.7 厘米，高 48 厘米，厚 2.6 厘米（《文物》，1957 年 9 月，封面图、页 21）

东汉　“洪山西王母”画像砖，山东嘉祥洪山村发现
（转引自《中国美术全集・画像石画像砖》，人民美术出版社，1993，图 11）

“西王母”拓片
长 47 厘米，宽 41 厘米（转引自高文编，《四川汉代画像砖》，人民美术出版社，1987，图 96）

---

[1] 明・陈子龙等辑：《皇明经世文编》卷二九六，中华书局，2005。

[2] 汉・司马迁撰：《史记》卷七《项羽本纪》。

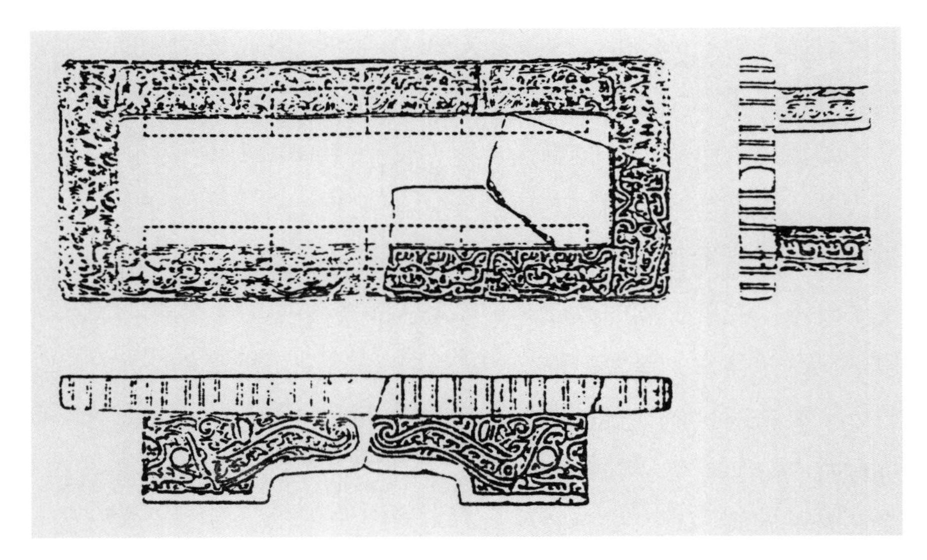

白色大理石制，俎，截面图，河南安阳侯家庄 1004 号大墓出土
（转引自《侯家庄 1004 号大墓》，页 96 ～ 97）

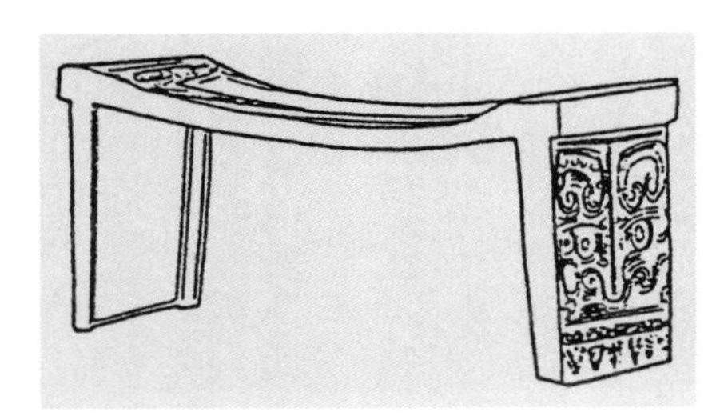

商晚期　俎，青铜器，线绘
高 5 寸 6 分，长 1 尺 2 寸 4 分
（转引自《商周彝器通考》，页 371）

战国　漆俎，木制，信阳楚墓（2 号墓），线绘
（转引自《文物》,1957 年 9 月，页 25）

“少牢”。所以汉代的许慎在其《说文解字》中说：“俎，礼器也。”与青铜器的鼎、簋一样，亦有相应的尊卑之别，即天子用九鼎八簋九俎，诸侯七鼎六簋八俎，士大夫五鼎四簋五俎等。俎的形制及尺寸，“俎长二尺四寸，广一尺二寸，高一尺，漆两端赤，中央黑”[1]。具体图像或可参考著名的河南安阳考古“侯家庄1004号大墓”所出土的大理石制俎。现存商晚期的青铜器中也有俎器。战国的信阳楚墓二号墓

[1] 林尹注译：《周礼今注今译》卷五《春官宗伯第三》，商务印书馆，1997，页 34 ～ 35。

也出土了木制漆俎。周代一尺约22.5厘米，依上所述，合现代尺寸约54 × 27 × 22.5厘米[1]，似与上述西王母、王维等所据之几与人体比例之对应约略相同。

因此，几、俎在形制上俱呈“ㄇ”字形，但前者如信阳楚墓的几器一样，为多腿足，后者多为板足，此应为两者在形制上最大的不同。而俎面中央俱呈微凹，两端特别上扬，亦是几、俎两者形制的不同之处。

又据古朝鲜王氏高丽王国的史料中，北宋徽宗宣和年间，朝廷使臣到访其国，高丽奉迎来使所准备的“供张”：“坐于榻上，而以器皿登俎对食，故饮食以俎数多寡分尊卑，使副入馆，日馈三食，食以五俎……凡俎纵广三尺，横二尺、高二尺五寸。”[2]“食以五俎”，可知邻国高丽以传统中土礼节中之士大夫地位奉迎来使。若就尺寸而言，宋代一尺约合31厘米，换算长宽高约为93 × 62 × 77.5厘米，是中土周代俎制的两倍有余，已与明代的高桌接近。[3] 凡此说明10世纪时期的邻国高丽，家具形制已受宋代高形家具发展之影响，但其称名仍沿古制，而此或可作为宋代家具之尺寸参考

反过来再看华夏中土的发展，十五六世纪晚明时期的文人描述皇帝经筵讲读时所作的《经筵词》说：“横经几子赭罗裙，小对团龙簇绣云，抬向御前安稳定，黄金镇子两边分。”意即摆放经书，覆着赭黄色云龙纹几裙的“几子”，抬到御前安置妥当后，几面两边置

[1]　周代尺寸换算，参考河南省计量局主编：《中国古代度量衡论文集》，中州古籍出版社，1990，页153。

[2]　徐兢书内有《供张图》《陈设器用》等，参见宋·徐兢撰：《宣和奉使高丽图经》，收入《钦定四库全书·史部》第593册，上海古籍出版社，1987。徐兢，字明叔，通音事，擅书法、绘事，以父任补将仕郎，宣和五年以“奉议郎充奉使高丽国信所提辖”官员的身份随国信使给事中路允迪、副使中书舍人傅墨卿出使高丽，次年撰成此书上呈御府

[3]　如明代有“大明万历年款”的“黑漆洒螺钿长方桌”，长宽高为111×79×79.5厘米。参见胡德生著：《故宫博物院藏明清宫廷家具大观》，紫禁城出版社，2006，页180。宋代尺寸换算，参考河南省计量局主编：《中国古代度量衡论文集》，中州古籍出版社，1990，页153。

明宣德　剔红孔雀牡丹花茶几
面径 43 厘米 ×43 厘米，
圈足径 57 厘米 ×57 厘米，通高 84 厘米
（故宫博物院藏）

明　宣德款彩漆嵌螺钿云龙纹海棠式香几
圆径 38 厘米，通高 82 厘米
（故宫博物院藏）

上金尺（纸镇)。[1]若仔细检视前举《徐显卿宦迹图》中的“经筵进讲”中，万历皇帝御前摆放经书的器用，确覆有“赭罗裙”，其上之纹饰隐约也是“小对团龙簇绣云”，但此器可不是一只如伏生所倚的小“几子”而已。明初永乐间的礼部尚书胡濙曾进一部《卫生易简方书》，嘉靖皇帝“好医药，置一部几案间，时加检阅”。[2]崇祯十四年(1640）三月中的殿试，明人的笔记说：“上御皇极殿，策会试中式举人，乘步辇，降殿阶周视，距诸士几案咫尺，天颜霁悦。”[3]说的是崇祯亲临殿试试场，下了步辇后，还和颜悦色地巡场一周，与会试诸举子的“几案”仅距咫尺。凡此万历经筵所用的“几子”，嘉靖放了胡濙医书的“几案”，或崇祯殿试时应试举子的“几案”等，其实就

[1] 朱国桢撰：《涌幢小品》卷二《经筵词》，页 23。摘自陆深撰《经筵词》，陆深在嘉靖中期以祭酒侍经筵所作。

[2] 《明世宗实录》卷五〇四，嘉靖四十年十二月辛巳，“中央研究院”历史语言研究所，1966。

[3] 明・李清：《三垣笔记・附识上・崇祯》，上海古籍出版社，1997，页 153。

是案类家具，与汉代画像砖中西王母所凭依的，或唐五代《伏生授经图》中的“几”相去甚远，但称名仍沿袭古意。[1]此类向上抽高发展的“高几”，还依功能称名，如目前故宫博物院所藏两件明代宫廷的高几，一为“剔红牡丹花茶几”，一为“彩漆嵌螺钿云龙纹海棠式香几”，顾名思义，分别为摆放茶具或供奉香炉所用。两件俱有“大明宣德年制”的款识，几面有方有圆，高度皆过80厘米，已从人之所凭倚的低几或短几发展为室内陈设的器用。

《荆公题元》，《明解增和千家诗注》插图
（台北故宫藏）

现藏台北故宫的《明解增和千家诗注》，据研究为万历皇帝为太子时的童蒙读本[2]，采一图一文方式，中有一图为《荆公题元》（荆公指北宋宰相王安石），旁有诗句“爆竹一声除旧岁，春风送暖入屠苏”，画心陈设一圆面高几，高束腰、三弯腿，上置香炉。若以功能称名，此即“香几”。若上溯此类高几的具体形制，也正是在北宋时期。最广为人知的正是北宋徽宗所作的《听琴图》，俯首抚琴的道士宋徽宗一旁就有一架高几，上陈瓶花。现藏日本相国寺“十六罗汉”系列画中的一幅《写经图》，坐床罗汉身后可见一架高几，形制接近宋徽宗身旁的高几，几面上还可见香熏袅袅。另外一幅也是收藏在日

[1] 中国家具史上也有的因功能取向而权宜命名新兴之器用，如目前的椅子，在唐宋称为“倚子”，取其靠背可供倚靠之意。宋人记颜真卿老当益壮，说他“立两藤倚子相背，以两手握其倚处，悬足点空，不至地三二寸，数千百下”，所记颜真卿手握两椅背，升降数百千下，有如今日吊单杠般的锻炼身体。宋人又记宋高宗在服徽宗孝时，“用白木倚子，钱大主入觐，见之，曰：‘此檀香倚子耶？’”参见宋·王谠撰：《唐语林校证》卷六，中华书局，1997，页 523 ～ 524。宋·陆游：《老学庵笔记》卷一，中华书局，1997，页 1。

[2] 冯明珠撰：《院藏〈明解增和千家诗注〉典藏源流》，《故宫文物月刊》，2010 年 3 月，页 8 ～ 13。许媛婷撰：《明解增和千家诗注》，《故宫文物月刊》，2008 年 3 月，页 62 ～ 63。

北宋　赵佶《听琴图》
轴，绢本，设色，纵 147.2 厘米，横 51.3 厘米
（故宫博物院藏）

南宋　陆信忠《写经图》，“十六罗汉”之一
轴，绢本，设色，
纵 96.4 厘米，横 50.9 厘米
（日本，相国寺藏）

本的《罗汉图》，结跏趺坐正在说法的罗汉，其身侧置一的葵花形面高几，上陈花供。两者俱为南宋的画作，皆与上述明代宣德款的茶几或香几略同，是以后者形制之形成脉络昭然可见。

综上所述，明代宫廷内称为几的器用有诸多面貌，有低几、短几、高几等“形而下”的器形演变，类别纷纷；有“形而上”的地位象征或历史事件的隐喻。而“形而上”地衍化，除了前述皇帝临去的“凭几顾命”或“凭几之诏”等外，还有兼具“形而上”与“形而下”的“几筵”。

三　“先帝未撤几筵，不可宴乐”——“几筵”代表神位

明穆宗即位之初欲行中秋宴，下诏翰林撰写中秋夜宴的致语，朝廷首辅大臣徐阶说：“先帝未撤几筵，不可宴乐。”穆宗的中秋夜宴因徐阶此说而作罢。[1]此先帝指世宗嘉靖皇帝，那“几筵”又是什

[1]　清・张廷玉等撰：《明史》卷二一三《列传第一百一・徐阶》，中华书局，1995，页 5631。按：明制，几筵闻丧即设，斩衰三年后除。参见《明史》卷六〇《志第三十六・礼十四》，中华书局，1995，页 1445 ～ 1491。

么？“几筵”一词在上古时期就存在，席地而坐时铺陈于地的粗席称“筵”，较细的单人席或多人席就铺在筵上，也用以定位。周代还有“司几筵”的官职，专事天子或诸侯在不同宴饮时依官职的尊卑在特定的方位陈设相应的几、筵上的席，如天子的方位是南向，背后设屏风，座位先垫莞席，其上加五彩蒲席，再添一层桃枝竹席，席位左右边各陈一玉几，诸侯、宾客等以次设莞席，仅右边设带刻饰的凋几，或左边设赤色之彤几等。丧事设苇席，右边一素几。[1]

《明太祖实录》记洪武十一年十一月冬至那天，“上以皇后丧故，素服几筵殿，毕，常服御奉天殿，百官常服行五拜礼”[2]。指明太祖素服祭拜孝慈皇后之几筵。《明史》记成祖猝逝一事：“文帝崩于榆木川，遗诏一遵太祖遗制。京师闻讣，皇太子以下皆易服。宫中设几筵，朝夕哭奠。百官素服，朝夕哭临思善门外。……神主将还……至午门外，皇帝衰服迎于午门内，举哀，步导主升几筵殿。”[3] 即明成祖在榆木川崩逝的讣闻传来，宫中立即恭设几筵，供皇族或文武官员朝夕哭拜。“几筵”一词包括神位和祭供物品，陈设几筵的场所就称为“几筵殿”。[4]

史料又记嘉靖十八年（1539）二月一日册立皇太子，当天午时，天空中出现长达两丈、形如龙凤的五色云（彩虹），大学士夏言认为是祥兆而上疏祝贺，嘉靖说：“慈宁几席未除，其免贺。”[5]“慈宁”指嘉靖生母章圣皇太后，甫崩于嘉靖十七年十二月。三年之后嘉靖还

[1] “司几筵”掌“五几五席”。五几为玉几、雕几、彤几、漆几与素几，席为莞席、藻席、次席、蒲席与熊席。林尹注译:《周礼今注今译》卷五《春官宗伯第三》，商务印书馆，1997，页 214 ～ 215。

[2] 《明太祖实录》卷一五〇，洪武十五年十一月癸丑，“中央研究院”历史语言研究所，1966。

[3] 清·张廷玉等撰:《明史》卷五八《志第二十九·礼七》，中华书局，1995，页 1347;《志第三十四·礼十二》，页 1446。

[4] 清·张廷玉等撰 :《明史》卷五八《志第三十四·礼十二·凶礼一》，中华书局，1995，页 1445。

[5] 《明世宗实录》，嘉靖十三年二月庚子，“中央研究院”历史语言研究所，1966。清·张廷玉等撰 :《明史》卷一一五《列传第三》，中华书局，1995，页 3553 ～ 3554。

说："朕恭奉皇妣慈孝献皇后几筵，痛忆遗音，周毕三年之期，如礼解撤已，侍几如生。"[1]嘉靖"侍几如生"，即侍奉生母之几筵一如其生前。可见几筵或称"几席"，有时也简作"几"。

"几筵"作为神位，有其宗法上承继大位之意蕴，也不能避免地具有政治上的象征。《明史》载继成祖大位的仁宗，即位是日"皇帝具孝服告几筵"。就是守孝中的仁宗，在登基之前先穿孝服告祭成祖，再换服衮冕御奉天门行登基仪。[2]正德十六年（1521）武宗猝崩，以外藩入承大统的嘉靖，在登极之日也是先"素服诣大行几筵谒告"，登基礼成后"仍诣大行几筵"，再告诣几筵一次后，才御华盖殿接受文武百官的稽首拜贺。[3]也因此，晚明文人朱国桢在其所著《皇明大政记》中说："夫即位，必先告几筵，以明授受继体之正。"朱国桢接着说："建文即位，实在三十一年闰五月十六辛卯日，去高皇崩仅七日，即于是日完葬事，故燕王移檄，亦有此句，且指以为罪。"[4]前后所说即指燕王的靖难之师所揭示的檄文中以太祖下葬与建文即位同一日，行之匆率，"告几筵"之事不明而论建文僭位之罪。此外，对"几筵"不敬也会获罪。弘治十八年（1505），孝宗皇帝宾天，礼部尚书上奏："近闻真人陈应、西番灌顶大国师那卜监参……各率其徒，假以祓除荐阳，数入乾清宫几筵前，肆无避忌，京师传闻，无不骇愕。"这些在几筵前"肆无避忌"的真人、国师等，后来俱遭革除名号，并追夺印诰，没收所赐玉带等。[5]

至于明代"几筵"的具体形制为何？已出土万历皇帝的定陵内，由神道进入后，过棱恩门、棂星门后，至明楼、宝顶（陵丘）之间便

---

[1] 《明世宗实录》卷二五八，嘉靖二十一年二月辛未，"中央研究院"历史语言研究所，1966。

[2] 清・张廷玉等撰：《明史》卷五三《志第二十九・礼七》，中华书局，1995，页 1347。

[3] 清・张廷玉等撰：《明史》卷五三《志第二十九・礼七》，中华书局，1995，页 1348。

[4] 明・朱国桢撰：《皇明大政记》，收入《四库全书存目丛书・史部》第 16 册。

[5] 《明实录・附录・明武宗宝训》卷二，"中央研究院"历史语言研究所，1966，页 131。

明　石几筵，定陵
（转引自中国社会科学院考古研究所，《定陵》，文物出版社，1990，图 11）

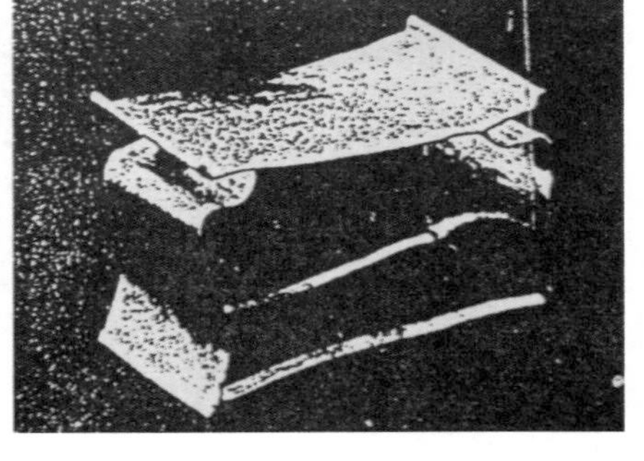

唐　银香案，明器
（陕西省法门寺考古队撰，《扶风法门寺塔唐代地宫发掘简报》，《文物》，1988 年 10 月，页 19）

有一座全为石刻的“石几筵”。一个长方形平头大案，高束腰须弥座，案上正中即陵园的中轴线，陈设石雕的香炉，左右各为一石制烛台与石制花瓶。《明史·食货志》上记载，宣宗时派太监张善之到饶州“造奉先殿几筵龙凤文白瓷祭器”[1]，可知在宫内祭祀历朝帝后的奉先殿内，其几筵上的五供可能俱为瓷制。

宋　马和之《高宗书女孝经图》“邦君章第四”
卷，绢本，设色，纵 26.4 厘米，横 823.8 厘米
（台北故宫藏）

既是供奉神主与祭品之称，是否与目前所知的供案有关？究竟此“石几筵”的形制因何而来？1987年，陕西扶风法门寺因重修而意外发掘出地宫，2000余件的唐代文物出土，其中有一件“素银面香案”，由银片裁接而成，案面向两端翘出，其下板足卷曲成束腰状，板足间还有托泥加固，卷曲之板足宛若束腰，整体形制与万历的“石几筵”相仿。若往下探索，南宋画家马和之补图的《宋高宗书女孝经图》，其中“邦君章第四”所绘为上陈高烛或牛羊祭品的低矮供案，以及元

[1] 清·张廷玉等撰：《明史》卷八二《志第五十八·食货六》，中华书局，1995，页 1998。

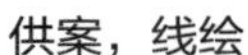
供案，线绘

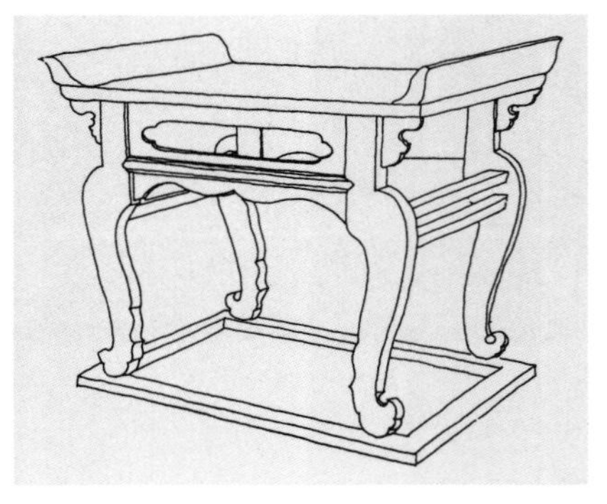

明初　供案，朱檀墓出土，线绘

人在《三国志平话》中所绘的供案等，共同特征为长而平的案面、两端翘头、高束腰与鼓腿彭足。再看看明初鲁王朱檀墓出土的供案，也是翘头、高束腰与三弯腿。家具中供案的本质就是摆设祭祀品所用，此点与定陵石几筵相同。两者形制与定陵石几筵相同之处是长而平的案面与须弥座的高束腰，所不同者是宋元几筵案面两端翘头犹有上古俎制之余风，定陵石几筵则两端平整。

至此，明代定陵“几筵”形制根源呼之欲出，作为祭祀时陈设五供之神位，至少应与唐代以降的香案或供案有密切的关联，具备高形家具之形制，也隐含上古礼器俎、几之遗意。作为明代宫廷家具品类之一的“几”器，与上古几之相较，形制衍化多端，已是“此几非彼几”，有传统“几”之名却无传统“几”之实。然不管是低几、高几、几案或几筵，名称各自有别，其尊崇的地位却始终如一。

第二节　晚明内臣“蠢重”之床与万历皇帝的四十张床

一　内臣“十余人方能移”的“蠢重”之床

晚明太监刘若愚所撰的《酌中志》，叙述晚明时期宫内某些同僚“奢侈争胜”之状：

> 大抵天启年间，内臣性更奢侈争胜，凡生前之桌椅、床柜、轿乘、马鞍，以至日用盘盒器具，及身后之棺椁，皆不惮工费，务求美丽。……万历、天启年间，所兴之床极其蠢重，有十余人方能移，皆听匠人杜撰极俗样式为耗骗之资，不三四年，又复目为老样子，不新奇也。[1]

“内臣”是内廷之臣，就是太监，虽仿外廷官员有秩位之封[2]，但终究仍是皇室的奴仆身份，其所用的竟是“十余人方能移”的“蠢重”之床，是否是“上之所好，下必甚焉”的写照？果若如此，那上面的“主子”——皇帝、后妃们的床又是何等光景？由于相关的史料几乎阙如，只能旁敲侧击，从零星的文字、数据中尝试探索其貌。

前节讨论明代皇帝“榻前顾命”时，曾述及元大都宫苑的大明殿内除御榻外，还有“诸王百僚宿卫官侍宴坐床，重列左右”，延华阁内“从臣坐床咸备”，广寒殿中“小玉殿内左右列从臣坐床”，妃嫔院内还“三东西向为床”。此多采自元末陶宗仪《南村辍耕录》的记载。然明初萧洵《元故宫遗录》中对广寒殿内之陈设亦有“有间玉金花玲珑屏台床，四列金红连椅”[3]的记载。两相对照，推测有两种可能：

[1]　明·刘若愚撰：《酌中志》，北京古籍出版社，2001，页 182 ～ 3。

[2]　内府衙门职掌品级，设十二监、四司、八局、六尚，参见刘若愚撰：《酌中志》，北京古籍出版社，2001，页 93 ～ 134。

[3]　明·萧洵撰：《元故宫遗录》，北京古籍出版社，1980。

其一，此“坐床”是独坐的靠背椅形制，但左右延展至可供两人以上所坐之长椅，共有四列，如第一节所引《养正图解》中“任用三杰”，官员排排坐在四人一组的长连椅上；其二，可能是如南宋画家赵伯驹所作的《汉宫图》中，由多具靠背椅并排连接而成。不过，此两种推测之坐具都是移动性的，随时可拆离。若观察每妃嫔院内的“三东西向为床”，则此床似有固定陈设之意，也有可能皆非独立的“床”。以东汉刘熙《释名》中“人所坐卧曰床”的原意，其实仅是长条的平台，可长可短，可坐可卧。

南宋诗人陆游在他的《老学庵笔记》上曾记过：“往时士大夫家，妇女坐椅子兀子，则人皆讥笑其无法度。梳洗床、火炉床家家有之，今犹有高镜台，盖施床则与人面适平也。或云禁中尚用之，特外间不复用尔。”[1]陆游的“往时”应指南宋初或北宋时期，当时妇女坐椅子被视为“无法度”，这些高坐的妇女使用梳妆镜时就必须因此将台座放高，台座的高度恰好达席地而坐之人的面部。所说的“梳洗床”或“火炉床”等一样，其实也是将火炉等日常器用置于台座上，以配合起居作息的改变。明人的笔记写太祖初渡江时，进驻采石一老妇家，太祖“坐谷笼架上，问妪此何物，对曰：‘笼床。’烹鸡为食，问何肉，曰：‘炖鸡。’”太祖以“笼床”“炖鸡”为“龙床”“登基”之吉语而大喜。[2]可知元明时期置放物料之架也称“床”。时至今日的台湾，工厂厂房设备中很多架高的机器都还带一个“床”字，再以机器的功能分别称作“车床”“铣床”“冲床”“牙床”等等。陆游听说这种台座“禁中”还在用，“禁中”就是南宋

宋　仕女梅妆镜中的木床
（宿白著，《白沙宋墓》，文物出版社，2002，页 113）

[1] 宋·陆游撰：《老学庵笔记》卷四，中华书局，2007，页 42。
[2] 明·文林撰：《琅琊漫钞》，“笔记小说大观”本，商务印书馆。

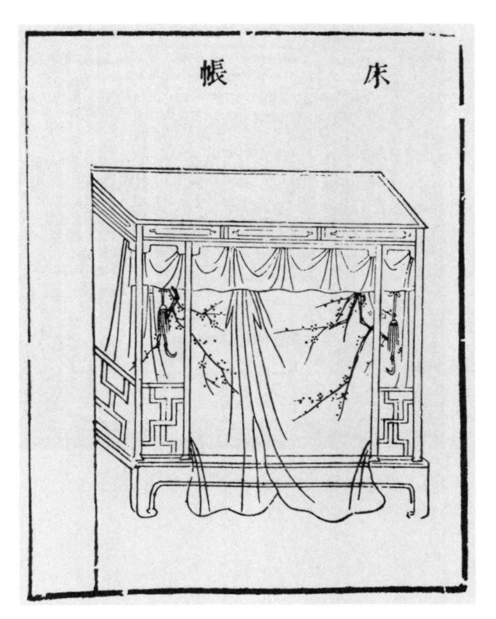

床帐
（《三才图会》，上海古籍出版社，1993，页 1331）

架子床，明《鲁班经》插图
（转引自朱家溍编著，《明清室内陈设》，紫禁城出版社，2004，页 15）

宫廷内。从南宋的一只“仕女梅妆镜”之背面，可见数名妇女，或站立或高坐着观赏一张挂轴，所坐的正是架高的坐具——一组“⊓”字形“坐床”，颇类似北方人屋内常见环壁而设的“炕”。此种“坐床”形制如箱，重则重矣，却朴拙无华，或可为元大都宫苑内御榻左右所列“从臣坐床”形制之第三种可能，与明代宫苑内太监们“十余人方能移”的“蠢重”之床应无关联。

二　明中期《三才图会》中的“床帐”

明中期王圻《三才图会》所列出的“床帐”，就是王世襄在“明式家具”中所称“床上立柱，上承床顶，立柱间安围子”的“架子床”[1]，又叫“六柱床”，其左右及后面的长围子均用短材攒接成“卍”

[1]　王世襄编著：《明式家具研究》，南天书局，1989，页 178。

明　黄花梨“卍”字围架子床
长 218.5 厘米，宽 147.5 厘米，高 231 厘米
（故宫博物院藏）

明　拔步床，木制明器，朱檀墓出土
（《文物》，1972 年 5 月，页 25 ～ 36）

明　拔步床，木制明器，潘允征墓出土
（《考古》，1961 年 8 月，页 425，图版参之 1）

明　拔步床，木制明器，王锡爵墓出土，线绘　（《文物》，1975 年 3 月，页 53，图 5）

字图案，床顶四周的挂牙由镂空的绦环板组成。万历年间所出的《鲁班经》亦含此制与攒饰，造型简洁，流畅疏朗，是坊间“明式家具”的经典之作，也是近年来收藏家眼中的珍品。现藏北京故宫博物院有一架明代“黄花梨‘卐’字围架子床”，与前两者在形制与攒接图案上几乎相同，可供具体的形制参考。明初封国山东的鲁王朱檀，其墓葬出土的木制明器床，在床板与门围间留有廊庑，床面另设槅扇，也

饰以攒接镂空的“卐”字围。“明式家具”中称为“拔步床”，嘉靖中期的上海庐湾区的潘允征墓与苏州虎丘的王锡爵墓所出土的床，均为此制。可见两种床制自明初以来持续使用到明代中晚期。但不管是“架子床”还是“拔步床”，其结构系以支柱撑持，镂空攒饰，若连同帐幔，五六人或至多七八人就可移动它。其外观简洁明快、宽敞流畅，看起来也不“蠢重”。因此，也不是刘若愚笔下所指的床。

明　床，陶制明器，廖纪墓出土
（《考古》，1965年2月，页73～79）

20世纪60年代清理的“河北阜城明代廖纪墓”，出土的随葬陶制明器有轿乘、鼓乐、仪仗、厅堂、卧室、厨房及各项生活用品等，其中有一张床。据出土报告，此床上有顶盖，下有踏板，床绷四角有柱，两侧各有窗两扇，背面有窗四扇，正面两旁各有窗一扇，在窗与顶盖之间有黑框红心雕栏，前挂红幔帐向左右拉开置于两柱的帐勾上。有窗表示各柱间施围板或立墙，不开窗时是封闭式的，可能便于保暖，而背面有四扇窗，反映这具体而微的模型，其实更似实际生活中的卧寝之房。廖纪，字廷陈，弘治三年（1490）进士，嘉靖初官吏部尚书。世宗即位后的“大礼议”之争，《明史》列传的赞辞说，当时的官员“大都波流茅靡，淟涊取容，廖纪以下诸人，其矫矫者与”[1]，虽然廖纪的言行并不是完全附和上意，但世宗“纳其正士风”，其墓志铭上的全衔是“明光禄大夫少保兼太子太保吏部尚书赠少傅”，而且内容还有“公卒讣闻，天子为罢朝一日。赠少傅，谥‘僖靖’，

[1]　清•张廷玉等撰:《明史》卷二〇二《列传第九十》,中华书局,1995,页5325～5350。按:《明史》上记载廖纪字“时陈”，墓志铭上则记其字为“廷陈”，暂从墓志铭。

赐祭九坛，命工部营葬，恩礼稠至，士林荣之”[1]。看来是身后哀荣。随葬明器还有御赐鞍马，吏部的暖轿、兵部的显轿，仪仗中分别有吏部、兵部的鼓号、马俑等。明人的笔记说：

> 太祖尝命儒臣历考旧章，上自朝廷，下至臣庶，冠婚丧祭之仪，服舍器用之制，各有等差，着为条格。书成，赐名礼制集要。其目十有三，曰冠服、房屋、器皿、伞盖、床帐、弓矢、鞍辔、仪从、奴婢、俸禄、奏启本式、署押体式，颁布中外，使各遵守。[2]

按明嘉靖年间宁藩宗室朱宸洪刊本的《礼制集要》中的《床帐》条，仅述及“官民人等所用床帐并不许雕刻龙凤文，并朱红金饰，床帐不许用玄黄紫及织绣龙凤文”[3]等，未有任何形制之记。此廖纪墓由嘉靖命“工部营葬”，当为“官墓”。出土报告说，“此批明器的出土，为了解明代工部营葬的制度提供了可靠的数据”。因此，此“床”若非与宫廷器用有关，其形制至少也代表官方之所用，望之亦颇具“重量”。

1982年四川铜梁出土明代嘉靖、万历时期的张文锦夫妇合葬墓。张文锦一生未曾为官，但其子张佳胤曾官至都察院右副都御史，总督蓟、辽、保定军务，被封为太子太保，与武英殿大学士吏部尚书陈以勤、文坛领袖王世贞等过从甚密。张文锦本人也与内阁首辅杨廷和之子杨慎有诗文往还，嘉靖三十七年（1558）死后被诰赠都察院右佥都御史。其墓志铭系由杨慎、王世贞、陈以勤等撰文、篆盖与书丹。有这样的背景，随葬明器自是肩舆、导从、仪仗、侍卫俱备。墓内石床

[1] 《廖纪墓志铭》，天津市文化局考古发掘队撰《河北阜城明代廖纪墓清理简报》，《考古》，1965，页 73 ～ 79。

[2] 明・余继登撰：《典故纪闻》卷五，中华书局，1997，页 96。

[3] 明太祖敕撰：《礼制集要》，明嘉靖年间宁藩宗室朱宸洪刊本，台北“国家图书馆”，微卷。

明　张文锦墓内石床，石质明器
（铜梁县文管所撰，《四川铜梁明张文锦夫妇合葬墓清理简报》，《文物》，1986 年 9 月，页 20）

明　张文锦夫人墓内石床，石质明器
（铜梁县文管所撰，《四川铜梁明张文锦夫妇合葬墓清理简报》，《文物》，1986 年 9 月，页 34）

的床顶有盖，盖下刻帐幔，左右拉开分挂帐勾上。此帐从中间开口，拉开的部分不到床面的一半，显示垂帐之外似为立墙。张文锦夫人沈氏于万历五年（1577）辞世，也就是晚了21年。其和葬墓中的石床明器，上有出檐的床楣，出入口两边刻出隔扇；下有高台，并刻有大卷草纹饰。与张文锦的石床相较，少了帐幔，但床板升高，左右各设一槅扇门，所呈现的“床”其实是一个坚实封闭的空间，又因床楣出檐如建筑构件，整器外观接近一座屋宇的正面。张文锦夫人逝世时，其子张佳胤已位高权重，虽系明器，但其形制或纹饰，比21年前张文锦之墓所见，更繁华隆盛，应具体而微地反映当代显宦的身份与地位，也微妙地凸显出嘉靖中晚期到万历初期20余年来的变化，那就是床制日趋建筑化，且越形厚重。

三　如屋似龛的“房中之房”

从嘉靖前期的廖纪墓到万历初期的张文锦夫妇合葬墓，作为明器的床，在形制上显然与《三才图会》中的“架子床”或明初朱檀墓、明嘉靖万历时期的“拔步床”有很大的差异，一个简洁通敞，另一个则厚重封闭，此现象或可视为传统的床制依然通行之际，新兴的床制

明　床，唐三彩明器
高 49 厘米，长 43 厘米
（美国加州旧金山中国古典家具博物馆藏）

明　床，唐三彩明器
高 40.5 厘米，长 33 厘米，深 21.5 厘米
（美国加州旧金山中国古典家具博物馆藏）

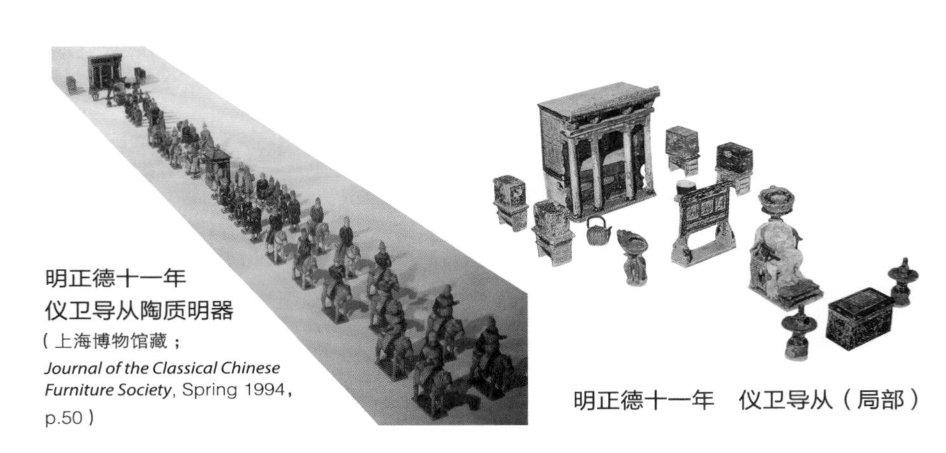

明正德十一年
仪卫导从陶质明器
（上海博物馆藏；
Journal of the Classical Chinese Furniture Society, Spring 1994，p.50）

明正德十一年　仪卫导从（局部）

已悄然并存。20世纪90年代，美国加州旧金山致力于中国古典家具研究与收藏的中国古典家具学会，成立了中国古典家具博物馆，搜罗颇丰，与王世襄在港台等地所提出的“明式家具”理念互为呼应。除了明清之际的各式家具外，也有不少墓葬出土的陶质明器，其中标志为明代的唐三彩“床”，该学会的季刊曾发文提出，明代的“床”即使外形有所不同，却具备共同的特点，那就是高升的床板、如建筑物般的屋顶及外墙、正面出入口的两边都有槅扇门，有些甚至设有两重槅扇门，前后两重门之间还留出廊庑，因而开创出一种“房中之房”，或称“屋中之房”。此类标有题识（年款）的“屋中之房”，目

明嘉靖三十七年（1558），仪卫导从，陶质明器
（上海博物馆藏；*Journal of the Classical Chinese Furniture Society*, Spring 1994，p.50）

马来西亚一古董店贩卖的佛龛
（*Journal of the Classical Chinese Furniture Society*, Spring 1994，p.50）

前所知，上海博物馆所收藏的陶质明器墓葬仪仗行列，一组为正德十一年（1516），另一组为嘉靖三十七年（1558），两组仪卫出行的起点都是墓主如屋宇般封闭的床，左右的厢房有如建筑中的护龙。前者的床甚至在出檐之下设四根圆形立柱，一如建筑物中的前廊。此制“屋中之房”的床，其形制与雕饰有如一座供奉神明的佛龛，与近代南洋地区马来西亚古董店所贩卖的佛龛相当接近，只是后者内部放空，无床板之设置。在西方学者的眼中看来，这就是五六百年时间与遥远的空间距离之后的样板。而两者之不同，仅在一为人用，一为神佛所常驻。[1]

检视上述嘉靖时期的廖纪墓，万历初时张文锦夫妇之墓，以及更早的正德时期如屋似龛的“房中之房”的明器床，均或多或少有建筑化的趋势，即带有建筑元素如斗拱类之构件，形成坚实封闭之貌，仿佛抽离对建筑母体的依存而独立存在，若为墓主生前所用，将之回归其实际使用的尺寸，可能真是一座“十余人方能移”的床。是否为“蠢”，见仁见智，但其“重”是不容置疑的。从时间上的观察，此床

[1] Skeila Keppel: The Well –Furnished Tomb, Part III, *Journal of the Classical Chinese Furniture Society*, Spring 1994, p.44 ～ 52.

金代 “房”或“床”图，墓室浮雕壁画（*Journal of the Classical Chinese Furniture Society*,Spring 1994,p.47,F.8）

制至迟在正德中期就已存在，并且流行于北方地区的显宦之家。若从“上之所好，下必甚焉”作一个反向推论，则此床制在更早的时期，也许是孝宗或仁宣之际，甚至明成祖迁都北京之后，也许已在大内宫苑间广为使用，恐怕也是皇帝及其后宫嫔妃们卧寝之所的床制之一。若作为天子之用器，只怕雕龙鬃金的更为华丽与厚重。

这种如屋又似龛的床制肇源于何时？1989年，西方学者Ellen Johnson Laing对山西孝义出土的金代墓室浮雕壁画进行研究后指出，此制由屏板隔成三度空间的床，可能肇始于金代立国的稍前，并在往后的一个世纪间渐趋繁复。[1]若把视觉的焦距逐渐拉远，从一个更大的范围来观察此图像，可更进一步地了解其形成之缘由。按Laing所据之金代墓葬，墓门右侧有墨迹“承安三年”（1198）。其出土报告之平面图，可以看到整座墓为八角形仿木构砖雕建筑，Laing所引之图为绘画与雕绘混合的西壁，由其剖面图可清楚看出，左右两位侍女所倚的槅扇门分别向两边延续，西北壁是墓主人内屋，两名侍女分隔高几，一坐一立，似正等候主人的随时召唤。西南壁则是墓主之闺女于坐床上梳妆，左手梳头，右手持镜揽照。随着八角形顺序延伸，尚有北壁及东北壁等墓主之生活起居写景。[2]由剖面图可知，槅扇门依柱而设，柱头之间有三组斗拱，其上还雕有飞檐、滴水，往上有纵横交错

[1] Skeila Keppel: The Well –Furnished Tomb, Part III, *Journal of the Classical Chinese Furniture Society*, Spring 1994, p..44 ～ 52.Ellen Johnson Laing: *Chin Material Culture, Artibus Asiae* XLIX, p..78 ～ 82. 按：此金墓壁为雕砖彩绘，其人物系雕造后，背后留榫头与壁上的卯眼嵌接，故人物鲜明，别具特色。

[2] 山西省文物管理委员会等撰:《山西孝义下吐京何梁家庄金、元墓发掘简报》,《考古》，1960 年第 7 期，页 57 ～ 61。

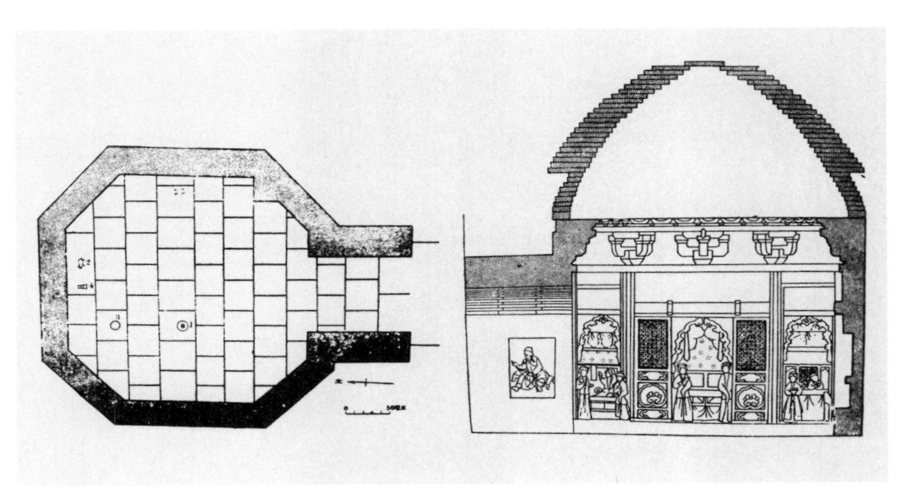

金　下吐京金墓平面图、剖面图
(山西省文物管理委员会等撰,《山西孝义下吐京何梁家庄金、元墓发掘简报》,《考古》,1960 年第 7 期，页 58)

的迭涩直达墓顶，说明所有的起居作息都在同一座建筑物下进行。换言之，西壁所绘实为房屋之内部，自槅扇门由外向内平视所得的“寝房一瞥”，西北壁的内屋及西南壁闺女之房在实际生活中也应当设有槅扇门以为内外空间之别，其区格之物若非年久漫漶，就应是受囿于墓室内壁的窄狭条件而省略。因此，所谓“屋中之房”，就是抽离对建筑的依存而独立存在的床制，在金代，或甚至稍早的时期就已肇兴的论点，可能值得商榷。若仅以此图像为依据，锁定西壁局部，视觉焦点自外向内，穿过两片槅扇中间的垂花拱门，进入以床板为主的另一个空间，其平视图确与“屋中之房”在结构层次上有一定的关联，尤其槅扇门的形制与纹饰——上部为细密斜的棂格，下部是如意云头纹开光造型的文件板，若将屋檐下的斗拱降低至门楣，其整体造型与上海博物馆所藏唐三彩明器床，或正德、嘉靖时期的明器床大致类同——也就是从整体建筑物正面望去的缩影，因此，此金代的建筑与室内陈设之结合或许是尔后屋床一体之滥觞，寝床建筑化之缘由。

回到前述外观简洁明快，通畅宽敞的支架式“架子床”与“拔步床”，若观察墓主的身份，潘允征家为上海大族，本身为光禄寺掌盐监事。[1] 苏州的王锡爵，其墓志铭为其同年、同乡、同僚兼亲家的中极殿大学士申时行所撰[2]，生前是万历年间的内阁首辅，万历对他恩礼不断，宠赐有加，卒后赠太保，敕建专祠。其子王衡为翰林院编修，其孙王时敏更为尔后清初画坛四王之一，自是位高权重，家大业大。同时，《三才图会》刊行于万历三十七年（1609），作者王圻是嘉靖年间的进士，也是上海人。依此推测，两种床制可能是入明以来至明代中晚期间，江南地区的显宦专用，当然可能扩及南方的豪门大户。

至于明初的鲁王朱檀，为明太祖第十子，依《礼制集要》所定，“上自朝廷，下至臣庶，冠婚丧祭之仪，服舍器用之制，各有等差”[3]。也就是说，身为亲王，其“岁禄万石，府置官属……。冕服、车旗、邸第，下天子一等”[4]。虽封国北方的山东兖州，但府邸内自有其官属供应定制的服饰器用，或由南京的相关内官监作成造，而其服器仅“下天子一等”，即形制与纹饰约略等同天子，仅规模略小或尺寸略减，如出行仪卫中之象辂，“其高视金辂减六寸，其广减一尺”[5]。金辂即天子出行卤簿的五辂之一。因此，朱檀墓中的“拔步床”，亦为明初的皇亲国戚之所用，应毋庸置疑。因此，在时间上与潘允征、王锡爵或王圻等明中晚期相互衔接。可知入明以来，就藩外地的皇室贵族，或明中晚期的江南地区，高官显宦与豪门大户之间通行简洁明快的支架式“六柱床”与多一个廊庑的“拔步床”。至于北方地区，至迟在正德时期，就出现了如屋似龛、封闭厚重的床制，使用人为西北地区和北方地区的高官显宦。

至于此式厚重封闭、具隐秘性的“房中之房”，或如屋似龛的床

[1] 上海市文物保管委员会撰：《上海市庐湾区明潘氏墓发掘简报》，《考古》，1961 年第 8 期，页 425 ～ 434。

[2] 苏州市博物馆撰：《苏州虎丘王锡爵墓清理纪略》，《文物》，1975 年第 3 期，页 53。

[3] 明・余继登撰：《典故纪闻》卷五，中华书局，1997，页 96。

[4] 清・张廷玉等撰：《明史》卷一一六《列传第四・诸王》，中华书局，1995，页 3557。

[5] 清・张廷玉等撰：《明史》卷六五《舆服一》，中华书局，1995，页 1610。

制是否也进入宫掖，何时进用于宫闱，以目前的史料所见，尚不明确，唯景泰七年（1456）武清侯石亨因拥英宗复辟的“夺门之变”居功，进爵忠国公，但三年后其从子石彪“得绣蟒龙衣，及违式寝床诸不法事”，不但石彪“罪当死”，最终还导致石亨“下诏狱，坐谋叛律斩，没其家赀”[1]。由其中“违式寝床”与“绣蟒龙衣”并罪之述，说明至迟在英宗复辟初期已对卧寝之床有所定制，并严格执行，且其规范似不仅及于器表之雕饰或用色而已。此中的转变，或与明成祖久居藩国燕地，习惯于北人器用的形制与风格，永乐十九年（1421）国都北迁之后宫苑内日常起居作息的器用逐渐产生变化有关。

四　万历皇帝的四十张床

（一）给事中何士晋的稽查

万历时期工科给事中何士晋[2]所汇辑的《工部厂库须知》，对于万历及后宫们历年来的各项器用有详细的核算，其中有关卧寝用床之记载如下：

表四　何士晋《工部厂库须知》中有关“龙床”的记载

时间	内容	成造者
万历十二年十月	慈宁宫等处陈设龙床、宝厨、竖柜等物	御用监
万历十二年七月二十六日	御前传出红壳面揭帖一本，传造龙凤拔步床、一字床、四柱帐架床、梳背坐床各十张，地平、御踏等俱全	御用监
万历十六年九月	成造金殿龙床等项	司设监

[1]　清・张廷玉等撰：《明史》卷一七三《列传第六十一》，中华书局，1995，页4616。

[2]　何士晋，字武莪，宜兴人，万历二十六年进士，初授宁波推官，擢工科给事中，曾弹劾内阁首辅大学士王锡爵，谓其“逢君贼善”等，后以“廷击案”获罪，四年后移广西参议，光宗擢为尚宝少卿，迁太仆，天启四年擢兵部右侍郎，总督两广军务，兼巡抚广东。清・张廷玉等撰：《明史》卷二三五《列传第一二三》，中华书局，1995，页6127～6130。

续表

万历二十六年	乾清宫□建落成，题造陈设龙床、顶架、珍馐亭、山子、龛殿宝厨、竖厨、壁柜、书阁、宝椅、插屏、香几、屏风、画轴围屏……	御用监
万历三十年	亲王婚礼床帐等物件	御用监
万历三十年	亲王婚礼床帐、轿乘等物	司设监
万历三十一年十一月	福王出府题办椅桌等器物	内官监
万历三十一年十一月	亲王之国钱粮，屋殿、轿乘、账房、软床、铺陈、帐幔、围幕……	司设监
万历三十一年十一月	亲王之国龙床、坐褥、板箱等物	内官监
万历三十五年八月	七公主婚礼玉器、仪仗、帐幔等件	内官监
年例	每年成造龙床之顶架及袍匣、服柜、宝箱	御用监
年例	宫殿等处供应床、桌、器皿等件	内官监
年例	上用经书、画轴等项装盛柜匣，并屏风、画轴楣杆等件	司礼监

以上表列有不少“龙床”的成造，分别是万历十二年（1584）十月御用监为“慈宁宫等处”所造，十六年九月司设监为“金殿”成造，二十六年御用监为“乾清宫”等题造，还有亲王之国的“龙床”。按：“金殿”应为“金銮殿”，当时的皇极殿[1]；乾清宫在明代是皇帝寝宫；“慈宁宫”为慈圣皇太后所居；“亲王”指神宗的皇弟潞王朱翊镠；“福王”是万历与淑嫔郑氏（后来进封皇贵妃）所出之朱常洵；“七公主”应为寿宁公主。[2]所列仅为何世晋供职工科给事中期间或期前涉及之案件。其中，万历十二年万历皇帝的御前所用最引人侧目：

查万历十二年七月二十六日，御前传出红壳面揭帖一本，传造龙凤拔步床、一字床、四柱帐架床、梳背坐床各十张，地平、御踏等俱全。合用物料除会有鹰平木一千三百根外，其召买六项计银三万一

[1] 皇极殿也就是后来清代的太和殿，是外廷三大殿的正殿，凡大朝会、筵宴、元旦、冬至、万寿等重大庆典举行之处，为此殿所造的“龙床”是否为目前所称的“宝座”，待考。

[2] 按：寿宁公主于万历二十年三月庚午生，万历三十六年下嫁南城兵马副指挥冉逢阳男冉兴让，见《明神宗实录》万历三十六年十二月。《明史》所记寿宁公主于万历三十七年下嫁冉兴让似有出入，参见清·张廷玉等撰：《明史》卷一二一《列传第九·公主》，中华书局，1995，页3676。

千九百二十六两，工匠银六百七十五两五钱。此系特旨传造，固难拘常例，然以四十张床费至三万余金，亦已滥矣。[1]

（二）万历的一张床费至千两

对此御前传出命令御用监成造的40张床，何士晋认为，虽然不是常例，是“特旨传造”，但是，除原已有的“鹰平木”一千三百根之外，仍需“召买”的六项材料居然还要“费至三万余金”，确实是“亦已滥矣”。按：万历中期全国每年税入也不过四百万两[2]，三万余金的数额相当于每月税入的十分之一，算下来平均每张床至少用银八百两以上，这还不包括主体的用材“鹰平木”。一般成造床具，木料为主要开销，所费不赀，占总体经费应至少三成以上，如此，则包括用料万历的一张床至少在一千两以上。明代中晚期的吴承恩所写的《西游记》，虽系小说，但也相当程度地反映当代的物价。有一段记唐三藏师徒投宿赵寡妇的客栈，赵寡妇开出三个等级的食宿费用，包吃、包住外带“陪唱陪歇”的“上样儿”是一天五钱；自行喝酒，“不用小娘儿”的“中样儿”一天两钱；“没人伏侍”的方便吃宿是“随赐几文”。[3]就算这“随赐几文”是将近一钱的话，将三种价位平均折算，一天约2.5钱，则万历与后宫们的一张床，未计木料，还足够一个江南地区的出外人吃住十年以上。何士晋所言并非言过其实，发挥了身为言官的尽责本色，而宫中用度之奢靡可想而知。

晚明宫中用度之奢靡，除了万历的恣意挥霍，也许还另有不为人知的“内情”。观察万历中期为人廉洁严刻的内阁大学士李廷机，曾

[1] 明・何士晋撰：《工部厂库须知》卷九，“玄览堂丛书”，正中书局，1985。

[2] 清・张廷玉等撰：《明史》卷二四〇《列传第一二八》，中华书局，1995，页6249～6250。

[3] 吴承恩著：《西游记》第八十四回，桂冠图书公司，1994，页1053～1055。

对祭酒李腾芳[1]提及："国家工役，切莫先估计。估计皆内相大臣为政，彼但索己橐，故一倍至二三十倍。吾不先估计，且猛浪起工，彼虽日有所需，然不能计成数多少，工止而彼散矣，更无积聚钱俟彼分赃。"[2]李廷机认为内廷太监对国家的工程多所染指，往往多估一至三倍用以纳入自己的囊袋，李廷机于是"上有政策，下有对策"地先开工再说，尽管太监们还是日有所求，但就无法成倍的高估工程款去肆行分赃。明亡前的崇祯十四年（1641）重立孝陵碑石，"户部给石价四千金，石出宜兴山中，实七百金"[3]。清兵入关后，南京的弘光朝以武英殿为正朝之所，将殿重漆，仅五根柱子的小殿，"工部仅涂朱费三千七百余金"，负责的官员说："若民间，不过三十金耳。"[4]则明代官工之浮冒似由来已久，且习以为常，即使在风雨飘摇的南明小朝廷，太监们仍不改其本色。以此推测，万历十二年（1584）成造的40张床，内廷相关太监们的"油水"可想而知。万历十七年大理寺左评事雒于仁上献"四箴"，批评万历纵情于酒、色、财、气。[5]清人也批评万历："明之亡，实亡于神宗。"[6]也许万历真是大明帝国衰亡的罪魁祸首，酒色财气"四箴"之说并不为过，但是，有关"财"的骂名，大伴冯保被撵走后，内府太监的"坐地分财"，如果不是"居功厥伟"，相信至少也是"从犯"。

（三）万历四十张床的形制

这40张床中，较具体的形制有"龙凤拔步床"及"四柱帐架床"。

---

[1] 李廷机，字尔张，号九我，福建泉州人，为人廉洁严刻，万历十一年以进士第二授编修，历任南京吏部右侍郎，礼部右侍郎，礼部尚书，东阁大学士。祭酒李腾芳，字子实，湖南湘潭人，万历二十年进士。

[2] 清·谈迁著：《枣林杂俎》，中华书局，2006，页219。

[3] 清·谈迁著：《枣林杂俎》，中华书局，2006，页617。

[4] 清·谈迁著：《枣林杂俎》，中华书局，2006，页125。

[5] 《明神宗实录》卷二一八，万历十七年十二月甲午，"中央研究院"历史语言研究所，1966。

[6] 清·张廷玉等撰：《明史·本纪第二十一·神宗》，中华书局，1995，页295～296。

大床，《鲁班经匠家镜》，明万历刻本
（台北故宫藏；转引自张庆澜等译注、明午荣编，《鲁班经》，重庆出版社，2007，页 168

前者依字面看来，应是前所述的支架式“拔步床”再于围板或床顶四角雕龙刻凤作为纹饰。不过，明代的《鲁班经》[1]“叙述江南民间建筑的大木、装修、家具的式样做法……明中叶以来，以长江下游为中心，传布于附近诸省”[2]。也就是说，《鲁班经》是明代中期以降，江南民间建筑或家具制作的通行依据。所说的“江南”，大致在今安徽、江苏、浙江、福建与广东一带。[3] 该书有一幅大床图式，在原来的六柱架子床加设前檐，有如“在架子床外增加了一间小木屋”[4]，与前述北方或西北地区的“屋中之床”结构相近，但“此屋非彼屋”，虽然也是三面围板封住，但前者槅扇门上有绵密的纹饰、下有档板，床板下密不透风，后者两根支架间的下摆施低矮的围栏，其下简化的云纹腿足间可见床下架空，简短的出檐门楣缺乏建筑元素如斗拱构件等，出入口也特别宽敞，结构上显然还是以轻巧通畅为主，有别于北方或西北地区整器“坚实封闭”的特征。目前所知《鲁班经》的最早版本是收藏于宁波天一阁的明中叶《鲁班营造正式》，唯其脱落过多，未见有关家具的绘图，而万历刻本的《鲁班经匠家镜》系据此增编而成[5]，是以所出现的家具，包括如屋的大床等，应在万历时期或更早

[1]　据考证，明代以来的《鲁班经》有收藏于宁波天一阁的《鲁班营造正式》，据天一阁本增订的万历刻本《鲁班经匠家镜》，晚期有崇祯刻本，并增“北京提督工部御匠司司正午荣汇编”等字。参见刘敦桢撰：《鲁班营造正式》，《文物》，1962 年第 2 期，页 9 ～ 11。

[2]　刘敦桢撰：《鲁班营造正式》，《文物》，1962 年第 2 期，页 9 ～ 11。

[3]　郭湖生著：《中国建筑技术史》，中国建筑工业出版社，1982。

[4]　明 · 午荣编、张庆澜等译注：《鲁班经》，重庆出版社，2007，页 168。

[5]　刘敦桢撰：《鲁班营造正式》，《文物》，1962 年第 2 期，页 9 ～ 11。

就已通行民间。

据此推测，此如屋的大床具备了正德以来北方及西北地区“如屋似龛”床制的部分元素，是否辗转南下之后，为求适应江南闷热潮湿的环境而有所改良，保留隐秘性高的如屋外观，内部仍具备简明轻巧透风的架子床特色，形成外北内南的“大床”形制，仍待进一步探讨。而前章讨论《明熹宗坐像》中“瓶、炉、书策”的诸般陈设可能受到15纪下半叶，亦即明中期以来江南祭祀肖像画的影响。万历十二年（1584）距明中期又已大约八九十年，下旨所坐“龙凤拔步床”若为《鲁班经》的大床之制，也可能是宫外之流风所及。

（四）为何一口气特旨传造四十张床?

万历皇帝一口气传下特旨成造四种不同的床制各十张，在家具的制造上算是不小的工程。这40张床应非万历一人所用，应系包含后宫后妃们的所需。即便如此，若说宫中一时短缺40张床，似不近情理，也非比寻常，此中的背景、缘由也许有迹可寻。万历自十岁登极以来，内有生母慈圣太后与其耳目太监冯保，外有太师兼太傅内阁首辅张居正，三人对年幼的万历管教十分严厉。皇帝万历八年（1580）还曾因酒醉失仪被太后逼下《罪己诏》。万历十年六月，辅政长达十年的张居正去世，二十岁的万历亲政，半年后就以“欺君蠹国、罪恶深重”之罪将“大伴”冯保谪调南京守陵，接着在万历十二年四月抄了张居正的家，至八月时犹认为张居正犯了“箝制言官，蔽塞朕聪。……专权乱政，罔上负恩，谋国不忠”[1]等罪。于此其间的七月下此特旨传造这40张床，从时间上推测，此“左打冯保，右批张居正”的一连串作为，应系反映长久以来被两人左右夹制之束缚顿去，大权独揽之后，在物质需求方面地“小试身手”。此四种床制可能均为当时江南传来的时尚新品，大内罕见之物，自欲尽情把玩，或分赐后宫。

[1] 《明神宗实录》卷一五二，万历十二年八月丙辰，“中央研究院”历史语言研究所，1966。

此推论也许有待进一步证明，但无论如何，此段记载至少反映年轻的万历皇帝好不容易亲政后，其独当一面的快意作为之一，也造成宫内用床因而呈现多元化的现象。

五　权相严嵩父子的床具

万历所费不赀的40张床究竟是如何地雕金缀玉呢？相关资料仍待搜寻，唯万历登极前七年，亦即嘉靖四十四年（1565），秉持朝政三十余年的严嵩、严世蕃父子获罪抄家所得也许可供参考。据清单所列，除散处各地的“房屋田舍、金银珍宝”，以及包括宋代张择端《清明上河图》在内的“古今名画手卷共计三千二百零一轴卷册”[1]外，其余“家私器用”中有关床具的部分，分“应行变价”与“仅抄籍未见变价”两项如下列表五、表六。其他与床具配套的帐幔、被褥、枕头，及其相关包装对象如包袱、帕帐类亦罗列如表七：

表五　严嵩抄家变卖价银的床

内容	数量	每张估银
镙钿雕漆彩漆大八步等床[2]	52 张	15 两
雕嵌大理石床	8 张	8 两
彩漆雕漆八步中床	145 张	4 两 3 钱
椐木刻诗画中床	1 张	5 两
描金穿藤雕花凉床	130 张	2 两 5 钱
山字屏风并梳背小凉床	138 张	1 两 5 钱
素漆花梨木等凉床	40 张	1 两
各样大小新旧木床	126 张	共估银 83 两 3 钱 5 分
以上各样床具共计	640 张	
通共估价银	2127 两 8 钱 5 分	

[1]《天水冰山录·附录》，“丛书集成初编”，商务印书馆，1937，页296。

[2]“八步床”或为同音“拔步床”之误植。

表六 严嵩抄家仅抄籍未见价银的床

内容	数量
雕漆大理石床	1 张
黑漆大理石床	1 张
螺钿大理石床	1 张
漆大理石有架床	1 张
山字大理石床	1 张
堆漆螺钿描金床	1 张
嵌螺钿着衣亭床	3 张
嵌螺钿有架凉床	5 张
嵌螺钿梳背藤床	2 张
厢玳瑁屏风床	1 张
以上床具共计	17 张

表七 严嵩抄家变卖价银的帐幔等物件

内容	数量	每件估银	共估银数
各色新旧锦段绢纱帐幔	101 副	1 两	101 两
各色布幔帐	403 副	2 钱	80 两 6 钱
各色新旧锦段绫绢等被	251 床	1 两	251 两
各色布被	350 床	1 钱	35 两
各色新旧段绢绫布絮褥	464 床	–	92 两 8 钱
各色新旧锦段虎豹坐褥	332 件	–	33 两 2 钱
各色藤簟草簟席	125 床	1 钱 2 分	15 两
毡条绒线毯	148 件	4 钱	59 两 2 钱
各色绣花皮藤枕头枕顶	312 个	–	9 两 3 钱 6 分
各色段绢锦幅包袱	103 条	–	10 两 3 钱
布包袱	380 条	–	22 两 8 钱
新旧帕帐	739 副	4 钱	295 两 6 钱
以上通共估价银		共计	983 两 8 分

表五、表六中个别叫得出名字的床具在抄家官员或时人的眼中应属较为值钱，可“独当一面”拍卖，虽然未记木料为何，但观其外表装饰多为彩漆描金或螺钿雕漆，可见在明代中期，金银漆作外饰螺

钿镶嵌，乃豪门大户必备之床，应该也是万历40张床中不可或缺的装饰，而且以其所费之高，只有更多的金银宝石镶嵌与更为绵密繁复的堆砌而已。形制方面，有“大八步床”“八步中床”，或穿藤的“凉床”，可知明中期的拔步床可能有大小不一的尺寸，无论如何，两表总计657张的床应也囊括了万历传旨成造的四种床制。严嵩126张“大小新旧木床”，虽有新有旧，但笼统计在一处，应属普通的床。至于未价银的17张床，则为珍贵的无价至宝，被归入“奇货细软”之属，与其他的金银珍宝一同“差官解赴户部”[1]。其中含大理石的床就有五张，所占比例近三成，反映大理石在当时乃属“奇货”。其中一张还是大理石加螺钿镶嵌，其贵重可知。其余的也尽是螺钿或玳瑁镶嵌，可知明中期螺钿或玳瑁镶嵌之作仍是社会显宦或达官贵人之所好，其价值不可计量。这17张床中，有形制说明的是“着衣亭床”“有架凉床”与“梳背藤床”。“着衣亭床”是否将“如屋似龛”的床或拔步床出入口的廊庑加宽，以便增置一具衣架，以利下床立马着衣，不得而知。“有架凉床”应即为四柱或六柱的架子床。“梳背藤床”是藤床的围栏以棂格的梳背为之。“厢玳瑁屏风床”，应是镶了玳瑁的围屏置于床沿有如床围，玳瑁为龟甲之属，当时应也算罕见的珍稀之材。综观严嵩被籍没的床，有列名目的清一色都是漆作，可见明代中晚期社会显宦之喜好与流行之床具仍以漆作为主。根据《大明会典》所记，“差官解赴户部”的“奇货细软”最后都进了大内[2]，这17张床是否对万历亲政后特旨传作40张床有直接关系不得而知，不过至少万历应曾目睹，甚至使用过。若说万历这40张床的形制或装饰多少受此影响，应也相当合理。

与床具配套使用的帐幔、布被、絮褥、坐褥、枕头、簟席、毡条绒线毯等杂什对象，数量也相当惊人，其总价银也有大约983两，还

[1]　《天水冰山录·附录》，“丛书集成初编”，商务印书馆，1937，页1。

[2]　邓之诚撰：《骨董琐记》，收入“美术丛书”（五集第三辑）卷二《权奸赏鉴》，艺文印书馆，1978。

是经过“变卖价银”的，并未包含另入“珍奇器玩”无价之列的“龙须席六条、西洋席一条”。[1]“变卖价银”以今日来讲，就是二手货七折八扣后的估价。严嵩可价银的640张床，每张从十五两到一两不等，推测其原本的新作少说也要十倍或二十倍以上，但就算每张原值300两，未能估银的“无价”之床，也许更是所费不赀，可能至少两倍以上。但若对照万历皇帝在万历十二年（1584）所造的40张床，扣掉木料，光成造之做工每张就需800两的平均要价来看，严嵩也只能瞠乎其后、“小巫见大巫”而已。

六 “奸臣”鄢懋卿的床器

值得注意的是，与权相严嵩一并被列入“奸臣”列传的鄢懋卿，以才自负，附和严嵩，因而“为嵩父子所昵”。严嵩派其总理两浙、两淮、长芦、河东等盐政，使其“尽握天下利柄”。史料所载，鄢懋卿“要索属吏，馈遗巨万，滥受民讼，勒富人贿”[2]，本人非常奢侈，“常与妻偕行，令十二女子舁之，道路倾骇”，与后来万历初期张居正的36人所舁的大舆相较也许还是芝麻绿豆小事，但其“文锦被厕床，白金饰溺器”就可能是惊世之举。用奢华的文锦被覆如厕之台座，复以白金装饰溺器，反映其赀财之雄厚确实非比寻常。史料还记他“岁时馈遗严氏及诸权贵，不可胜纪”[3]。意即包括严嵩在内的诸多权贵，人人都雨露均沾地收受他的馈赠，也许还包括这白金饰的溺器。事实上，以严嵩的权势，其所用或所有当是“有过之而无不及”，也许还有纯金打造的溺器。检视严嵩抄家的清单，相关器用却仅发现用于盛装唾吐物的唾壶，也就是“渣斗”。在应行变价的瓷器类中有“瓷

[1] 《天水冰山录·附录》，“丛书集成初编”，商务印书馆，1937，页 121。

[2] 清·张廷玉等撰：《明史》卷三〇八《列传第一百九十六·奸臣》，中华书局，1995，页 7924 ～ 7925。

[3] 清·张廷玉等撰：《明史》卷三〇八《列传第一百九十六·奸臣》，中华书局，1995，页 7924 ～ 7925。

渣斗五十五个”；古铜器类有“古铜渣斗三个，共重一十斤”“古铜鎏金渣斗六个，共重九斤八两”“古铜鎏金渣斗二十五个，共重二十八斤二两”；金银器中仅见“乌银渣斗一十只，共重八十八两、银渣斗一十只，共重六十八两三钱”。[1]虽然这些渣斗在寻常百姓家中已属珍贵，但是以一个“一人之下，万人之上”达20年的权臣，最“奢靡”的渣斗只是八两多与近七两的“乌银渣斗”与“银渣斗”。尽管清单中的“纯金器皿”类有3000余件，共重11000余两，以次的“金厢【镶】珠宝”类约300余件，重达1800余两，俱各含杯爵、盘碗、壶盂等日用器皿，连每只重达四钱多的“金茶匙”，完整的及受损的共有156根，其他纯金杂器还有重二两的“金纸镇”及“金骰子”等，可谓品类齐全、样样具备，独不见任何的“金渣斗”，连类似鄢懋卿的“白金饰溺器”也没有，实在令人无法相信，也启人疑窦。

若时光流转到清代的乾隆时期，国家承平日久，官员贪渎弊案层出不穷，此起彼落。乾隆三十九年（1774）甘肃布政使王亶望以各种名目贪污纳贿，离任时“囊囊捆负，数百骡驮，满载而去”，七年后东窗事发被抄家，本人家财包括房产、田产、铺面、衣物、器用、奴婢、牲畜、金银珠宝与古玩字画等“估值银三百万两”，俱制造成册，解交崇文门拍卖，其中560箱的金银珠宝与古玩则解入内务府让乾隆过目。乾隆皇帝看过后觉得事有蹊跷，这些从王亶望家查抄来的物品“甚属平常”，与王亶望雄厚之赀财不甚符合，于是再行密查究竟，原来是奉旨查抄的闽浙总督陈辉祖将一些价值不菲的古玩、字画、器用等，以偷天换日的手法掉包为寻常物件，甚或抽匿不报。如查抄当时制作的底册记为“雕漆文柜一个”，送京的解册成为“雕漆小文具一个”；底册编有序号的“嵌玉如意一枝”，解册未登录等。[2]其他私易金两，字画、玉器、器用如自鸣钟等以次充好的现象，不胜枚举。因

---

[1]　《天水冰山录·附录》，“丛书集成初编”，商务印书馆，1937，页307、208、81。

[2]　中国第一历史档案馆编：《闽浙总督陈辉祖侵盗王亶望入官财物案》，《乾隆时期惩办贪污档案选编》（第三册），中华书局，1994，页2499 ～ 2845。

此，以今鉴古的从清代回顾明代，是否严嵩抄家事件其实可能已上演过这样的戏码？嘉靖皇帝对金银珍宝或古玩器用的认识是否如乾隆般的“精明”？事实上，1937年上海商务印书馆出版的《天水冰山录》，其附录有“籍没张居正数”与“籍没朱宁数”，结语还加了一句：“严世蕃当籍没时，有金丝帐，累金丝为之，轻细洞彻。有金溺器、象牙镶金属之类，执政恐骇，上听令销之，以金数报而已。”[1]此记虽待查证，但严嵩一家有“超越”鄢懋卿“白金饰溺器”的“金溺器”，应当也是合理的怀疑与推测。

无论如何，晚明宫内的床制在万历、严嵩和鄢懋卿辈及监们的“上下交相利”之下，应该“南船北马”地应有尽有。万历之孙熹宗在位时，太监魏忠贤在外廷飞扬跋扈，在内廷则盈满骄横，不过遇上曾为帝师的孙承宗似乎也只好改弦易辙。熹宗天启四年（1624）十一月，时任辽东经略的孙承宗请以熹宗万寿时回京入朝祝贺，魏忠贤得知，怕孙承宗在熹宗面前“清君侧”：“忠贤悸甚，绕御床哭，帝亦为之心动，令内阁拟旨。”[2]说的是魏忠贤绕着熹宗的御床哭泣，哭得熹宗都“心动”了，令内阁拟旨下令孙承宗无旨不可擅离防地。要绕着哭泣到熹宗心动，在时间上当非短促，也应非仅绕一圈。当时熹宗的“御床”应该是设有帐幔的“龙凤拔步床”，甚至因时为严冬，可能还是如前所述，床前带着廊庑，厚重封闭、具隐秘性的“房中之屋”，才有足够的时间与空间让魏忠贤绕着哭泣到熹宗心动。

---

[1] 《天水冰山录·附录》，“丛书集成初编”，商务印书馆，1937，附录页 1 ～ 2。按：张居正即万历初期首辅。朱宁，为明武宗所喜之太监，原姓不详，幼时随宫内太监钱能而改称钱宁，钱能死后继其锦衣百户职。后武宗命其掌锦衣卫，并赐姓“朱”，因改称“朱宁”。武宗崩后，为世宗所杀。

[2] 清·张廷玉等撰：《明史》卷二五〇《列传一百三十八·孙承宗》，中华书局，1995，页 6465。

第三节 “赐坐”与“侍坐”，都坐什么？

明人的笔记小说写朱元璋离开皇觉寺后，投入濠州的红巾军郭子兴部，元至正十五年（1355），因为胆大机敏，作战勇敢，虽然才二十八岁，就领郭子兴之命前去和阳当总兵。到了和阳，朱元璋并未立即到署上任，而是“静思方今比肩者众，况人皆年长，语坐之间，进止之际，皆逊让为上……细思此辈，决无相让之意，若依命而尊，又恐此辈或不同心”，意即这些地方军头个个“头角峥嵘”，是郭子兴的旧部，又都比自己年长，若自己骤然亮出“檄文”表明“我就是诸位新来的领导”，恐怕“众心不悦”，相信也无人心服。于是，朱元璋连夜亟思对策，许多的稗官野史都有这段叙述：

> 明日升座，密令左右将州衙公座尽行撤去。惟置木凳于正面东西满间。[1]

第二天一早朱元璋上任前，先偷偷地将衙署中最高长官专用的“公座”撤走，换成满屋子的“木凳”，暗示众生平等，没有人是最高长官。正史《明太祖实录》的记载也大同小异，只不过“木凳”换成“木榻”。[2] 就这样，逐步将众将官收了心。来年，朱元璋欲取集庆（今南京），就先攻下外围江宁镇的元军陈兆先营部，将其部众36000人之多招抚来归，并挑选其中500名骁勇善战者作为近身亲兵，但恐怕这些新纳之勇心生疑惧而惶然不安，于是朱元璋又想了一计：

> 择其骁勇者五百人置麾下，五百人者多疑惧不自安，上觉其意，至暮，令其悉入卫，摒旧人于外，独留冯国用侍卧

[1] 《皇明本纪》。明・邓士龙辑：《国朝典故》卷二，中华书局，1993。

[2] 《明太祖实录》卷二，乙未春正月乙未，“中央研究院”历史语言研究所，1966。

榻旁，上解甲酣寝达旦，疑惧者始安。[1]

也就是说，当天入夜时刻，令五百名新侍卫全部入值当班，旧有的宿卫悉数调走，只留一个幕僚冯国用侍寝，自己则毫无武装地在“卧榻”上酣睡到天亮，使这些新收编的麾前侍卫认为，朱元璋对战败之兵不但不杀，还如此“以身相许”，于是就尽力图报，合心齐力地在进攻集庆时奋勇冲锋陷阵。

朱元璋用人谋略极富心机，在群雄鏖战之时衙门的“公座”与平日作息所用的“木凳”及“卧榻”都可以用来借端造势，成为施展权术的工具，恐怕清代的赵翼所说“盖明祖一人，圣贤、豪杰、盗贼之性，实兼而有之者也”[2]，也不能尽囊其貌。因此，开国称帝后大明宫廷内群臣之坐具为何也格外令人好奇。

一　公座与杌凳

明 《太祖差冯胜督工》，南京齐府复建安杨明峰重刊本
（转引自周芜编著，《金陵古版画》，江苏美术出版社，1993，页394）

前所引的“公座”是元代以来衙署内最高的长官座位，明代开国以后亦承其旧制。图文并茂记载明初开国的《新锲龙兴世录皇明开适英武传》中有一幅《太祖差冯胜督工》，冯胜就是前述在众降将虎视眈眈中侍寝的幕僚冯国用之弟。[3]此画中据案的太祖所坐即为“公座”。朱元璋在洪武十五年（1382）

[1] 《明太祖实录》卷四，丙申三月辛巳，“中央研究院”历史语言研究所，1966。
[2] 清·赵翼著：《二十二史札记》，世界书局，2001。
[3] 冯胜、冯国用，参见清·张廷玉等撰：《明史》卷一二九《列传第十七》，中华书局，1995，页3795。

明　公座覆兽皮，万历三十四年卧松阁版

（转引自周芜编著，《金陵古版画》，江苏美术出版社，1993，页 291）

《备掌朝纲》，明万历间瑧谷唐氏世德堂刊本

（中国国家图书馆藏；转引自周芜编著，《金陵古版画》，江苏美术出版社，1993，页 92）

诏令礼部规定："凡官民人等服饰不得用玄黄、紫色，公座案衣旧有紫者不在禁限。"[1]"案衣"是公座前所据大案的桌围。公座形制则如《大明宣德公主像真迹》中宣德公主所坐的圈背交椅，亦即有明一代的坐像画中前三种文本士庶所通用的坐具。唯所见坐像画之椅帔皆为绚丽的织锦。一般衙署所见之公座，特别是武将，多覆兽皮，如明人镌刻的版画《镌出像杨家府世代忠勇演义志传》所刊杨家将的故事，或《新刊重刊附释标注出像伍伦全备忠孝记》中一幅衙署长官办公的《备掌朝纲》等所示。兽皮可能来自老虎，也可能是贵重的貂皮。晚明的沈德符记张居正当国的万历初期，"辽左帅臣各缉貂为帐，其中椅、榻、欖、杌俱饰以貂皮，初冬即进，岁岁皆然"[2]。也就是万历初期，驻守辽东地区的将帅所用之家具俱饰以貂皮，公座所覆自然也不

[1]　《明太祖实录》卷一四六，洪武十五年六月壬辰，"中央研究院"历史语言研究所，1966。

[2]　明・沈德符撰：《万历野获编》，中华书局，1997，页 614。

会例外。

衙署公座除了使用兽皮之外，朱元璋还有惊人之举——将贪赃的官员剥了皮放公座上，成为人皮“椅帔”，以为续任新官警惕之用。[1]其他衙署大小官员亦无法回避如此触目惊心的场面，因为大明律令有一条规定：“凡大小官员无故在内不朝参，在外不公座署事……一日笞一十，每三日加一等。”[2]官员若不对着血淋淋的人皮公座署事，自己还得受皮肉之苦。明代衙署的仪门内，以长官的公座和审案的大堂为整个衙署办公的中心点，其位置有如紫禁城内太和殿皇帝的宝座是整个紫禁城的中心点一般，代表皇权延伸至每个公门衙署，有其权力与尊崇的象征意蕴。明制，“在外文武官，每日公座服之”[3]，亦即衙署之内长官一定要穿了公服才能坐上公座。衙门内的大小官员，每日要在公座前互行肃揖礼。[4]洪武初年的李叔正任监察御史时，出巡岭南，琼州府的小吏举告其长官“踞公座，签表文”，就是盘腿在公座上签公文。经查为诬告，反将小吏治罪。[5]可知衙署的长官没四平八稳地坐着公座，就是不当使用，形同对帝国与皇权的不敬，都是犯罪的行为。

至于“凳”，是无扶手、无靠背的木制坐具，形制是一片木板与四根支架的组合，又称“杌”，北方叫做“杌橙”。[6]高矮有差，坐面有方有圆，因此有方杌、圆杌之分。北宋人王居正有一幅《纺车图》，描写村妇直身坐在素木无漆，卡榫非常清楚的小凳上，怀抱着婴儿，

---

[1] “帝开国时其重辟自凌迟处死外，有刷洗躺置铁床上，沃以沸汤，以铁刷刷去皮肉……有剥皮，剥赃酷吏，皮置公座上，令代者坐以惩之。”吕毖辑:《明朝小史》卷一《国初重刑》，《四库全书存目丛书》，北京大学出版社，1994。

[2] 黄彰健著：《明代律例汇编》，“中央研究院历史语言研究所专刊”七十五，1979，页431。

[3] 清·张廷玉等撰：《明史》卷六七《舆服三·文武官公服》，中华书局，1995，页1636。

[4] 清·张廷玉等撰：《明史》卷五六《志三十二·礼十·品官相见礼》，中华书局，1995，页1427。

[5] 清·张廷玉等撰：《明史》卷一三七《列传第二十五》，中华书局，页3956～3957。

[6] 王世襄编著：《明代家具研究》，南天书局，1989，页173、188。

北宋　王居正《纺车图》
卷，绢本，设色，纵 26.1 厘米，横 69.2 厘米
（故宫博物院藏）

南宋　马远 *Composing Poetry on a Spring Outing*
卷，绢本，设色，纵 29.3 厘米，横 302.3 厘米
（美国堪萨斯纳尔逊美术馆藏）

宋　张择端《清明上河图》（局部）
卷，绢本，设色，纵 24.8 厘米，横 528.7 厘米
（故宫博物院藏）

元　《卢沟运筏图》
绢本，设色，纵 143.6 厘米，横 105 厘米
（中国国家博物馆藏）

既要一手操控纺轮，又要腾出另一手哺乳喂婴的景象，反映凳子是简便普及的庶民坐具。而南宋宫廷画家马远在其作品*Composing Poetry on a Spring Outing*中，一名长身站立的文士正欲落笔为诗，身后的黑漆方凳呈编织坐面，卷云直足下施一圈托泥，简单中亦见细致，与纺车村妇所坐相较，虽同为凳类家具，却因使用人的身份而繁简有别，也尊卑立见。小凳子延展成长条状的叫“条凳”，视其长度可供两人或三人等共坐。北宋张择端的《清明上河图》中，汴河岸边栉比鳞次的食肆内就置放了一列列的长凳，而元人绘的《卢沟运筏图》中，行旅、筏工、车夫等熙来攘往的卢沟桥边有一店肆，几个人坐在条凳上吃着点心，正是与《清明上河图》中食肆所见一脉相承。若将长度展延，

纵深加宽，于坐面四隅安设低矮的四足，就成为坐卧两用的“榻”。相信前述朱元璋于元末戎马倥偬之际，在江宁收服500名侍寝降将的“卧榻”亦简单如此制。

虽然“公座”是各地衙门不可或缺的长官坐具，杌杌则是自宋代以来民间家户必备，几乎是“微不足道”的小坐具，然而朱元璋在定鼎天下后，延续其一贯的深思谋略，以“辨上下，定民志”的礼制为前提，在紫禁城的宫门之内，将其功能扩充放大，亟尽所能地发挥其价值。邓士龙的《国朝典故》中说：“内阁诸老，自解、胡以来，皆东西分坐小杌子及两小板凳，无交椅、公座之设。”[1]“解、胡”指解缙与胡广。朱元璋在开国之初，以丞相胡惟庸意图“谋反”而罢丞相制，分权于六部。成祖得位后初年，“命儒臣直文渊阁，预机务……实行丞相事”，为明代内阁的由来。解缙与胡广是内阁初立时最早入阁的五人之二，另三人为黄淮、金幼孜与胡俨。朱元璋曾对解缙说，“朕与尔义则君臣，恩犹父子”[2]。成祖得位后，解缙还受命负责编纂《永乐大典》。胡广则是随成祖北征的翰林学士之一，军旅之间常骑侍于侧，走得稍慢一些，成祖还会立刻“遣骑四出求索”。成祖一路上表示“到此一游”的勒石留字，皆由他书写。卒后谥“文穆”，是明代文臣得谥之始。《国朝典故》中所记，即便如此宠渥有加、勋业显著的内阁大学士，在皇帝的宝座面前，也要以低矮的小杌子与小板凳显示其卑微，与元代在皇帝的宝座前“左右列从臣坐床”的设置有极大差异。即使到了明英宗正统七年（1442）翰林院落成，学士钱习礼[3]也循例不为历经永乐、洪熙、宣德与正统四朝的老臣如杨士奇、杨溥等设公座，理由是“此非三公府也”，意即紫禁城内的“最高长官”就是皇帝，即使在翰林院，至尊者也还是皇上，已有皇上的

[1] 明·尹直撰:《謇斋琐缀录》四,收入邓士龙编《国朝典故》卷五十九,北京大学出版社,1993，页1288。

[2] 清·张廷玉等撰:《明史》卷一四七《列传第三十五》，中华书局，1995，页4115～4129。

[3] 清·张廷玉等撰:《明史》卷一五二《列传·钱学礼》，中华书局，1995。

御座，故无论何人也不得有公座之设。明英宗的天顺年间，内阁辅臣李文达想依照诸臣的品秩，在内阁“设公座如部堂之仪”，另两位阁臣彭时与吕原就出言反对，因为往昔宣宗“尝幸此中座，今尚有御赞寿星及宝训在上，谁敢背而坐？”换言之，以前宣宗移驾至此所坐之坐具、当日留笔之宝训仍在，在此另设公座随意起坐其间就是大不敬。英宗获悉此事后，“乃赐孔子铜像置阁，而月给香烛。阁老每晨入，必一揖，冬至、正旦则翰林合属官皆诣圣像前行四拜礼，学士以上拜于阁中，余则列拜于阶下”。即英宗知悉此事后，便在原来宣宗坐过之处摆上孔子铜像，众臣因而每日早晨入班必先一鞠躬，遇节日还要行四拜礼。凡此种种，都是因为“禁中尊止宝座，无敢面南，故自阁老而下，皆坐杌子”[1]。换言之，一墙之外的各地衙署普遍皆设置的公座，坐在上面的官员代表皇权执行帝国规制，紫禁城内唯皇上至尊，当然就没有设置公座的必要。不但没有公座，甚至连皇帝坐过的位子，都仿佛余威犹存似的，没有人敢再坐。同样的场景在景泰时也发生过。代宗有一次到文华殿侧室，看视内臣（太监）们上学状况，对讲官倪谦、吕原有所垂询，他日，代宗再去视察，发现这两位侍讲已改坐别处，因为“君父所坐，臣子不敢当”[2]。

二　宪宗赐内阁连椅

堂堂内阁大臣“皆坐杌子”，一直持续到成化中期，宪宗才“赐内阁两连椅，借之以褥。又赐漆床锦绮衾褥三副，以便休息。阁门则夏秋悬朱筠帘，冬春紫毡帘，皆司设监内史以时供张，恩何渥也”。[3]成化一朝有23年，成化中期约当成化十一、十二年左右，换言之，明

[1]　明·尹直撰:《謇斋琐缀录》七，收入邓士龙编《国朝典故》卷五九，北京大学出版社，1993，页1288。

[2]　明·焦竑著:《玉堂丛语》卷三《讲读》，中华书局，2007，页71。

[3]　明·尹直撰:《謇斋琐缀录》七，收入邓士龙编《国朝典故》卷五九，北京大学出版社，1993，页1290。

紫禁城内明代的内阁 吴美凤摄

代内阁的阁臣们坐了一百余年的小杌子后，至此才有个“连椅”可坐，还有舒适体面的“漆床”（上了漆的床），上面还附设“锦绮衾褥”，内阁[1]的门扉又在太监的张罗下，夏秋间有竹帘，冬春间有毡帘，笔记中对于宪宗的“宠遇”，觉得“恩何渥也”，似乎就要涕泗横流了。所谓的“连椅”，依据今人解释，就是椅面向两旁延伸、有靠背，供两人以上所坐的长条状椅子。张居正任职太子少师时，曾撰有《帝鉴图说》一书，以古圣先王之德作为规鉴，其中有一幅《任用三杰》，只见图中汉高帝之侧为韩信、萧何与张良等三人，其余官员左右排开，四人一列地坐在有“靠背”的连椅上。此“靠背”仅以一支横杠为主，简略如庭园中常设的“美人靠”。

宋代宫苑内也有貌似“连椅”的陈设——宋太祖七世孙赵伯驹有

[1] 明代内阁“在午门东南隅，外门西向，阁南向，入门一小坊，上悬圣谕，过坊即阁也”。与之并列的制敕房、诰敕房皆在嘉靖十六年重建。参见孙承泽撰：《春明梦余录》卷二三《内阁一》，《钦定四库全书・子部》。

一幅作品《汉宫图》，描写汉宫七夕时，宫娥彩女们在“天阶夜色凉如水”的夜晚，登上穿针楼乞巧祈愿的故事。画中可见成群的宫娥行经的殿内，正中主座两侧各有成排的“连椅”，是宋代最常见的无扶手靠背椅接龙而成，完整的靠背覆上大红椅帔，分开都是独坐的靠背椅，属虚拟式的“连椅”，在等级上比上述“美人靠”式的简略连椅更为慎重。以明太祖开国时期对杌凳类小坐具的权谋运用，相信入明一百年余年后的宪宗亦应有所传承，所赐内阁的“连椅”应为前述“美人靠”式的简略形制，在阁臣“恩何渥也”地感激涕滂中，以连椅的群众性来凸显禁中皇帝宝座的独尊性。

宋　赵伯驹《汉宫图》

轴，绢本，设色，直径 24.5 厘米（台北故宫藏）

不过，即始内阁有御赐的“连椅”可坐，宪宗之后的孝宗弘治十四年（1501）春天还是发生阁臣“晕倒在凳”的事。事主是礼部尚书兼文渊阁大学士李东阳。据《明孝宗实录》所载，李东阳“旧患眩晕等疾，不时举发，延捱担戴，每日在阁办事忧劳并积，渐不堪胜”，于是“二月十三日朝退，辄复晕倒在凳，坐不能起”。[1] 此记并未明说李东阳晕倒之处，有可能是李东阳在朝退后尚不及走回设有“连椅”的内阁就不支倒地。但是堂堂一个内阁大臣也只能“晕倒在凳”，以杌凳之低小，李东阳晕眩之余，还“坐不能起”，可见孝宗时期，即便是连椅，可能仅设于内阁，并未恩及他处。明清之际的李清，在所撰《三垣笔记》中写明代最后一位皇帝崇祯，在崇祯十四年（1640）三月中，于皇极殿策会试中式举人，“壬午，考选各官辰入，赐茶饭。逼暮，上出御中左门，阁臣亦几杌坐旁。人有名册，先令内臣传策，

[1] 《明孝宗实录》卷一七二，弘治十四年三月壬子，“中央研究院”历史语言研究所，1966。

焦竑撰、丁云鹏绘《养正图解》，“辟馆亲贤”，明万历二十二年吴怀让刊本 （台湾“国家图书馆”藏）

题御书也。已，以次跪对”[1]。皇帝御临殿试，随侍的阁臣所用的是低矮的几机，说明宫廷内的阁臣在礼制规范下随侍皇帝所用，终明一代都是传统凳杌类的小坐具与低矮的几。

焦竑是万历十七年（1589）状元，曾任翰林院编修，万历二十二年为了皇长子朱常洛出阁讲学，“仰遵古训，采古言行可资劝诫者”而撰文。画家丁云鹏绘图，以一图一文的方式，辑为《养正图解》一书。其中“辟馆亲贤”段以唐太宗当年辟弘文馆置经籍二十余万卷，召文学之士如虞世南、欧阳询等诸人入馆讲论前言往行，商榷政事为例，只见所绘唐太宗跨坐一架圈背交椅上，左右诸文学之士两侧排开，坐在一式低矮的圆凳上。圆形坐面施束腰，接鼓腿彭牙，带向外微张再内曲的卷云足。既是讲论宫廷之事，应与当时明代宫廷内官员所坐相当接近。因此，阁臣们所坐的“凳子”应不是如《纺车图》中所见那般的简略或“卑微”，而是承自宋代文士雅集所坐之形制再加润饰。故宫博物院的清代櫈杌类坐具中，也有一张清初的“紫檀鼓腿彭牙方杌”，除了坐面的方圆有别外，形制或纹饰均类如此式，而百年间的宫廷传承隐然其间。

故宫博物院留有清宫旧藏，形制类似的明代“黄花梨藤心方杌”，外圆内方的撇足间有罗锅枨，两端刻饰卷云，加固兼装饰作用。至于圆凳，前节所举《五同会图》卷中，吴宽与李世贤所坐大榻的两侧，各有一雕漆小圆凳，坐面另嵌浅灰面心，浅束腰下施鼓腿彭牙内弯马蹄足，海棠式开光，下设须弥座。而故宫博物院另藏的“红漆嵌珐

[1] 明·李清撰：《三垣笔记·崇祯》，中华书局，1982，页153。

清初　紫檀鼓腿彭牙方杌
长 57 厘米，宽 57 厘米，高 52 厘米
（故宫博物院藏）

明　黄花梨藤心方杌
长 63 厘米，宽 63 厘米，高 51 厘米
（故宫博物院藏）

琅面山水人物图圆凳”，束腰下装绦环板，壸门式长方形开光，鼓腿彭牙带内翻云纹卷珠足，下施托泥[1]，可作为明代宫廷内官员凳杌坐具之参考。此外，明代中期画家仇英的《桃李园图》，文人夜下挑灯雅集，其中一人坐在低矮的圆凳上，凳面下并非一般四柱腿足，而是一对倒置的鹿角，角叉结棍贲张。鹿角施于坐具上，迄今虽未见明代宫廷内有类似之史料，然既有如此珍稀之物，也可能曾作为贡品，作为玩好而上献宫内。从而可知，鹿角之为坐具，如清初宫廷内有名的鹿角椅，将成对的鹿角施于坐面，成为靠背及扶手；设于坐面下为腿足，脚踏亦用四支鹿角为足。兽角施于家具上可能是关外异族的独有品味，但显然并非前所未有的独创。

机凳之为用，不仅是阁臣的坐具，还是国子监内进行“扑作教刑”时的辅助工具。凡教官怠于师训，生员有戾学规，都在监内绳愆厅问刑。直厅的皂隶两名，也是行刑人。刑具是竹篦，厅内有“行扑红凳二条”，就是漆上朱红色的条凳两张，让犯过的人伏着挨打。依照学规，也只有伏在条凳上三次的机会，因为初犯记录（类似今日的记过），再犯赏竹篦五下，三犯赏竹篦十下，四犯就发遣安置，如开

[1]　王世襄编著：《明代家具研究》，南天书局，1989，页 173、188。

明　丁氏绘《五会同图》
卷，纸本，设色，纵 41 厘米，横 181.7 厘米
（故宫博物院藏）

明　仇英《桃李圆图》
轴，绢本，设色（日本，知恩院藏）

明　红漆嵌珐琅面山水人物图圆凳
高 44 厘米，面径 42.5 厘米
（故宫博物院藏）

清初　鹿角椅
宽 91 厘米，深 75.5 厘米，
座高 53 厘米，通高 130 厘米
（故宫博物院藏）

除或充军等。换言之，国子监不但有处罚权，也有刑训的执行权，集学校、法庭与刑场于一体。[1]执行的道具与开国的朱元璋一样，仍然是最微不足道的坐具，可谓传承有绪，也是“物尽其用”之极致。

顺带一提的是，杌凳小件在明代也作为“从殉”的辅助工具。朝鲜的《李朝实录》记成祖驾崩，朝鲜先后选献的宫人皆受命从殉：“当死之日，皆饷之于庭，饷辍，俱引升堂，哭声震殿阁，堂上置小木床，使其立其上，挂绳围于其上，以头纳其中，遂去其床，皆雉经而死。”[2]此“小木床”即小杌凳，轻巧简便，让太监可很快出脚“去其床”，于刹那间执行宫人的从殉。

三　宫廷内阁员一天的开始

在此严峻的礼制氛围下，明代紫禁城内一天的开始是这样的——每日清晨门吏报三鼓时，官员们齐聚左掖门等候，“阁老直门东向立，诸学士立稍后而南，讲读等官又后稍南，给事中则立于讲读等书之后北上，通政、太常、光禄、太仆、顺天府诸堂上官又聚立于给事之北说谎牌之下，皆东向。御史则北向立于中书之南，而六部堂上官则立于棕蓬之下”。百官依品秩各就其位，分开站立，也有“禁防请托”[3]之寓意。一直到宪宗成化初年，内阁首辅彭时因气喘无法久站而坐上小凳子，连带六部尚书与侍郎们也有个小凳子可坐，但讲读以下诸官仍站在原处等候。上朝时，全体肃立在殿外听候鸣鞭行礼。礼毕进入殿内奏事，除非特别赐坐，否则一律站着。站立之位置也有定制，文东武西，依品秩高低排序向外站立。早朝若在华盖殿，“四品以上官入侍殿内，五品以下仍前”，就是五品以下仍向北站在殿外。若圣驾

[1]　明・黄佐撰：《南痈志》卷九，“训谟考”“学规本末”，《续修四库全书》，上海古籍出版社，1995，页 278 ～ 283。吴晗著：《朱元璋大传》，远流出版社，1991，页 165。

[2]　吴晗辑：《朝鲜李朝实录中的中国史料》，中华书局，1980，页 320 ～ 321。

[3]　明・尹直撰：《謇斋琐缀录》七，收入明邓士龙编《国朝典故》卷五九，北京大学出版社，1993，页 1288。

御临奉天殿，则“五品以下诣丹墀，北向立，五品以上及翰林院、给事中、御史于中左、中右门候鸣鞭，诣殿内序立”[1]。永乐初年，成祖常驻北京行在，也曾因“北京冬气严凝，卫臣早朝奏事，立久不胜”。就是天气太冷，无法久站，于是朝会行礼后，君臣改在便殿内奏事。[2]无论在哪个殿上朝，五品以下的官员连进入殿内站立的资格都没有。而在殿内，代表外廷最高位阶的内阁官员，与内廷皇帝的贴身锦衣卫分别站在宝座的东西两旁。[3]据史料所载，永乐时期，锦衣卫的位置原是司礼监太监所有。而成祖晚年建忘，“宝座后常有一二宫嫔从立纪旨”，与皇上的宫嫔如此“近在咫尺”，使得侍立于宝座旁边的阁臣金幼孜觉得局促不安，就自请站到殿外的丹陛下。[4]凡此说明大明宫廷内的早朝，只有特定的少数人在待朝时分有个小凳子暂时歇脚；朝会进行中，依照礼制规范，只有皇帝高坐在宝座上。

（一）赐坐、侍坐——人臣的“宠遇”

大明宫廷内的群臣与皇帝论政时也有坐下的时候，那就是“凡朝退燕闲及行幸处，文职三品以上、武职二品以上，及勋旧文学之臣，赐坐。其余非奉特旨，不许辄坐”[5]，另外就是有宠于帝时。焦竑的《玉堂丛语》中的“宠遇”一段写道：“高帝建国初，遣使者樊观以束帛召青田刘基、丽水叶琛、龙泉章溢、金华宋濂至健康，入见，上喜甚，赐坐。”[6]刘基就是刘伯温，足智多谋，料事如神，《明史》说他

[1] 清・张廷玉等撰：《明史》卷五三《志第二十九・礼七・常朝仪》，中华书局，1995。

[2] 明・尹直撰：《謇斋琐缀录》七，收入明邓士龙编《国朝典故》卷五九，北京大学出版社，1993，页1334。

[3] 内阁与锦衣卫立于宝座之东西，为嘉靖九年制。参见清・张廷玉等撰：《明史》卷五三《志第二十九・礼七・常朝仪》，中华书局，1995。

[4] 明・尹直撰：《謇斋琐缀录》七，收入明邓士龙编《国朝典故》卷五九，北京大学出版社，1993，页1334。

[5] 明・申時行等奉敕重修：《大明会典》卷四四《百官朝见仪》，东南书报社，1963。

[6] 明・焦竑著：《玉堂丛语》卷三《宠遇》，中华书局，1995，页75。

“尤精象纬”[1]，是稗官野史中擅长占卜数术的传奇人物。宋濂以文学受知，随侍太祖达19年。太祖赞誉他：“未尝有一言之伪，诮一人之短，始终无二，非止君子，抑可谓贤矣。”[2] 每次召见，必赐坐，还赏茶喝。焦竑任翰林院编修，也参与纂修国史，博览群书，著作等身，有《国朝献征录》《澹园集》等书，有“焦太史”之称。在焦竑的眼中，太祖对刘基与宋濂等人的赐坐，是人臣的“宠遇”。在明朝三百多年中，见诸正史蒙此“宠遇”的人，其他似乎也只有受命草拟《平西诏》的陈遇，奉敕制作《礼制集要》等训诰文书的刘三吾，与宋濂同知制诰兼国史院编修官的王祎，以及入明时已垂垂老矣的前朝耆儒鲍恂、罗复仁等。[3]洪武年间的进士陈性善，则以礼部侍郎的身份在退朝后独留“赐坐，问治天下事”。陈性善在感主隆恩之余，在“靖难之变”后，以“朝服跃马入河以死”[4]。前举受成祖重用的解缙与黄淮，永乐时同直文渊阁，常立成祖左右“备顾问，或至夜分，帝就寝，犹赐坐榻前语”[5]。此种可在皇帝卧榻前坐着说话的殊遇，往后的仁宣各朝，乃至于明亡，都不多见。

对宠臣的“赐坐”也有规定。洪武二十六年（1393）有令：“凡赐坐，不许推让。”就是皇帝“赐坐”就要坐，不可谦辞或推让。但也不是就可以一直坐着，“遇有顾问，初时跪对。毕，即坐。若复有所问，坐朝上对，不必更起”[6]。赐坐后，皇帝初次垂问时要跪下来答话，再有问话才可坐着回话，但也要面对皇帝。另外，“文武官员御前侍坐，遇有大小官员奏事，必须起立。候奏事毕，复坐。不许倨坐失

[1] 清・张廷玉等撰：《明史》卷一二八《列传第十六》，中华书局，1995，页 3777 ～ 3782。

[2] 清・张廷玉等撰：《明史》卷一二八《列传第十六》，中华书局，1995，页 3784 ～ 3788。

[3] 清・张廷玉等撰：《明史》卷一三五、卷一三七、卷二八九，中华书局，1995。

[4] 清・张廷玉等撰：《明史》卷一四二《列传第三十》，中华书局，1995，页 4034。

[5] 清・张廷玉等撰：《明史》卷一四七《列传第三十五》，中华书局，1995。

[6] 明・申時行等奉敕重修：《大明会典》卷四四《百官朝见仪》，东南书报社，1963。

仪”[1]，亦即任何大小官员奏事，即使是陪坐在皇帝一旁的官员也要起立静听。因此，想象大明宫廷内的朝会，面对皇上的垂询，大小官员的回奏此起彼落，被赐坐的官员正襟危坐之余，还得忽坐忽跪，才坐下又要站起来，其实也并不轻松。

辅佐朝政的人臣因“荣宠”赐坐之例，看起来寥寥可数。但开国之初，却有不知凡几的受戒之僧蒙此恩遇：

> 帝自践阼后，颇好释氏教，诏东南戒德僧，数建法会于蒋山，应对称旨者辄赐金襕袈裟衣，召入禁中，赐坐与论讲，吴印、华克勤之属，皆拔擢至大官，时时寄以耳目。由是其徒横甚，谗毁大臣，举朝莫敢言。[2]

除了“东南戒德僧”吴印、华克勤之属，《明史》称为“铁冠子”的方伎之客张中亦在其列。张中在朱元璋扫荡群雄的诸多战役中位居幕府，占验奇中，尤其在朱元璋与陈友谅的“鄱阳湖大战”中料事如神[3]，是僧众之外受此“宠遇”之最者。无独有偶，朱元璋的子孙嘉靖皇帝，好鬼神事，极信谶语，宫内斋醮不断，史料记其“日求长生，郊庙不亲，朝讲尽废，君臣不相接，独仲文得时相见，见辄赐坐，称之为师而不名”[4]。“仲文”指龙虎山道士邵元节推荐的另一道士陶仲文，得宠20年，一人兼领少傅、少保与少师三孤。终明之世，仅此一人，每次见嘉靖皇帝不但赐坐，还尊称“师”，不直呼其名姓。如此看来，对儒士文人的赐坐，只有太祖在开国前后为了拉拢儒士较为频仍，尔后的历朝皇帝仿佛连此“宠遇”都轻忽了。与此同时，却

[1] 明·申時行等奉敕重修：《大明会典》卷四四《百官朝见仪》，东南书报社，1963。

[2] 清·张廷玉等撰：《明史》卷一三九《列传第二十七》，中华书局，1995，页3988。

[3] 清·张廷玉等撰：《明史》卷二九九《列传第一百八十七》，中华书局，1995，页7640。

[4] 清·张廷玉等撰：《明史》卷三〇七《列传第一百九十五》，中华书局，1995，页7896～7897。

有更多的戒僧和方伎术士受此荣宠，施宠之目的不外乎在朝中培养耳目、监视人臣，或者冀求长生不死。

（二）宫廷内的群坐之时——“大朝会锡宴”与“视学”

除了人臣个别的“恩渥”，大明宫廷内另有礼制上对特定品级官员的赐坐，那就是“大朝仪锡宴”“视学”或便殿赐宴、朝后召见等。“大朝仪”是仅次于皇帝登极的重要仪式，须陈列大驾卤簿，尽出天子五辂。宋沿唐制，于正旦、冬至、五月朔及千秋节等举行；明制则于正旦、冬至与立春日，百官参与其会。[1]其中文官三品以上、武官四品以上，可入殿朝贺并赐坐进宴。另在在洪武年间，朝参官员早朝完毕都会“赐食”：

> 太祖御奉天门或华盖、武英等殿，公侯一品侍坐门内，二品至四品及翰林官坐于门外，于五品以下于丹墀内，文东武西，叩头就坐，光禄寺以次设馔，食罢，仍叩头而退。[2]

“赐食”而坐叫“侍坐”，有别于“赐坐”论政。此“侍坐”在洪武末年，因“赐食”供给困难而停止。“视学”的“赐坐”是到国子监大成殿祭拜先师孔子后的讲经之时。讲经之前的祭拜仪式完成，皇帝在彝伦堂内的御座就座后：

> 赞举经案于御前，礼部官奏请授经于讲官，祭酒跪受，赐讲官坐。乃以经置讲案，叩头，就西南隅设几榻坐讲。赐大臣翰林儒臣坐，皆叩头，序坐于东西。诸生圜立以听。[3]

---

[1]　清・张廷玉等撰：《明史》卷五三《志第二十九》，中华书局，1995，页1351。

[2]　明・余继登：《典故纪闻》卷五，中华书局，1997。

[3]　明・申時行等奉敕重修：《大明会典》卷五一《礼部・礼制清吏司》，东南书报社，1963，页905。

“视学”之礼于洪武十五年（1382）定，历经宪宗、孝宗以迄世宗，在祭器与祭品方面多所增益。讲经的礼仪不变，讲官们一直都受赐在大堂“西南隅设几榻坐讲”。听讲的官员，则在成化元年被宪宗从原来的“赐大臣翰林儒臣坐”扩大为“武官都督以上、文官三品以上、及翰林院学士坐”，并将“诸生圜立以听”改为“学官诸生列班，俱北面跪听”[1]，就是能坐着听讲的官员增多，但也新定了学官诸生要“跪听”一项，学官诸生要“跪听”，间接抬高讲官的位阶，也许符合传统的“天地君亲师”五恩之礼。但同在成化年间，却发生“讲官跪讲”之事。

成化十九年（1483），詹事彭华与左中允周经[2]为太子进讲御制文华大训。太子就是后来的孝宗，“东宫每起立拱听”。当时身为学生的孝宗是站着听讲的，但阁臣万安觉得太子过于劳累，就建议“讲官宜跪，请坐听”。太子起立拱听原为培养“皇储尊崇御训，隆礼师傅，谦恭仁孝之盛节”，但万安“务为谄谀”之举[3]，竟然要讲官跪讲。从往后资料所见，知道并未听从万安“讲官跪讲”之议，但已造成尔后的进讲学生（太子）坐着听、老师站着讲的定制。到了嘉靖四十年（1561）裕王朱载垕与其弟景王朱载圳出阁读书时，礼部更奉制钦定的“二王讲读”礼仪：

> 内侍先一日设椅子二把于北第一间书堂内……。是日早，辅臣三员率领各讲读侍书官共十二员伺候。……各官行礼毕，裕王殿下就于本书堂里间就坐，景王殿下入南书堂里

[1] 明·申時行等奉敕重修：《大明会典》卷五一《礼部·礼制清吏司》，东南书报社，1963，页906。

[2] 彭华为首辅彭时之族弟，文渊阁大学士，成化二十二年升礼部尚书。周经之父周瑄侍英宗北狩，土木堡之变同被俘，英宗天顺年间擢为南精刑部尚书。周经为天顺庚辰进士，侍皇太子讲《文华大训》，弘治二年擢礼部右侍郎。

[3] 明·尹直撰：《謇斋琐缀录》七，收入邓士龙编《国朝典故》卷五九，北京大学出版社，1993。

间就坐……内侍官捧书展于案上就案左立，讲读官以次进立于案前授书各十遍。[1]

裕王、景王是坐着听讲的，坐的还是椅子，位阶还比阁臣能坐的杌子或凳子要高；而讲读官与一旁协助展卷的内侍（太监）都是站立的，讲读官与太监的位阶俨然相同。故宫博物院所藏的《徐显卿宦迹图》，其中一段叙述徐显卿四十七岁时充当展书官进行“经筵进讲”的场景：

自上登极初开经筵，余充展书官，至是十余年所矣。展书在御案之上，密迩天颜，又跪而开展，及起打躬，不敢背上行，必面伺天颜退行数武而后入班，欲从容周折中礼，难甚。讲案去御案丈余稍远，发明书义，专于启发宸聪，讲未至半，自觉词气弘亮，讲毕行礼若不经心，较展书时局蹐天渊矣。[2]

画中可见讲官、展书官和所有陪侍的官员们一样，都是站立的，只有年轻的万历皇帝在书案后坐着听讲，此正是嘉靖四十年（1561）礼部奉敕所订的规制。同画卷另有一段徐显卿四十九岁时充任日讲官的“日直讲读”[3]，描写在文华殿后川堂的日讲，因为“御座不甚高，书案亦不甚大”[4]，画中的讲官徐显卿正身形微躬地指点着书案上展开的书。书案后是坐着的万历皇帝，身后还有高浮雕龙饰的大屏。两图

[1]　《礼部志稿》卷六七《储宫备考・称礼・二王讲读》，收入《景印文渊阁四库全书》第597～598册，台湾商务印书馆，1983。

[2]　明•余士等绘，“经筵进讲”段墨书，《徐显卿宦迹图》册（局部），收入杨新主编《明清肖像画》，《故宫博物院藏文物珍品大系》，2008，页41。

[3]　明•余士等绘，“经筵进讲”段墨书，《徐显卿宦迹图》册（局部），收入杨新主编《明清肖像画》，《故宫博物院藏文物珍品大系》，2008，页44。

[4]　明•余士等绘，“经筵进讲”段墨书，《徐显卿宦迹图》册（局部），收入杨新主编《明清肖像画》，《故宫博物院藏文物珍品大系》，2008，页44。

明万历　余士等绘《徐显卿宦迹图》册，“经筵进讲”
绢本，设色，纵 62 厘米，横 58.5 厘米
（故宫博物院藏）

明万历　余士等绘《徐显卿宦迹图》册，“日直讲读”
绢本，设色，纵 62 厘米，横 58.5 厘米
（故宫博物院藏）

中万历的坐具皆饰金漆，都为牛头形搭脑，也都覆大红椅帔，但前者椅背与扶手的四出头俱雕饰龙首；后者仅搭脑出头雕饰龙首，其扶手圆曲不出头。同样的大红椅帔，前者却织金龙纹。同时，后者的万历亦仅着常服等。这些细枝末节清楚地反映文武百官参与的“经筵进讲”，其重要性远甚于阁臣、侍读学士的“日直讲读”。尽管两者位阶有别，但学生万历以外的讲官与阁员、侍讲学士或屏风后面诸内侍，全都恭敬肃立，连个小杌子都没有。

太监在宫内的编制，一如外廷，也有“内府衙门，职掌品级”[1]，得势的品秩太监，其气焰有时竟直逼皇上。成化十三年（1477）五月，受宪宗宠幸的汪直提督西厂，声势如日中天，当时的太子太保、进兵部尚书兼都察院左都御史，增正一品俸的王越与其交善。吏部尚书尹旻和其他同僚想见汪直，请王越引介，尹旻私下先问王越要不要对汪直下跪，王越说“焉有六卿跪人者耳？”说的是以六部尚书之尊岂要跪人。结果会见之际，王越先进去，“旻私伺之，越跪白讫，叩头出”。口上说得正义凛然的王越，在尹旻的偷窥下，不但跪着跟汪直讲话，讲完临走还叩头。于是尹旻入见时，二话不说立马先跪，诸

[1]　明・刘若愚著：《酌中志》卷一六，内府衙门职掌，北京古籍出版社，2001，页 93。

同僚也跟着跪，让汪直“大悦”[1]。明人的笔记述说此事时，直是痛心疾首：“我朝宦官气焰至此极矣，一时士风澜倒，至此极矣……盖所谓昏夜乞哀以求之，而以骄人于白日……呜呼！……呜呼！……而此膝一屈，不可复伸，百世之羞，不可复赎……呜呼！”[2]如此一迭声的“呜呼”。他们不知道，此外廷大臣给内廷太监下跪的“百世之羞”，在日后还是层出不穷，不停地出现着如武宗时的刘谨、熹宗时的魏忠贤之流。同时，他们要是知道皇帝赏赐内府太监的坐具，竟与外廷宠臣的“赐坐”有所不同，可能更要“呼天抢地”了。先看看外廷宠臣的“赐坐”所坐为何。

(三)“赐坐”或“侍坐”，坐的是什么？

《明史》崔亮传中记道：“自郊庙祭祀外，朝贺山呼、百司笺奏、上下冠服、殿上坐墩诸仪及大射军礼，皆亮所酌定。”[3]崔亮在元代是浙江行省的“掾”，即浙江行省长官的幕僚。朱元璋开国后，于洪武元年（1368）冬入为礼部尚书，与李善长、宋濂、刘基等人共议礼制，同修礼书，几乎有关朝廷礼仪都参与议定或由他拟制。人臣受宠“赐坐”的坐具就是他在洪武三年奏定的：

> 皇太子以下及群臣赐坐殿上的坐墩之制，参酌宋典，各为差等。其制，皇太子以青为质，绣蟠螭云花为饰，亲王亦如之。宰相及一品以赤为质，止云花。二品以下蒲墩，无饰。凡大朝会锡宴，文官三品以上，武官四品以上，上殿者皆赐坐墩。其朝退、燕闲及行幸之处，则中书省、大都督府

[1] 明・尹直撰：《謇斋琐缀录》七《成化十三年・王越》，收入邓士龙编《国朝典故》卷五九，北京大学出版社，1993。

[2] 明・尹直撰：《謇斋琐缀录》七《成化十三年・王越》，收入邓士龙编《国朝典故》卷五九，北京大学出版社，1993。

[3] 清・张廷玉等撰：《明史》卷一三六《列传第二十四》，中华书局，1995，页3930～3931。

官二品以上、台官三品以上，及其勋旧之臣、文学之官赐坐者，仍加绒罽绣褥，命其如式制之。[1]

《宋人却坐图》轴
（台北故宫编辑委员会，《故宫书画图录》（三），1989，页 84）

坐墩是“造型近似木腔鼓的座具”[2]，传统上又称“绣墩”，上下两头小，中腰大，状如鼓，也叫“鼓墩”。崔亮是“参酌宋典”所定。按：宋制，宰相、使相、枢密使、参知政事、仆射、三师、三公、学士等文臣，以及节度使、观察、上将军、统军等武职，还有宗室等，可坐于殿上，但只有宰相与使相坐绣墩，其余坐蒲墩，加罽毯。文武四品以上，郎将、禁军、军都指挥使等，则于朵殿坐蒲墩。其余参朝官及诸军副都头、诸蕃进奉使等分坐殿外两庑的“绯缘毡条席”[3]，直接席坐地上。宋代的绣墩之制，也许在宋人的一幅《却坐图》中可见。画中描绘汉文帝游上林苑，宠妃慎夫人侍坐于侧，御史袁盎趋前面谏，谓帝既有后，不当容许妃嫔僭坐后位。慎夫人僭位的坐具整器似由缎匹包裹，上围环饰鼓钉镂钿，下垂细密短折，悬挂的彩结流苏之间并有缤纷的璎珞勾连。此后位应接近位居相位者所坐的绣墩，若有不同，所差应仅在彩结流苏与缤纷的璎珞。辽宁博物馆藏有一卷宋人的《孝经图》，有一段“事君章第十七”：“子曰：‘君子之事上

[1] 《明太祖实录》卷五四，洪武三年秋七月戊子，“中央研究院”历史语言研究所，1966。

[2] 王世襄编著：《明式家具研究》，南天书局，1989，页 192。

[3] 元・脱脱等撰：《宋史》卷一一三《志第六十六》，中华书局，1995，页 2683 ～ 2684。

也，进思尽忠，退思补过。'”画中身着红袍的人君坐在设置于榻沿的靠背上，靠背的搭脑出头饰昂首龙头，表示其身份为“君”，其阶下左侧之亭内一“事君”的官员正襟危坐，似作“进思尽忠，退思补过”状，所坐的是一只青绿鼓腔坐墩，坐沿垂饰细密短折，是否即为蒲墩尚待进一步考证，但君臣两人所坐尊卑立见。台北故宫所藏南宋画家马和之的《女孝经图》中“孝治章第八”，以“夫者，天也”来规鉴宫中妃嫔的为妇之道。依着矮榻侍坐聆听的诸妃嫔，若据上述宋制及比照《却坐图》中慎夫人所坐，众妃嫔之坐应为蒲墩，整器由蒲草编织成蒂纹饰。另外，元人的《传经图》上，描写伏生授经于鼌错的故事，其坐具可能亦为蒲草编织的蒲墩，上覆兽皮。

宋《孝经图》
卷，绢本，设色，纵 18.6 厘米，横 529 厘米
（辽宁省博物馆藏）

宋　马和之《女孝经图》
卷，绢本，设色，纵 26.4 厘米，横 823.8 厘米
（台北故宫藏）

元《传经图》
轴，绢本，设色，纵 130 厘米，横 56.2 厘米
（台北故宫藏）

与宋制相较，明代用颜色与绣饰来区隔皇太子、亲王与宰相等一品大员，比宋制更为严谨，其余有资格上殿赐坐的就无分品秩，全以未加装饰的蒲墩为坐具。仅在朝退后、燕闲在家以及随驾出外时，蒲墩的使用者扩大到中书省、大都督府、台官等规定的品秩以

明　仇英《宫中图》卷
（日本，永青文库藏）

上及勋旧、文学侍臣等，并可在蒲墩上加毛料编织成的绒罽绣褥。蒲墩之用，并非“人人一把号，各吹各的调”地自行随意打造，即使燕闲在家所用之蒲墩也要“如式制之”，但其式如何尚待考证。

就材质而论，除蒲墩由蒲草编织以外，坐墩有木制、瓷制、竹编、雕漆和彩漆描金等。晚明文震亨的《长物志》上说：“宫中有绣墩，形如小鼓，四角流垂苏者，亦精雅可用。”[1] 文震亨并未说明宫中绣墩的材质，若谓“形如小鼓”，观察故宫博物院所藏明清绣墩，木制者面径至少25～26厘米，高则46或47厘米以上；而瓷制者面径多在21～23厘米，高度则有33厘米，最高不过39厘米，体积相对较小，比较可能是文震亨笔下明代宫中所用之绣墩。据此推断明代宫中赐皇太子、亲王及宰相之坐墩，应为瓷制，依身份为青色或红色，各披覆“绣蟠螭云花”或“云花”之绣物。明中期画家仇英的作品中有不少涉及宫廷活动的描绘，一幅《宫中图》卷中，殿旁廊庑内的皇帝，在左右持扇妃嫔地环侍下坐在加设靠背的圈背交椅上，双手搁在长杆般的靠背扶手出头，庑下一官员正踏步阶上作回首引见状，另一官员正举步向前，欲俯身拜谒。皇帝的左右咫尺处各有一只坐墩，似为赐坐所备。观其上所覆织物如团云绣饰，以宫内赐坐之制仅恩及皇太子、亲王、宰相及一品以上官员，知此官员身份至少是一品。故宫博物院有一件明代的瓷制万历款“青花云龙纹鼓式绣墩”，行走的“云龙”为四爪。按明制，一品至六品用

[1] 明·文震亨撰:《长物志及其它二种》卷七,王云五主编“丛书集成初编”,商务印书馆,1936，页56。

龙皆四爪[1]，故此坐墩应为一品以下官员所有。故宫博物院另有一只“珐花镂雕花卉鼓式绣墩”，坐面绘轮花，鼓壁上下饰鼓钉，中腹绘荷叶孔雀。孔雀为文官三品朝服上的补子，若依明制，此亦可能是明代官员在朝见以外的场合所用。另外一只“黄地三彩双龙抢珠蚊鼓式绣墩”，坐面为双龙及荷花纹，鼓腹上下为缠枝花纹与鼓钉，中腹为褐身绿鳞的五爪行龙，鼻头下的髭须和头上的龙角刻意用白色彰显，一眼即知为至尊的皇帝所用，是自《孝宗坐像图》中所见的“鼓凳”式迎手以降，更为具体的御用坐墩之一。

明 青花云龙纹鼓式绣墩
面径 21.5 厘米，底径 21 厘米，高 34 厘米
（故宫博物院藏）

明 珐花镂雕花卉鼓式绣墩
面径 26 厘米，底径 25 厘米，高 33 厘米
（故宫博物院藏）

明中晚期画家仇英所作仿宋人《清明上河图》中，也有一段描写宫廷内苑的日常生活，树影之下的小院内，宫嫔闲立于院前说话，另一角可见两名嫔妃正对坐弈棋，其鼓状坐墩在壁腹间隐约可见如意云头开光的纹饰。继仇英之后的画家尤求，在万历三年（1575）有一白描作品《红拂图》，描写隋唐传奇中夜奔李靖的红拂女，在随侍权相杨素时初见李靖登门拜谒之场景。画中李靖侧身而坐，

明 黄地三彩双龙抢珠蚊鼓式绣墩
面径 22 厘米，底径 21.5 厘米，高 34.5 厘米
（故宫博物院藏）

[1] 清·张廷玉等撰：《明史》卷六七《志第四十三·舆服三》，中华书局，1995，页 1637。

明　仇英《清明上河图》
卷，绢本，设色，纵 35 厘米，横 900 厘米
（荷兰阿姆斯特丹瑞克斯博物馆）

明　尤求《红拂图》
轴，纸本，墨笔，纵 122.8 厘米，横 45.7 厘米
（故宫博物院藏）

抱拳施礼，所坐与杨素的大榻显然尊卑有别，与仇英描绘宫内妃嫔对弈所坐相似，也是开光带如意云头纹饰的坐墩。其他明代官员燕闲或雅集之时，也常见此坐墩掺杂在扶手椅或四出头椅之间。如，明中期另一位画家杜堇有一幅仿唐代阎立本的《十八学士图》，诸学士闲暇之余雅聚一堂，听琴、论诗、对弈、品画，或站或坐。坐具中出现四只同式坐墩，有绿地和青地折枝花卉，鼓腹或饰如意云头纹，或葵花纹，或菊瓣纹，均与鼓沿的坐面和底座一样描红，十分细致精雅。菊瓣纹饰的蕊心还设拉环，一仆役正俯身双手拎起拉环跨步前行。如此看来，在明代诸多画家笔下，此式坐墩亦为宫中妃嫔或官员的坐具之一。

明　杜堇《十八学士图》
屏四幅，绢本，设色，各纵 134 厘米，横 79 厘米（上海博物馆藏）

明　汪廷讷撰《三祝记》，万历间汪氏《环翠堂乐府》版
（日本京都大学藏；周芜编著，《金陵古版画》，江苏美术出版社，1993，页 226 ～ 227）

至于二品以下官员在朝赐坐或燕闲居家所用的蒲墩，不知崔亮所定之式为何。文震亨在《长物志》中仅说“用蒲草为之…… 四面编束细密坚实，内用木车坐板，以柱托顶，外用锦饰”[1]。亦未叙及任何宫中定式，也许从明代中期大量的版画中可试窥其端倪。万历中期名士汪廷讷所刻《环翠堂乐府》戏曲版画中，《三祝记》内一冠带官员坐在覆着椅帔的圈背交椅上，面前的两名官员正对其躬身揖拜，俨然上对下的“赐坐”的场景。两名官员的身后各有同式坐墩，整器蜂巢式编织，上覆碎花绣物。另一出《投桃记》内两官员坐于桌前吃茶谈话，所坐与桌子两侧的坐墩一样，都是斜格编织，格内为柿蒂纹。凡此均可能系所谓的“定式”。然作为二品以下官员赐坐或家居所用，又“无饰”，较无法避免庶民百姓“僭用”。不过，明中晚期文人陈与

[1]　明·文震亨撰:《长物志及其它二种》卷七,王云五主编“丛书集成初编”,商务印书馆,1936，页 56。

明　汪廷讷撰《投桃记》，万历间汪氏《环翠堂乐府》版

（日本京都大学藏；周芜编著，《金陵古版画》，江苏美术出版社，1993，页 222）

明　陈与郊撰《樱桃梦》，明万历四十四年刻本

（方骏等编著，《中国古代插图精选》，江苏人民出版社，1992，页 181）

郊所撰《樱桃梦》中一折两人在围屏前对坐的“清谈”，坐具一为圆凳，另一为蒲墩，编织细密坚实，横竖平整，与同作者所示庶民日常家居置放什物的篓筐编法相近，应可确定非为官式的蒲墩。

文震亨的《长物志》中所记的“暑月可置藤墩”，明中期的版画也经常可见，如张凤翼所撰的版画《红拂记》中所见，其编法为上下圆面间以粗藤条回绕，于交会处捆绑细藤皮。此种编法即使在台湾仍相当普遍，多为盛夏溽暑所用。而明代佚名画作《咸阳宫图》，可见层层楼阁之内大批官员或坐或站，正齐聚一堂，坐具均为此式藤墩。往上追溯，宋徽宗的《文会图》[1]中，众学士围坐大榻吃茶所坐即为此式藤墩。有学者质疑此作年代可迟至14世纪，那么看看南宋画院待诏李嵩的《夜月看潮图》，画中的江边楼阁上，三三两两的人影在楼阁内外观赏钱塘江夜潮，图左上有宋宁宗皇后杨氏小楷的“寄语重门休上钥，夜潮留向月中看”之题字，楼阁内闲置的坐具正是藤墩。由此应可确定藤墩在宋代宫苑内之广为流通，而明代宫廷内在酷暑月份使用此藤墩，如《咸阳宫图》所绘，应也是合理的推测。

[1] 此幅宋徽宗《文会图》内容仿唐代阎立本《十八学士图》，绘者有认为是宋代画院人代笔，或甚至为 14 世纪的作品。参见《故宫书画菁华特辑》，台北故宫，2001，页 89。

明　陈与郊撰《樱桃梦》，明万历四十四年刻本

（方骏等编著，《中国古代插图精选》，江苏人民出版社，1992，页 176

明　张凤翼撰《红拂记》，万历二十九年金陵继志斋版

（中国国家图书馆藏，周芜编著，《金陵古版画》，江苏美术出版社，1993，页 162）

明 《咸阳宫图》

长 157.0 厘米，宽 118.6 厘米

（日本，永青文库藏）

宋徽宗《文会图》

轴，绢本，设色，纵 184.4 厘米，横 123.9 厘米

（台北故宫藏）

南宋　李嵩《夜月看潮图》

页，绢本，设色，纵 22.3 厘米，横 22 厘米

（台北故宫藏）

四 内府太监受赐的“欋机”是什么？

万历中期的明人笔记中有以下一段记载：

> 武宗夏后居五花宫，今上陈皇后立，夏后乃退居小二宫而让之。时御史叶钟、监修江阴、办事吏王实常随出入，见宫殿皆不甚高大，中置龙龛，朝廷所坐有金交椅，又方木墩甚众。问内官所用，乃宫人祇候传班，短者以此木之令齐，名接脚。[1]

所述虽然是武宗夏皇后在武宗崩逝、朝廷议决迎立世宗后，夏皇后乃移至小二宫居住之事，然亦约略可知后宫的殿堂内朝仪所用为金交椅，也就是圈背交椅，而伺候的宫人在外等候召唤时有一种“方木墩”可坐。据其形容，此木墩应是树杆子或木块两头刨平而已，相当简陋。然而，同在内府行走听候差遣的太监所坐为何？晚明太监刘若愚记道：

> 司礼监赏印太监一人……最有宠者一，秉笔掌东厂，掌印秩尊，视元辅，掌东厂权重，视总宪兼次辅，其次秉笔、随堂，如众辅焉，皆穿贴里，先斗牛，次升坐蟒；先内府骑马，次升欋机。每升一级，则岁加禄米十二石。[2]

据此可知，宫内的司礼监有如外廷的内阁，掌印太监有如内阁首辅，负责东厂的太监权重如次辅，以下的秉笔、随堂等品秩等同内阁其他辅臣，这些随侍皇帝的内廷太监，最终都有机会“升坐蟒、先内府骑马、次升欋机”。据晚明文人的笔记，“蟒衣为象龙之服，与至

[1] 明·李诩撰：《戒庵老人漫笔》卷一《接脚》，中华书局，1997。
[2] 明·刘若愚撰：《酌中志》卷一六《内府衙门职掌》，古籍出版社，2001，页93。

尊所御袍相肖，但减一爪"[1]。太监受赐四爪行蟒只是富贵临身而已，"升坐蟒"才是飞黄腾达之始，因为"贵而用事者，赐蟒，文武一品官所不易得也。单蟒面皆斜向，坐蟒则面正向，尤贵"[2]。坐蟒之后的最高荣宠为"升櫈杌"。明武宗时的太监滕祥，自正德四年（1509）即入内府服侍，六十年后的隆庆即位之初调为司礼监掌监事太监，以年老受赐"坐凳"。[3]嘉靖时"随朝捧剑"的太监张宏，于冯保谪往南京后递补为司礼监秉笔太监，也受赐坐蟒，也受赏"内府得坐櫈杌"。[4]天启初年趋附魏忠贤的太监李永贞，刘若愚说他"为人有口，矜肆骄谲"，也曾"赐坐蟒、櫈杌"。[5]而熹宗即位初才入宫的太监徐文辅，因曾在宫外教导过熹宗乳母客氏的独子侯国兴，不到四年就"晋秩秉笔，赐坐蟒、櫈杌"[6]。不仅如此，魏忠贤得势之时，"逆贤名下，凡掌印、提督者，皆滥穿坐蟒"[7]。

反观外廷阁臣的赐蟒，万历前期，隆庆皇帝"凭几遗言"的顾命大臣，又是先后朝皇帝侍讲的首辅张居正，在奉迎其母入京时，万历及两宫太后"赐赉加等，慰谕居正母子，几用家人礼"。如此的显赫一时，也才先后受太后及皇帝赏赐"坐蟒"[8]。相较之下，太监要获此殊荣不但轻易，也似乎便捷许多。至于"升櫈杌"中的"櫈杌"，可非寻常外廷阁臣所坐一块板下四支腿柱的"櫈杌"。刘若愚的解释是："其制如靠背椅，而加两杆于旁，用皮襻如轿，前后各用一横杠。然

[1] 明・沈德符撰：《万历野获编补遗》卷二，中华书局，1997，页 830 ～ 831。

[2] 清・张廷玉等撰：《明史》卷六七《志第四十三・舆服三》，中华书局，1995，页 1647。

[3] 明・焦竑辑：《国朝献征录》卷一一七《寺人・司礼监掌监事太监滕公祥墓表》，《续修四库全书》，上海古籍出版社，1995，页 601 ～ 602。

[4] 明焦竑辑：《国朝献征录》卷一一七《寺人・司礼监掌监事太监张公宏墓表》，《续修四库全书》，上海古籍出版社，1995，页 601 ～ 602。

[5] 明・刘若愚撰：《酌中志》卷一五《逆贤羽翼纪略》，古籍出版社，2001，页 79 ～ 80。

[6] 明・刘若愚撰：《酌中志》卷一五《逆贤羽翼纪略》，古籍出版社，2001，页 84 ～ 85。

[7] 明・刘若愚撰：《酌中志》卷一九《内臣服佩纪略》，古籍出版社，2001，页 166。

[8] 清・张廷玉等撰：《明史》卷二一三《列传第一百零一・张居正》，中华书局，1995，页 5643 ～ 5653。

抬者不在辕内，只在杆外斜插杠抬，而正行之。所以曰杌者，禁地不敢乘轿之意也。”[1] 原来“此櫈杌非彼櫈杌”，太监坐的“櫈杌”其实是“轿”，只因“禁地不敢乘轿”的礼制而冠以外廷阁臣坐具之名，此无异为皇帝与太监间蒙混祖宗的“掩耳盗铃”之举，也是睁眼说瞎话的文字游戏。“櫈杌”若有知，当啼笑皆非。

得宠太监的“櫈杌”，表面上还是借用家具之名的钦赐之物。内廷另有一种直接用家具材料取名的坐具，称作“板”。据刘若愚所述：

> 其制如床面，高五寸许，于偏后些安一椅圈，前后以粗绒绳栓，用杠二条斜插台走，离地尺许。凡司礼监掌印、秉笔年老者，方私置坐之，不系钦赏，亦不系正经品级，自乾清门外，至西华门，东华门里止，自逆贤擅政，乃径自由门台出，了无畏惧。[2]

名称虽贱，功能却一点不差。乾清门外，东华门至西华门之间，几乎就是整个前朝外廷众臣行走执事之处。想象专擅的太监坐在自制的“板”上穿梭于往来的外臣间，不知是否有“公然叫板”的意味。而坐着“板”的魏忠贤，有时还会从玄武门入宫。谀附的太监如王体乾等，或在河边居住的太监们，“皆望尘跪伏道旁，俟贤过方起，其市上买卖人观看，亦有叩头匍匐，俟过方起者”[3]。这种百姓伏道恭送的场景，明目张胆地与皇帝的出行互别苗头，套用台湾目前流行的用语，实在“瞎很大”，也是明代宫廷家具史中的外一章，堪称晚明宫苑内外的奇景。

---

[1] 明・刘若愚撰：《酌中志》卷一九《内臣服佩纪略》，古籍出版社，2001，页169。
[2] 明・刘若愚撰：《酌中志》卷一九《内臣服佩纪略》，古籍出版社，2001，页169。
[3] 明・刘若愚撰：《酌中志》卷一六《内府衙门职掌》，古籍出版社，2001，页102。

明 《明宣宗宫中行乐图》（局部）
卷，绢本，设色，纵 36.6 厘米，横 687 厘米（故宫博物院藏）

五　皇帝在宫内行走的“椅轿”

皇帝在宫内游幸行乐所坐，当然就是名正言顺由宫人所舁的“轿”了，不过并非一般的轿乘，而是称为“椅轿”或“轿椅”的坐具。前章所举《明宣宗宫中行乐图》中，最后一段描绘宣宗坐胡床玩“投壶”后起驾回銮，所坐的是正是“椅轿”——朱漆的四出头椅制，平整的出头饰髹金龙首。与一般四出头不同的是，椅盘下为板足，前附踏床的一体承作，再于椅盘与板足交榫间外设金漆环扣，长长的轿杆穿过后，前后各一名太监从杆端处起索，攀过肩颈抬至腰处行走，左右并另有一名太监躬身相扶。故宫博物院收藏的明代“黄花梨藤心肩舆”，就是“椅轿”。椅盘上为明代太师椅式的圈背，背板夔龙雕饰，腿柱微撇，四足下设箱形脚踏，椅盘外侧有如高束腰的凹槽即为轿杆穿抬之处。束腰、箱形踏脚与托泥之转角俱包镶金

明　黄花梨藤心肩舆
长 64 厘米，宽 58 厘米，高 107.5 厘米
（故宫博物院藏）

饰。另一架标明为清早期的“黄花梨轿椅”，其出杆处的铜箍上加设“П”形金属构件，相信亦为轿夫攀索所用，应该也是此类明代宫苑所用椅轿之余韵。然而此式多人伺候的“椅轿”，并非明代宫廷首创。著名的唐代画家阎立本所绘的唐太宗《步辇图》中，就可见到两名宫女绕过颈的攀索分挂杆头，双手扛抬至腰、另两名宫女手扶前行的“步辇”。此制“步辇”又叫“腰舆”，也称作“攀舆”（攀，与扛至肩上行走的“肩舆”不同）。传为五代周文矩所绘的《宫中图》卷，原图四段大致完整的分藏美国克里夫兰美术馆、

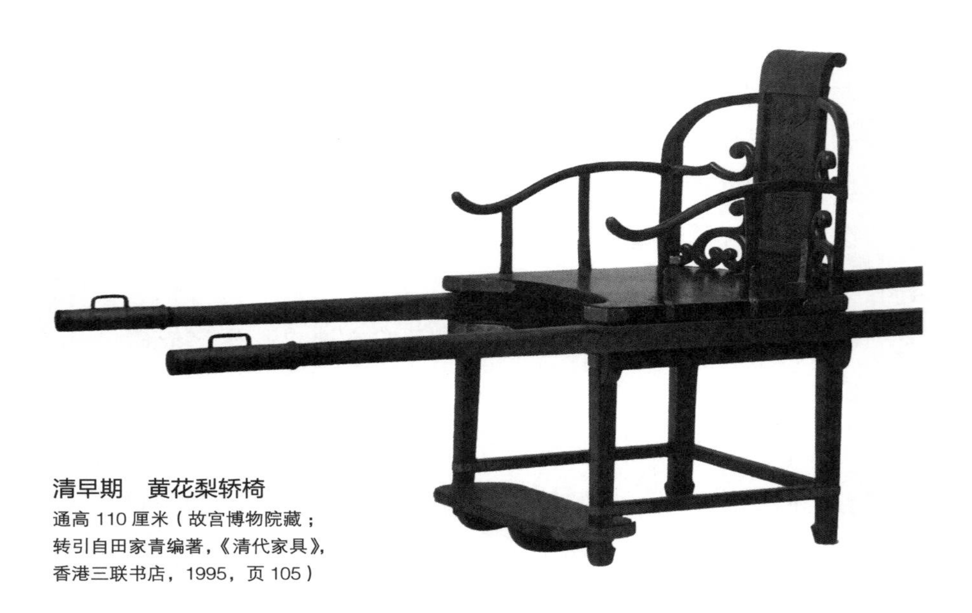

清早期　黄花梨轿椅
通高 110 厘米（故宫博物院藏；转引自田家青编著，《清代家具》，香港三联书店，1995，页 105）

大都会博物馆以及弗格美术馆。画中前后两名宫女所舁的轿，已是四出头椅制所衍伸的“椅轿”，扶手下是连续凿洞为饰的扶手板，下接壶门式开光腿足。椅上梳着双髻并插头花的女童手中把玩着一只小鹦鹉，观其坐具出头均饰凤首，其身份应为公主。周文矩是江苏句容人，尝为南唐翰林待诏，为李后主作画。此《宫中图》所绘宫中仕女，高髻丰肌，皆多唐制，也反映南唐宫廷仕女幽雅闲散之生活。然而日本泉屋博古馆也有一轴画作，构图、人物姿态、相貌、小宫人所舁椅轿等几乎相同的《宫女图》，传为宋末元初画家钱选所作，唯椅轿上小公主换成一名髡发的小皇子，也是手托鹦鹉。钱选是浙江吴兴人，与江苏句容人的周文矩也许有些地缘关系，然时间上相隔两百多年，可能是后人据前人所作，保留了唐代妇女的风韵，但将主角改为蒙元新朝的小皇子，从而形成唐五代的妇女超越时空与蒙元王朝的小皇子相聚于一堂的奇观，也使得画中的椅轿仿佛自南唐的宫苑一直沿用到元代的大内。

唐　阎立本《步辇图》（线绘）
（转引自沈从文编著，《中国古代服饰研究》，台湾商务印书馆，1993，页 229）

五代　（传）周文矩《宫中图》
卷，绢本墨笔，共四段，共 25.7 厘米（分藏美国克里夫兰美术馆、大都会博物馆、弗格美术馆）

元　（传）钱选《宫女图》
轴，绢本，设色，纵 29.4 厘米，横 55.1 厘米（日本，泉屋博古馆）

第四节 “君尊如天，臣卑如地”——明代皇帝的坐具与阁臣的杌凳

一 明代皇帝尊称的“先生”们都坐在小杌凳上

元顺帝至正十九年（1359），天下群雄并起之际，朱元璋的部众攻下浙东，邀聘当地宿儒刘基、叶琛、宋濂与章溢一起到集庆（今南京）请益。朱元璋对他们说：“我为天下屈四先生，今天下纷纷，何时定乎？”[1]尊称四人为“先生”。四人也纷纷献策。秦从龙曾为元朝官员，朱元璋打下镇江时，亦闻其名而邀其到访：“上（指朱元璋）称先生而不名，每岁生日，上与太子皆有赠礼，或亲至其家与之燕饮，礼遇甚厚。”[2]朱元璋称其所敬重的宿儒或贤达为“先生”。开国以后，明代诸帝对辅政的阁臣亦沿此尊称，如孝宗大渐时，召刘健等阁臣入乾清宫，拉着刘健的手说：“先生辈辅导良苦。东宫聪明，但年尚幼，好逸乐，先生辈常劝之读书，辅为贤主。”[3]这位年幼的东宫就是后来继位的武宗，虽然锐目扬眉、桀骜不驯，却也行礼如仪地对刘健等阁臣说：“先生辈劳苦，朕甚念之。”[4]六七十年后，十岁的万历登基为帝，其生母慈圣皇太后对内阁首辅张居正说：“我不能视皇帝朝夕……先生有师保之责，与诸臣异，其为我朝夕纳诲，以辅台德，用终先帝凭几之谊。”慈圣皇太后认为张居正有“师保之责”，与别的臣僚不同，尊其为“先生”。青年万历对张居正自然也相当倚重，称其“元辅张少师先生”，在其丁忧回籍葬父期间，还告诫次辅吕调

[1] 清·张廷玉等撰：《明史》卷一二八《列传第十六·章溢》，中华书局，1995，页3790。

[2] 明·焦竑辑：《国朝献征录》卷一一六《秦从龙传》，《续修四库全书》，上海古籍出版社，1995，页553。

[3] 清·张廷玉等撰：《明史》，卷一八一《列传第六十九·刘健》，中华书局，1995，页4813。

[4] 《明武宗实录》卷一九七，正德十六年三月癸卯，“中央研究院”历史语言研究所，1966。

阳等，“有大事毋得专决，驰驿之江陵，听张先生处分”。[1]意即内阁有重大事情，不得径行决定，需经驿站驰骋送到1300公里的江陵（今湖北）由其处理。各朝皇帝称阁臣为“先生”之敬称不胜枚举，此称呼对经筵讲官们也一体通用。看起来有明一代十分礼贤尊能，尤其对辅政的阁臣们十分崇敬。

但是，如上节所述，邓士龙的《国朝典故》中说：“内阁诸老，自解、胡以来，皆东西分坐小杌子及两小板凳，无交椅、公座之设。”[2]又因为紫禁城内独尊皇帝，所以朝会或君臣相见之时，“自阁老而下，皆坐杌子”[3]。换言之，皇帝倚为股纮的阁臣，在皇帝尊前的坐具是无靠背的小杌凳。那么这些阁臣办事之处所坐为何？据《国朝典故》，一直到到成化中期，宪宗才“赐内阁两连椅”[4]，就是阁臣办公之所开始有了供两人同坐的长椅子，也并非可一人独坐的椅具。如此看来，在宪宗“赐内阁两连椅”之前，阁臣们似乎也是坐在小杌凳上班的。

明代的阁臣上朝坐小板凳，上班也坐杌子，依《明史》所记，是洪武三年（1370）礼部尚书崔亮“参酌宋典，各为差等”[5]而制定的。也就是说，明代宫廷百官上朝、上班处理公务所坐的，都是崔亮参考宋代典制而来。但是否完全参照宋典呢？若仅以阁臣而论，明代内阁首辅约若等同宋代的宰相、使相。依宋代史料，皇帝宴飨臣僚之时，宰相、使相坐“绣墩”，但曲宴、行幸用“杌子”。“绣墩”与“杌子”

---

[1] 清・张廷玉等撰：《明史》卷二一三《列传第一百零一・张居正》，中华书局，1995，页5646～5648。

[2] 明・尹直撰：《謇斋琐缀录》四，收入邓士龙编《国朝典故》卷五六，北京大学出版社，1993，页1288。

[3] 明・尹直撰：《謇斋琐缀录》四，收入邓士龙编《国朝典故》卷五六，北京大学出版社，1993，页1288。

[4] 明・尹直撰：《謇斋琐缀录》七，收入邓士龙编《国朝典故》卷五九，北京大学出版社，1993，页1290。

[5] 清・张廷玉等撰：《明史》卷一三六《列传第二十四》，中华书局，1995，页3930～3931。

两者位阶孰尊孰卑，从《宋史·丁谓传》可看出——北宋真宗时，官拜门下侍郎兼太子少傅（官秩为正一品）的丁谓与中书侍郎兼尚书左丞（官秩为正四品）的李迪因事相争不息[1]，真宗将两人都降职，贬丁谓为户部尚书（从二品）。降职次日，丁谓入宫晋见真宗。真宗责问两人相争之事，丁谓向真宗解释道："非臣敢争，乃迪忿詈臣尔，愿复留。"意即丁谓向真宗喊冤，都是李迪的错，还希望留任原职。只见真宗"遂赐坐。左右欲设墩，谓顾曰：'有旨复平章事。'乃更以杌进"[2]。就是说，真宗听完后，就赐丁谓坐。左右侍从拿出"墩"准备给丁谓坐，丁谓说已经有旨恢复我"平章事"的身份了，于是侍从拿出"杌"来取代"墩"。凡此说明，在宋代高形家具初兴、垂足坐初始之时，同为低形坐具，但四只腿足的"杌"在位阶上远高于鼓腔式的"墩"。

北宋时期朝廷上墩、杌之使用高下有别，若平日处理政务所坐为何，尚待进一步研究。唯就君臣相处之时所用，典章制度参考宋制的明代，显然是"化繁为简"，阁臣无论高低，朝见时一律以杌凳侍候。看起来是提高了阁臣坐具的位阶，但是检视宋室南渡后临安朝廷的馆阁之制却不尽然。

二 南宋临安朝廷馆阁内之陈设

宋代馆阁，指三馆（昭文馆、史馆、集贤院）和秘阁，"掌凡邦国经籍图书，常祭祝版之事"[3]。就是国家藏书和修书撰史之处，并掌管朝廷检阅典故、修撰祭文祝辞等事。北宋时因馆、阁俱在崇文院，合称"四馆"。崇文院后改称"秘书省"。宋室南渡后，高宗辗转移

[1] 元·脱脱等撰:《宋史》卷二八三《列传第四十二·丁谓》,中华书局,1995;卷三一〇《列传第六十九·李迪》。

[2] 元·脱脱等撰:《宋史》卷二八三《列传第四十二·丁谓》。按:《宋史》职官制，"宰相之职,佐天子,总百官,平庶政,事无不统。宋承唐制,以同平章事为真相之任,无常员"。

[3] 清·徐松辑:《宋会要辑稿·职官》，新文丰出版社，1978。

跸临安府，秘书省暂寓临安宋氏宅，于绍兴十四年（1144）迁至“清河坊糯米仓巷，西怀庆坊，北通浙坊东地，东西三十八步，南北二百步”[1]内。绍兴二十四年的进士陈骙，在宁宗第一个年号庆元初年，已官拜知枢密院兼参知政事。其于淳熙四年（1177）为秘书监时，与其同僚共编有《南宋馆阁录》，记载南渡后的高宗建炎元年（1127）至淳熙四年时的50年间，秘书省馆阁内之省舍、储藏、修纂，或官秩、廪禄、职掌等诸事，现就其“省舍”部份有关馆阁内部陈设与家具之记载整理条列如下：

表八　南宋朝廷秘书省内省舍之陈设与器用

殿阁名称	陈设	有关家具（除桌、椅外）	有关桌、椅和其他坐具	备注
文殿	太上御书金字右文之殿牌，前设朱漆隔黄罗帘	御屏画出水龙	中设御座、御案、脚踏、黄罗帕褥	
殿后秘阁	太上御书金字秘阁牌，中设朱漆隔黄罗帘	御屏画出水龙	中设御座、御案、脚踏、黄罗帕褥	
秘阁后道山堂	堂牌将作监米友仁书，堂两旁壁画以红药、蜀葵。照壁山水绢图一、软背山水图一，有会集则设之。紫罗缘细竹帘六	中设抹绿厨藏秘阁四库书目，前有绿漆阁三十扇。冬设夏除、板屏十六	黑光偏凳大小六、方棹二十、金漆椅十二、鹤膝棹十六。夏设黑光穿藤道椅一十四副	
道山堂后轩	前黑漆隔六扇，青绢缘竹帘九、紫绢缘帘一	黑漆嵌面屏风十四。冬设漆火柜一、屏风嵌画古贤	夏设金漆椅、棹、脚踏各十四，蒲座三，紫绢垫十六，旧黑长偏凳、黑长棹各二	
道山堂东二间		黑漆嵌面屏风二、床一、帐一、荐四、席一、绯绢床裙一、八折屏风一	中设偏凳一、黑漆棹子一、椅子二	秘书监居之
道山堂西二间			铺设什物如监位	秘书少监居之
光馆库南二间	油帘一、黑油火炉一	黑漆嵌面屏风一、席一、荐四、床一、床裙一	设金漆偏凳二、棹一、椅二	秘书丞居之

[1]　宋·陈骙撰：《南宋馆阁录》卷二，收入“丛书集成续编”第53册，新文丰出版社，1989，页590～594。

续表

光馆库南又次三间		铺设什物如秘书丞位	铺设什物如秘丞位	馆职分居之
古器库		内设绿厨三、木架六以藏古器		
古器库前次三间			铺设什物如秘丞位	馆职分居之
古器库又次三间为拜阁待班之所			内设金漆椅棹四，外设青布缘荻帘	
图画库		图画藏秘阁		
图画库次三间为秘阁书库		内设绿厨八，藏秘阁书		
秘阁书库次五间为子库		内设绿厨七，藏书		
秘阁书库又次五间为经库		内设绿厨七，藏书		
补写库次三间			铺设什物如秘丞位	秘书郎分居之
补写库又次三间			铺设什物如秘丞位	馆职分居之
瑞物库次二间为秘阁书库		内设绿厨八，藏秘阁书		
瑞物库又次三间			铺设什物如秘丞位	馆职分居之
瑞物库又次三间为拜阁待班之所			内设金漆椅棹四，外设青布缘荻帘	
印板书库		内设绿厨七，藏诸州印板书		
印板书库次五间为集库		内设绿厨七，藏书		
集库次五间为史库		内设绿厨七，藏书		
抬盘司		内藏匕箸碗碟之属		
道山堂东北次一间为銮仪司		陈设椅棹之属		

续表

国史库次三间			铺设什物如秘丞位	著作郎居之
著作之庭		中设翡翠木锦屏风、金漆书厨一、画绢山水屏风一、画屏风十	金漆椅十	
著作之庭西三间			铺设什物如著作郎位	著作佐郎分居之
汗青轩	紫绢缘帘二	中设屏风八	中设椅八	
蓬峦	金漆窗隔、紫绢缘帘三	金漆画屏	黑光漆凳四	
群玉亭	竹花瓶二、香炉一、金漆火炉一、凉床四、紫绢缘竹帘一		中设金漆椅十四、偏凳一、黑漆偏凳二	
芸香亭	紫绢缘帘一		内设黑漆偏凳一、金漆几六	
跨池桥亭	金漆窗隔	设金漆画屏		
席珍亭		屏风十四	椅棹十四副	
茹芝馆	紫绢缘帘五	中设画屏	花藤墩十四	
濯缨泉东竹屋	斑竹帘		中设黑漆棹一	
锦隐亭		中设画屏		
绎志亭		中设画屏	黑漆交椅十四	
方壶亭		中设金漆画屏		
含章亭		屏风十四	中设椅棹十四副	

三　从《南宋馆阁录》看临安朝廷官员之坐具

从以上表所列，似乎金光闪闪的金漆家具不少，是否都是皇帝御用呢？在文殿及殿后之秘阁设有御座、御案、脚踏及黄罗帕褥等全套，并陈设有画水龙之御屏，显系供皇帝驾到时独坐。道山堂后轩设有金漆椅、桌、脚踏各14，有桌即可供处理文书，也就是常设有14套金漆桌椅可供办公，书写或处理事务，看起来并非供一人（皇帝）独用。省舍内所有坐具中，道山堂后轩设的“蒲座三”及茹芝馆设的“花藤墩十四”，为朝廷礼制上用于宰相、使相或其他官员等之坐具。

其余尽是黑漆偏凳、金漆偏凳、黑光漆凳等出行或行幸所用之属。椅具除仅叙述“椅桌”不知器表所饰外，其余有黑光穿藤道椅、金漆椅及黑漆交椅等三种。黑光穿藤道椅已述明为夏天所设，其余金漆椅设于秘阁后道山堂及其后轩，数量分别是12、14；群玉亭有“金漆椅十四”，也设有“金漆椅十”。由此数量显示金漆椅并非一人独尊之坐具，尤其是“著作之庭”，顾名思义，应是撰述、誊缮文书之处，“金漆椅十”正可供多人共同使用。而此“金漆椅”之椅制有可能如宋代帝后坐像中之髹金靠背椅，并无扶手。此外，常设于绎志亭的也有“黑漆交椅十四”。交椅在宋代称为“太师椅”，反映尊贵如太师椅，在秘书省舍内也非一人独大之坐具。

进一步观察，秘书省的最高长官秘书监，及以下各僚属如秘书少监、秘书丞、著作郎、著作佐郎，甚至馆职人员均住宿于省舍内。秘书监与秘书少监所居之陈设，有“黑漆嵌面屏风”两座与一座之差，以及床裙用色之异。秘书监又多设一架“八折屏风”，至于家具皆为“中设偏凳一、黑漆桌子一、椅子二”，就是一张黑漆桌，两把椅子，一只偏凳。以下的著作郎、著作佐郎以及馆职人员，其居处屏风和床之陈设均与秘书少监以下的秘书丞一样，桌椅也均为“金漆偏凳二、桌一、椅二”，与秘书监及少监所差仅在偏凳为金漆。依宋代官制品秩之分，秘书监为正四品，少监从五品，两人居处所用之桌椅却无分轩轾。而从七品的秘书丞、著作郎等，与正八品的著作佐郎及其他馆职人员所居，除屏风、床外，其余也都是一样的。

秘书省掌管邦国经籍及常祭、祝版之事，对整个社会而言有其礼仪、文学与教化之意蕴，依常理判断，对起坐之间之器用更应严谨行事。如果陈骙的《馆阁录》所记毫无偏差，所反映的只有两种可能：其一，囿于大环境之变迁与政权上的偏安心态，南渡后虽然礼制仍存，但并未彻底执行，以致出现秘书省舍内似乎到处可见“金漆椅”之设，似乎人人可坐金漆椅；其二，礼制典章俱在，但其实自黄袍加身的赵匡胤开国以来就并未完全执行，到了临安朝廷仍留此余风。无论如何，供职于南宋秘书省舍内的大小官员，从品秩最高的四品秘书监到最小的八品著作佐郎，所居之处都使用椅子，其办公之处所用的甚至可能还是金漆椅。如果秘书省如此，则依此类推，临安城内其他最高的宰相、使臣等一品官以下，乃至四品之文武官职不知凡几，其官署、衙门或府邸之陈设与家具之使用应当有过之而无不及，尤其是宰相、使相等一品官员，其办公之处至少更应是金漆椅具以上。那么，自称典章制度皆承自宋代的大明宫廷内，其办事臣僚所用是瞠乎其后的，而这点也是有图为证。

历史上与名臣于谦、张居正并称的王琼是成化二十年（1484）进士，历事成化、弘治、正德及嘉靖四朝，累官户部、兵部及吏部尚书。《明史》记其“为人有心计，善钩校”[1]。中国国家博物馆现藏有一册明人所绘的《王琼事迹图》册，以图绘出王琼的生平事迹。其中一册“职掌十库”，为其稽核内廷十库[2]之场景。画中王琼所据以上班之桌案俱为黑漆。而前章所举万历时期亦在朝供事的《徐显卿宦迹图》，其中“玉堂视篆”一段，只见一溜排开的桌椅亦同为黑漆。明代典制，不但在明初洪武二十六年（1393）规定“官吏人等”之椅、桌、木器之类不许朱红金饰等，又在正德元年（1506）三令五申，“军民之家”之器用，椅、桌、木器之类僭用朱红金饰者皆治罪等。[3]所言的“官吏人等”“军民之家”自是包括大内的阁臣。

由此可见，自谓典章制度承自宋代的明代宫廷，在阁臣待班之时只勉强有小杌子可坐，与南宋朝廷拜阁待班所设之“金漆椅棹”有天壤之别。明代的阁臣更远不如南宋四五品官员如秘书监丞之可用“金

[1]　清・张廷玉等撰：《明史》卷一七九《列传第八十六》，中华书局，1995，页5231～5233。

[2]　内廷十库为甲字库、乙字库、丙字库、丁字库、戊字库、承运库、广运库、广惠库、广积库与赃罚库。明・刘若愚撰：《酌中志》卷一六《内府衙门职掌》，北京古籍出版社，2001，页115～116。

[3]　明・申時行等奉敕重修：《大明会典》卷六二《礼部二十・房屋器用等第》，东南书报社，1963，页1073。《明武宗实录》卷一四，正德元年六月辛酉，“中央研究院”历史语言研究所，1966。

明 《王琼事迹图》，“职掌十库”
纸本，设色，纵 45.9 厘米，横 91 厘米（中国国家博物馆藏）

明万历 余士等绘《徐显卿宦迹图》册，“玉堂视篆”
绢本，设色，纵 62 厘米，横 58.5 厘米（故宫博物院藏）

漆偏凳”。同时，南宋馆阁内金漆家具比比皆是，与明代所谓“禁中独尊宝座”一事大相径庭。此是否反映，明太祖的明承宋制是有所取有所不取，取舍之间另有其权谋与创见，由君臣间家具的取舍及用色之制更凸显其“君尊如天，臣卑如地”的思想。

明代宫廷内的起坐尊卑，自然也延伸到宫外地方衙署或官员的拜会上。正德时期的进士蔡鼎，历任云南巡抚、都察院右佥都御史。有一次拜访云南的黔国公沐昆。拜见时，沐昆在府邸“堂设椅，自中坐，左右列长杌，侍坐抚按。蔡不耐坐，沐怒，命悬其杌，竟立啜茗而去”[1]。黔国公沐昆自持其“公”的身份，独坐在堂中所设的椅子，大堂两侧另设长条凳给巡抚蔡鼎坐，见蔡鼎“不耐”，沐昆大怒，干脆连长凳子都撤去，叫蔡鼎站着喝茶。明代巡抚为一方之主，总揽地方之要，官秩正二品，但在朝廷爵位之首的黔国公眼中，只配坐长凳而已。蔡鼎尽管不耐，也无可奈何。比照明太祖对开国功臣或宠臣的赐坐（小杌）之举，沐昆此举无异师出有名。有明一代君臣上下或礼制之森然严明，也在此小小的杌凳间具体而微地显露无遗。

四　“曾静要是落到明太祖手上，其命运也许更悲惨”

著名的历史学者余英时曾说：“曾静要是落到明太祖手上，其命运也许更悲惨。”[2] 曾静，是清代康熙中期的县学生员，以授徒为业。雍正即位初年，受吕留良反清复明思想的影响，派生徒张熙送信给当时手握西北重兵的川陕总督岳钟琪，劝其以先人岳飞受金人（满族之先世）之害起兵反清。事发后，师徒二人先后被解送进京，由雍正亲自审问。雍正事后将其审讯曾静的言辞以及曾静受到雍正“感召”而“改邪归正”所写的《归仁录》收编成《大义觉迷录》，发行天下。虽然曾静的供词引发吕留良案的文字狱，株连甚广，但雍正认为曾静仅

[1]　清·谈迁著：《枣林杂俎》，中华书局，2006，页 47。

[2]　余英时著：《历史与思想》，联经出版社，1983，页 66。

系一介乡曲“迂妄之辈”，为吕留良之言所惑，最后将师徒二人免罪释放。[1]

《明史·钱唐传》中，记明太祖读到孟子所说的“君之视臣如草芥，则臣视君如寇雠”后，觉得“草芥”“寇雠”等，“非臣子所宜言，议罢其配享，诏有谏者以大不敬论”，想将孟子的配享给撤了。还同时下令若有谁敢来谏抗议，将论以“大不敬”之罪。[2] 明人宋端仪的《立斋闲录》也有一段说：“太祖尝一日读《孟子》，怪其与时君言多不逊。怒曰：‘使此老在今日，宁得活也？’”[3] 意即太祖读了孟子这段言论后大怒说，孟子这老头儿若生在今日，能够幸免吗？

像曾静这样一个思想反清，并蠢蠢欲动的人在雍正的手里竟然全身而退，而明太祖却因为一千多年前的孟子说了“非臣子所宜言”的话而动起杀念。设若曾静落在明太祖的手上，恐怕不但当下自身无法幸免，九族亦可能难逃牵连。因此，身为“马上得天下”的开国之君，明太祖看待“亚圣”孟子如此，对其臣下之属又是如何？

唐宪宗元和年间的监察御史李绛向宪宗进言时说，“君尊如天，臣卑如地”，所以臣下之属要上陈谏言其实是思虑再三的。[4] 宋徽宗时的监察御史黄葆光，因徽宗欲将投奔来归的辽人擢为馆阁的秘书丞，遂上谏言说，馆阁是国家图书、重典、制度与祝祭之府，拔擢敌营来归的人充任要职，“万一露泄，为患不细”，也同样用“君尊如天，臣

[1] 曾静事件发生于雍正六年至七年间，雍正于十三年驾崩，乾隆继位后不数月即将曾静师徒捉拿处死，并将《大义觉迷录》列为禁书，尽行销毁。参见《清高宗纯皇帝实录》第九册，雍正十三年十二月甲申，中华书局，1986，页 321。

[2] 钱唐，字惟明，象山人，博学敦行，洪武元年举明经，对策称旨，特授刑部尚书。清·张廷玉等撰：《明史》卷一三九《列传二十七》，中华书局，1995，页 3982 ～ 3983。

[3] 明·宋端仪撰：《立斋闲录》，收入邓士龙编《国朝典故》卷六二，北京大学出版社，1993，页 1426。宋端仪，字孔时，福建人，成化十七年进士，见《明史》卷一六一。余英时著：《历史与思想》，联经出版社，1983，页 66。

[4] 宋·欧阳修等撰：《新唐书》卷一五二《列传七十七·李绛》，艺文印书馆，1982，页 1837。

卑如地”说明“刚建者君之德，而其道不可屈”来加强其谏言。[1] 可知唐宋时期“君尊臣卑”似乎是君臣间的“共识”。不过，即便如此，如国学大师钱穆所说的，有唐一代的朝仪，君臣相见时，宰相不但有座位，还赐茶，所谓的“三公坐而论道”。到了宋代，变成宰相上朝站着不坐，是因为开国的宋太祖赵匡胤本是后周世宗柴荣的一名殿前督检点，其位如皇帝柴荣的贴身侍卫长，因缘际会在一夕之间被众军士黄袍加身成了皇帝。后周的朝廷宰相为了表示忠心拥戴新皇帝，因而过自谦抑，逊让不坐，在五代皇帝更迭频繁的纷乱之世，借此拨乱返正，提高政府的威信与皇帝的尊严，自是无可厚非，但相形之下，宰相却也开始显得卑微[2]，并使得明太祖立典制度之时，越过异族元代宫廷内“诸王百寮怯薛官侍宴床”等从臣列床左右之制而直追汉人立国的宋代之制。

回顾中国家具史中坐具类的发展，汉代画像砖上神话人物西王母席地据几而坐、羽人侍奉在侧。讲学图上授经尊者盘坐于低榻上，前方一人独坐一席，腰间悬挂书刀，左侧两位助讲捧册恭坐于两连席上，右前是三人连席听讲的生员。

东汉　宋山西王母
纵 73 厘米，横 68 厘米（山东石刻艺术博物馆藏）

从授讲经师的低榻，到系书刀者之一人独席、助理两人的连席，乃至生员的三人连席，人物身份的尊卑等次在坐具的使用上一目了然。往后南朝的帝王自是坐上高人一等的低榻，以示其尊。另一方面，由于3世纪末4世纪初佛教的东传以及随之而来的“五胡乱华”，敦煌的壁画上可见佛传人物带入了西域的垂足坐法以及坐墩及凳杌。演化至唐

[1]　元・脱脱等撰：《宋史》卷三四八《列传一百零七・黄葆光》，中华书局，1995，页11028。

[2]　钱穆著：《中国历代政治得失》，东大图书，1993，页 73 ～ 75。

汉 《讲学图》 四川成都清杠坡出土
（转引自沈从文著，《中国古代服饰研究》，台湾商务印书馆，1993 年，页 150）

（传）唐 阎立本《列帝图》中陈文帝（线绘）（转引自沈从文著，《中国古代服饰研究》，台湾商务印书馆，1993 年，页 180）

3-4 世纪 新疆克孜尔石窟，第 14 窟、第 38 窟“菱格本生故事画”（局部）
（《中国美术全集·绘画编》，新疆石窟壁画，文物出版社，1989，图 14、图 45）

五代 前蜀王建墓石雕（线绘）
（转引自沈从文著，《中国古代服饰研究》，台湾商务印书馆，1993 年，页 266）

唐 三彩釉坐式妇女（线绘）
（转引自沈从文著，《中国古代服饰研究》，台湾商务印书馆，1993 年，页 263）

北魏　敦煌石窟，第 257 窟，南壁，“沙弥守戒自杀因缘”（敦煌文物研究所主编，《敦煌艺术宝库》第 1 册，图 43）

盛唐　敦煌壁画，第 148 窟，南壁上层，“弥勒经变”（《中国美术全集・绘画编・敦煌壁画》，上海人民美术出版社，1993，图 87）

五代，坐墩的使用已扩及贵族妇女以及边陲蜀地的王侯王建。[1] 于此之前，受到信众顶礼膜拜的佛门僧人已开始坐上有靠背、扶手的高座了。入宋以后，历朝诸帝后，也纷纷坐上靠背椅以示与佛门人物同样尊贵。尔后，随着高形家具的发展，形制愈趋完备，以致在元末纷乱中打出天下的朱元璋，其诸多的“疑像”囊括了靠背椅、扶手椅、交椅与双出头靠背椅等高形坐具。经过明成祖、明宣宗祖孙

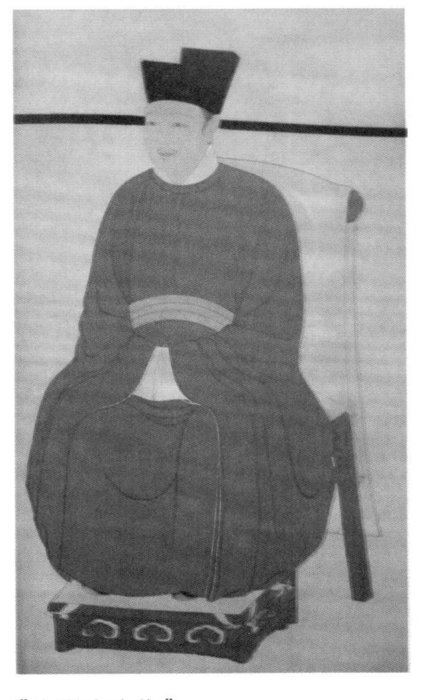

《宋徽宗坐像》
轴，绢本，设色，
纵 188.2 厘米，横 106.7 厘米
（台北故宫藏）

[1]　王建原为唐末四川节度使，唐昭宗天复三年封为蜀王，唐亡后称帝，建国为蜀，为五代十国之一的前蜀，定都成都。参见杨有润撰：《王建墓石刻》，《文物》，1955 年 3 期，页 91 ～ 111。沈从文著：《中国古代服饰研究》，台湾商务印书馆，1993 年，页 266。

明 宫廷明画家《明宣宗宫中行乐图》卷，“椅轿”
绢本，设色，纵 36.6 厘米，横 687 厘米（故宫博物院藏）

之酝酿，到明英宗时已奠定了日后皇帝宝座的巍然之势。取明而代之的大清帝国，其皇帝的宝座也大致沿用如故。

与此同时，皇帝在宫内游幸行乐的交通工具为“椅轿”，也称“轿椅”，或称“显轿”“明轿”。前述《明宣宗宫中行乐图》中，宣宗坐胡床戏玩投壶之后起驾回銮所坐的正是“椅轿”，系将四出头坐椅之腿柱改为板座，长轿杆穿过板座外的环扣，前后各一名太监从杆端处起索，攀过肩颈抬至腰处行走。[1]画中可见左右另有太监躬身协力扶持。

至于皇帝在正式仪典中的交通工具则为“红板轿”，或称“板舆”“板轿”“舆”，属卤簿仪仗之列。虽为五辂及各式辇具之末，也是礼制中“辨贵贱、明等威”的工具之一，形制与雕饰皆有严谨的规

[1] 此与唐太宗《步辇图》中所示相近，是称为“腰舆”的异法。参见沈从文编著：《中国古代服饰研究》（增订本），台湾商务印书馆，1993，页 229。

明　宫廷画家《明人出警入跸图》卷，“红板轿”
纵 92.1 厘米，横 2601.3 厘米（台北故宫藏）

定。[1] 嘉靖十年（1531）西苑仁寿宫落成宴，“上乘板舆至仁寿宫，各官及侍卫等官于殿门外东西序立迎候，上降舆，升座”。宴毕，嘉靖又“乘舆还宫”[2]。隆庆四年（1570）庆贺冬至仪后之赐宴，“与宴官俱序列于丹墀东西迎驾，候驾过殿内，与宴官随即趋入分班序立，上常服乘板舆，由归极门出入皇极门，乐作，至殿上降舆，升座，乐止，鸣鞭”[3]。万历的《出警入跸图》中亦可见到此12人扛的红板轿。

至此可知，明代皇帝的坐具，有宫内外一体通用、穿着衮服所用庄严隆重的宝座；日常视事的坐榻、圈椅；巡幸或行乐的四出头椅、

[1] 清·张廷玉等撰:《明史》卷六五《志四十一·舆服一》，中华书局，1995，页 1604 ～ 1605。

[2] 明·申時行等奉敕重修:《大明会典》卷七二《礼部·嘉靖十年西苑仁寿宫落成宴仪》，东南书报社，1963，页 1158。

[3] 《明穆宗实录》卷五〇，隆庆四年十月丁酉，“中央研究院”历史语言研究所，1966，页 1244 ～ 1246。

交椅、胡床；宫苑游走乘坐的椅轿；以及仪典所用的板轿等，共约八类，形制多样，雕饰繁复，外表非金即朱，器身或雕或绘，皆饰龙纹，以象征真龙天子。简短地走完这一趟中国坐具史，蓦然惊觉，大明宫廷内之为人臣者，在君臣相对之时所能用的坐具并未与时俱进，仍然停留在一千年前的机凳。

除了坐具的尊卑悬殊，明代紫禁城内自有一股凝重肃穆之气。永乐到景泰五朝为官的吏部尚书王翱，曾见一主事在左顺门旁与一名旧识太监谈笑自若，立即上前斥责："此地岂是你嬉笑之所？后生如此轻薄邪！"申斥的理由就是"奉天门御榻在焉，左顺去奉天不远"[1]。奉天门就是后来的皇极门，入清后改称"太和门"。左顺门在午门内东庑正中之门，后改称"会极门"，在清代叫"协和门"。虽然两门之间有内金水桥相隔，王翱仍觉得行走的官员要神色庄重，不可随意谈笑。对皇帝御座的至高尊崇，明代还有一条"擅入御座者律绞"[2]之令。对官员的进退，也有具文的"百官朝见仪"与"出入仪"等加以规范，如禁止"指画窥望"，就是上朝或出入宫苑不可指手画脚、东张西望；洪武二十六年（1393）所定的规矩，官员入朝时要"拱手端行，威仪整肃，不许私揖及吐唾"，除非是"眩晕或感疾"，否则不许"搀越失仪"，大致就是端庄肃穆地各自前行，不可私下行礼、吐痰和勾肩搭背等；官员上朝和退朝的路线是"文东武西，不许径越御道"，如在奉天门上朝，东边的官员要到西边，得绕金水桥南行再往西走，不准径越"御道"。凡"御座"所在之处就是"御道"，或叫"中道""正道"，只有手捧"朝廷颁降诏书册命"时才可从"中道"出，但一出中门得立即偏东而行。前举万历初年的《徐显卿宦迹图》册中有一段徐显卿"捧敕"之描绘：

---

[1] 明·陆容著：《菽园杂记》卷一〇，中华书局，1997，页 120。按：王翱，参见清·张廷玉等撰：《明史》卷一七七《列传六十五》，中华书局，1995，页 4699。

[2] 明·朱国桢撰：《涌幢小品》卷五《拦驾》，"丛书集成三编"第 71 册，新文丰出版公司，1997，页 562。

明万历　余士等绘《徐显卿宦迹图》册，“捧敕”
绢本，设色，纵 62 厘米，横 58.5 厘米（故宫博物院藏）

> 万历丁丑戊寅至乙卯之春，不肖戴笔纶闱，得与斯役，凡百官捧敕行事者，例于面辞之日，躬领承旨。金台之上，自重阶而下，从东转上丹墀中道，直趋而下，授领敕官，旋一躬而退入班。[1]

万历丁丑是万历五年（1577），图中只见徐显卿双手高捧着敕书，正步下中道，走向跪候于地的受敕官。背后丹墀中道之上，正是端坐在交椅上十五岁的万历皇帝。前举明代皇帝的坐具称“御座”或“宝座”，有时也称“御榻”。然此情此景，徐显卿所指的“金台”，已不仅仅是万历所坐的交椅，已然扩大到座下铺设的氍毹以及身后临时搭起的黄色帷幕。

[1] 明·余士等绘:“经筵进讲”段墨书，《徐显卿宦迹图》册（局部），收入杨新主编《明清肖像画》，《故宫博物院藏文物珍品大系》，2008，页 38。

至若受命跟随皇帝行走中道的官宦随侍人等，其身躯要“常北面，不南向，左右周旋不背北”[1]，也就是不管左转或右转地前行，都不准背对着皇帝。前朝宫殿间如此，后朝内寝之处也是一样，在进入内府时，不得从门的中间大摇大摆进出，从东边来的要贴着东边的门走，西边来的贴着西边走。[2]

因此，设若时光倒流，回到五六百年前的明代宫廷内，奉天殿内的“御榻”或“御座”之前的“中道”，若不见皇帝与其随侍一行的身影，就是空荡荡的一条“正道”，肃然凝静。活动于“正道”左右两边的大小官员们则行止无声地来去，至多是低声喁语。此寂静而忙碌的景象，正是间接地强烈宣示皇帝之威仪与皇权所象征的至高权力。

明末清初的史学家黄宗羲在其《明名臣言行录序》中说，明代人物不逊于汉唐，“其不及汉唐三代之英者，君亢臣卑，动以法制束之”[3]。“君亢臣卑”之说，对照明代宫廷内人臣坐具的停滞不前，使原就高高在上的巍然宝座愈显遥不可及。朝廷上君臣之间的距离看似在咫尺之间，却又非常遥远。

如此看来，明代宫廷内阁臣的杌凳之用，以及“禁中独尊宝座”，大纛下不设公座之事，使得起自明太祖时对耆儒或贤良尊称“先生”，乃至其后世的皇帝皆以“先生”尊称阁臣的现象，看起来自相矛盾，口惠而实不至。近代治史学者主张“明代是中国君权发展的最高阶段”[4]之说法，在明代宫廷君臣间坐具之使用上也因此得到见证。唐宋时期监察御史笔下“君尊如天，臣卑如地”之说也因此具体化地跃然纸上。

---

[1] 清·张廷玉等撰：《明史》卷五三《志二十九·常朝仪》，中华书局，1995，页 1351。

[2] 明·俞汝楫等编撰：《礼部志稿》卷一〇《百官朝见仪出入等仪附》，《景印文渊阁四库全书》，第 597 册，台湾商务印书馆，1983，页 597 ～ 134。

[3] 清·徐开任辑：《明名臣言行录·序》，《续修四库全书》第 520 册，上海古籍出版社，1995，页 394 ～ 395。

[4] 余英时著：《历史与思想》，联经出版社，1983，页 70 ～ 71。

第三章

外交的利器
——剔红与戗金之作

明太祖开国之初，方国珍、张士诚的余兵散勇纠集日本岛人入寇山东、福建等沿海州县，太祖连续三年遣使赴日本要求协作围捕，屡次招抚不顺之余，有征伐之意。当时的日本国王良怀对此不甘示弱地回应："天朝有兴战之策，小邦亦有御敌之图。"[1]尔后洪武中期又有胡惟庸阴结日本谋逆之情事，更使太祖"怒日本特甚"[2]，遂不相通。大抵洪武年间与日本的关系是时生龃龉，断续不定。事实上，洪武初期正逢日本南北朝对峙之争，南北两方对明朝来使不免心生疑惧，唯恐是对方密探，一直到1392年北朝的足利义满将军促成南北朝统一，所掌控的幕府统治日趋稳定，遂于1401年遣使报表通聘，自署"日本准三后"[3]，表中说"日本国开辟以来，无不通聘问于上邦"[4]，同时献

[1] 清·张廷玉等撰：《明史》卷三二二《列传第二百一十》，中华书局，1995，页 8343。

[2] 清·张廷玉等撰：《明史》卷三二二《列传第二百一十》，中华书局，1995，页 8341 ～ 8344。

[3] "准三后"（皇后、皇太后、太皇太后）又称"准三宫"，指其地位相当于三后，是过去授予皇族贵族的荣衔。足利义满于 1383 年受封"准三后"。

[4] 日本·瑞溪周凤编撰：《善邻国宝记》（卷中），"丛书集成续编"第 217 册，新文丰出版公司，1988，页 295。瑞溪周凤为日本室町时代临济宗僧人，京都最高的皇家寺院相国寺住持，也是长期参与日本外交文书的起草人之一。

上方物，又送还被倭寇掠留的明人数名。此时明太祖已薨，建文继位。建文皇帝于建文四年（1402）二月给日本的诏书，称其为“日本国王”[1]：“兹尔日本国王源道义，心存王室怀爱君之诚，踰越波涛遣使来朝……朕甚嘉焉。”[2] 同年秋天源道义再遣使来贡时，明朝历经四年的靖难之役后，此时已由燕王朱棣即位为帝，年号永乐。原本是答谢建文皇帝而来的日本朝贡团，遂一变为祝贺新君即位的来使，所赍贡表又自称“臣”，即“日本国王 臣源”，使永乐大喜，敕谕道：“咨尔日本国王源道义知天之道，达理之义。朕登大宝即来朝贡，归向之速有足褒，嘉用锡印章，世守尔服。”[3]根据《明史》，日本来使奉上源道义表及贡物后，永乐皇帝亦“厚礼之，遣官偕其使还，赉道义冠服、龟纽金章及锦绮、纱罗”[4]。往后的永乐四年、五年，对日本来使均赐赉优渥[5]，一直到明英宗的天顺年间仍持续不辍，所谓的“封贡贸易”[6]自此展开。然迄今所知，所谓的“厚礼”仅如前述《明史》所记，尔后的“赐赉优渥”又是如何，明朝史料均无所载，反而是日本方面的史料保存得甚为完整详尽。

---

[1] “准三后”仅位同三后，并非国王，当时日本还有天皇。

[2] 此敕书尾署“建文四年二月初六日”，参见日本·瑞溪周凤编撰：《善邻国宝记》（卷中），“丛书集成续编”，第 217 册，新文丰出版公司，1988，页 295。按：足利义满自称“源道义”，其于 1383 年受任为源氏长者，1394 年出家，法号“道义”。

[3] 此敕书尾署“永乐元年十一月一十七日”，参见日本·瑞溪周凤编撰：《善邻国宝记》（卷中），“丛书集成续编”，第 217 册，新文丰出版公司，1988，页 295 ～ 296。

[4] 清·张廷玉等撰：《明史》卷三二二《列传第二百一十》，中华书局，1995，页 8344 ～ 8345。

[5] 清·张廷玉等撰：《明史》卷三二二《列传第二百一十》，中华书局，1995，页 8345。

[6] 参见清·张廷玉等撰：《明史》卷三二二《列传第二百一十》，中华书局，1995，页 8341 ～ 8346。王尔敏撰：《五口通商变局》，广西师范大学出版社，2006，页 34 ～ 43、178 ～ 182。

第一节 洪武、永乐年间的剔红之作

一 永乐元年颁赐日本“厚礼”中的“红雕漆器五十八件”

20世纪50年代，日本京都大学出版了一套陈述16世纪日本与明朝关系的『策彦入明記の研究』。策彦是指日本天龙寺妙智院三世和尚周良策彦，于日本天文年间二度以日本国王源义晴的封贡贸易正使身份入明，分别在中土滞留1～2年。该书除详载周良策彦两次到中国明朝的行旅日记外，也包括入明期间与朝野官员、文人往来酬酢的诗文。《明实录》有一段“嘉靖二十八年六月……日本国王源义晴差正使周良等来朝贡方物赐宴赉有差，以白金、锦、币报赐其王及妃”[1]之语，就是记载其第二次入华。该书最重要的是另附有关“大明别副并两国勘合”之记录，两国间的朝贡贸易需凭双方各持一半的“勘合”方可进行。双方的“勘合”之制源自明太祖在洪武年间的敕告：

周良策彦像
（『策彦入明记の研究』，京都，法藏馆，1955，首页）

> 行在礼部为关防事，该钦依照例，编置日本国勘合查得，洪武十六年间，钦奉太祖皇帝圣旨。南海诸番国地方远近不等，每年多有番船往来进贡及做卖买的，（卖买）的人

[1] 《明世宗实录》卷三四九，嘉靖二十八年六月甲寅，“中央研究院”历史语言研究所，1966。

> 多有假名托姓，事甚不实，难以稽考，致使外国，不能尽其诚欵，又怕有去的人诈称朝廷差使，到那里生事，需索扰害，他不便恁。礼部家置立半印勘合文簿，但是朝廷差去的人，及他那里差来的，都要将文书比对朱墨子号，相同方可听信，若比对不同，或是无文书的，便是假的。都拏將來。欽此。……宣德八年六月□日……[1]

『策彥入明記の研究』书中的“大明别幅并两国勘合”，记载从永乐元年（1403）、四年、五年等，经宣德、正统、迄天顺八年（1464），共计九次，使团带来日本方物，如上所述也获得明朝皇帝丰厚的赏赐。前述《明史》对永乐元年（闰十一月十一日）所记的“帝厚礼之”之后仅寥寥数语的“冠服、龟纽金章及锦绮、纱罗”[2]，但根据『策彥入明記の研究』，在“颁赐日本国王妃礼物”中还有“红雕漆器五十八件”[3]，当年的清单也保留下来，每件的形制、纹饰、尺寸及数量等都有极为详尽的记载，迄今并有中外学者、专家对其进行研究，如20世纪70年代英国的Harry M. Garner[4]，及本世纪初的漆器收藏家李经泽[5]等。值得庆幸的是，Harry M. Garner撰文之后并附永乐元年“红雕漆器五十八件”清单的原文复印件。据漆器专家李经泽的研究，因为Harry M. Garner该书所载各时期的馈赠品清单，其用语和词汇与日本德川美术馆收藏的永乐五年诏书极为相近，所以“相信都是可靠的”。[6]现以该原文影本为主，参酌其原文随附的中文翻译、『策彥入明記の

[1] 牧田谛亮编著：『策彥入明記の研究』（上），法藏馆，1955，页354～355。

[2] 清・张廷玉等撰：《明史》，卷三二二《列传第二百一十》，中华书局，1995，页8344～8345。

[3] 牧田谛亮编著：『策彥入明記の研究』（上），法藏馆，1955，页334。

[4] Harry M. Garner: *The Export of Chinese Lacquer to Japan in the Yuan and Early Ming Dynasties*, Archives of Asian Art, No.25, XXIV, 1970～1971.

[5] 李经泽等撰：《洪武剔红漆器初探》，《故宫文物月刊》，2001年7月，页56～71。另有《洪武剔红漆器再探》《洪武剔红漆器续探》。按：李经泽亦为日本东京东方漆艺研究所所长。

[6] 李经泽等撰：《洪武剔红漆器初探》，《故宫文物月刊》，2001年7月，页61。

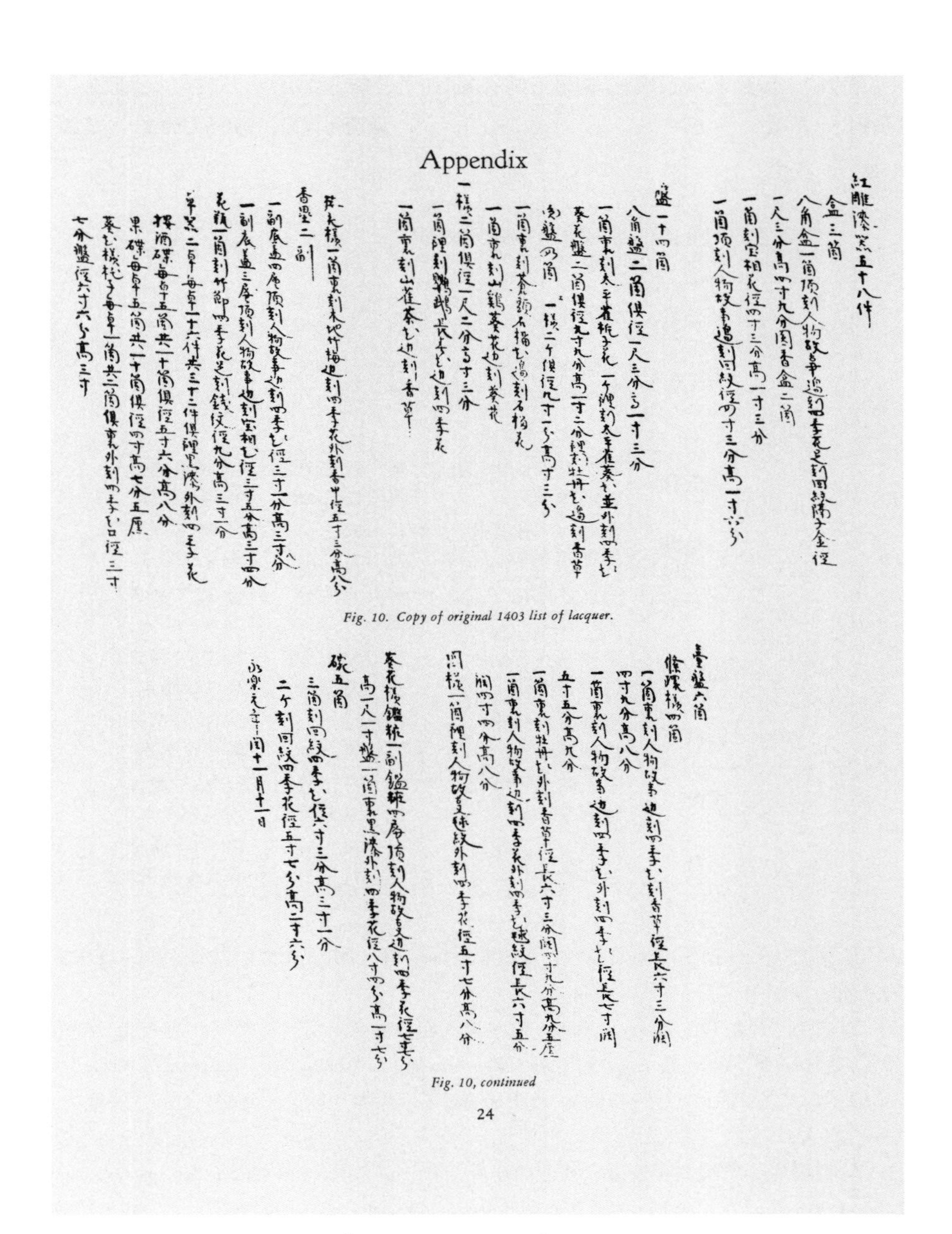

Appendix

紅雕漆器五十八件
盒三箇
八角盒一箇頂刻人物故事邊刻四季花足刻回紋陽子金徑
一尺三分高四寸九分圓香盒二箇
一箇刻宝相花徑四寸三分高一寸三分
一箇頂刻人物故事邊刻回紋徑四寸三分高一寸六分
盤一十四箇
八角盤二箇俱徑一尺三分高一寸三分
一箇裏刻太平雀梔子花一个裡刻太平雀葵花並外刻四季花
葵花盤二箇俱徑九寸九分高一寸二分裡刻牡丹花邊刻香草
圓盤四箇　一様二个俱徑九寸一分高寸三分
一箇裏刻蒼頭石榴花邊刻石榴花
一箇裏刻山鷄葵花邊刻葵花
一様二箇俱徑一尺二分高寸三分
一箇裡刻鸂鶒荷花邊刻四季花
一箇裏刻山茶花邊刻香草
葵花様一箇裏刻木犀竹梅邊刻四季花外刻香草徑五寸三分高八分
香疊二副
一副底蓋四層頂刻人物故事邊刻四季花徑三寸一分高三寸八分
一副底蓋三層頂刻人物故事邊刻宝相花徑三寸五分高三寸四分
花瓶一箇刻竹節四季花足刻錢紋徑九分高三寸一分
草盆二卓每卓一十六件共三十二件俱裡黑漆外刻四季花
按酒碟每卓十五箇共一十箇俱徑五寸六分高八分
果碟每卓五箇共一十箇俱徑四寸高七分五厘
葵花様托子每卓一箇共二箇俱裏外刻四季花口徑三寸
七分盞徑六寸六分高三寸

Fig. 10. Copy of original 1403 list of lacquer.

臺盤六箇
條環様四箇
一箇裏刻人物故事邊刻四季花外刻香草徑長六寸三分闊
四寸九分高八分
一箇裏刻人物故事邊刻四季花外刻四季花徑長七寸闊
五寸五分高九分
一箇裏刻牡丹花外刻香草徑長六寸三分闊四寸九分高九分五厘
一箇裏刻人物故事邊刻四季花外刻四季花毬紋徑長六寸五分
闊四寸四分高八分
圓様一箇裡刻人物故事毬紋外刻四季花徑五寸七分高八分
葵花様鐙瓶一副鐙瓶四層頂刻人物故事邊刻四季花徑七寸七分
高一尺一寸盤一箇裏黑漆外刻四季花徑八寸四分高一寸六分
碗五箇
三箇刻回紋四季花徑六寸三分高三寸一分
二个刻回紋四季花徑五寸七分高二寸六分
永樂元年閏十一月十一日

Fig. 10, continued

24

永乐元年　明成祖赏赐日本“红雕漆器五十八件”原件影本

（Harry M. Garner, *The Export of Chinese Lacquer to Japa*, Appendix）

研究』所列，以及李经泽的撰文等，相互对照，归纳如下：

表九 永乐元年颁赐日本国王妃礼物中“红雕漆器五十八件”明细表

类别	总数	品名	纹饰	原清单尺寸	换算为厘米[1]	单量
盒	3个					
		八角盒[2]	顶刻人物故事，边刻四季花，足刻回纹隔子金	径一尺三分 高四寸九分[3]	径15.3厘米 高4.6厘米	1
		圆香盒	刻宝相花	径四寸三分 高一寸三分	径15.3厘米 高4.6厘米	1
		圆香盒	顶刻人物故事， 边刻回纹	径四寸三分 高一寸六分	径15.3厘米 高5.7厘米	1
盘	14个					
		八角盘	里刻太平雀栀子花， 外刻四季花	径一尺三分 高一寸三分	径36.6厘米 高4.6厘米	1
		八角盘	里刻太平雀葵花， 外刻四季花	径一尺三分 高一寸三分	径36.6厘米 高4.6厘米	1
		葵花盘	里刻牡丹花 边刻香草	径九寸九分 高一寸二分	径35.1厘米 高4.2厘米	2
		圆盘	里刻苍头石榴， 边刻石榴花	径九寸一分 高一寸三分[4]	径32.3厘米 高4.6厘米	1
		圆盘	里刻山鸡葵花， 边刻葵花	径九寸一分 高一寸三分	径32.3厘米 高4.6厘米	1
		圆盘	里刻鹦鹉长寿花， 边刻四季花	径一尺二分 高一寸三分	径36.2厘米 高4.6厘米	1
		圆盘	里刻山雀茶花， 边刻香草	径一尺二分 高一寸三分	径36.2厘米 高4.6厘米	1

---

[1] 所列明代尺寸换算成现代厘米，参见李经泽等撰：《洪武剔红漆器初探》，《故宫文物月刊》，2001年7月，页56～71。

[2] 原文为“八角盒”，Harry M. Garner 的中译文和『策彥入明記の研究』均记为“八角盆”，见 Harry M. Garner : *The Export of Chinese Lacquer to Japan in the Yuan and Early Ming Dynasties,* Archives of Asian Art, No.25, XXIV, 1970 ～ 1971, p.25。牧田谛亮编著:『策彥入明記の研究』(上)，法藏馆，1955，页334。

[3] 除牧田谛亮所编的『策彥入明記の研究』外，尚以 Harry M. Garner, *The Export of Chinese Lacquer to Japan in the Yuan and Early Ming Dynasties,Archives of Asian Art* 一文内所附永乐元年赏赐清单的复印件，更正若干中文讹写之误，以及李经泽等撰《洪武剔红初探》内换算成现代的公制尺寸等。

[4] “圆盘四个”其中一样两个，其尺寸原文皆作“径九寸一分高寸三分”，疑应为“径九寸一分高一寸三分”。参见牧田谛亮编著：『策彥入明記の研究』(上)，法藏馆，1955，页334。

续表

		台盘	绦环样[1]，里刻人物故事，边刻四季花、刻香草	径六寸三分，阔四寸九分，高八分	径 22.4 厘米 阔 17.4 厘米 高 2.8 厘米	1
		台盘	绦环样，里刻人物故事，边刻四季花，外刻四季花	径长七寸，阔五寸五分，高九分	径 24.9 厘米 阔 19.5 厘米 高 3.2 厘米	1
		台盘	绦环样，里刻牡丹花，外刻香草	径长六寸三分，阔四寸九分，高九分五厘	径 22.4 厘米 阔 17.4 厘米 高 3.4 厘米	1
		台盘	绦环样，里刻人物故事，边刻四季花，外刻四季花球纹[2]	径长六寸五分，阔四寸四分，高八分	径 23.1 厘米 阔 15.6 厘米 高 2.8 厘米	1
		台盘	圆样，里刻人物故事球纹，外刻四季花	径五寸七分 高八分	径 20.2 厘米 高 2.8 厘米	1
		台盘	梅花样，里刻木地竹梅[3]，边刻四季花，外刻香草	径五寸三分 高八分	径 18.8 厘米 高 2.8 厘米	1
香迭	2 副					
			底盖四层，顶刻人物故事，边刻四季花	径三寸一分 高三寸八分	径 11 厘米 高 13.5 厘米	1
			底盖三层，顶刻人物故事，边刻宝相花	径三寸五分 高三寸四分	径 12.4 厘米 高 12.1 厘米	1
花瓶	1 个		刻竹节四季花，足刻钱纹	径九分 高三寸一分	径 3.2 厘米 高 11 厘米	
桌器	2 桌，每桌 16 件，共 32 件		里黑漆，外刻四季花			

[1] 据原文，台盘六个中有四个为“绦环样”，“绦”同“绦”，据《辞海》（中华书局，1995，页 3448）有“编丝带”之意。“绦环样”应即为“绳环状”，也可能是椭圆形。应并非 Harry M.Garner 所附清单原文之译文、『策彦入明记の研究』、《洪武剔红漆器初探》所记的“条环状”。

[2] 此处 Harry M.Garner 所附清单原文之译文、『策彦入明记の研究』、《洪武剔红漆器初探》所记均作“四季花球纹”，按清单原文亦同。按：“毬”有“浑圆形的物件”之意，通“球”。唯《中国美术全集・工艺美术编・漆器・中国古代漆工艺》作“四季花毬纹”。参见《中国美术全集・工艺美术编・漆器》，文物出版社，页 56。

[3] 据李经泽的研究，此可能是“松”之误写，即“里刻松竹梅”。参见李经泽等撰：《洪武剔红漆器初探》，《故宫文物月刊》，2001 年 7 月，页 59。

续表

		酒碟，每桌5个		径五寸六分 高八分	径19.9厘米 高2.8厘米	10
		果碟，每桌5个		径四寸 高七分五厘	径14.2厘米 高2.9厘米	10
		葵花样托子，每桌1个	里外刻四季花	口径三寸七分 盘径六寸六分 高三寸	口径13.1厘米 盘径23.4厘米 高10.6厘米	2
鉴妆	1副	葵花样	鉴妆四层[1]，顶刻人物故事，边刻四季花	径七寸七分 高一尺一寸	径27.3厘米 高39厘米	
		（盘1个）	里黑漆，外刻四季花	径八寸四分 高一寸七分	径29.8厘米 高6厘米	1
碗	5个					
			回纹四季花	径六寸三分 高三寸一分	径22.4厘米 高11厘米	3
			回纹四季花	径五寸七分 高二寸六分	径20.2厘米 高9.2厘米	2
	共计58件					

然则明代初期的“红雕漆器”是何贵重之物，可作为明成祖招抚远人之利器？“红雕漆器”与一般漆器有何不同？针对这些问题，首先可能要先了解明代以前漆器的背景。

二　中土地区漆器的使用源远流长

中土地区使用漆器的历史悠久，目前所知最早的漆器是七千年前浙江河姆渡文化遗址所出的红漆木碗。[2] 自上古以降，贵族阶层的杯、碗、盘、碟、案，甚或奁、盒、箱、柜、屏风之属皆为漆作，最常见的是红色、黑色等通体一色的漆器，间有褐色等。若单件器物表里异色，或表里同色、圈足等为异色，传统上仍视为一色漆。素面无纹的

[1] Harry M.Garner 所附清单原文之中译、『策彦入明记の研究』、《洪武剔红漆器初探》均作“鉴妆四屏”，然检视原文，应为“鉴妆四层”，即设有四层的梳妆奁具。

[2] 河姆渡遗址考古队撰：《浙江河姆渡遗址第二期发掘的主要收获》，《文物》，1980年5期，页5，图版参之3。

西汉早期 云纹漆案，木胎
高 5 厘米，长 60.2 厘米，宽 40 厘米，1972 年湖南长沙马王堆一号墓出土（长沙博物馆藏）

亦称“无文漆器”。漆器制作工序繁琐，旷日费时，以致公元前的汉宣帝时代，就有“一杯棬用百人之力，一屏风就万人之功”之批评，极言其宫室之奢侈。[1] 尔后漆器的制作更趋奢靡，唐玄宗与杨贵妃用金片、银片嵌贴的漆器“金银平脱”赏赐宠信安禄山，还以传统青铜器为胎，如中国国家博物馆收藏的“羽人飞凤花鸟纹金银平脱漆背铜镜”。一直到安史之乱后才被继位的唐肃宗、唐代宗连番下诏禁制。[2] 如今在日本的正仓院（今已并入京都国立博物馆）还收藏着唐代的平脱器物，如花鸟纹八角镜。入宋

西汉早期 云龙纹漆屏风，木胎，1972 年湖南长沙马王堆一号墓出土
长 62 厘米，高 72 厘米，宽 58 厘米，厚 2.5 厘米（长沙博物馆藏）

[1] 汉 · 桓宽著 :《盐铁论 · 散不足第二十九》，时报文化出版，1987，页 166。
[2] 按:唐至德二年和唐代宗大历七年都有禁造平脱之诏令。参见《唐书·肃宗本纪》、《代宗本纪》。

羽人飞凤花鸟纹金银平脱漆背铜镜
直径 36.2 厘米（中国国家博物馆藏）

唐　金银平脱八角镜
（日本正仓院收藏）

之后，宋代宫中所用漆盒却更进一步地直接以“金银为胎”成造。[1]

中国的漆工艺在十一二世纪已有如此发展，反观西方世界，一直到十六七世纪的明代晚期，第一位东来的传教士利玛窦（Matteo Ricci）才乍见漆器，“惊艳”不已：

> 油漆，是取自某些树的皮部，像黏乳，用来漆桌子，门窗、床……及一切的木制品的东西。有各种不同的颜色，漆了的东西，像磨亮的骨质，看起来美观，用起来干净，又持久耐用……桌子上都不放桌布，因为漆过的桌面，就像一面镜子，用饭之后，用水洗过，或用抹布擦过，又明亮如初……。这类树木该很容易移植到我西方土地，但至今尚无一人做这件好事。[2]

晚明的利玛窦在中国所见就是传统木构建筑以及日常生活中进食所用的漆作桌器。回头看看中国的漆作在宋元两代三四百年的发展与

[1] 邓之诚撰：《骨董琐记》，收入“美术丛书”（五集第三辑）卷五，艺文印书馆，1978。

[2] 刘俊余等译：《利玛窦中国传教史》，光启出版社，1986，页 15。

演变，品类更为繁复，变化更为多端，技艺更为精熟，如用漆灰堆栈，再雕塑出人物轮廓或五官起伏的“堆漆”，以两到三种不同的色漆堆栈再回宛剔刻出规律的如意云头纹、回纹的“剔犀”，用金片或银片嵌贴在漆器上的“金银平脱”，以针划或刀尖细密地刻镂出图案再打金胶、黏金箔的“戗金”，用厚、薄螺钿片镶嵌在漆作上的“螺钿漆器”，还有多数作为造像用的“夹纻”漆器等等，不胜枚举，可谓千文万华，美不胜收。而在层层的厚漆上使用不同刀法去做仰俯剔刻的，就是“雕漆”。其中，多色漆的“雕漆”叫“剔彩”，单一的黄漆雕镂称作“剔黄”，绿漆雕镂叫“剔绿”。依此类推，到元代晚期，各色漆的雕镂中，红雕的“剔红”已臻登峰造极之境[1]，正是明成祖于永乐初年赏赐日本国王源道义的“红雕漆器”。

三　红雕漆器——明初日常器用兼观赏陈设

观察整份永乐元年（1403）的赏赐清单，有盒、盘、香迭、花瓶、桌器、鉴妆与碗七类，看起来多为日用器皿。自从五代以后至两宋时期，因瓷器的制造技法日益精进，各地官窑与私窑蓬勃发展，部分日常用器如杯、盘、碗、碟之属逐渐取代传统的漆器之作，从而使漆作趋向装饰性较强的盘、盒、箱、匣类或较大型家具的制造上。[2]不过，依常理判断，一般漆作如碗、盘之属可能不适合高温热食，若是低温冷食类应较无影响。此“红雕漆器五十八件”之各件，虽为日用器皿，以其雕饰之精致细致，除日常的实用功能，应亦可作为装饰、观赏、陈设之用。

成祖以此厚赐日本国王，也许是感念其“归向之速”的“忠诚”，但应亦有借此骄小邦，宣示国威之意蕴。而明成祖以“红雕漆器”馈

[1] 王世襄撰：《中国古代漆工艺》，收入《中国美术全集·工艺美术编·漆器》，1989，页32。

[2] 索予明著：《中国漆工艺研究论集》，台北故宫，1990，页31～32。

赠远人的例子一开，不但往后的宣德、正统、景泰、天顺等朝“依样画葫芦”地相随有年。改朝换代后的盛清时期，乾隆皇帝于英国特使马嘎尔尼（George Marcartney）率团来访时，在“拟赏英吉利国王对象”的列表中，也见各式成对红雕漆作的盘、盒、匣类以及红雕漆的炕桌、小顶柜等[1]，显见成祖的开创之举，三四百年后的清代乾隆皇帝亦萧规曹随地因循于后。

从表九中所列各件可知，明初剔红（雕漆）小件之形制多为圆形、绦环形（椭圆形）、八角形，间或有葵花形制，虽是赏赐品，亦必为宫内日常所用。盒类的主要纹饰是人物故事，器边常刻回纹或花草。故宫博物院现藏一件顶面刻人物故事“携琴访友图剔红盒”，外壁雕牡丹、菊花、千日榴与海棠等，用针划出“大明永乐年制”直行款。日本名古屋德川美术馆藏一件剔红“八角盒”，顶刻楼阁人物，边刻各式花卉，足刻回纹，都可作为参考。盘类的纹饰多为鸟雀与四季花卉，如鹦鹉、山雀以及牡丹、葵花、茶花、栀子花等，其中又以人物故事及四季花最多。观察其直径，八角盘36.6厘米，葵花盘35.1厘米，圆盘32.3厘米，最小的台盘在18.8厘米到20.2厘米之间。检视明代仪典如冠礼等，礼部准备的“翼善冠、皮弁、九旒冕”，皆是“各盛以盘，覆以红袱”[2]，所用的盘未记其详，以定陵出土万历翼善冠冠口的口径为20.5厘米，皮弁口径19厘米。排除径长略小的台盘，其他三盘都有可能，甚或三件冠礼用物各置于不同的盘上。至于绦环样，英国伦敦维多利亚艾伯特博物馆收藏一只底部刻有“大明宣德”的剔红“椭圆碟盘”，顶刻人物故事，边刻四季花，外刻香草，与部分清单上绦环样盘的描述相同，径长也差不多，亦可供作参考。

根据清单原文复印件中的“葵花样鉴妆一副”，其下应是“鉴妆

[1] 英・斯当东著、叶笃义译：《英使谒见乾隆纪实》，香港三联书店，1994，页 499 ～ 504。

[2] 清・张廷玉等撰：《明史・职官》，中华书局，1995。《礼部志稿》卷一九《仪制司职掌》，成化二十三年更定，收入《景印文渊阁四库全书》第 597 ～ 598 册，台湾商务印书馆，1983。

明　携琴访友图剔红盒
口径 35.7 厘米，高 16.5 厘米
（故宫博物院藏）

明　剔红八角盒
径 37.5 厘米，高 18.5 厘米
（名古屋德川美术馆藏）

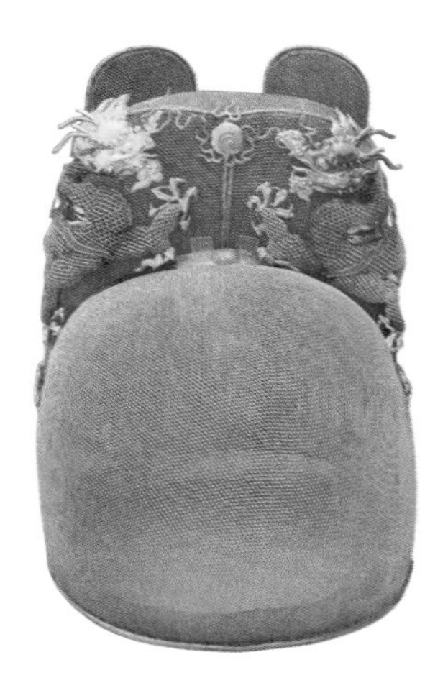

万历　翼善冠

剔红椭圆碟
长 22.4 厘米，阔 17 厘米，高 2.8 厘米
（伦敦，维多利亚 • 艾伯特博物馆藏）

四层”[1]，也就是四层带有照面镜子的奁具，为梳妆所用。所附的“盘一个”，直径比鉴妆略大2.5厘米，平时应如托盘般置于整器底部，在梳妆时上面的四层移开，盘可单独使用，于梳妆时调弄胭脂，或排放梳妆进行中的梳、篦、首饰、各色胭脂或顾影自盼的镜具等小件。中国女性使用漆奁的传统由来已久，东晋著名的《女史箴图》中，女史张华劝诫宫人不可“咸知修其容，莫知饰其性”的场景，便有一嫔妃

[1] Harry M.Garner 在 *The Export of Chinese Lacquer to Japan in the Yuan and Early Ming Dynasties* 文内之原文中释及往后诸撰文的转引均作“鉴妆四屏”。

东晋　顾恺之《女史箴图》(局部)
卷，绢本，设色，纵 24.8 厘米，长 348.2 厘米（大英博物馆藏）

正在“修其容”，前置一组正在使用的黑漆奁具。长久以来，与盒类一样，除传统的圆形，还有多角形与花瓣形制。一组传世的南宋三层“剔犀六角形奁”，整器剔刻如意云头纹饰。北宋驸马王诜的《绣栊晓镜图》，画中一宫廷仕女面向支起的花瓣形镜凝神伫立，桌上一旁有打开的三层花瓣奁盒，内错置数个黑漆小盒。桌前两名侍女手捧花瓣盘，似正凑首调弄盘内胭脂，准备侍候仕女上妆。值得注意的是，盒、盘与镜俱为同式的花瓣形。此奁盒、镜、盘合为一组，可作为赏赐清单中“鉴妆一副”的参考。

“香垒”即多层香盒，英国苏格兰爱丁堡国立博物馆有一件四层香盒，顶刻钟离权与吕洞宾松下对坐的人物故事，边刻花卉，底部正中刻“宣德年制”，纹饰与尺寸与清单所列接近。至于此多层的“香垒”与同样多层的“鉴妆”有何不同，大体上前者内部净空以置食物或什物，后者可能每层依梳妆用品的大小与分类之需要做出一些区隔，如湖南长沙汉代马王堆一号墓出土的“彩绘云纹双层九子奁”内部所施。清单上唯一的花瓶，在英国大英博物馆的馆藏中有一件剔红花瓶，瓶颈作竹节，瓶身刻四季花，与所述“刻竹节、四季花”相仿，尺寸也极为接近，只是足刻回纹，而非钱纹，但应系同时期作品。此件瓶底正中刀刻填金“大明宣德年制”，左足隐约可见被涂去的针划“大明永乐年

南宋　剔犀六角形奁
口径 10 厘米，高 13 厘米
（转引自吕济民主编，《中国传世文物鉴赏全书》，线装书局，2006，页 181）

宋　王诜《绣栊晓镜图》
册，绢本，设色，纵 24.2 厘米，横 25 厘米（台北故宫藏）

剔红四层香盒、顶部纹饰及“宣德年制”款
径 12 厘米，高 14.5 厘米（英国，苏格兰国立博物馆藏）

西汉　彩绘云纹双层九子奁，
湖南长沙汉代马王堆一号墓出土

剔红花瓶及“大明宣德年制”款
颈径 3.2 厘米，身径 6.3 厘米，高 10.9 厘米
（大英博物馆藏）

制”原款。[1]

剔红碗具在明代以前甚为罕见[2]，故宫博物院收藏的一只有盖剔红大碗，满雕花卉，口沿、圈足处饰回纹，碗本身的尺寸与清单所列雷同，碗底针划“大明永乐年制”。“卓器二卓”，就是二桌摆满酒碟、果碟及托子于桌面的桌子，其重点在桌面上的内容，并非承载的“卓

[1] 李经泽等撰：《洪武剔红漆器初探》，《故宫文物月刊》，2001 年 7 月，页 64。
[2] 参见李经泽等撰：《洪武剔红漆器初探》，《故宫文物月刊》，2001 年 7 月，页 69。

明永乐　剔红花卉大碗
口径 20.2 厘米，碗身高 10 厘米
（故宫博物院藏）

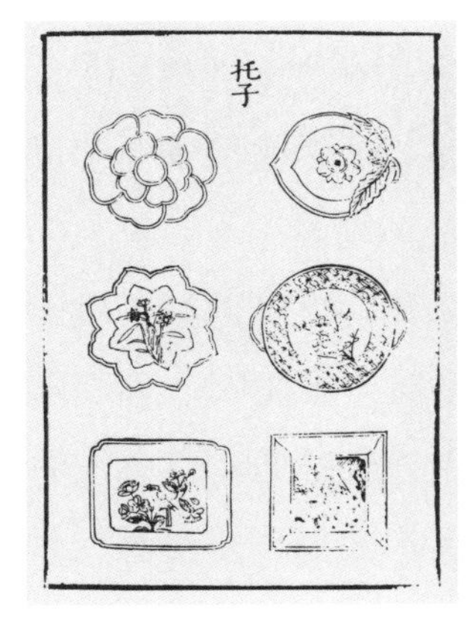

明　托子
（王圻等编集，《三才图会》，上海古籍出版社，1993，页 1342）

宋人　《十八学士图》
轴，绢本，设色，纵 173.6 厘米，横 103.1 厘米
（台北故宫藏）

器”。[1]“卓器”即桌器，用以承放所附酒碟、果碟和“托子”。桌器将在本章下节讨论。至于“托子”，就是承杯、盏之器的“盏托”。“葵花样托子”指葵花外形的托子。根据明中期王圻等所编的《三才图会》，托子源自唐德宗建中年间，形制多样，有方有圆，长方形带委角、葵花、菱花或果实带叶形等式，设环于托底，用以承住盏杯，以

[1]　依原文复印件看来，两桌桌器上的酒碟、果碟与托子共二十二件而已，并非“三十二件”，复印件是否有缺漏，待查。

南宋早期　紫褐色漆托盏
高 6.7 厘米（南京博物院藏）

北宋　朱漆盏托
口径 11.7 厘米，托盘径 19.2 厘米，底径 9.2 厘米，通高 7.2 厘米（高振卫等撰，《江苏江阴夏港宋墓清理简报》，《文物》，2001 年 6 期，图九）

明　仇英《金谷园图》

防烫指或倾坠，致茶汤溅出。[1]宋代文人在清风明月下品茗玩棋的场景中常见茶碗下设盏托。北宋末年的墓葬就出土过红、黑漆的木胎“盏托”[2]，而现藏南京博物院的一只出土的南宋“紫褐色漆托盏”亦可作为单色漆之实物参考。明人的画作中也常见使用盏托注茶的景况，画中可见雅聚时一文士面前置一盏托。由此可知，宋明时期盏托之用相当普及。据李经泽的研究，目前存世有三件与清单所记符合，其中香港私人所藏的一件盏托，也是里外刻四季花，有可能就是永乐元年所赐、由源道义流传下来。[3]由此成双的桌器与一对托子等，想象当年这58件红雕漆器送达日本后，日本国王源道义及王妃两人盘腿各据一桌，饮酒或品茗，

[1]　明・王圻等编集：《三才图会》，上海古籍出版社，1993，页 1342。
[2]　高振卫等撰：《江苏江阴夏港宋墓清理简报》，《文物》，2001 年 6 期，页 61 ～ 68。
[3]　另两件分别收藏于香港中文大学文物馆与故宫博物院。参见李经泽等撰：《洪武剔红初探》，《故宫文物月刊》，2001 年 7 月，页 61 ～ 63。

明　剔红盏托
口径 13 厘米，碟径 22 厘米，高 10.5 厘米（香港私人藏）

好不欢畅。以当时日本国王称大明国为“天朝”、自称“小邦”来看，若在大宴群臣时，摆出全套大明国皇帝的赏赐，不但可骄其国人，亦可抬高或巩固其领导地位。

四　果园厂——宫廷雕漆专造之地

红雕漆器又称“剔红”。明人高濂的《遵生八笺》记有关“剔红”之说：“宋人雕红漆器，如宫中用合【盒】，多以金银为胎，以朱漆厚堆至数十层，始刻人物、楼台、花草等像……若我朝永乐年果园厂制，漆朱三十六遍为足，时用锡胎、木胎，雕以细锦者多，然底用黑漆，针刻大明永乐年制款文，似过宋元。”[1] 高濂所称的“果园厂”，据清人高士奇的《金鳌退食笔记》，是在“棂星门之西”[2]，即皇城外过太液池上的玉河桥。迤西向北过羊房夹道，经西酒房、西花房、藏经厂与洗帛厂以至果园厂，与明代专事承造御前器用的御用监有一段距离。御用监是明代内府十二监之一，除一般御前所用家具外，举凡

[1] 明・高濂著、赵立勋等校注：《遵生八笺》卷一四《燕闲清赏笺》（上卷），北京人民卫生出版社，1994，页 549 ～ 551。
[2] 清・高士奇撰：《金鳌退食笔记》，台湾商务印书馆，1986。

“螺钿、填漆、雕漆、盘匣、扇柄等件，皆造办之”[1]。故知明初在御用监之外，另有“果园厂”专造雕漆之器。

晚明文人沈德符在其《万历野获编》中“云南雕漆”条写道：“唐之中世，大理国破成都，尽掳百工以去，由是云南漆织诸技，甲于天下……。元时下大理，选其工匠最高者入禁中，至我国初收为郡县，滇工布满内府，今御用监、供用诸库役，皆其子孙也。”[2]据其所述，明初的雕漆之作，多承唐宋余绪，御用的匠人班底大多是云南来的世代子孙。至成祖时，又召集当时嘉兴西塘的漆工名匠张成之子张德刚等至京，“面试称旨，即授营缮所副”[3]。营缮所负责宫中“朱红膳盒诸器”[4]的制造，为六部中的工部所属，漆匠为其十八种匠作之一。“所副”在正七品的“所正”之下，“所丞”之上，为正八品衔。[5]可知永乐朝宫廷的漆作有云南与江南嘉兴两种不同的技法。不过，张成与同里的扬茂也是元代著名御用匠人之一，宫中漆器存在两种不同流派在入明之初即已存在。皇家果园厂所制之剔红，要“漆朱三十六遍为足”，就是在木胎或锡胎上反复上漆，至少36次，完成的厚度大约在2～3厘米，务使漆层坚重厚实再起刀镌刻。其刀法“藏锋清楚，隐起圆滑，纤细精致”[6]，完作后多以针划如“大明永乐年制”之落款。

至于永乐元年（1403）赏赐清单中之花瓶有“大明宣德年制”款，却隐约可见针划“大明永乐年制”原款，与三层香盒或其他带有

[1] 明·刘若愚著：《酌中志》，北京古籍出版社，2001，页103。

[2] 明·沈德符著：《万历野获编》卷二六，中华书局，1997，页661～663。

[3] 《嘉兴府志》卷七（下）《人物志艺术类》，康熙二十四年刊本。索予明著：《中国漆工艺研究论集》，台北故宫，1990，页44。

[4] 清·张廷玉等撰：《明史》卷八二《志第五十八·食货六》，中华书局，1995，页1990。

[5] 清·张廷玉等撰：《明史》卷七二《志第四十八·职官一》，中华书局，1995，页1759。

[6] 索予明著：《中国漆工艺研究论集》，台北故宫，1990，页37。

元　张成款栀子纹剔红盘
口直径 17.8 厘米，高 2.8 厘米
（故宫博物院藏）

元　扬茂款花卉纹剔红尊
口直径 12.8 厘米，高 9.4 厘米
（故宫博物院藏）

宣德年款的漆器一样，经专家考证，都是宣德时的改款。[1]而虽然晚明的刘侗在其《帝京景物略》中早就道出了这现象，谓宣德时果园厂的“厂器终不逮前，工屡被罪，因私购内藏盘盒，款而进之（磨去永乐针书细款，刀刻宣德大字，浓金填掩之），故宣款皆永器也，间存永乐原款，则希有矣”[2]。唯经近年学者、专家之研究，改款之器固然不少，但带有永乐年款及真正宣德朝制品也很多，工艺也毫不逊色。[3]而改款的原因，不尽然是工匠之技法不如永乐朝的“厂器终不逮前工”，可能是继永乐的仁宗洪熙朝仅为时不到一年，旋又进入宣德纪年，年号更迭匆促，已上永乐款但尚未呈上的厂器遂在改元宣德时直接改款后上交，其中也有的是旧器修复时的改款。[4]不过，值得注意的是，日本东京东方漆艺研究所所长兼漆器收藏家李经泽指出，这些永乐元年赏赐日本国王的漆器，应非永乐元年或短暂的建

[1]　李经泽等撰：《洪武剔红漆器初探》，《故宫文物月刊》，2001 年 7 月，页 63 ～ 64。
[2]　明・刘侗等著：《帝京景物略》，上海古籍出版社，2001。
[3]　索予明著：《中国漆工艺研究论集》，台北故宫，1990，页 52。朱家溍撰：《明代漆器概述》，《中国漆器全集》，福建美术出版社，1995，页 9 ～ 10。
[4]　朱家溍撰：《明代漆器概述》，《中国漆器全集》，福建美术出版社，1995，页 10。

文朝制造，应该是明太祖洪武时期所留。[1] 根据《明史》，建文在洪武三十一年（1398）闰五月即位，次年改元后的三月曾下诏“罢天下诸司不急之务”，此“不急之务”应包含了漆器与瓷器，何况同年七月“燕王棣举兵反”，不管是燕王朱棣或建文皇帝，双方在往后四年间都忙于交战，应无心致力此“不急之务”。到了建文四年（1402）六月，朱棣的“靖难之师”即兵临南京城下，旋登皇帝位，次年改元永乐。[2]因此，永乐元年的赏赐，不管是永乐款或宣德时期的改款，都是明初之物，是相当合理的推测。同时，明代国都一直到永乐十八年（1420）才从南京迁至北京，这些赏赐都应是南都所造。那么，在永乐年果园厂成立之前的洪武时期，这些雕漆之作是南都的工部或内府十二监中的相关各作所制，抑或以节用简约为前提，行“委外制作”的方式，由邻近的浙江嘉兴西塘地区承做？元末著名的雕漆名匠张成与杨茂皆出自西塘，在改朝换代之后仍继续伺服新皇室是非常有可能的。张成的“栀子纹剔红盘”与扬茂的“花卉纹剔红尊”，其刀法细腻，饱满圆润，与上述散置世界各地博物馆“永乐款”或“宣德款”之作均有相近的刀法与风格。鉴于张成与扬茂及其后人或同乡之能匠在改朝换代后仍继续服务新朝廷的可能性，此推测亦是其来有自。

如此看来，当年洪武时期南京的大明宫廷所出的红雕漆器，包括对日本国王的赏赐，经过数百年来的沧海桑田与聚散更迭而四散各地，在21世纪的今日，宛如遍地开花般地成为世界各地重要博物馆的收藏重宝。明太祖扫荡群雄，开基立业，但“屡传不到”的倭国令其恼甚；明成祖汲汲营营于巩固大明的疆域与绥靖海邦。两位开基立业之祖，对此红雕漆制的小件日后会“小兵立大功”地“征服”远人，成为数百年后世界各大博物馆的重宝，俱当始料未及。

---

[1] 李经泽等撰：《洪武剔红漆器初探》，《故宫文物月刊》，2001 年 7 月，页 56 ～ 63。

[2] 清·张廷玉等撰：《明史》卷四《本纪第四·恭闵帝》、卷五《本纪第五·成祖本纪》，中华书局，1995，页 59 ～ 61、69 ～ 75。

五　明初剔红以外——明太祖的剔犀坐具

明初除雕漆（剔红）之作因永乐时期果园厂之设置而兴盛，果园厂的“厂器”因制作精良而被当做“外交的利器”蜚声国外。事实上，宋元时期与剔红一样需要精雕细琢的“剔犀”器作也曾风光一时。“剔犀”俗名“云雕”，东洋的日本称之为“屈轮”。通常用黑、朱、紫三种或前两种色漆，在器胎上逐层累积，每层由若干道漆堆起，各层厚薄不一，待堆至相当厚度后，用刀剔刻，工序和剔彩一样，但两者最大的不同是，剔彩或剔红是分层取色，花纹必有高有低，并可不限题材，运用自如。剔犀则因利用斜层取色，花纹轮廓必须齐平方能现出夹色而构成有规律的图案，故无高低错落的现象。其面或朱黑夹紫线，或乌黑间朱线，或红间带黑等，也有三色更迭。花纹则仅限于重圈、回纹、云钩、绦环等，无论如何变化，线条必须婉转，花文回环屈曲，呈现有规律的图案变化。刀法有仰瓦与深峻两种，前者浅而圆，后者深而陡。[1]

从现存的宋人画作中，可见剔犀之作可以是数人所踞的坐榻、置琴的几杌，或为闺阁妇女所用的三层“剔犀六角形奁”。到元代时仍可见货郎摊上一字排开琳琅满目的什物中有双层奁盒一项，所见多为如意云头纹雕饰。据此可推测在元明交际之时，剔犀之作与剔红一样通行于世，并于元末达到其发展的历史高峰。[2]换言之，在元明之际，坐在一架剔犀如意云头纹饰的坐具上，是否既符合时代潮流，也代表其时代特色，也更是大环境的氛围？检视前章朱元璋的诸多“疑像”中，疑为圈背扶手出头后又设龙首出头靠背的“疑像”五，虽然黑漆坐具略呈漫漶，但其笼袖双手之下分别露出的圈背出头依稀可辨识为齐整规律的如意云头纹雕饰。坐具前腿如意云头形制的足端再雕

[1]　索予明著：《中国漆工艺研究论集》，台北故宫，1990，页 76 ～ 79。

[2]　王世襄撰：《中国古代漆工艺》，收入《中国美术全集·工艺美术编·漆器》，1989，页 44 ～ 45。

宋 《十八学士图》坐榻

四轴之一，绢本，设色，纵 173.6 厘米，横 103.1 厘米（台北故宫藏）

宋 《十八学士图》几杌

四轴之一，绢本，设色，纵 173.5 厘米，横 102.9 厘米（台北故宫藏）

元　《货郎图》（局部）
轴，绢本，纵 101.4 厘米，横 66.3 厘米（美国波士顿美术馆藏）

剔钩云纹饰，刀口可见为圆弧面的仰瓦法，花纹配置十分婉转均匀，与现藏美国大都会博物馆一只元明之际的黑红间黄带剔犀圆盘之纹饰和刀法都相当接近。如果据此认为朱元璋此“疑像”可能完成于群雄争霸的未称帝之前，应系相当合理的推测。

明　剔红盏托
口径 13 厘米，碟径 22 厘米，高 10.5 厘米（美国大都会博物馆藏）

第二节　明代初期剔红与朱漆戗金之间

一　永乐四年的“剔朱红漆器九十五件”

根据《明史》，永乐元年（1403）的“红雕漆器五十八件”后，仍不时有日本对马、台岐诸岛贼掠劫滨海居民，成祖“谕其王捕之”。日本国王利落地“发兵尽歼其众，絷其魁二十人，以三年十一月献于朝，且修贡，帝益嘉之……赐其王九章冕服及钱钞、锦绮加等”[1]。成祖不但赐“九章冕服”，龙心大悦之余，“明年正月又遣侍郎俞士吉赍书褒嘉，赐赉优渥，封其国之山为镇国之山”[2]。此永乐四年正月如何地“赐赉优渥”，《明史》只字未提。据『策彦入明記の研究』记载，此次颁给源道义的敕书上说：“尔能恭承朕命，殄灭寇盗，以靖海滨，厥功甚伟，今特厚赐尔，以示旌嘉之意。故敕。”[3] 赏赐品除了“花银一千两计四十锭……银清面盆三个，间镀金银茶壶二个……纱衣五件……罗衣四件……帐二顶……被五床……褥子五床……枕头二个”等，确实相当“优渥”的金花银及穿用所需外，还有“朱红漆戗金彩妆衣架二座”“剔朱红漆器九十五件”等日常用器，同时还加赏源道义“浑织金纻丝”“浑织金绢地纱”，以及外表处理都是“朱红漆戗金彩妆”的屏风帐架床、衣架、轿子等[4]，好不琳琅满目。敕书与赏赐清单都署有“永乐四年正月十六日”。现先就正赏的清单列表如下：

表十　永乐四年颁赐日本礼物中的“剔朱红漆器九十五件”及其他器用

品名	数量	备注
大桌子	1 帐	
交椅	1 把	脚踏，锦坐褥全

[1] 清・张廷玉著：《明史》卷三二二《列传第二百一十》，中华书局，1995，页 8345。
[2] 清・张廷玉著：《明史》卷三二二《列传第二百一十》，中华书局，1995，页 8345。
[3] 牧田谛亮编著：『策彦入明記の研究』（上），法藏馆，1955，页 335 ～ 337。
[4] 牧田谛亮编著：『策彦入明記の研究』（上），法藏馆，1955，页 337 ～ 339。

续表

香桌（大）	1 帐	
香桌（小）	1 帐	
方饭盘	1 个	
大花子	2 个	
小托子	2 个	
烛板	1 个	
一样盘	1 个	
二样盘	2 个	
三样盘	2 个	
四样盘	7 个	
五样盘	7 个	
六样盘	7 个	
七样盘	7 个	
八样盘	7 个	
传杯盘	1 个	
碗	2 个	盖全
斗	1 个	
匙箸瓶	1 个	
圆香盒	8 样，每样 5 个，计 40 个	内两面花三个，黄铜镀金厢口足建盏
“剔朱红漆器”总数	95 件	
朱红漆戗金彩妆衣架	二座	

与永乐元年（1403）的赏赐比较，正赏清单中的“剔朱红漆器”内容没有永乐元年详尽的尺寸与纹饰描述，但数量几乎倍增。又添加了较大型的日用家具“大卓子”、“交椅”、大小“香卓”，以及御前等级的“朱红漆戗金彩妆”衣架。

(一)“大卓子一帐”

所记“大卓子”，“卓”即桌，既言“大”，可能尺寸特殊，以明人赠酒菜以桌为单位的习惯[1]，将所赏赐的盘碗、箸瓶与香盒等件摆

[1] 如明人笔记写万历首辅张居正夺情辞俸，“光禄寺每日送酒饭一桌”等。参见明·朱国祯撰：《涌幢小品》卷九《张太岳》，“丛书集成初编”第 71 册，新文丰出版公司，1997，页 190。

元　剔红龙纹图长方桌
长 70.2 厘米，宽 35.8 厘米，高 58 厘米
（甘肃省漳县文化馆藏）

满一桌次为主，将宋元以来常见的桌器放大或加长，形制简明如现藏于甘肃省漳县文化馆的“剔红龙纹图长方桌”，此桌整器以牡丹花叶为地，案面剔饰双龙纹。但此“大桌子”也可能是便于收贮小器皿的抽屉桌，如现藏英国维多利亚·艾伯特博物馆的一张木胎剔红三抽屉大桌子，宽119.2厘米，高79.2厘米，尺寸算是大的。此桌面与屉面均雕以相对的升龙与降凤，缠枝牡丹为地，桌面四面边框亦分饰行龙走凤，屉面正中有拉片，前置拉环，抽屉尽开下有闷橱，底外梁有“大明宣德年制”横款[1]，全器满雕花卉与如意云头纹饰为地，云纹角牙，四足略向外撇。明代龙纹与凤纹分别代表帝后，其雕刻刀法圆熟细腻，应系宫廷所作的帝后用器[2]，唯此器所有龙纹的五爪均明显地

[1]　李经泽撰：《略谈明漆器宣德款真伪》，《故宫文物月刊》，2004 年 4 月，页 54 ～ 55。李氏文中认为此抽屉桌为洪武时期所制，现存宣德款的雕漆器常见原为洪武或永乐年间所制。

[2]　Craig Clunas: *Chinese Furniture, Far Eastern Series*, Victoria and Albert Museum, 1988, p..78 ～ 79.

15世纪上半叶 剔红龙凤纹抽屉桌，木胎
高79.2厘米，桌面长119.2厘米，桌面宽84.5厘米
（英国，维多利亚·艾伯特博物馆藏）

15世纪 长方形柜板
长44.2厘米，宽36.1厘米（大英博物馆藏）

明永乐　剔红凤纹盏托
直径 22.1 厘米，高 7.3 厘米
（East Asian Lacquer – The Florence and Herbert Irving Collection）

挑去一爪，代之以半圆球雕，如同其他博物馆所藏约略同时代的柜板雕饰一般。研究者以明代万历年间，宫内御前用器多所遭窃，而怀疑此为出宫变卖前所为。不过，明代御前器用若赏赐臣下，会将龙的五爪挑去一爪，此器少去的一爪代以半圆球雕之器，刮涂工整，半球圆润适切，不若偷窃事件中之匆忙之作，可能就是御前赏赐用品。无论其挑去一爪之缘由为何，此件三抽屉大桌雕艺技巧圆熟，为罕见之精品，也是目前所见独一无二、存世最大的剔红之作。[1]因其桌面满雕纹饰，较不具读书写字或陈放衣物的实用功能，可能为宫内举行祭祀或与帝后相关之仪典时，陈列祭器、供品或帝后用品。[2] 1991～1992年，美国纽约大都会博物馆（The Metropolitan Museum of Art）曾为一位私人收藏家举办过一次East Asian Lacquer（东亚的漆器）展览，其中有一件凤纹盏托，整器雕刻细致纯熟，凤纹、花卉纹饰之刀法与风格非常接近此大桌。该馆的研究者认为，该盏托与此大抽屉桌应俱为明初的皇室用器，且为同一组工匠在短期内所作。[3]盏托从宋人奉茶的画作中即可见到，至少是自宋以来的用法。源道义受赏的“大桌子”，器

[1] Sir Harry Garner: *Chinese Lacquer*, Faber and Faber Limited, 1979, p.92.

[2] Craig Clunas: *Chinese Furniture, Far Easten Series*, Victoria and Albert Museum, 1988, p..78 ～ 79.

[3] East Asian Lacquer – The Florence and Herbert Irving Collection, The Metropolitan Museum of Art.

形与雕饰也有可能近似此器。

宣德款　剔红龙纹圈圈背交椅
木胎，通高 114.5 厘米，椅面长 71.5 厘米，椅面高 60 厘米（英国维多利亚博物馆藏）

（二）"交椅一把"

第二件"交椅一把"，虽然全器红漆雕刻的交椅非常罕见，但无独有偶地，英国维多利亚·艾伯特博物馆的馆藏正好有一件剔红交椅。整器以缠枝牡丹为地，圈背扶手与交足俱雕饰行龙，背板上层为双龙戏珠，中层在群山与朵朵祥云间升起一瞋目张口正龙。脚踏具壸门牙板，鼓腿彭牙短足，雕满缠枝牡丹。背

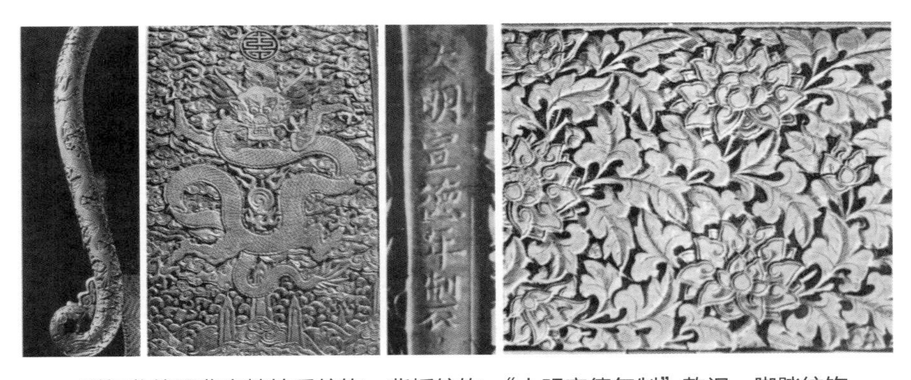

剔红龙纹圈背交椅扶手纹饰、背板纹饰、"大明宣德年制"款识、脚踏纹饰

板后有一直行"大明宣德年制"款识。虽同为宣德年款作品，两件的雕刻技法大同中仍见差异，三屉桌的刻工刀法圆润，起伏疏密有致；交椅则刻工细腻，平整而繁密，也许就是分别出自宫廷御作云南与浙江两派工匠之手。如前章所述，交椅在明初是皇帝、皇亲贵族与勋戚所用，此剔红交椅之制造相当繁琐，必是费时又费工。整器又雕饰龙纹，应为皇室所有。而如果其宣德年号的款识与其他剔红小件一样是

后来改款，依永乐与宣德年号的前后次序，亦并非此次清单中所列之“交椅”，但是有可能是洪武时期所留，也就是约略同时期的御用匠作。至于其流落海外之历史背景，与此次清单中的“剔红交椅”是否有任何关连，有机会当做更进一步研究。

（三）大小“香卓”各一帐

第三、四件为大小“香卓”各一帐。根据元人的《事林广记》，香桌为祭拜祖先时，陈放果盘、菜盘之桌外另设的“香卓”以便焚香膜拜。[1] 明太祖开国之初，敕葬开平忠武王常遇春的随葬明器90件，其中有桌、床、屏风等，还有“香卓”[2]，但“香卓”形制不详。明代皇帝卤簿大驾之制有人舁的乘具“大凉步辇”，在六尺五寸多高的辇亭下，有“红髹坐椅一……内设红髹桌二，红髹阑干香桌一，阑竿四，柱首俱雕木贴金蹲龙，镀金铜龙盖香炉一，并香匙、箸、瓶”[3]。此“香桌”应系陈放匙、箸、瓶与香炉，供焚香所用。四柱栏杆的“香桌”，传统上称为“供桌”或“供案”，形制如同收藏在北京龙顺成的一架“有束腰带托泥栏杆式供桌”，下施卷草雕饰的三弯腿足。目前所见，在山西大同元初的墓葬出土的陶质明器中，有一件三面带栏杆的供桌，整器髹朱，雕饰牡丹纹，分上下两部分，上部的围栏可取下，留下的是一张长方桌，别有巧思。[4]元代宫廷御医忽思慧所撰的《饮膳正要》中有一节“饮酒避忌”，状若醉意甚浓而歪靠榻上的官员旁，有一架雕饰卷草纹三弯腿足的束腰高桌，桌面四隅也设有栏杆，但其内所置并非匙、箸、瓶或香炉等。观其榜题，应为饮具

---

[1] 宋·陈元靓编著：《事林广记》卷一〇《家礼类》，中华书局，1999。

[2] 《明太祖实录》卷四六，洪武二年冬十月庚午，“中央研究院”历史语言研究所，1966。

[3] 清·张廷玉等撰：《明史·志第四十一·舆服一》，中华书局，1995，页1603～1604。

[4] 大同市文化局文物科撰：《山西大同东郊元代崔莹李氏墓》，《文物》，1987年6期，页87～90。据文内指出，此墓葬年代应为元世祖中统二年。

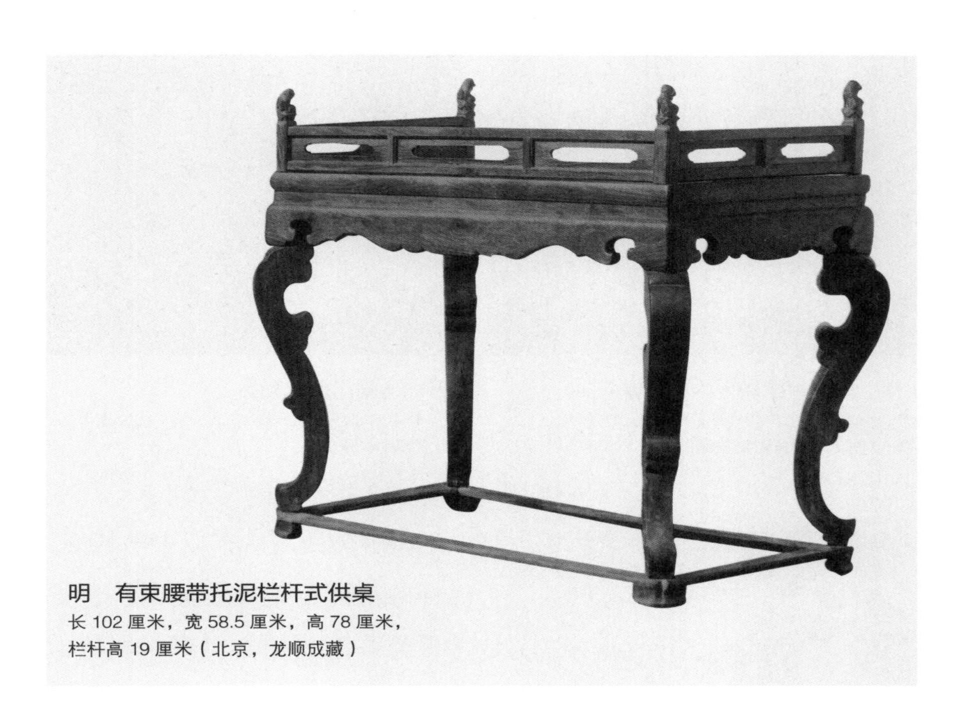

明　有束腰带托泥栏杆式供桌
长 102 厘米，宽 58.5 厘米，高 78 厘米，栏杆高 19 厘米（北京，龙顺成藏）

元初　供桌，陶质明器
围栏长 38 厘米、宽 32.6 厘米、高 10 厘米，桌长 35.7 厘米、宽 28.8 厘米（大同市文化局文物科撰，《山西大同东郊元代崔莹李氏墓》，《文物》，1987 年 6 期，图版八：2）

元　忽思慧撰《饮膳正要》，“饮酒避忌”

或酒具。

按：此“大凉步辇”是明成祖在永乐三年（1405）更定的，内中陈设之“香卓”也许还带着元代的遗制，但用途似略有变动。同时，带围栏的供桌仅寥落地出现于元代，在明初更如昙花一现。尔后的供

（传）唐　卢楞伽《六尊者像》
册，绢本，设色，共六开，每开纵 30 厘米，横 53 厘米（故宫博物院藏）

五代　《闸口盘车图》
卷，绢本，设色，纵 53.3 厘米，横 119.2 厘米（上海博物馆藏）

晚明版画　供桌，明崇祯间聚奎楼版（日本蓬左文库藏书；转引自周芜编著，《金陵古版画》，江苏美术出版社，1993，页 401）

桌形制似乎仍回复唐宋以来的传统，无栏杆的桌面两端施以翘角，也就是常见的高束腰翘头供桌，图例上如法门寺出土的唐代“银香案”，传为唐代卢楞伽所绘《六尊者像》中，伏虎尊者置放什物的桌器，以及五代的一幅《闸口盘车图》中官营面坊的官员用来办公的桌子。到了明代，如本节稍后所记，万历时期宫内官员也用此来处理公务，但宫墙之外最常见的可能就是在祭祀时作为供桌使用，如晚明版画中供奉城隍的供桌等。可见面板翘头的形制仍有其一定的尊崇地位。

由于清单中所列并未记明是否带栏杆，此“香卓大一帐、香卓小一帐”也有可能是后来常见用于清供或焚香之香几——清供者上置古玩小件，或设盆景，或瓶插莳花，焚香者则置香炉于其上。一般以圆形几面居多，或各式花瓣形制，但也有方形或长方形几面，多设束腰，下施鼓牙与雕饰卷草纹的三弯腿足。前章的《明熹宗坐像》中，明熹宗宝座的左右两侧便是一对长方形剔红香几，高束腰形如须弥座

《明熹宗坐像》（局部）
轴，绢本，设色，纵 112.2 厘米，横 75.7 厘米（故宫博物院藏）

制，上曾饰仰莲瓣，下层的覆莲瓣落至几座处，中层的鱼门洞内刻如意云头，朵朵云头纹的牙条连续至鼓腿并向下延展，其下的三弯腿足隐约可见螺钿镶嵌的折枝花卉。仔细观察，几面四周与其立墙，并托泥俱系螺钿镶嵌折枝花卉。由此可见，明初的剔红之作，可能也间缀螺钿镶嵌。此一组剔红对几上，瓶、炉、书册、古玩、花插，无不备陈，堪为汇集所有香几功能之大成。此外，现藏故宫博物院的明代“黄花梨荷叶式六足香几”，则是双层荷叶外形的束腰、荷叶几面带荷叶形拱肩与荷叶形底座，亦承元代遗意。另一具“彩漆嵌螺钿云龙纹香几”，几面为海棠式，束腰、拱肩、三弯式带卷草余意的象鼻式细长腿足，下承海棠式底座，并附龟足，整器通体黑漆地，几面彩绘云龙戏珠纹，四腿足饰有彩绘或螺钿镶嵌的升龙，底部边框戗金刻

明　黄花梨荷叶式六足香几
面径 50.5 厘米，宽 39.5 厘米，高 73 厘米
（故宫博物院藏）

明　宣德款彩漆嵌螺钿云龙纹海棠式香几及局部、“大明宣德年制”款
面径 38 厘米，通高 82 厘米（故宫博物院藏）

明　宣德款剔红牡丹花茶几及局部
面径 43 厘米，宽 57 厘米，高 84 厘米
（故宫博物院藏）

书“大明宣德年制”。而同为剔朱红漆的制作，也有一只银锭委角面、鹤腿蹼足带托泥的“宣德款剔红牡丹花茶几”等，凡此皆为永乐四年（1406）赏赐清单中“香卓”之制的参考。观察此次赏赐的“剔朱红

漆器九十五件”中还有“匙筋瓶一个、圆香合八样”，盘具更是大小各样，连同其他的碗、托子、传杯盘等，推测此组大小“香卓”，应为放置“匙筋瓶”“圆香合”等器，于祭祀时祝香所用。

二　加赏日本国王的“朱漆戗金彩妆”家具

上述永乐四年（1406）正月十六日赏赐日本国王的清单中有“朱漆戗金彩妆”衣架两座，在尽是“剔红朱漆”的器用之中显得格外醒目。同一时间加赏的“颁赐日本国王源道义”的清单，内含各样匹料、衣服、伞、茶壶、面盆、琉璃帘、帐、海船、鹦鹉、糖、酒、酱瓜、酱姜、胡桃、圆眼、荔枝等。[1]此外，更有三件家具如下：

表十一　“皇帝颁赐日本国王源道义”清单（永乐四年正月十六日）

朱红漆戗金彩妆五山屏风帐架床	一帐	另有朱红漆挂帐竿四条、熟铜镀金凤头八个等
朱红漆戗金彩妆衣架	两座[2]	
朱红漆贴金彩妆轿子	一乘	

虽然只有三件，但却是体积庞然的大件家具，其中可能“暗藏玄机”，具有关键的意蕴。“朱漆戗金彩妆衣架”两座之描述与正赏清单所列相同，推测正赏系赐国王及王妃，故“衣架二座”为两人各一座。此加码的“衣架二座”仅及于源道义个人所用。帐架床合理的解释是两人合用，但轿子一乘则非国王专用莫属了。据日人的笔记《教言卿记》，应永十四年十二月二十日，足利义满（源道义）同明朝来

[1]　牧田谛亮编著：『策彦入明記の研究』（上），法藏馆，1955，页 337 ～ 339。

[2]　同为永乐四年正月十六日之记录分为两部份，都各有一项“朱红漆戗金彩妆衣架二座”，前部份以“敕日本国王源道义，尔能恭承朕命，殄灭寇盗，以靖海滨，厥功甚茂。今特厚赐尔，以示旌嘉之意，故敕”为启始，后部份开头仅为“皇帝颁赐日本国王源道义”，两清单之品目不尽相同。相同者如纻丝、纱罗等，其下之明细并不同，如同为“帐二顶”下之颜色相异，推测并非记录之重复。

使一同游常在光院，观赏红叶，还穿上明朝朝服、乘上明朝轿子。[1] 应永十四年为1407年，即永乐五年，当时源道义所乘的明朝轿子想必就是此次永乐四年正月加赏给他的“朱红漆贴金彩妆轿子”。[2] 据『策彦入明記の研究』，宣德八年（1433）明宣宗的赏赐清单亦有“朱红漆彩妆戗金轿一乘”，系特赐“日本国王并王妃”。[3] 如此一来，此戗金轿子王妃亦可乘用，或者可以说，国王及王妃两人各有一乘。明初永乐、宣德皇帝基于对日本协同扫荡海贼之殷切期盼，因而对日本国王并王妃等在食衣及行的赐予可谓无所不包，并且思虑周到。无论如何，15世纪上半叶，明朝与日本虽然有一海之隔，但当时“君臣”上下的从属关系与合乐融融的景象想必是空前的，也是绝后的。

三　明代“朱漆贴金”“朱漆戗金”家具的滥觞？

前已述及，早在七千多年前的浙江河姆渡文化遗址就发现了“漆碗”，上古的《周礼》（贾注）说：“凡漆不言色者皆黑。”表明黑漆最广泛普及，其次是红漆，但明初洪武二十六年（1393）、建文四年（1402）一再申饬，官民人等之椅桌木器“不许朱红金饰”[4]，就是将红色漆及金饰锁定为皇室专用。以“朱漆”来讲，“朱漆盘盌”还是祭告太庙时所用的礼器之一[5]，负责皇帝膳馐或吉庆享宴的光禄寺就有1428件定额的朱红器皿专备膳馐等项应用。亲王出阁或婚礼，“每位合用朱红器皿八百三十二件”，登极、祭告典礼或诸王坟庙之需为“朱红木匣二百五十九个……装盛香帛朱红木匣三十六个”[6]等。“金

[1] 转引自滕军等编著：《中日文化交流史——考察与研究》，北京大学出版社，2011，页247。
[2] 牧田谛亮编著：『策彦入明記の研究』（上），法藏馆，1955，页335～337
[3] 牧田谛亮编著：『策彦入明記の研究』（上），法藏馆，1955，页335～337
[4] 清·张廷玉等撰：《明史》卷六八《志第四十四》，中华书局，1995，页1672。
[5] 清·张廷玉等撰：《明史》卷五一《志第二十七》，中华书局，1995，页1315。
[6] 明·申時行等奉敕重修：《大明会典》卷二〇一，东南书报社，1963，页2716。

饰”则在漆表上再添金的各样处理。永乐四年加赏清单中首次出现的“朱红漆贴金彩妆”轿子，漆色多于两色俱称“彩”，故知此轿子的外表必有三种以上的颜色呈现。“朱红漆贴金”系在轿子上完朱红漆后，整器或特定部分打上金胶，等到金胶近乎完全干燥但还略有黏性时再将金箔贴上，较大面积的器用施金常用此方式。[1]

至于宣德八年（1433）所赐“朱红漆戗金轿”中外表“戗金”的处理，就是整器以红漆为地，用针划、刀尖或钩刀镂刻各种图案，然后在图案纹理内打金胶，等待干湿程度适中时，将金箔黏上，使红漆地出现金色图案。[2] 明代皇帝大婚时，“合用朱红戗金盘盒，并黄红罗绢、销金夹单袱、茶袋等件器皿，共五千二百六十件”[3]，而诸王纳妃仪的供用器皿，金银器以外也有“朱红戗金大托盘”和“朱红戗金馒头肉盘”[4]等点缀，由此可知，朱漆为国家祭典必备，朱漆戗金的使用仅及于皇帝或皇室成员。至于“彩妆”，应就是一般所说的“款彩”，又叫“刻灰”，在漆面上把花纹轮廓内的漆用刀剔掉，填入色漆和粉衬。如此下来，不管是“朱红漆戗金彩妆”的衣架、屏风或轿子，都烂然炫目，富贵华丽。先不计其工序的繁琐，光就朱漆与金饰皆为皇室专用，此赏赐之隆厚自然可知。若在今日，就是送了一部“宝马”或“奔驰”的顶级汽车了。

明代任何官民人等的椅桌木器“不许用朱红金饰”之制虽定于洪武二十六年（1393），但洪武时期的器作，尤其是皇室家具类的金饰之作具体成造情况不详，永乐四年（1406）和宣德八年（1433）赏给日本国王并王妃的清单可以确定在明朝初期，至迟在15世纪一开始，明代皇室就使用“红漆戗金”之家具，并且将之作为礼物赏赐给东邻的日本，反映此“红漆戗金”之器的珍稀与贵重，也可能是所见的具

[1]　朱家溍著：《故宫退食录》（上），紫禁城出版社，1999，页 124 ～ 125。
[2]　朱家溍撰：《明代漆器概述》，《中国漆器全集》（第五卷），福建美术出版社，1995，页 7。
[3]　明·申時行等奉敕重修：《大明会典》卷二〇一，东南书报社，1963，页 2716 ～ 2717。
[4]　明·申時行等奉敕重修：《大明会典》卷六九，东南书报社，1963，页 1135。

体数据中明代“朱漆戗金”家具的滥觞。

事实上，朱漆金饰之为皇室器用的独享，并非始自朱元璋的大明王朝。从宋代帝后的坐像图中可见，宋代帝后所坐，不是髹红即为金漆。据宋人的笔记，建炎三年（1129）三月：“五日，入起居毕，复宣麻殿门。即闻外变，宫门已闭……廷秀从诸公上楼，见上座金漆椅子，宰执从官并三衙士百官，皆侍立左右。楼下兵几千数，苗、刘与数人甲胄居前，出不逊语，谓上不当即大位，将来渊圣皇帝归来，不知何以处？”[1]“宣麻”是自唐以来，拜相命将用黄、白纸写诏书公布于朝[2]，“宣麻拜相”为读书人的最高荣誉。“渊圣皇帝”指宋钦宗。此段宋人记建炎三年，徽宗、钦宗二帝被金人掳走北去，高宗继承皇位之正当性仍受到质疑之际，正坐在殿中“金漆椅子”上大封各官的时候，殿外有不服的部众数千名持械质问，若将来被掳走的钦宗被释回要如何处理等。可见坐像中的坐具是朱漆或金漆椅子，象征帝后之尊，平日坐朝也不例外，而明代器用之制亦因循其制。

（一）“朱红漆戗金彩妆衣架”

赏单中的“衣架”“帐架床”形制均不详。明太祖以孔子“事死如事生，事亡如事存”之言来诏制太庙祭器，因此除了上述“朱漆盘盌”外，“楎椸、枕、簟、箧、笥、帏幔、浴室皆具”[3]。其中的“楎椸”就是衣架。衣架，顾名思义，就是挂衣服的架子。由于古今服制不同，此衣架与现代衣架截然有别。宽袍大袖所需的衣架，五代时期的敦煌壁画的变相图中就可见，可能为高僧所用。到了11世纪的宋、辽、金与西夏时期，已进入一般庶民的家居生活中。山西大同辽墓壁画有完整的描绘，三件花衫与一件花裙井然有序地挂在横竿

[1] 宋·王明清撰：《挥麈录·挥麈后录》卷九，上海古籍出版社，2012。

[2] 《新唐书》：“开元二十六年又改翰林供奉为学士，别置学士院专掌内命，凡拜将相号令征伐皆用白麻。”宋·欧阳修等撰：《新唐书·百官志一》，中华书局，2003。

[3] 清·张廷玉等撰：《明史》卷五一《志第二十七》，中华书局，1995，页1315。

五代　衣架，敦煌壁画，61 窟
（敦煌文物研究所主编，《敦煌艺术宝库》（五），愣加经变相部份，页 71）

辽　东壁家庭生活图，山西大同十里铺村东 27 号墓壁画（山西省文物管理委员会撰，《山西大同郊区五座辽壁画墓》，1960，图版五：2）

西夏　木衣架
高 43 厘米，宽 39 厘米，横竿长 56 厘米（甘肃武威地区博物馆藏；《西夏文物》，文物出版社，1988，图 258）

北宋　衣架
墓室砖砌（中国社会科学院考古研究所安阳工作队撰，《河南安阳心安庄西地宋墓发掘简报》，《考古》，1994 年 10 月）

上，两端的出头及支撑的底部分别有雕饰过的挂牙与站牙。[1]地处西隅的西夏国则具体的留了一座衣架，木质，髹赭，横竿两端的蕉叶纹饰仍在，却不见挂牙。河南安阳出土的北宋砖砌墓室，砖砌出的衣架出头雕饰龙首，两端搭脑与挂牙间加设一横枨，与上部的横竿间镂雕“卍”字纹。著名的白沙宋墓内也出现了几与人高的大衣架，向上昂起的搭脑出头雕有蕉叶纹饰。另一幅题名为《戏猫图》的宋人画作，狸猫在桌前嬉戏，桌后是高低大小不一的衣架，所披的似非衣袍，而是红、绿、蓝为地的缠枝花卉与菱格交错的织物，仿如特为雕

[1]　山西省文物管理委员会撰：《山西大同郊区五座辽壁画墓》，1960，页 37 ～ 42。

北宋　梳妆，第一号墓后室西南壁画

（宿白著，《白沙宋墓》，文物出版社，2002，图版六）

（传）宋人 《戏猫图》

轴，绢本，设色，纵 139.8 厘米，横 100.1 厘米

（台北故宫藏）

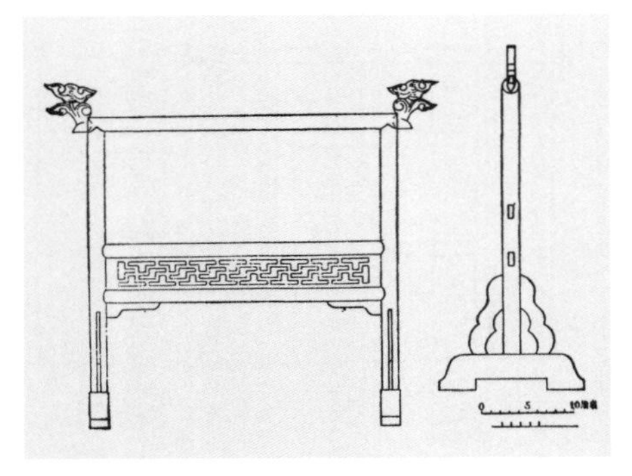

明　衣架，木制明器，王锡爵墓出土

（苏州市博物馆撰，《苏州虎丘王锡爵墓清理既略》，《文物》，1975 年 3 月，图十八）

栏与狸猫间隔出一方游戏空间的帷帐。最长的一架出头饰龙身，依次为全凤与蕉叶纹饰，龙凤圆雕与帷帐的高下相连间可见彩结流苏，排列有序。全景严谨华丽，应为宋代皇室的大内用器。至元代时，山东济南的雕砖墓壁画有室内一景，一红漆衣架上正挂着带图案的衣袍，横竿两端的蕉叶纹饰与其下的云纹挂牙清楚可见。由此可见，上自五代，下迄元代，衣架的结构均呈“П”字造型的基本架构，历代以降的变化，包括皇室用物，仅于支架的长短、上下横杆间或出头的装饰，与雕饰纹样与做工之精粗有别。明初赏给日本国王之物应亦为此制。苏州虎丘出土的明晚期万历年间的首辅王锡爵墓葬，其随葬明器中的木制衣架，基本结构不变，仅添了中层的栏板与站牙下的墩子，所雕纹饰为“云头纹”[1]，此应为当时官宦所用。若是宫廷或皇族用器，除了搭脑出头雕饰龙凤纹外，全器应是朱漆或彩漆施金，一如

[1]　苏州市博物馆撰：《苏州虎丘王锡爵墓清理既略》，《文物》，1975 年 3 期，页 51 ～ 56。

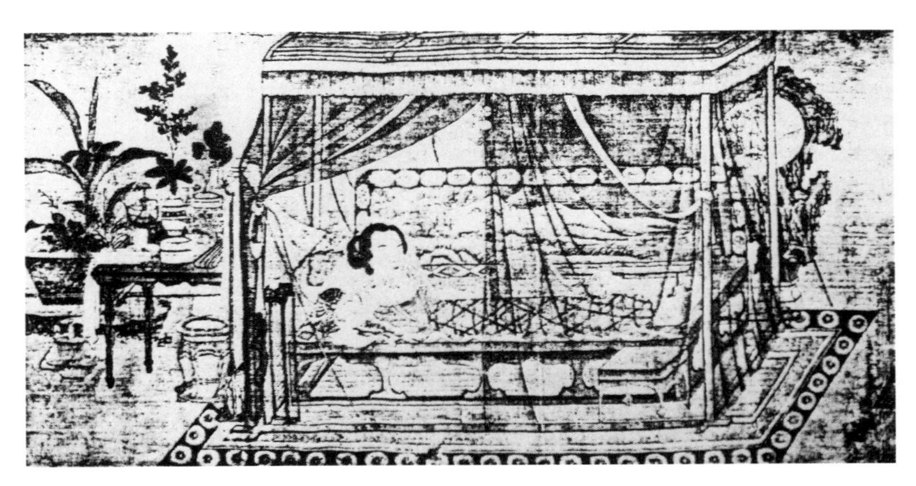

（传）五代　周文矩
（British Museum, London; Michel Beurdeley, translated by Katherine Watson, *Chinese Furniture*, Kodansha International, 1979, p. 32）

赏赐日本国王的衣架。

（传）宋人《维摩图》
轴，绢本，设色，纵 107.4 厘米，横 69.8 厘米
（台北故宫藏）

（二）“朱红漆戗金彩妆五山屏风帐架床”

加赏清单中“朱红漆戗金彩妆五山屏风帐架床”之后的细目是“朱红漆挂帐竿四条，熟铜镀金凤头八个，大红丝棉圆绦四条、每条一丈，大红丝棉挂帐幔小圆绦四条、大红丝线结子八个线穗头全”等，系帐架床的挂饰配件，用以组合为整份以大红为主色的床帐。床类家具前章已述及，“帐架床”，顾名思义为支架式的床帐，“五山屏风”则是上下床的出口以外的围板呈现五山屏风之形制。一般的帐架床，帐架是四柱、六柱或八柱（也称八步床），《三才图会》所示的是六柱间的围栏圈成床围，不另设围板，若带围板也仅系低矮的单幅条板或屏板护住床面的大边。如传为五代周文矩的一幅画作[1]，平顶四柱帐架下，薄纱轻掩，一妇女正卧在壶门座的独榻上，身后是边框带有装饰的单幅雪景屏板，而赏赐的“五山屏风帐架床”，有可能是单幅屏板改以五山屏板。如传为宋人《维摩图》中维摩所斜靠的五山屏风大榻，再外罩一组帐架，如前图妇女所卧之帐。是否如此，有待搜集更多的资料继续研究。

（三）“朱红漆贴金彩妆轿子”“朱红漆彩妆戗金轿”

至于永乐四年（1406）加赏的“朱红漆贴金彩妆轿子”和宣德八年（1433）的“朱红漆彩妆戗金轿”，如前所述，“贴金”和“戗金”有别，但都是漆器用金的方法之一。此外，赏单中并未对此两件“轿子”的形制或纹饰多做描述。自古皇帝出行的代步工具，有各式的辂、辇、舆、轿。“辇”由人抬举，如著名的唐太宗《步辇图》中，由宫女前后襻抬。“辂”带大轮，轮中心穿车轴的部位叫“毂”，因此“辇毂”同“宝座”或“御座”一样，都代表皇帝，或暗隐皇帝及其威仪。洪武二十五年（1392），有镇南卫所的士卒因造官船，擅伐百姓之树木为楼橹，明太祖获悉民怨后说：“辇毂之下尚且如此，其他可知。”意即朝廷所辖的卫所士卒居然敢如此为非作歹，将带头的人斩首示众，余人谪戍甘肃。[2]自古以来的文武官员一向骑马，使用人舁乘具如“步舆”等，须经皇帝特准。晚唐的幽州节度使张弘靖初到任时，“弘靖至，雍容娇贵，肩舆于万众之中，燕人讶之”[3]。可见得当日官员乘轿一事令人侧目。至北宋的王安石还说过“自古王公虽不道，未尝敢以人代畜”[4]之语，一直到北宋末的政和三年（1113）冬

[1] 根据该资料，此画现藏英国大英博物馆，传为五代周文矩所画，题名不详。

[2] 《明太祖实录》，洪武二十五年二月乙卯，“中央研究院”历史语言研究所，1966。

[3] 宋·司马光编著：《资治通鉴》卷二四一《唐纪五十七》，中华书局，1995，页7793。按：张弘靖，字符理，以荫累官至刑部尚书同平章事，历任河东、宣武及庐龙节度使。唐穆宗长庆六年五月，奉旨调幽州节度使。

[4] 宋·邵伯温撰：《邵氏见闻录》卷一一，中华书局，1983。

天，因大雪不止，宋徽宗才“诏百官乘轿入朝”，成为官员正式用轿的滥觞，但也并非常例。宋室南渡后，因“征伐、道路险阻”，只好又“诏百官乘轿，名曰‘竹轿子’，亦曰‘竹舆’”。[1]元代皇帝用的是以象驾驭的“象轿”。因此，皇帝与皇室或官员的正式用轿，始自明代，明太祖并将之纳入礼制之下，在五辂与各式辇具之后，也成为“辨贵贱、明等威”的工具之一。宫内皇帝乘用的“红板轿”，或称“板舆”“板轿”，《明史》记其制如下：

> 高六尺九寸有奇。顶红髹。近顶装圆装蜊房窗，镀金铜火焰宝，带仰覆莲座，四角镀金铜云朵。轿杠二，前后以镀金铜龙头、龙尾装钉，有黄绒坠角索。四周红髹板，左右门二，用镀金铜钉铰。轿内红髹匡坐椅一，福寿板一并褥，椅内织金绮靠坐褥，四周椅裙，下铺席并踏褥。[2]

所载除红髹外，仅轿顶和近顶处“饰金铜火焰宝”“镀金铜云朵”，在轿杠的前后以“镀金铜龙头、龙尾装钉”，未见其他任何纹饰的描述。《大明会典》记永乐三年（1405）的更制，仅含“板轿一乘”，亦未载明形制。记载万历十一年（1583）明神宗第二次谒陵活动的明人《出警入跸图》，其中前卷《出警图》的部分出现一乘12人抬的“红板轿”，攒尖的轿顶有金色火焰明珠，四沿顶盖有腾云矫龙，昂起的四角饰出头的行龙，轿身上层有四片围板[3]，各有蜷曲的升龙，围板之上下与轿身下层均设如意云头纹的开光隔板。整轿红髹，所有

---

[1] 清·张廷玉等撰：《明史》卷六五《志第四十一》，中华书局，1995，页1604。

[2] 清·张廷玉等撰：《明史》卷六五《志第四十一》，中华书局，1995，页1604～1605。

[3] 《出警图》与《入跸图》出现的“红板轿”不同，前者有四片围板，轿夫12人，后者六片围板，轿夫八人。两卷疑为集体之作，出自不同宫廷画家之手。参见吴美凤撰：《旌旗遥拂五云来 不是千秋戏马台——试探〈明人出警入跸图〉与晚明画家丁云鹏之关系》，《故宫学刊》总第二辑，2005，页97～131。

的云龙纹饰、开光的图案以及板沿或并接处等之金饰或金线缜密，精细如针划，可能就是戗金。轿夫肩扛的轿杠，则前为龙首，后饰龙尾，与所记相同。永乐四年赏赐的“朱红漆贴金彩妆轿子”，或许与此类似，而仅云龙纹饰改以其他图案。

此种板轿是皇帝在紫禁城内往来各殿的主要乘具。嘉靖十年（1531）西苑仁寿宫落成宴，“上乘板轿至仁寿宫，各官及侍卫等官于殿门外东西序立迎候，上降舆，升座”。宴毕，嘉靖又“乘舆还宫”[1]。隆庆四年（1570）庆贺冬至仪后之赐宴，“与宴官俱序列于丹墀东西迎驾，候驾过殿内，与宴官随即趋入分班序立，上常服乘板舆，由归极门出入皇极门，乐作，至殿上降舆，升座，乐止，鸣鞭”[2]。

大明宫廷内皇室的人舁乘具，还有皇妃、太子妃、公主或亲王妃所用的“凤轿”，或称“小轿”。“青顶，上抹金铜珠顶，四角抹金铜飞凤各一，垂银香圆宝盖并彩结……红鬃，饰以抹金铜凤头、凤尾……看带并帏，皆凤文。”[3]形制未明述，但相信轿身应比皇帝的“红板轿”小。皇室其他女眷如郡王妃及郡主等的轿乘亦为同制，仅所饰凤纹改为翟纹，称为“翟轿”。[4]《出警图》中在仪仗行列之后有一乘珠顶黄帏轿，轿夫为16人，顶盖四沿为腾云的正龙，沿前的两角饰龙首，沿后却饰凤头。然看带与帏亦为龙纹或团龙，轿杠亦龙首、龙尾，此系皇妃之“凤轿”，或者是如宋代皇太后所用之“龙凤舆”[5]，须进一步探讨。同画卷中另有一乘团龙黄帏小轿，形制相同，四角饰龙首，轿杠亦饰龙首、龙尾，唯攒尖的四沿覆以三层剪棕。晚明太监刘若愚在其《酌中志》中“内府诸衙门职掌”有一段记宫内“答

---

[1] 明·申時行等奉敕重修：《大明会典》卷七二，嘉靖十年西苑仁寿宫落成宴仪，东南书报社，1963，页 1158。

[2] 《明穆宗实录》，隆庆四年十月丁酉，“中央研究院”历史语言研究所，1966。

[3] 清·张廷玉等撰：《明史》卷六五《志第四十一》，中华书局，1995，页 1608。

[4] 清·张廷玉等撰：《明史》卷六五《志第四十一》，中华书局，1995，页 1611。按：尾长的山鸡叫“翟”。

[5] 元·脱脱等撰：《宋史·舆服志》，中华书局，1997。

明　“棕顶方轿”，《出警入跸图》（台北故宫藏）

应”“长随”的筛选与其工作内容：“凡收宫人，先选身子伟壮有力着百余人，分派大轿（即棕顶方轿）、小轿（即明轿也），并伞扇等演习步骤。凡遇谒庙、朝讲，以至圣驾出外，台弓矢、赏赐等箱，驾回各交原处。”[1]可知宫内皇族往来行走的乘具，除皇帝的“红板轿”外，还有未在定制内的“椶轿”及“小轿”，而《出警图》中顶覆三层剪棕的轿子，应该就是刘若愚所记的“棕顶方轿”。据《明史》，永乐元年，“驸马都尉胡观越制乘晋王济熺朱幨椶轿，为给事中周景所劾，有诏宥观而赐济熺书，切责之”[2]。胡观为东川侯胡海之子，洪武二十一年（1388）尚南康公主为驸马，建文三年（1401）曾随李景隆北上征讨朱棣的“靖难之师”被俘。朱济熺为明太祖次子晋王朱㭎的嫡长

[1]　明・刘若愚著：《酌中志》卷一六，北京古籍出版社，2001，页125。

[2]　清・张廷玉等撰：《明史》卷六五《志第四十一》，中华书局，1995，页1611～1612。

子。朱棡于洪武十一年就藩山西太原府，洪武三十一年薨。朱济熺袭封晋王。给事中周景所劾系胡观在永乐元年奉成祖之命前往山西太原晋王府所发生的事。可知“椶轿”可能是明初制定的亲王用轿，胡观身份仅为驸马都尉，依制不得僭乘。对周景的参奏，最后成祖写了封信申斥晋王了事。

四　明代皇室和官员的“暖轿”与“明轿”

明代轿乘之制有“暖轿”与“明轿”之分，前者有如一座攒尖顶小亭，轿身三面封以围板并覆帷幔，正面开门洞，幔帘对开。前章所举河北阜城嘉靖十一年（1532）下葬的廖纪墓，以墓志铭全衔“明光禄大夫少保兼太子太保吏部尚书赠少傅”之身份，出土明器中有一乘吏部的八人大轿。据出土资料，轿顶为黄色，顶尖饰红色葫芦、红色幔帘，轿内置一长方形坐椅，上铺红毯。[1]据洪武十五年（1382）的诏令，“凡官民人等不得用玄黄”[2]，故知黄色与红色一样，皆官民禁用之色，此应系廖纪其人公正不阿，嘉靖为之“罢朝一日”，令工部营葬之外的特赐。刘若愚所记的“小轿”或“明轿”，一般也叫“凉轿”“椅轿”“肩舆”，晚明作为房屋营造与家具制作的《鲁班经匠家镜》中，就有一幅“显轿”，其制是将一把圈背椅，亦即明代所称的太师椅，沿着椅盘左右的立墙凿刻半圆凹槽，再立环匝以供轿杠穿过，非常简便，犹如移动的椅子。廖纪墓明器中也有一顶兵部的显轿。廖纪生前官吏部尚书，亦曾为兵部参赞机务，由吏部出暖轿与兵部出显轿看来，暖轿与显轿两者位阶之高下昭然若揭。下葬于嘉靖三十六年（1557）的益庄王朱厚烨，其墓也出土了陶质明器暖轿与明

---

[1]　天津市文化局考古发掘队撰：《河北阜城明代廖纪墓清理简报》，《考古》，1965，页 73。

[2]　《明太祖实录》卷一四六，洪武十五年六月壬辰。

明 暖轿，陶质明器

高 38 厘米，长 15 厘米，宽 14 厘米（天津市文化局考古发掘队撰，《河北阜城明代廖纪墓清理简报》，《考古》，1965 年 2 月，图版七：1）

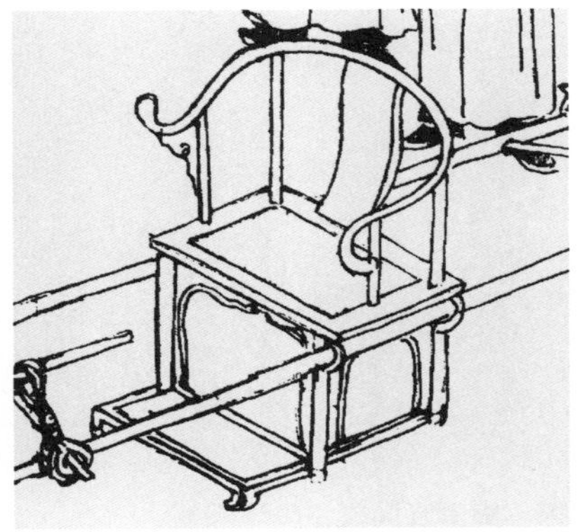

明 显轿，《鲁班经匠家镜》

（*Journal of the Classical Chinese Furniture Society*, Winter 1993, p.37）

明 显轿，陶质明器

高 38 厘米，长 15 厘米，宽 14 厘米（天津市文化局考古发掘队撰，《河北阜城明代廖纪墓清理简报》，《考古》，1965 年 2 月，图版七：2）

明 暖轿，陶质明器

（江西省文物管理委员会撰，《江西南城明益庄王墓出土文物》，《文物》，1959，图 17～4、图 17～2）

轿，其中明轿为五山宝座形制。[1]朱厚烨为宪宗庶六子朱佑梹之嫡子，嘉靖二十年袭封益王。[2]以亲王之尊，所用显然要比廖纪或《鲁班经匠家镜》中的太师椅式更为尊崇。

[1] 江西省文物管理委员会撰：《江西南城明益庄王墓出土文物》，《文物》，1959 年 1 期，页 48 ～ 52。

[2] 清・张廷玉等撰：《明史》卷一〇四《表第五》，中华书局，1995，页 2942 ～ 2945。

宋　肩舆及舆夫，陶质明器
（镇江市博物馆等撰，《江苏溧阳竹箦北宋李彬夫妇墓》，《文物》，1980，图七）

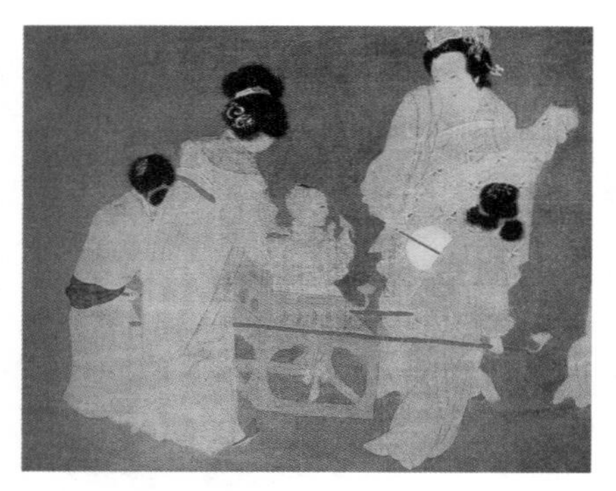

（传）元　钱选《宫女图》
绢本，设色，纵 29.4 厘米，横 55.1 厘米（日本泉屋博物馆藏；《海外藏中国历代名画·元》，图 57）

（传）五代　周文矩《宫中图》（宋摹本）
绢本，设色，纵 25.7 厘米（共四段，分藏美国克里夫兰美术馆、大都会博物馆、弗格美术馆等）

（一）《明宣宗宫中行乐图》中宣宗所乘的明轿

现藏故宫博物院的《明宣宗宫中行乐图》，描写宣宗在宫苑内投壶自娱，观赏宫人骑射、蹴鞠（踢足球）、打马球等游戏，最后坐上椅轿回宫。坐在椅轿上的宣宗似还频频回首张望，显得意犹未尽，不舍得离去。所坐椅轿通体丹漆，形制有别于前述嘉靖前期的廖纪墓或晚明匠人的手册《鲁班经匠家镜》中的圈背椅，而是搭脑、扶手四出头，出头雕饰龙首，椅盘下施围板，设短足前附脚踏。此制椅轿其是其来有自——江苏溧阳北宋晚期的墓葬出土就有一件陶质椅轿及轿夫两名，由轿夫双手的抬举姿势可知是轿杠荷在肩上的“肩舆”，牛头形搭脑与出头的扶手俱平素无饰。按：墓主李彬及其先祖均累世未仕，但为“赀积巨万”的地方富豪，此或反映北宋官员虽无轿乘之制，但民间富豪早利用椅具，无“轿”之名而行“轿”之实。而据此推测，四出头椅轿应是明初圈背形制尚未定于一尊为“太师椅”之际的明轿形制。

再向上溯往，有传为宋末明初画家钱选的《宫女图》，画中一小皇子面露笑容，手托鹦鹉，坐于壶门座的腰舆上，由前后两名宫女抬行。不过，另一幅传为五代画家周文矩的《宫中图》却有雷同的作品，但小皇子变成小公主，双手也是把玩着鸟雀，坐在壶门足座的椅轿上被抬着前行。无论如何，此种将椅作轿的源流，应始自晚唐牛李党争中的宰相李德裕。据来华求法的日僧在其笔记上写道："相公（即德裕）入（开元）寺里来，礼佛之……看僧事毕，即于寺里蹲踞大椅上，被担而去。"[1] 可见宣宗所乘之明轿，不但有唐宋官员或庶民之余意，在宫苑内的使用也自有其传统。

另外，值得注意的是，宣宗的明轿，两柱轿杠前后各有一襻带绕过轿夫颈项，再固定于轿杠上，轿夫双手在定点前施力握紧，两旁各有轿夫双手前后扶杠辅助前行，令人想起著名的唐代《步辇图》，只是画中唐太宗是坐在一方板舆上。研究的学者因此称其为"襻舆"，宣宗的明轿在运作上似与其相近。观察宣宗椅轿前后六名轿夫，似乎个个平整娟秀，并非身形硕壮，也可能跟唐太宗所用一样，都是女性。《酌中志》所记"答应""长随"的宫人必得"身子伟壮有力者"，以便分派大、小轿等之演练，其中有部分应为女性，以便随时伺候宫内妃嫔。此外，明实录上曾记洪武二十年（1387），太祖取福州女轿户之事："初，闽俗妇女有以舁轿为业者，命取至京师，居之竹桥，以便出入宫掖，至是复取之，凡二百余户。"[2] 依此记则洪武二十年之取并非第一次。这些从福建闽、侯、怀三县迁至南京的轿户，于"永乐年间随驾北都，专供大驾、婚礼、选妃及亲王、各公主婚配

[1] 日僧圆仁著：《入唐求法巡礼行记》。转引自宿白著：《白沙宋墓》，文物出版社，2002，页 114、119，注 230。
[2] 《明太祖实录》，洪武二十年十一月己卯，"中央研究院"历史语言研究所，1966。

唐　阎立本《步辇图》
（沈从文编著，《中国古代服饰研究》，台湾商务印书馆，1993，页 231）

应用”[1]。这些轿户到了天顺年间已“消乏”，而“照数佥补”。[2] 婚礼时杠举凤轿的女轿夫，每名都各有制定的衣袍、汗袴、束带、花纱帽与红锦布鞋等[3]，定额为16名，但逢大婚等则所需庞大。万历十八年（1590）任宛平知县的沈榜，在其《宛署杂记》记道：“万历二十年，见当大婚，女轿夫除大兴一百名外，宛平实九十三名，永宁公主府女轿夫一百名，延庆公主府一百名，瑞安公主府一百名。”可见在京畿地区的公主府邸，平日女轿夫的定额也不少，但这都比不上皇帝一次

[1]　明・沈榜著：《宛署杂记》，收入“笔记小说大观”三十五编（第 4 册），新兴书局，1983，页 284。
[2]　明・沈榜著：《宛署杂记》，收入“笔记小说大观”三十五编（第 4 册），新兴书局，1983，页 284。
[3]　明・申時行等奉敕重修：《大明会典》卷六八、卷四五，东南书报社，1963。

出城谒陵所用。万历十六年的谒陵，总共就用了女轿夫1600名。[1]

至于官员之轿乘，与其他器用一样，不得丹漆与雕饰龙凤纹，在京三品以上得乘轿，以四人舁之。四品以下或五府管事、内外镇守、守备等武职，不问老少，非奉皇帝特恩都不许用轿。紫禁城东华门、西华门外有下马碑，用轿者与骑马官员一样均需在于此下轿，再步行进宫。依照定制，宣德中的少保户部尚书黄淮因“陪游西苑，尝乘肩舆入禁中”，或嘉靖间的权相严嵩因“奉诏苑直，年及八旬，出入得乘肩舆”，都属破格的殊典。[2]

（二）张居正的三十二人大轿

不过，古往今来，任何森然严明的制度，都一定有体制外的事情发生。万历朝前十年的内阁首辅张居正，极受少年皇帝与其生母慈圣皇太后之信任，一时权顷天下。期间因父丧而奉旨归葬，万历派了尚宝少卿与锦衣指挥使护送，沿途所经之地，藩台、巡抚大员无不饬厨备馔，跪送有加，有的还特为整治道路，俾其通行便捷无碍。[3]当时张居正所乘用的“步舆”，据明人的笔记，是真定知府钱普特为谄附张居正所造，“前重轩，后寝室，以便偃息，旁翼两庑，各一童子立，而左右侍为挥箑炷香，凡用卒三十二人舁之”[4]。有的描述钱普所造的步辇是“如斋阁，可以贮童奴，设屏榻者”[5]。想象张居正的步舆，前有两重屋檐，后面有寝室，设屏榻其间，步舆两旁还有走廊，各站了一名如仪卫般的童子。坐在里面的张居正，左右还有侍从帮着

[1]　明·沈榜著：《宛署杂记》，收入“笔记小说大观”三十五编（第4册），新兴书局，1983，页133。按：三位公主皆明穆宗女。永宁公主下嫁梁邦瑞，万历三十五年薨；瑞安公主为明神宗同母妹，万历十三年下嫁万炜；延庆公主万历十五年下嫁王昺。参见《明史》卷一二一《列传第九》，中华书局，1995，页3675～3676。

[2]　清·张廷玉等撰：《明史》卷六五《志第四十一》，中华书局，1995，页1612。

[3]　清·张廷玉等撰：《明史》卷二一三《列传第一百一》，中华书局，1995，页5647～5648。

[4]　明·焦竑撰：《玉堂丛语》卷八《汰侈》，中华书局，2007，页275～276。

[5]　明·沈德符：《万历野获编》卷九《内阁三》，中华书局，2007，页275～276。

明 “大步辇”,《出警入跸图》
横 2601.3 厘米，纵 92.1 厘米（台北故宫藏）

挥扇、炷香，而这尚不包括随时待命传信办事的贴身长随，或侍寝、供奉茶水的女侍等等，阵仗煊赫，好不威风。推测包括主仆在内，这“步舆”上至少有七八人，甚至多达十人，这32名舁夫有如扛着一栋具体而微的斋阁前行。晚明文人甚至说其“舁者百余人，仪从又数百人”[1]，无论如何，此阵仗已远非“舆”或“轿”的传统定义。

明宪宗在内苑行乐所坐之明轿有六名轿夫，前举皇帝出入宫掖的红板轿或亲王的棕顶方轿为12人所舁，皇妃、公主之凤轿也不过是16名轿夫。有32名舁夫、内部又有家具陈设的，似乎只有皇帝谒陵、巡行的卤簿仪仗中之“大凉步辇”可“匹敌”。不过，据《明史·舆服志》，“大凉步辇”之制：“辇亭高六尺五寸有奇，广八尺五寸有奇……红髹座椅一……内设红髹桌二；红髹阑干香桌一。”尺寸折合现

[1] 明·文秉撰：《定陵注略》(上)，伟文图书出版社，1976，页 47。

代通用之公制，宽广即276.68厘米。[1]内部除坐椅外，仅置两桌、一香案，并无卧寝之设。而《出警入跸图》中所见的“大步辇”，前既无“重轩”，左右两旁亦无“廊庑”，单一的四方空间根本无法再“隔间”，若深居大内的少年天子有知，亦当自叹不如。

五　明代宫廷内的“桌”与“案”

永乐四年清单之首列即为“大卓子”一帐，还有大小“香卓”各一帐，“香卓”用如供桌，也是皇帝出行卤簿器用之一。三件桌器皆为剔朱红漆之饰，往后的赏赐只见其他家具，独缺桌器，当然也未见朱红戗金的桌子。其原因为何，有机会当另行探讨。事实上，桌类器用在明代宫廷内，与“案”类家具一样，使用非常频繁。

（一）君臣间用案、用桌有尊卑称名之别

1. 皇帝御用大抵称“案”

据今人的解释，腿足位在四角的为“桌”；“案”的解释是“腿足缩进安装，并不在四角的家具”[2]。但在五六百年前高形家具初兴的宋明时期，也许没有那么清楚的分界，可能也不是依其形制来划分。明人陆容在其笔记《菽园杂记》中谈到时人的文字或器作经常误写，如“姪”本就是妻方兄弟之女，故从“女”字旁，兄弟之子不应称“姪”等。还说：“今俗吏于移文中，如价直之直作‘值’，枪刀之枪作‘鎗’，案卓作‘案棹’，交倚作‘交椅’，此类甚多，使欧公见之，当更绝倒也。”[3]陆容是明宪宗成化二年（1466）的进士，文中的“欧公”指唐宋八大家之一的宋代欧阳修。陆容的意思是，若欧阳修看到

---

[1]　明代一裁衣尺（十寸）为35.55厘米计算。参考河南省计划局主编：《中国古代度量衡论文集》，中州古籍出版社，1990，页150～151。

[2]　王世襄著：《明式家具研究·明词术语简释》，南天书局，1997，页191、170。

[3]　明·陆容撰：《菽园杂记》卷三，中华书局，1989，页30。

明代的人将“案卓作‘案棹’”时会“绝倒”。陆容此记显示，最初使用桌器时是称“卓”，并非如今所用的“桌”。重要的是，桌经常与案并称“案卓”，两者如影随形，“卓”常随在“案”之后。换言之，案是排在桌前面的。

检视明人笔记，朱元璋自立为吴王的吴元年（1367）七月，有一天宫门受雷震后，“得物若斧形而石质，太祖命藏之。出则使人负于驾前，临朝听政，则奉置几案，以祗天戒”[1]。从天上掉下来的斧形石，可能被朱元璋视作“黼扆”（斧扆，即帝王身后的屏风）之吉兆，是他日必登大位之征，出行时置于前导，临朝听政还陈于“几案”。此记显示临朝听政的庄重肃穆场合，皇帝所凭的是“几案”。开国名臣宋濂，有一次与同僚一起受宴，已成为皇帝的朱元璋执意要其饮尽杯中酒。宋濂以年迈体衰婉辞，最后经不起朱元璋一再催逼，只好一饮而尽，顿时满脸通红，飘飘然不胜酒力。朱元璋大悦说：“卿宜述一诗，朕亦为卿赋醉歌，二奉御捧黄绫案进，上挥翰如飞，须臾成楚辞一章。”[2]可知成为皇帝的朱元璋一时兴起要写字，临时抬用的也是“案”，还覆有黄绫。明孝宗弘治十年（1497）三月，孝宗宣阁臣刘健、李东阳、谢迁等人到文华殿，“上曰：‘近前’。于是直叩御榻，司礼监诸太监环跪于案侧。上曰：‘看文书。’”[3]意即负责秉笔的太监等已环跪于案侧，只等着阁臣们来就要开始，孝宗也是据“案”处理国政。万历二十九年（1601）十二月，皇长子朱常洛在群臣向万历几度催促下出阁讲学，原先是相当草率的：“皇长子出阁讲学，以未行册立，不用侍卫、仪仗，并内侍、进案，至是礼臣以累朝旧例开具上，请从之。”[4]朱常洛就是后来的明光宗，虽为皇长子，但出阁讲学时仍未被册立为皇太子，故一切仪注从简，如果不是礼臣据旧例向

[1] 明·余继登撰：《典故纪闻》卷一，中华书局，1997，页12。

[2] 明·陈子龙等辑：《皇明经世文编》卷二《宋学士文集二》，中华书局，2005。

[3] 明·陈洪谟撰：《治世余闻》（上篇）卷二，中华书局，1989，页12。

[4] 《明神宗实录》卷三六六，万历二十九年十二月乙酉。

万历力争，连听讲时搁放书册的“案”都没有。于此可知，明代皇帝临朝听政，临时要写字，或身为皇位嗣统的皇太子之讲读，所用皆称作“案”。驾崩后亦如此，如明孝陵殿中陈设，明人笔记说：“上安二御座，乃朱红圈椅，前一朱红案。”[1]

2. 群臣所用为“桌”“小案”

至于宫内群臣据以处理文书所用的，则称为“桌”，如景泰七年（1456）春天，因兵部尚书于谦病重，朝廷传旨要阁臣中自择一名协助，几位阁臣素知其同僚江渊一直很想进兵部都无法如愿，故意在拟旨前告诉他说：“兵部权任不轻，非江先生莫可。”江渊也自觉“非我莫属”，于是首辅商辂写完名字后封缄，不动声色就“置阁中桌上”。江渊浑然不知其中有诈，与商辂及另一阁臣萧镃共三人一同前往复命。隔日皇帝下旨颁布才知所写的是别人。[2]由此事可知，重要如内阁大臣办公所用之器，只能称“桌”，不称“案”。

孝宗弘治十三年（1500）有一次将刘健、李东阳等阁臣召来商议诸营提督辞任之事，定案后孝宗“即令撰手敕稿，是日，司礼惟诸太监在侧，余无一人在左右者，于是扶安、李瞕举小红桌，具朱笔砚，臣李东阳录稿以进，上亲书手敕成”。[3]当日因负责文书的秉笔太监不在场，故临时由两名内侍扶安、李瞕搬了一张小红桌过来给李东阳打草稿，再由孝宗亲手抄录。可见皇帝所用的“案”，臣子不得使用，临时必须写字时，就举个“小红桌”来用，尺寸小，也不称“案”。

嘉靖六年（1527）五月，以外藩入嗣继统才数年的嘉靖皇帝，对经筵讲读与日讲非常重视，亲自与阁臣商议讲读的内容与日期，后来议定“以五月十三日为始，一如日讲，于御案上背讲，切近天颜，恐汗气熏渎，合无于地屏下设一小案，照经筵例令讲官看讲，上从

[1] 明·顾起元撰：《客座赘语》卷三《孝陵碑石》，中华书局，1989，页85。
[2] 明·邓士龙辑：《国朝典故》卷五六《謇斋琐缀录四》，中华书局，1993，页85。
[3] 明·陈洪谟撰：《治世余闻》（上篇）卷二，中华书局，1989，页13。

之”[1]。意即五月十三日开讲以后，天气渐热，恐怕讲官太靠近圣上，身上的汗味熏到皇帝，只好离着皇帝所坐附近加设一具“小案”。不论其尺寸是否真的很小，但以一个“小”字之形容来区隔臣下与皇帝所用的“案”有差，凸显尊卑相当明显。

如此亦可见，在明人的礼制上，“案”的位阶大于“桌”，皇帝用“案”，阁臣所据为“桌”。阁臣有必要在皇帝近身使用时，至多称“小案”。两者主要以身份、地位区分。而皇帝使用的案，一般通称“御案”。宫内用案时依场合的不同而名称各异，如读书所据为“书案”；颁发诏书所用称“诏案”；皇帝登基、大婚、亲王冠礼等正式仪典，陈放衣冠等物之案叫“冠案”；置印玺宝章的为“宝案”；在奉天殿向天宣告皇太子妃之姓氏，准备持节进行纳名、问采之仪式时，鸿胪寺要先预设封册文书的“节案”与“册案”；仪式进行中焚香拜天的称“香案”，等等，不一而足。[2] 此外，如椅之有椅帔、椅裙，轿有轿衣一样，案也有案衣。案衣是用黄绫将将整器覆盖，案沿并另缀一截短裙。

（二）君臣间案衣与桌围之分际

前章所举故宫博物院所藏的《徐显卿宦迹图》，似连环图画般一图一文。其中一段叙述徐显卿四十七岁时充当展书官进行“经筵进讲”，画中可见十二岁的万历皇帝坐在一具搭脑龙首出头的金椅上，上覆红色织金椅帔，身后是云龙大座屏。据徐显卿之记，“讲案离御案丈余稍远”。画中所见，万历面前就是一张朱漆覆黄绫的御案。前方不远处，正在进讲的讲官所据为一张尺寸略小、高度也稍矮的“讲案”，也是朱漆，但所覆桌衣（或称“桌围”）为黑色，与万历所用有

[1] 《明世宗实录》卷七六，嘉靖六年五二月乙酉，“中央研究院”历史语言研究所，1966。

[2] 明•俞汝楫等编:《礼部志稿》卷一九《仪制司职掌十》，收入《景印文渊阁四库全书》第 597 ～ 598 册，台湾商务印书馆，1983。

明万历　余士等《徐显卿宦迹图》，
“经筵进讲” 册，绢本，设色
纵 62 厘米，横 58.5 厘米（故宫博物院藏）

明万历　余士等《徐显卿宦迹图》，
“日直讲读” 册，绢本，设色
纵 62 厘米，横 58.5 厘米（故宫博物院藏）

别。另外一段徐显卿四十九岁时充任日讲官的“日直讲读”[1]，描写在文华殿后川堂的日讲。据其描述，“御座不甚高，书案亦不甚大”[2]。画中讲官徐显卿身形微躬，侧对着指点书案上展开的书。已经十四岁的万历端坐书案后听讲，身后还有高浮雕龙饰的大座屏。此“书案”与“经筵讲读”中的一样，也是朱漆覆黄绫至地。徐显卿在五十一岁时因以副总裁之职参与修撰的《大明会典》完成，受万历加恩“得赐祖考及先考府君俱通议大夫、詹事府詹事兼翰林侍读学士，祖妣及先母俱太夫人”等，可谓光耀门楣，所绘“幽陇沾恩”描述诸人跪拜受恩。双手奉读诏书的宣诏官身旁的“诏案”是朱漆覆以黄绫，案沿饰黄绫短裙。与此同时，另一幅“储寀绾章”记其四十八岁时以侍读升辅导太子政事的詹事府左春坊之首，兼掌坊局印信。画中正襟危坐的徐显卿，身侧一员所捧朱漆长匣应即为其所掌管之印信，而面前的一张黑漆大桌，浅色桌围，桌沿黑色椅裙似夹织纹饰，与“经筵进讲”中讲案所覆之素黑有别。

由以上所述可知明代宫廷内于朝会、经延或日讲等君臣同时用案桌的场所，皇帝据朱漆案覆黄绫衣，案沿饰黄绫短裙；臣属所用称

---

[1] 明·余士等绘:“经筵进讲”段墨书,《徐显卿宦迹图》册（局部），收入杨新主编《明清肖像画》,《故宫博物院藏文物珍品大系》，2008，页 44。

[2] 明·余士等绘:“经筵进讲”段墨书,《徐显卿宦迹图》册（局部），收入杨新主编《明清肖像画》,《故宫博物院藏文物珍品大系》，2008，页 44。

明万历 余士等《徐显卿宦迹图》，“幽陇沾恩” 册，绢本，设色
纵 62 厘米，横 58.5 厘米（故宫博物院藏）

桌，或同为朱漆，但以黑色桌衣区分尊卑。如果臣僚代表皇室行其职权，如储掌绾印大事，仍用朱漆桌，但桌衣之用色有所变化。至于尊卑高下间案或桌之形制，依《徐显卿宦迹图》所绘看来，均为一式的平头案或平头桌，所差应仅为称名之区别，用色与尺寸大小。至于臣属在宫内使用的桌衣，以“经筵讲读”和不同场合的“储案绾章”所见，用色并非如皇帝所用般单一不变。

（三）**臣属桌衣用色之变化及其形制**

除上所述万历两次受讲外，徐显卿与其僚属、宫内内侍等之相关宦迹中出现不少桌椅家具，较为显著的有其三十六至三十八岁与其他四位僚臣轮流当直，在内书堂教习诸内侍。“司礼授书”中，徐显卿面对数百名听讲的太监所用的是平头的朱漆大桌，桌沿饰丈青短裙，下为天青的桌衣并织白色峰峦纹饰。五十岁时的“玉堂视篆”，徐显卿升任“正詹并学士掌院”，应即“掌理太子上奏、下启笺及讲读之事”[1]的詹事兼春坊大学士，属人臣之宠渥。身着红袍的徐显卿，端坐在一张翘头大案之后，所覆的红桌围之下隐约透出腿足间的横枨，形制如现藏美国纳尔逊美术馆的一架“黄花梨攒牙子翘头案”。翘头大案外加大红案衣，彰显圣上之宠渥，其位阶似系高于“司礼授书”中面对诸内侍授讲的平头案。此外，“储案绾章”画中，可见三位官员面对着徐显卿正围聚着一具未覆桌围的黑色长桌，检阅文书并用印，清楚可见桌面下腿足微撇，短边带横枨。

[1] 清·张廷玉等撰：《明史》卷七二《志第四十九·职官二》，中华书局，1995，页1783 ～ 1784。

明万历　余士等《徐显卿宦迹图》，“司礼授书” 册，绢本，设色
纵 62 厘米，横 58.5 厘米（故宫博物院藏）

明万历　余士等《徐显卿宦迹图》，“玉堂视篆”
册，绢本，设色，纵 62 厘米，横 58.5 厘米（故宫博物院藏）

明　黄花梨攒牙子翘头案
长 153.7 厘米，宽 35.6 厘米，高 85.7 厘米（美国纳尔逊美术馆藏；转引自王世襄《明式家具研究》）

至于案桌外披案衣、桌衣，在明代则并不仅宫廷内的官员使用，宫墙之外的衙署、公堂，官员坐堂所用之桌亦如此。若要探究其源，恐怕就要上溯到唐五代时期敦煌壁画中天上诸佛、地狱中鬼神、判官所用之物，如存世的敦煌西域文物。

敦煌西域文物 （陈文平著，《流失海外的国宝》，上海文化出版社，2001）

明 《明宣宗宫中行乐图》（局部）
卷，绢本，设色，纵 36.6 厘米，横 687 厘米（故宫博物院藏）

从上举诸例所见，宫内用案或桌之时，其案面或桌面为一整板或四沿加围板两种，因其外披衣围使桌沿以下形制不明，是否有进一步雕饰、彩绘、螺钿、金饰等，都不得而知，但以任何器表装饰都会因所覆桌衣而隐覆不见，相信都仅为基本形制，外表髹漆而已。其余场

明　填漆戗金云龙纹长方桌
长 89 厘米，宽 64 厘米，高 71 厘米
（故宫博物院藏）

合之案桌如用膳等，仅髹朱或金漆，不使用案桌之衣，如《明宣宗行乐图》中投壶的宣宗身后亭内，可见一朱漆桌上正陈列多种膳品。或者，用漆之余另行加饰，如据万历时期的《工部厂库须知》："嘉靖六年，应天府奏准……凡南京内官监成造郊庙宫殿门庑御道礓䃰等处棕藁荐，并朱红漆蒙金彩漆云龙膳桌。"[1]郊庙所用如此，以"事死如事生"的传统观念，生前死后所用一致，可知皇帝用膳的器用叫"膳桌"，不称"膳案"，在红漆之外可能还有彩绘云龙等金饰以象征其身份。这样的膳桌，其繁复缛丽的描饰，像覆有案衣的髹红或金漆案一样，意在彰显其身份，应当是不覆衣而直接使用的。故宫博物院收藏不少漆作金饰的明代桌具，如"填漆戗金云龙纹长方桌"，或带有"大明万历年制"金漆款的"黑漆嵌螺钿彩绘描金云龙纹长方桌"等。根据今人以形制不同所下的定义，前者"腿足缩进安装，并不在四角"，属于"案"，事实上就是一种小案。其桌面开光，施戗金彩漆雕填聚宝盆图案，两侧则双龙戏珠。壶门牙条亦以双龙为饰，四角折枝花卉，腿足及双枨雕填花卉纹。桌底亦朱漆，刀刻"大明万历癸丑

[1]　明・何士晋撰：《工部厂库须知》卷九，"玄览堂丛书"，正中书局，1985。

明　黑漆嵌螺钿彩绘描金云龙纹长方桌
长 125.5 厘米，宽 47 厘米，高 78.5 厘米（故宫博物院藏）

（传）元　任仁发《琴棋书画图》
屏条，绢本，设色，各纵 172.8 厘米，横 104.2 厘米（东京国立博物馆藏）

年制”，即万历四十一年（1613）。后者亦为今人所说的“案”，通体髹黑，桌面面心及周匝边线均以云龙纹为饰，图案以薄螺钿填充而成，牙板及腿足为彩漆描绘云龙，并以泥金勾描纹理，腿足及横枨亦彩绘描金花卉纹，桌底刀刻“大明万历年制”。除了膳桌，还有“填漆戗金云龙纹琴桌”，是目前故宫博物院收藏品中年代最早的琴桌实物，案面长方形开光内饰戗金双龙戏珠纹，雕填彩云立水，四沿葵花式开光饰云龙纹，束腰下施壶门牙条，分别以填彩折枝花卉或戗金填彩行龙赶珠为饰。特殊的是桌面与桌里腾出空间，另有素漆镂空钱纹屉板，附有音箱，以提高音响效果。不过，现藏日本传为元代画家任仁发的《琴棋书画图》四幅屏条中“琴”的部分，可见抚琴文人所倚似乎仅为一单层桌面，这具附有音箱的戗金云龙纹琴桌也许是入明之后宫内匠作技艺的精进所致。

明　填漆戗金云龙纹琴桌及案面

长 97 厘米，宽 45 厘米，高 70 厘米（故宫博物院藏）

观察上述所举诸图，可大致看出宫苑内主事的大臣，面对皇帝、僚属或内侍等之不同场合，以用案或桌之形制和案衣、桌衣之用色，以及桌沿短裙纹饰之差异，彰显其位卑于皇帝，但也尊于其僚属或内侍。至于场所为何或形制、用色之间有更细微之礼仪区分，有机会当做进一步探讨。值得注意的是，《徐显卿宦迹图》中的“玉堂视篆”

明　紫檀夹头榫画案
长 227 厘米，宽 79.5 厘米，高 85.6 厘米
（故宫博物院藏；转引自王世襄《明式家具研究》）

明　黄花梨带翘头二屉柜橱
长 170 厘米，宽 52 厘米，高 90 厘米
（英国维多利亚・艾伯特美术馆藏；
转引自王世襄《明式家具研究》）

或“储案绾章”，用印的官员所据的长桌，其制如一架故宫博物院所藏的“紫檀夹头榫画案”。与此同时，“玉堂视篆”中徐显卿右侧有齐整的一列桌椅，漆色与徐显卿所据相同，与用印的黑色大桌相较之下显系褐色，皆翘头撇足，素木未漆，并清楚可见画家极欲利用线条与用笔来表现两小一大之拼板，仿如正面为储物的两屉一闷橱，具体的形制如英国维多利亚·艾伯特美术馆收藏的一座相似明代的“黄花梨带翘头二屉柜橱”，当然高度是不一样的。翘头“柜橱”之后的椅具，高靠背搭脑不出头，扶手应该也相应不出头，是所谓的“南官帽椅”，形制如一具私人收藏的明代“黄花梨高靠背南官帽椅”。至于“司礼授书”中徐显卿的坐具，从椅帔下所露出的出头搭脑，应为四出头的“官帽椅”，此是否显示，面对数百名内侍的教习，其地位之

明　黄花梨高靠背南官帽椅
长 57.5 厘米，宽 44.2 厘米，座高 53 厘米，通高 119.5 厘米（叶万法藏；转引自王世襄《明式家具研究》）

明　铁力四出头素官帽椅
座面长 74 厘米，宽 60.5 厘米，座高 52.8 厘米，通高 116 厘米（王世襄藏；转引自王世襄《明式家具研究》）

尊崇甚于“玉堂视篆”中一列排坐的官员？坐椅搭脑与扶手的出头与不出头间，是否与案桌一样，有隐藏其间的尊卑礼制？或者仅是习惯用法，或仅是偶然的排列而已？凡此，也许有必要搜集更多资料作深入探讨。不过，以上所举博物馆或私人的收藏品，不管是案、桌，还是椅具，在近20年来却归类于“明式家具”之范畴。换言之，以“材美工良，造型优美”著称的“明式家具”，一般都认为流布于文人主导而自成品味的江南地区。[1]但事实上，此类家具在大明宫廷内也无所不在，至少在万历时期是如此。从而可知，目前广为人知的“明式家具”，并非江南文人之独好，也是大明宫廷内的器用之一。

[1]　王世襄著：《明式家具研究》，南天书局，1989，页 17。

第三节 “朱红彩妆戗金”的绚烂时光

『策彦入明記の研究』中记载，明成祖继永乐四年（1406）颁赐日本国王源道义家具类“朱红戗金彩妆”的帐架床、衣架与轿子之后，很快地，永乐五年又下敕书表扬其“忠贤明信，敬恭朝廷，殄戮凶渠，远献俘获……厥功之茂，古今鲜丽”等，特赐大笔花银、铜钱，大匹纻丝、彩绢、罗、纱等，又有褥子、夹被、枕头等，以及家具“四明硃红漆彩妆戗金暖床一张”“朱红戗金竖柜一座”与“靠墩一个”。[1]前述永乐四年之赐洋洋洒洒，几乎无所不包，时隔年余再赐之家具竟无一件重复，仿佛在填补前次之不足，欲使其日用所需更为齐整完备。此次家具中的“暖床”有别于前次的“帐架床”，帐架床系由四柱、六柱或八柱支起，顶覆盖。床四角各设一柱为“四柱床”；其中一面多设两柱成为门柱的为六柱床；六柱床前再设一小廊为“八柱床”。此三类床在各柱间设围栏，内施帐幔，即“帐架床”，适合清风徐来的夏日使用，前章已有所介绍。“暖床”，顾名思义，与暖轿一样，床体外围坚实封闭，外形有时如屋似龛，上有屋顶、前檐，出入口施两重槅扇门，其间留有廊庑，唯永乐所赐之暖床外表髹饰为“朱红漆彩妆戗金”。“彩妆”指其朱漆为地的外表还敷有多色之纹饰。此暖床之赐，颇适合纬度较高的日本寒冬时使用，而想必此前后两种不同的床制已敷其冬夏所需，对照顾日本国王的卧寝大事，也算相当周密了。由此亦可推测明初宫廷器用的外表以朱红戗金为主流，并以戗金之处理为时尚。

一 “靠墩”

“靠墩”，顾名思义，应为可受倚靠之墩形用具，并非坐具类中常见坚硬的木制或瓷制坐墩，目前所知的明代家具中似无此品类。清单

[1] 日・牧田谛亮编著：『策彦入明记の研究』（上），法藏馆，1955，页 337 ～ 341。

中“靠墩”条下有“丝大红素纻绣梧桐叶顶深青绒锦身”之描述，知其为丝质、锦身，顶覆深青绒。检视文献资料，晚明的文人高濂在讨论其《怡养动用事具》的“竹榻”说：“以斑竹为之，三面有屏……可足午睡倦息。榻上宜置靠几，或布作扶手、协坐、靠墩。”[1] 可知高濂养生榻上用以倚靠之具有靠几、扶手、协坐、靠墩。后三项以软性的布料为材质，其中的“靠墩”与明初赏赐日本国王清单所述之“靠墩”非常接近。那么“靠墩”的形制为何？既有“顶部”，也有“锦身”，依此功能与材质推测，应与前章讨论明孝宗朝服坐像时，孝宗笼袖的双手手肘边所设的鼓几状的迎手类似。或者说，孝宗的迎手应该就是明初“靠墩”的具体形制之一。

将迎手（靠墩）搬上宝座并置于两侧作为凭倚，是明代开国以来皇帝坐像画中前所未有之陈设，属孝宗首创。孝宗因何有此创举？检视其成长背景，也许其来有自。孝宗为宪宗偶幸的宫人纪氏所出，为躲避宪宗宠幸的万贵妃的加害，自幼被养于偏僻的安乐堂，六岁曝光后旋即被尚无皇嗣的宪宗立为太子，养育在宪宗生母周皇太后的仁寿宫中。不久，其生母纪氏和照顾他的太监、宫女相继死亡，周皇太后不时叮嘱年幼的他要防范万贵妃。[2]坐像中的孝宗背后还有一架三折大围屏，几乎将孝宗连人带宝座整个的包护住。以左右的迎手为凭、宝座后设围屏为靠，似意欲凸显孝宗以其拥有的政治权力，利用多重的屏障来保护自己；并以贴身的倚靠“迎手”来强化其安全感。若永乐五年（1407）颁赐日本国王的一个“靠墩”与孝宗坐像中所见之小鼓几式的迎手相同或类似，则明代宫廷内使用此“靠墩”之时间至迟应在明初的永乐时期。但将其设于宝座上并入画，孝宗的坐像显系滥觞。

尽管赏赐日本国王源道义的“靠墩”形制尚缺直接图证，但可确

[1] 明·高濂著、赵立勋等校注：《遵生八笺校注》，人民卫生出版社，1994，页 242 ～ 243。
[2] 清·张廷玉等撰：《明史》卷一五《本纪第十五·孝宗》，中华书局，1995，页 183。许文继等著：《正说明朝十二帝》，中华书局，2005，页 150 ～ 151。

定的是与孝宗所倚迎手的外表纹饰一定不同。孝宗“鼓凳”式的迎手上，开光处可见饰有象征天子十二章中之宗彝，与下裳所绣之宗彝相互呼应。赏赐日本国王的靠墩则以“绣梧桐叶”为饰。梧桐古称“榇梧”，所谓“梧桐生矣，于彼朝阳”[1]是也，传统上象征忠贞。

孝宗坐像的迎手之设在明代前所未有，但往后的明代皇帝坐像画中可见迎手，亦为清朝皇帝御座上的常设小件，形制有方、有圆。同时也成为皇室祭天地时必备的陈设——清代太常寺天坛“皇天上帝正位”的龙座陈设有“天青织金龙缎迎手二”；地坛的“皇帝祇正位”也有“明黄织金凤迎手二”。[2]

二　有关“朱红戗金竖柜”

其次是“朱红戗金竖柜一座”。柜类家具用为存贮器具、衣物、文书、档案。“竖柜”又名“立柜”，通常设对开的双扇柜门，短足间有牙板加固。立柜顶上再叠放一具顶柜或顶箱，称为“顶竖柜”或“四件柜”。一般为并排陈设，也可左右对立。故宫博物院现藏有一件明代的“黑漆描金山水纹顶竖柜”，立柜内分三层，上下柜各对开两门，通体黑漆。柜门自上迄下的壸门牙板间皆施描金之楼阁山水与人物，门上设铜合页与拉环。柜侧亦金绘折枝花卉。“描金”亦名“泥金画漆”，也是漆工艺用金的方式之一，与“戗金”之差异在于用笔蘸漆描绘图案，再将金箔制成泥金粉，在图案将干未干之际，用丝绵团蘸泥金粉着上。此顶竖柜虽非红漆，亦非戗金，但可作为明代宫廷内漆作施金的柜类家具之参考。根据档案所载，此顶竖柜为四执事库之物。四执事库为原清宫北五所之一，专事收藏皇帝御用之冠袍、带

[1]《尔雅》疏卷九《释木第十四》，《重刊本十三经注疏校勘记》，清嘉庆二十年南昌府刊本，页157。

[2] 清・昆冈等奉敕著：《钦定大清会典事例》卷一〇八三《太常寺》，中华书局，1991。

明　黑漆描金山水纹顶竖柜
长 120.5 厘米，宽 64.5 厘米，高 207 厘米
（故宫博物院藏）

履与寝宫帐帏。[1] 此柜高207厘米，已过一般人的身长。据明清之际的文人谈迁《枣林杂俎》：“（南京）翰林院四书椟，各高丈许。”[2]明代一丈约为今日的300余厘米[3]，据谈迁所述，此“丈许”高的书椟是明太祖抄元末富人沈万三的家所得。如是，则“高耸”的柜类家具至迟在元代就有了。至今故宫博物院内仍有清宫旧藏高耸至屋顶的高柜。

“书椟”就是书柜，依《明太祖实录》所记，朱元璋开创其乾坤大业之初，家具中的“柜”也扮演了一个角色。至正十五年（1355），朱元璋投身郭子兴部，在红巾军与元兵鏖战不止之际，受命前去和阳当总兵。前往和阳的途中与元军相遇，整兵备战后，朱元璋正稍事假寐时：

> 俄有蛇缘上臂，左右惊告。上视之，蛇有足，类龙而无角。上意其神也，祝之曰：“若神物则栖我帽缨中。”蛇徐入绛缨中。上举帽戴之，遂诣敌营，设词喻寨帅。帅请降，乃还师……上归喜，因忘前蛇。坐方久，悟脱帽视之，蛇居缨

[1]　胡德生编著：《明清宫廷家具》，故宫博物院，2008，页 222。

[2]　清・谈迁著：《枣林杂俎》，中华书局，2006，页 16。

[3]　据学者研究，明清的营造尺长 32 厘米，量地尺长 34 厘米，裁衣尺长 35.5 厘米，一丈为十尺，则谈迁所谓“丈许”至少有 300 厘米。曾武秀撰：《中国历代尺度概述》，收入河南省计量局主编《中国古代度量衡论文集》，中州古籍出版社，1990，页 150 ～ 151。

中自若。乃引觞酌，因此饮蛇。蛇亦饮，遂蜿蜒神椟，矫首四顾，复俯神主项，若镂刻状。久之，升屋而去，莫知所之，人咸以为神龙之征。未几，敌众皆走渡江。[1]

意即此“有足，类龙而无角”的蛇一出现，令朱元璋“不战而屈人之兵”，并在朱元璋与之共饮后，在“神椟”内游走，并俯视神像的颈项如雕刻状。升屋离去后不久，元军也就渡江走了。此外，朱元璋宾天后，皇太孙建文嗣位。不到四年，其叔朱棣的“靖难之师”就兵临城下。据明人的诸多笔记，家具中“柜”也曾肩负关键性的角色——在燕兵已破金川门后，宫中烟火涨天，宫人各自窜匿奔走，建文想到太祖临崩前，“治命密敕一封柜，召太孙曰：‘此柜不可妄启，汝若遇难时，速启视之，即无害也。’至是，靖难师将逼，启视其柜，见一刀、一度牒”[2]。有的记载还有白金、袈裟、帽鞋等物。建文是否凭此易装逃出宫墙，祝发为僧，不得而知。总之，就此从人间蒸发，以致众说纷纭，到了明末清初已累积了二十五六种版本的建文皇帝“出亡说”。[3]

上述两则有关“柜”的故事皆属传奇。前者的蛇和“神椟”并具彰显“真命天子”之媒介，后者的“柜”却是建文“宿命”的道具。依其故事，两者应皆为立柜，内在结构可能有所不同。前者应系摆设神像所用，内部至少在正中部分的上下净空以供神佛，两旁设拉屉或置厨门，有佛龛的功能；后者置放衣物杂什，可能须加以隔层。明史上另一则有关洪武朝的记载可能较为实际。洪武六年（1373）九月，翰林学士承旨兼吏部尚书詹同等向明太祖进言：

上起兵渡江以来，征讨平定之迹，礼乐治道之详，虽有

[1] 《明太祖实录》，至正十五年春正月，“中央研究院”历史语言研究所，1966。明・余继登撰：《典故纪闻》卷一，中华书局，1997，页 18。

[2] 明・邓士龙辑：《国朝典故》卷一九《建文皇帝遗迹》，中华书局，1993，页 330。

[3] 清・查继佐撰：《罪惟录》，收入“笔记小说大观”四十五编，新兴书局，1987，页 70。

明早期　《洪武实录》金柜
长 136 厘米，宽 77.5 厘米，高 130 厘米
（故宫博物院藏）

记载，而未成书，乞编日历藏之金柜，传与后世。上从其命，同与侍讲学士宋濂为总裁官，侍讲学士乐韶凤为催纂官，礼部员外郎吴伯宗、儒士朱右、赵埙、朱廉、徐一夔、孙作、徐遵生纂修，乡贡进士黄昶，国子监生陈孟旸等膳写。[1]

依上所述，詹同所建议的应是将逐日记录太祖言行的“起居注”编辑成册，历代的《起居注》是皇帝驾崩后编纂“实录”的重要根据之一。目前收藏一具明早期的“《洪武实录》金柜”，也许就是应“起居注”编册的进行所成造的“金柜”。此柜楠木制，外包铜皮，整器髹金，正面有铜锁鼻，两侧设铜拉环，底座镂刻壶门曲边，柜正面饰双龙戏珠，云纹为地，柜顶有云纹正龙，正面顶盖的立墙在铜锁左右各有一游龙。洪武后的50年，也就是英宗正统十三年（1448），太子太保兼文渊阁大学士彭时在其《彭文宪公笔记》中说：“文渊阁在午门

[1] 《明太祖实录》卷八五，洪武六年九月壬寅，“中央研究院”历史语言研究所，1966。

内之东，文华殿南面，砖城凡十间，皆覆以黄瓦，西五间，中揭以文渊阁三大字牌匾，牌下置红柜，藏三朝实录副本……余四间，背后列书柜，隔前楹为退休所。”[1]可知英宗正统年间，文渊阁牌匾下有外表髹朱的红柜，收藏前三朝的实录。英宗之“前三朝”为成祖、仁宗与宣宗，而收藏《明太祖实录》的此金柜，当时另奉何处待考，但可确定的是，自从嘉靖十三年（1534）在太庙东南的“皇史宬”建成后，历朝实录、宝训或玉牒等，均集中收藏于此，清人入主后仍沿其制。

明神宗即位之初，有关圣谕、诏书、敕令、典章及内阁题稿等项的备录本文，或者据以编写实录的每日“起居注”等，在“国史古称金匮石室之书，盖欲收藏谨严，流传永久”之前题下，相关文书由史官每月编为草稿，装为七册，一册为“起居注”，六册为“六部事”，册面各记日期与史官姓名，送入内阁验讫，投入一小柜，用文渊阁封印。于岁末时，内阁会同各史官开取各月草稿，再放入一大柜，“用印封锁如前，永不开视”。而此“月置一小匮，岁置一大匮”的大小诸柜俱安置于东阁。[2]前此正德三年（1508）二月，礼部尚书刘机上奏：“二十六日会试毕，臣与考试、监视、提调等官俱于四更赴朝房，后陛见，遗下朱墨五十余柜于至公堂，被火焚毁。”[3]结果武宗追究了看守与执役人员的过失，至于试卷，“既焚毁，姑不问”。然“五十余柜”的数量非同小可，失火原因未载，柜内被焚毁试卷的考生如何处理，不得而知，但负责成造的工部必得另制如数的柜子来填补损耗。由此可知，明代宫苑内，“柜”之为用大矣，可收冠袍、帐帏，置“起居注”册、“实录”等史料，平日又得有为数不少的空柜子备便，以放置会试的卷子。故宫博物院所藏一件明代“宣德款填漆戗金双龙

[1] 明·邓士龙辑：《国朝典故》卷七二《彭文宪公笔记》，中华书局，1993。按：彭时为英宗正统十三年状元，代宗景泰间入阁，宪宗成化间曾任兵部尚书、太子太保兼文渊阁大学士。

[2] 《明神宗实录》卷三五，万历三年二月丙申，“中央研究院”历史语言研究所，1966。

[3] 《明武宗实录》卷三五，正德三年二月丁酉，“中央研究院”历史语言研究所，1966。按：刘机为成化十四年年进士，正德三年至四年为礼部尚书。

明　宣德款填漆戗金双龙纹立柜
长 92 厘米，宽 60 厘米，高 158 厘米
（故宫博物院藏）

明　万历款填漆戗金云龙纹柜
长 124 厘米，宽 74.5 厘米，高 174 厘米
（故宫博物院藏）

纹立柜”，通体红漆地，齐头立方，两扇门对开，雕填戗金升龙相对，中有立柱，与柜门四周俱雕填戗金串枝莲，门下裙板亦用同样手法饰双龙戏珠，下有山水与云头纹，左右侧立墙板雕填戗金正龙各一。整器复围以雕填戗金的串枝勾莲边，间布黑菱格锦地，中饰“卍”字纹。柜背黑漆地上部是描金加彩，以喻长寿的“海屋添筹”故事，下部饰金彩花鸟，柜背横框上有阴刻戗金“大明宣德甲戌年制”等。[1]内部空间较大，也许可供奉神像或收贮文书。另一座明代“万历款填漆戗金云龙纹柜”，其六抹式门扇对开。二三抹间是填彩上下拉长的葵花式开光，内戗金行龙各一；四五抹间为一般葵花纹开光，内填彩立水鱼草纹；其他各抹间皆饰戗金游龙。背板上部饰填彩戗金牡丹、花蝶，下部填彩松鹿。整器为红“卍”字黑方格锦地，抹边与外围满

[1] 按：明宣德并无“甲戌”年，故宫的家具专家胡德生从漆色、纹饰及柜形推测，应为万历时改刻。胡德生著：《故宫博物院藏明清宫廷家具大观》（下），紫禁城出版社，2006，页 604。

隆庆　四抹门圆角柜及侧面
[故宫博物院藏；转引自王世襄编著，《明式家具研究》（图版卷），南天书局，1989，图版：丁 28]

布开光串枝勾莲纹。柜背刻“大明万历丁未年制”，“万历丁未”为万历三十五年（1607）。其内设活动屉板两层，可作为置放衣物、杂什等之参考。

除《洪武实录金柜》外，故宫博物院还另有一座罩金漆的“四抹门圆角柜”，据资料所载为晚明隆庆年制。四抹门及边侧立墙各饰一独龙戏珠高浮雕，龙身蜿蜒怒放，矫健有力，间挟成朵祥云。“罩金漆”是在素漆上通体贴金，又名“罩金”，明代宫廷内仅在外廷三大殿、内廷乾清宫、皇帝御前等处使用，为金漆家具，如太和殿的髹金雕龙宝座，及前举《徐显卿宦迹图》中所示万历在“经延进讲”、文华殿川堂的“日直讲读”中所坐。目前存世的明代罩金漆家具极为罕见，台湾一位收藏家手上有一对金丝楠木雕金漆的“云龙争珠图高足书格”[1]，整器红素漆里，两侧四抹攒框，饰高浮雕双龙戏珠纹，朵云

[1] 胡德生撰：《宫廷家具中的髹漆艺术》，Ming Imperial Furniture - The Biegucang Collection, Hong Kong 8 APRIL 2009, by Sotheby's, April 2009, p. 37.

罩金漆"云龙争珠图高足书格"
（台湾私人收藏；转引自 Ming Imperial Furniture – The Biegucang Collection, Hong Kong, 8 APRIL, 2009, by Sotheby's）

为地，蜿蜒的龙身如腾驾于山巅之际。书格背面残存"大明万历年制"金漆楷体刻痕。其双龙一升一降，双龙侧首抿嘴相视，龙躯瘦细如螭，朵云满地，攒框格内与牙条俱饰游龙，较为少见的高足，层层的山峰相迭而上。与故宫博物院隆庆年款的"四抹门圆角柜"相较，除基本形制有别外，故宫博物院所藏，其攒框格内亦雕饰游龙，但牙条以成排的朵云为饰。四抹门内上为升龙、下为降龙，龙躯浑圆壮硕，张牙怒目对峙，龙爪贲张，朵云简略，使高浮雕的龙纹更为突显，也成为视觉焦点。

三　承天门的"金柜颁诏"

除了供奉神像、置放衣物与文书外，依大明之制，用来昭告天下、晓谕中外的诏书或敕旨会置于一柜（椟），外捆绑一绳，自承天门（今天安门）悬下颁布。成化四年（1467），慈懿皇太后崩，宪宗下诏为其上谥号："朕稽古圣君，致隆孝道，固谨于始，尤严于其终，

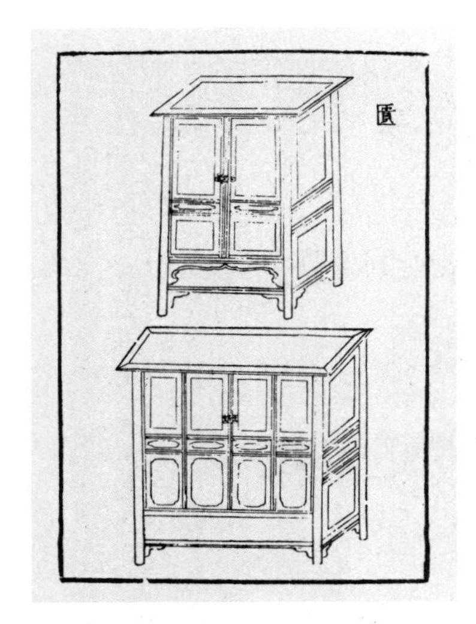

明　柜（王圻等编集，《三才图会》，上海古籍出版社，1993，页 1343）

是以荐徽，称垂永世，实今所当遵用也……播告迩遐，咸宜知悉。”[1]当日宣诏完毕后，“如旧制，置诏于椟，以绳悬之，自承天门上颁下，执事者不恪，以致绳断，椟毁”[2]。意即执事者不谨慎，使得绳子断裂，盛置诏书的“椟”也毁了。此事非同小可，事发后御史立即上奏弹劾相关官员，宪宗“皆宥其罪”。此式盛装诏书的“椟”必然不是前述尺寸庞然的立柜。明人王圻的《三才图会》说：“匵，椟，一器也。夏谓之‘椟’，所谓藏龙漦（按：龙的涎沫）于椟是也。周谓之匵，所谓纳册于金滕之匵是也。”[3]明人的《三才图会》所附两式的“匵”，其形制或尺寸都有如上述所举之诸式立柜，不管是藏“龙漦”或“纳册”，都似乎太大了。按：《说文解字注》亦有“椟，匵也”之解，但是释文中“匵”却是“匣也”，对“匣”的解释是“龟玉毁椟中，其实一字也，引申之亦为小棺……箱，匣也”。[4]换言之，清代精通典籍的文字训诂学家段玉裁认为匵、椟、匣、箱皆为同义，是一个“小棺”形状。“小棺”就是具体而微的棺材，也就是长方形的箱或匣，两者皆为下有底、上有盖而可以储物的家具，比双扇门对开的“柜”较有可能是盛放诏书“以绳悬之，自承天门上颁下”。现藏故宫博物院有一具明代万历年间长方形带底托的“填漆戗金龙纹箱”，通体朱漆地，铁质镀金银面叶及提环，盖面及四

[1] 《明宪宗实录》卷五六，成化四年秋七月己卯，“中央研究院”历史语言研究所，1966。慈懿皇太后即英宗孝庄皇后钱氏，正统七年被立为后。

[2] 《明宪宗实录》卷五六，成化四年秋七月己卯，“中央研究院”历史语言研究所，1966。

[3] 王圻等编辑：《三才图会》，上海古籍出版社，1993，页 1342。

[4] 段玉裁著：《说文解字注》，上海古籍出版社，1993，页 636 ～ 637。

明　填漆戗金龙纹箱
长 95 厘米，宽 63 厘米，高 42 厘米（故宫博物院藏）

壁立墙中各有黄漆地戗金海棠式开光，以菱格框内饰“卐”字锦纹地，内雕填龙戏珠立水勾莲图案，整器边饰开光填彩串枝莲纹，四角亦饰“卐”锦纹地，上填彩绘灵芝皮球花卉纹[1]，也许可依此箱之形制想象当年绑了绳子，自承天门缓缓垂下的景况。

四　盛置冕、弁、袍、靴的“朱漆盝顶描金漆箱”

盛放衣物杂什的器用，除柜类家具外还有箱类家具。明初洪武三年（1370）定制皇帝的冠礼，事先由“工部制冕服，翰林院撰祝文祝辞……礼部备仪注……命某官摄太师、命某官摄太尉”等。当日，皇帝事先“服空顶帻、双童髻、双玉导、绛纱袍”，经过繁复的礼官宣唱后，由选定的太尉帮皇帝脱空顶帻，并栉发（梳头）、设纚（用黑色丝织网巾包覆），由选定的太师说些贺词如“令月吉日，始加元服，寿考维祺，以介景福”等，帮皇帝加冠、加簪缨，光禄卿奉酒予太师，再说些“甘醴维厚，嘉荐令芳，承天之休，寿考不忘”等吉祥语，最后请皇帝受酒后结束。[2]典礼前，会将预备的冠冕、衮服、栉（梳、篦等梳发用具）、纚（丝织品）等什物，先期各置于箱内。此箱于仪式进行前陈设于殿内，以便太尉栉发、设纚，太师加簪加冠等。

[1]　胡德生编著：《明清宫廷家具》，紫禁城出版社，2008，图 292 说明。

[2]　明・申時行等奉敕重修：《大明会典》卷六三，东南书报社，1963。

明初　朱漆盝顶描金云龙箱，明鲁王朱檀墓出土
（山东省博物馆藏）

此箱子是否有定制尚待进一步考证，可确定的是一定以龙纹为饰，朱漆施金，如洪武二十二年（1389）薨逝的鲁王朱檀，其墓葬出土的“朱漆盝顶描金漆箱”，箱内分三层，中有套斗，下有抽屉，出土时各层及抽屉分置冕、弁、袍、靴等，就是在箱的四壁与顶盖上饰团花描金龙纹，边饰忍冬纹，富贵华丽。

描绘万历十一年（1583）谒陵活动的明人《出警入跸图》，其《出警图》迤逦的行列里就可见不少通体为金龙纹饰的朱漆大箱子，前后由仆役两名扛抬，有时两箱并行，均由锦衣卫前导护从，垫尾的马车后车厢帷帘下亦露出朱漆金龙箱的一角，形制为平顶，大小应有五六十厘米高、七八十厘米宽，侧边中段设扁平的“U”字形提环。《出警图》所见至少五口以上，也许分别放置皇帝与随行宫眷于祭典时所需之衣冠杂物。回程《入跸图》的水路上，皇帝舟中行坐的仪仗队伍，两支前导的舟行上各陈置一口朱漆大箱子，敞开的箱口内盛满爆竹，锦衣卫沿途施放。爆竹为一般杂物，置于朱素漆箱至为合宜。唯岸上随行的队伍在柳枝掩映下亦隐约可见朱漆的大口箱子，尺寸与《出警图》所见略同，总数亦为五口，其整器素漆，不见龙纹金饰，与爆竹箱相同，但与箱上所罩覆之彩绣云龙纹饰披巾在器用的身

明人 《出警入跸图》(局部)
纵 92.1 厘米，横 2601.3 厘米 (台北故宫藏)

明人 《出警入跸图》(局部)
纵 92.1 厘米，横 2601.3 厘米 (台北故宫藏)

明人 《出警入跸图》(局部)
纵 92.1 厘米，横 3003.6 厘米 (台北故宫藏)

明人 《出警入跸图》(局部)
纵 92.1 厘米，横 3003.6 厘米 (台北故宫藏)

份位阶上不相符合，与《出警图》中所覆黄色素地隐起纹饰也完全不同。观察箱上所覆之彩绣云龙纹饰披巾，与象辂、马辇上所插的旗或在西直门列队迎驾的将军们手擎的旌旗等，在用色与图案方面都是一致的，象征天子出行之仪轨。此差异也表现在《出警图》与《入跸图》中仆役肩挑的“食盒”上。[1]

“食盒”在《出警图》中两挑一组，出现在天寿山陵区大红门前与棂星门后五孔桥边，共三组六个，俱四层，圆拱顶，整器呈圆柱状，拱起的提梁顺下两侧底座，与挑夫的身形相较，应系容纳多样、多量食物的大“食盒”。与大箱子一样，通体朱漆满布描金云龙纹饰，挑杆下的披巾也是黄色素地，纹饰隐起。《入跸图》中的“食盒”仅

[1] 那志良认为所挑为食盒。Na Chih — liang: *The Emperor's Procession: Two Scrolls of the Ming Dynasty.* Taipei Palace Museum, 1970, plate 46: *Food Boxes with Yellow Coverings Embroidered with Dragons.*

明人 《出警入跸图》(局部)
纵 92.1 厘米，横 3003.6 厘米(台北故宫藏)

明人 《出警入跸图》(局部)
纵 92.1 厘米，横 3003.6 厘米(台北故宫藏)

两组，一组已过西直桥，另一组仍夹杂在象辂之前的人马间，四层的“食盒”，形制、纹饰俱与《出警图》相同，但所覆披巾为截然不同的黄色彩绣云龙纹饰。按该长卷描写人物、车马与仪轨的手法均巨细靡遗，详尽写真，但各有两三千厘米长的《出警图》与《入跸图》，表现手法于蛛丝马迹中可见同中有异，说明两卷是至少两组以上宫廷画师的集体绘作。由于不同的画家对皇室用器与典制的认识参差不一，以致两卷在不少象征皇室用器的描写多所扞格[1]，此大箱与“食盒”呈现的前后不一致应亦为其中差异之一。不过，此段至少反映明代万历年间，宫廷内的朱漆大箱有素地与满布描金云龙纹饰两种不同的外表处理方式，功能也不相同，大“食盒”则可能仅有一式，以其容量之大，可能专供皇室、皇眷谒陵或长距离游幸时盛放食物之用。

明代皇帝的葬礼仪式，如成化二十三年（1487）十一月的宪宗驾崩，与弘治十八年（1505）九月的孝宗仙逝，梓宫发引天寿山陵寝的仪式进行至最后，玄宫掩门，在玄宫外设案四拜，均以“内侍官捧神帛箱埋于殿前”作为结束。[2]神帛就是招魂幡，丧奠属传统五礼中的凶礼，埋于玄宫殿前的招魂幡箱子，其外表是否有别于喜庆的黑漆地

[1] 吴美凤撰：《旌旗遥拂五云来 不是千秋戏马台》，《故宫学刊》总第二辑，2005，页 97 ～ 131。

[2] 《明孝宗实录》，成化二十三年十一月丙辰；《明武宗实录》，弘治十八年九月辛丑，“中央研究院”历史语言研究所，1966。

明　黑漆描金龙戏珠纹箱
长 152 厘米，宽 98 厘米，高 46 厘米
（台北故宫藏）

施描金纹饰，或有特定形制或敷色等均有待研究。目前故宫博物院藏有多只大小不等的箱子，如原登记为“四执事库之物”的“黑漆描金龙戏珠纹箱”，整器黑漆，盖上有铜锁鼻，两侧安铜提环，壶门底座，盖面及正面立墙描金双龙戏珠，间饰云水江崖，三面立墙亦饰描金龙纹，间布云水纹。除了皮相完整的对象外，目前故宫博物院库房内仍贮存不少残损的明代宫内家具，如一只堆满落尘的“黑漆描金云龙纹长箱”，内里髹红，未隔层，侧边设半圆形拉环，从斑驳的口沿下仍依稀可辨“大明万历年制”的年款。其他尚有描金云龙纹饰，上加顶盖，下施台座，方正的拉环亦为施金的大箱等，显系多为

黑漆描金云龙纹长箱
长 126 厘米，宽 47.5 厘米，高 62 厘米
（故宫博物院藏）

红漆施金云龙纹大箱
（故宫博物院藏）

《明宪宗元宵行乐图》（局部）
绢本，设色，纵 37 厘米，横 624 厘米
（中国国家博物馆藏）

明代皇帝的御用之物。

前述《明宪宗元宵行乐图》中，有两组琳琅满目的货郎摊分别吸引皇族幼童，不远处还另有一仆役肩扛两口盛满瓶壶碗盆等什器的大箱正举步驱近，两口大箱虽亦髹朱，但纹饰为碎花描金，此应仅作为宫内盛放一般什物，非帝后御前用物。由此可见，明代宫内用器，以箱类家具来看，除形制有差外，视其功用，以髹朱或漆黑为地的纹饰有皇帝御用之饰金龙纹；也有碎花描金，或未着纹饰的光素器表，应为帝后外皇室成员的用器。

五　兼具箱、柜之外形与功能的箱式柜

层层的箱状器用在明代宫廷内屡见不鲜。故宫博物院有一对清宫旧藏“黑漆嵌螺钿金平脱龙纹箱”，是皇帝巡狩时存贮衣物的用具[1]，前脸安插门，可控制其下所设的五抽屉，外盖有铜扣环吊可上锁。锁扣两旁及两侧边均饰桃形铜护叶，两侧下安提环。外盖正中有一正龙，摆尾间有一火珠，左右各一降龙正昂首争戏。正龙其下为高耸的山头，三龙间以朵朵描金彩云为地。上盖及另三面饰双龙戏珠，升龙用铜片以平脱手法嵌成，降龙则用螺钿银片嵌成龙角、龙发与龙脊，间饰描金云纹。每屉面均以同样手法饰双龙戏珠纹。盖背黑漆素里，正中描金楷书“大明万历年制”款，集描金、镶嵌与平脱之诸般工艺于一身。带屉箱子若另设门扇或更有双门对开，称“箱式柜”。另一件清宫旧藏“黑漆描金云龙纹箱式柜”便兼具箱、柜之外形与功能。

[1] 朱家溍主编：《明清家具》（上），上海科学出版社，2002，页 233。

明万历　黑漆嵌螺钿金平脱龙纹箱、屉面及盖背“大明万历年制”款
长 66.5 厘米，宽 66.5 厘米，高 81.5 厘米（台北故宫藏）

明万历　款黑漆描金云龙纹箱式柜及“大明万历年制”款
长 73 厘米，宽 41.5 厘米，高 63 厘米（台北故宫藏）

此柜顶部开盖，盖下有屉，前沿附插销，以栓住插栓，底座突出柜身，四周描金行龙，间布串枝牡丹花纹，盖下横梁及柜门四角描金斜方格枣花锦，当中开光，饰描金行龙与朵云纹。盖面、柜门及两侧立面与柜背均饰菱花形开光，描金双龙戏珠纹，一升一降，间布缠枝花纹。开光外四角亦饰缠枝莲花纹，在插门内横梁正中有描金“大明万历年制”楷书。此“箱式柜”在万历年制成后做何用途有待考证，但其盖面内部贴有发黄的纸签，上书满文，其罗马拼音如下：

ku i aisin serengge holbobuhanngge umesi oyonggo bime geli ton aku acinggiyafi baitlambi , heni getuken aku oci ojoraku, uttu ofi uhei toktobufi ereci amasi aisin baitalara ba bici aisin tucibure onggolo neneme baibure ton funcehe ton be bodofi dangsede tucibume arafi hafan data huwayalaha manggi, jai beye be tuwame aisin tucibukini aika encu hacin i gunin bici uthai ere toktobuhangge be efulefi ume dahame yabure.

内容要义汉译如下：

库金至关重要，且又时常动用，不可丝毫不清楚。是故，会同规定，嗣后若有用金之处，则于拨金前，先核算支拨及余留数目，记明档册，官吏画押后，再经搜身，动支金子。倘有他意，即违背此规定，令勿遵行。[1]

由此可知，此“箱式柜”在紫禁城易主后，清代的内务府用来存放库金。内务府官员取用时须说明支拨明细，经画押后才可动支，成了名实相符的“金匮”。库金支取，兹事体大，保管此“金匮”的执事必为满人。箱盖一开，以满语提醒告诫的贴文即映入眼前，应是内务府总管提醒执事者时时谨慎用心之意。

根据资料，英国维多利亚·艾伯特博物馆藏一座填彩戗金的箱式柜，也具多层抽屉。不管是屉面或柜门，都是相对的龙凤纹饰。据西方学者的研究，此柜兼具填漆与戗金工艺，应系大明皇帝于宣德八年（1433）赐给日本的礼物之一，时间上就在朱檀墓出土“朱漆盝顶描金漆箱”30余年后的15世纪上半叶，原为Low－Bee Collection的藏品，

[1] 满文汉译由北京中国第一历史档案馆满文部吴元丰主任提供，仅此致谢。

15 世纪上半叶　填彩戗金箱式柜
（Sir Harry Garner, *Chinese Lacquer*, Faber and Faber Limited, London, 1979, plate 127, p..182 ～ 183）

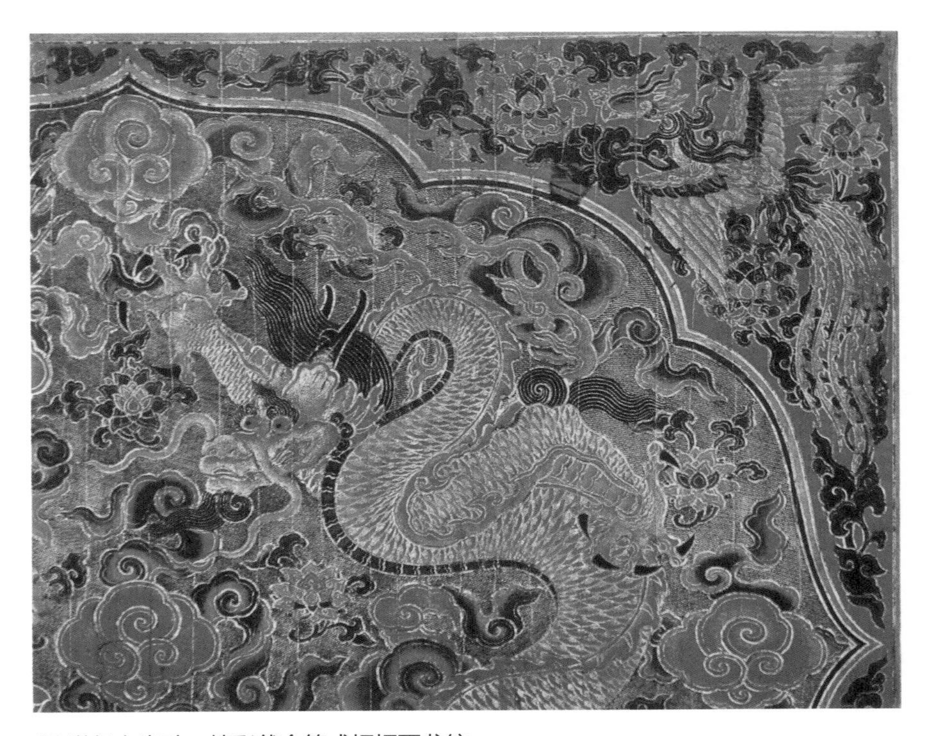

15 世纪上半叶　填彩戗金箱式柜柜面龙纹
（Sir Harry Garner, *Chinese Lacquer*, Faber and Faber Limited, London, 1979, Color plate F, p.162）

于20世纪50年代才纳入该馆收藏之列。[1]

如此看来，明初一直到宣德时期的宫廷匠造，由蓬勃的雕漆工艺进入填彩戗金的发展高峰时，曾制作过不少大小型家具，包括各式箱柜，不但因此而惠及远人，五六百年后的今日，后人也得以窥其堂奥。

六 雒于仁的《酒色财气疏》与万历的“黑漆描金龙戏珠纹药柜”

然而，明代万历时期所留的柜子，最为繁复且精致的莫过于一对清宫旧藏的万历款“黑漆描金龙戏珠纹药柜”。万历皇帝十岁登基，在生母慈圣皇太后、“大伴”冯保与内阁首辅张居正的严厉督导下，过了近十年“有为之君”的生活。万历十年（1582）张居正死后，冯保旋即被发配南京守孝陵，万历终于大权独揽，成为可以真正自主的皇帝。可是，不到四年，就开始“头昏眼黑，力乏不兴”[2]，更是“时作晕眩”地体软多病，不上课也不临朝。万历十七年十二月，大理寺左评事雒于仁终于上了一本《酒色财气疏》：

> 皇上之病在酒色财气者也，夫纵酒则溃胃，好色则耗精，贪财则乱神，尚气则损肝……夫君犹表也，表端则影正，皇上诚嗜酒矣，何以禁臣下之宴会，皇上诚恋色矣，何以禁臣下之淫荡，皇上诚贪财矣，何以惩臣下之饕餮，皇上诚尚气矣，何以劝臣下之和衷。四者之病缠绕心身，臣特撰四箴以进，对症之药石也。[3]

[1] Sir Harry Garner: *Chinese Lacquer*, Faber and Faber Limited, London, 1979, p..155 ～ 164, 181. 本文稍后据『策彦入明记の研究』所记讨论宣德八年赏赐日本国王的家具清单中未见此项，可能该清单有所缺漏，或宣德八年还另有赏赐，待考。

[2] 《明神宗实录》卷一七八，万历十四年九月己未，“中央研究院”历史语言研究所，1966。

[3] 《明神宗实录》卷二一八，万历十七年十二月甲午，“中央研究院”历史语言研究所，1966。按：雒于仁，万历十一年进士，父为高拱门生雒遵，曾官至吏科给事中。

明　万历款黑漆描金龙戏珠纹药柜
长78.8厘米，宽57厘米，高94.5厘米
（中国国家博物馆、故宫博物院各藏一件）

雒于仁极言万历皇帝的病因是“日饮不足，继之长夜”地纵酒，“幸十俊以开骗门，溺爱郑妃，惟言是从”[1]地好色，“拷宦官，得银则喜，无银则不喜”地贪财、“今日杖宫女，明日杖宦官”地尚气。此《酒色财气疏》虽然让万历大动肝火，气得不行，找了内阁首辅申时行等阁臣入宫来评理，但显然未起任何“约束”作用，往后万历依然我行我素。万历三十年（1602）还曾一度病情加剧，召首辅沈一贯入阁嘱托后事。如此多病、委顿、醉梦的“无为而治”一直持续到万历皇帝驾鹤西归，他对宫中御医的需求与对药物的倚赖，相信是频繁且持续的。了解此历史背景，这一对背板有“大明万历年制”的“黑漆描金龙戏珠纹药柜”，因此也显得特别重要。

此柜为四面平式，双扇柜门左右对开，柜门下接三个抽屉，短足间施拱式牙条，可见中心有八方旋转式抽屉，每方十个，每屉盛药材一种。左右两侧又各有一溜十个长抽屉，每屉分三格，整柜共可盛药材140种。每个屉面用金泥为药签，墨书药名。柜下三大屉供置取药工具及方剂之用。柜门、抽屉与短足都设黄铜饰件加固，正面的门扇与两侧面板一样均由两抹条隔出上下，各施菱花形开光，内绘双龙戏珠纹，门里绘山石花蝶图，柜背板绘松、竹、梅等《岁寒三友图》，中有泥金书写的“大明万历年制”。此对药柜约过半人之高，整器必

[1]　雒于仁所指系万历宫中有十个长相俊俏的小太监，专门“给事御前，或承恩与上同卧起”，号称“十俊”。《明神宗实录》卷二一八，万历十七年十二月甲午，“中央研究院”历史语言研究所，1966。

明　万历款黑漆描金龙戏珠纹药柜（柜门双开后）及局部
长 78.8 厘米，宽 57 厘米，高 94.5 厘米（故宫博物院藏）

须架高才方便使用。想象当年宫内的御医们来回踱步于两座药柜间，对着280种药材沉思磨蹭、推敲再三后才手起药出之光景，以万历皇帝二十四岁就“酒色财气”样样具备的龙体，还可以延年至五十八岁方寿终正寝，大内的御医与此对药柜应当功不可没。

柜类家具中，宫中使用量较大的应该还有书柜。前述宪宗成化年间的文渊阁大学士彭时，提到文渊阁牌匾下的红柜收藏了三朝“实录”，此外“余四间，背后列书柜，隔前楹为退休所”，也就是四间背墙后皆列书柜，与前面的楹柱间形成一处阁员的休憩处，未说明书柜之外观，相信也是朱漆。故宫博物院有一件清宫旧藏，高度几至顶的明代“红漆描金山水图格”，平整的器形通体髹朱，以三片厚板隔出四层，柜座下为直牙条，设鼓腿彭牙短足，边框与层板立壁皆描金绘山水人物图，景致优雅，笔画细腻，极富宫廷器作的严谨气息。故宫博物院的清宫旧藏中另有一件明代万历年的“黑漆洒螺钿描金龙戏珠纹书格”，格分三层，两侧各层均施壶门券口牙，黄铜套护的短足间设拱式牙条，书格内每层背板均描金朵云立水为地的双龙戏珠纹，边框开光处描金赶珠龙，间饰花卉方格锦纹地，屉板描金流云，两侧壶门牙上描金串枝勾莲纹，柜板背面三格分别描金绘月季、桃与石榴等花鸟图。第一层正中上沿刻“大明万历年制”。

明红漆描金山水图格及局部山水图
长 192.5 厘米，宽 48.5 厘米，高 211 厘米（故宫博物院藏）

明　万历款黑漆洒螺钿描金龙戏珠纹书格（正、背）
长 157 厘米，宽 63 厘米，高 173 厘米（故宫博物院藏）

七　明宣宗对“朱红戗金龙凤器物多所罢减”

按『策彥入明記の研究』所记，继永乐五年（1407）成祖丰盛地特赐后，到宣德八年（1433）又颁赐日本国王并王妃一批白金、织物与“朱红漆彩妆戗金轿一乘……朱红漆戗金交椅一对……朱红漆戗金交床二把……朱红漆金宝相花折叠面盆架二座镀金事件全……朱红漆戗金碗二十个……黑漆戗金碗二十个”[1]。此后所记赏赐之物，经景泰、天顺、成化，以迄正德时期，仅正统元年颁赐的妆花绒锦、纻丝、纱罗等，不见任何碗碟或家具。[2]根据史料，洪熙元年（1425）六月，宣宗即位后的第二个月[3]，下诏停止金银、钞造等之采办，并对“其他纸锭、纻丝、纱罗、毯缎、香货、银朱、金箔……药物、果品、海味、朱红戗金龙凤器物，多所罢减”[4]。其中“朱红戗金龙凤器物”当亦包含家具。宣宗之前的仁宗在位虽仅一年，也因重农恤民之政策，陆续将山场、园林、湖池、坑冶等有官设守禁者，还诸于民。而由于明太祖“损上益下”之心，洪武时期凡宫中向外买物，皆以市价十倍购得。一直到永乐初年，因宫中太监四出督导盐、粮、织造、税关等务，使得“工役繁兴，征取稍急”[5]，尤其永乐四年、五年赏赐日本之漆器不是贴金就是戗金，由此推测，永乐一朝，家具器用中除剔红之作外，“朱红戗金龙凤器物”之兴造必然同样鼎盛，以致宣宗即位后须行“罢减”，与民休息。虽然往后历朝对日本亦无家具之赐，更无剔红或任何朱漆饰金作，也许与宣宗初年之“罢减”有关，但此宣德八年（1433）之特赐反映宫廷“朱红戗金”之作不但未停，似仍沸沸扬扬，通天的红霞之间还点缀着闪闪金光，好不华贵热闹。根据万历时的《工部厂库需知》所载，内廷朱漆戗金器作的使用一直到晚明亦未消停，反而大量生产，所不同者，仅施于膳盒、托盒、酒盒等更为实用之器皿。[6]

---

[1] 日・牧田谛亮编著：『策彦入明记の研究』（上），法藏馆，1955，页 341 ～ 345。

[2] 日・牧田諦亮编著，『策彦入明記の研究』（上），法藏馆，1955，页 345 ～ 360。

[3] 按：明仁宗登极后改元洪熙，但于洪熙元年五月驾崩。皇太子朱瞻基匆促即位为宣宗，次年才改元宣德。因此，洪熙元年六月以后诏令已是宣宗所出。

[4] 清・张廷玉等撰：《明史》卷八二《志第五十八・食货六》，中华书局，1995，页 1992 ～ 1993。

[5] 清・张廷玉等撰：《明史》卷八二《志第五十八》，中华书局，1995，页 1992。

[6] 明・何士晋辑：《工部厂库须知》卷九《御用监年例雕填钱粮》，“玄览堂丛书”，正中书局，1985。

再看宣德八年（1433）特赐的“朱红漆彩妆戗金轿一乘”与“朱红漆戗金交椅一对”，前者之金轿已如前节所述，应略同于永乐四年（1406）所赐，仅外表装饰由“贴金”改成“戗金”等。后者之交椅由永乐四年的一把增为一对，外表的“剔朱红漆”改为“朱红漆戗金”。现藏英国维多利亚·艾伯特博物馆有一架朱漆描金交椅，年代约为1700～1780年[1]，也就是入清后康熙至乾隆朝间，离明亡已近百年，唯其通体朱漆，背板、圈背扶手以及腿足间皆饰描金串枝花卉纹，交足处并以金构件加固，也许可供此对“朱红漆戗金交椅”器表处理之参考。清单后的“朱红漆戗金碗二十个”与“黑漆戗金碗二十个”，比起永乐元年之50余件，永乐四年的近上百件之数，似乎盛况不再，而原剔红之作改为红、黑漆戗金，也说明当时宫中戗金漆作仍持续不辍的进行。至于“交床”与“折迭面盆架”则属赐品首见。“交床”就是“胡床”，是无靠背可折叠的坐具。前章《明宣宗行乐图》中，宣宗据以投壶自娱，或观赏宫人射箭、踢球或马球竞打的活动，所踞皆为胡床，说明宣宗在内苑使用胡床的频率很高。宣德八年之赐，似乎是以其所好，赏赉远人。所不同者，画作上所见之胡床整器髹朱，仅坐面前后支架末端与交足间皆饰金构件，显然不及

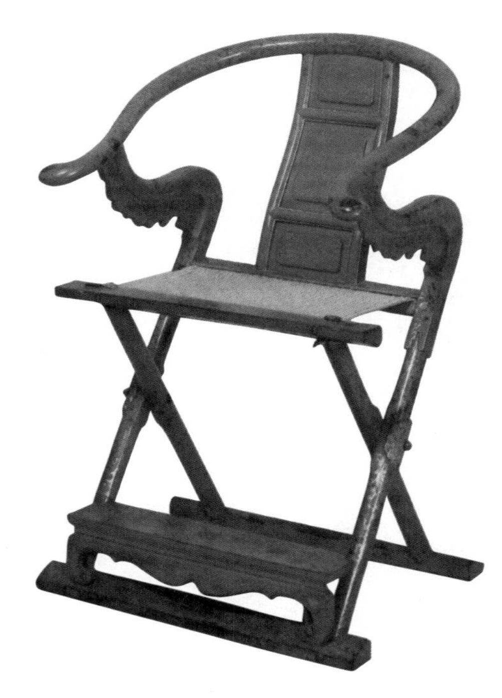

1700 ~ 1780　朱漆描金交椅
通高 97 厘米，椅面高 53.5 厘米，椅长 61 厘米
（英国，维多利亚·艾伯特博物馆藏）

[1] Craig Clunas : *Chinese Furniture*, Victoria and Albert Museum, 1988, p.28.

所赐交床“朱红漆戗金”的灿然华丽。

八 “朱红漆宝相花折迭面盆架”

“朱红漆宝相花折迭面盆架”，前者之述，意指朱漆的外表再以宝相花纹为饰。[1]“折迭面盆架”就是可以折叠、支撑洗面盆的架子。传统的面盆架有高、矮两种，矮式的有三足、四足或六足，后两者均可折叠，如一具明代“黄花梨六足折迭式矮面盆架”，圆材腿足之柱顶有仰覆莲雕饰，如同建筑栏杆的望柱。六足中的两足上下以固定的横枨联结，其余四足均用轴钉穿铆于嵌在其间的中轴圆片上，前四足因而可以折并，便于收贮。高面盆架一般为四足或六足，可折叠的部分在前四足，后两足则向上延伸，加设腰枨、中牌子、搭脑与挂牙等，挂牙用以加固，搭脑可搭毛巾。现藏故宫博物院有一架清前期的“黄花梨百宝嵌高面盆架”，以原木色为地，通体用厚螺钿嵌成螭纹，中牌子用金、银、牙、角、绿松石、寿山石等杂宝嵌出职贡图，豪华富丽。宣宗赏赐日本国的“折迭面盆架”，是高形还是矮式不得而知，其“朱红漆金宝相花”中的“宝相花”，“宝相”本意指称佛相，“宝相花”是隋唐以来佛教常用的纹饰之一，敦煌壁画中亦随处可见，通常以牡丹、莲花等为蕊部，大同小异的花瓣层层向外伸展，枝叶缱绻，成为繁复连绵的缠枝莲或缠枝牡丹纹饰。因此，若仅就其器表装饰来看，其“朱红漆金宝相花”的璀璨耀眼，较之上举清前期的“黄花梨百宝嵌高面盆架”，恐怕是有过之而无不及。

面盆架属于日常盥洗的必备家具，据《白沙宋墓》中描绘一妇女梳妆打扮，诸女环侍的后室壁画，众女之后有一搭脑饰蕉叶纹的赭色巾架，上搭巾面织方胜的蓝巾，折披于后的蓝巾。巾尾筛出流苏，在搭脑下的云曲挂牙后飘扬。巾架的右侧便是一只面盆架，三弯腿中段

---

[1] 宝相花是将莲花等之花朵做图案化、装饰化的处理，常使用于织锦或瓷器等器用上。参见何政广等策划：《美术大辞典》，艺术家出版社，1988，页447。

明　六足折迭式面盆架

高 66.2 厘米，径 50 厘米［转自王世襄编著，《明式家具研究》（图版卷），南天书局，1989，图版戊 41 ～ 1］

明　六足折迭式面盆架（折迭后）

高 66.2 厘米，径 50 厘米

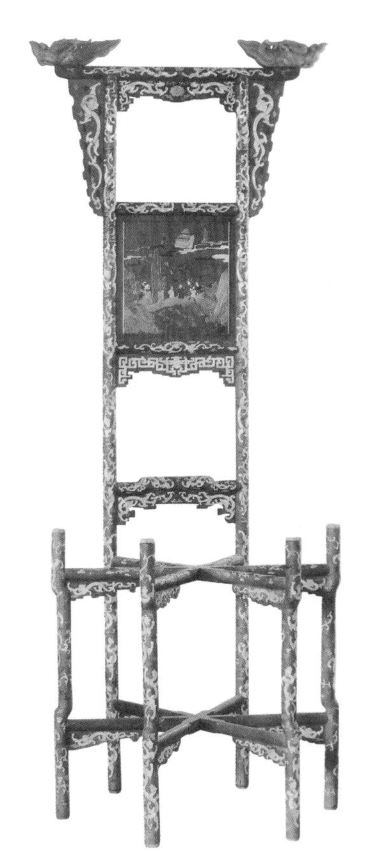

清前期　黄花梨百宝嵌高面盆架及局部

通高 201.5 厘米，前足高 74.5 厘米，径 71 厘米

（故宫博物院藏）

北宋　白沙宋墓，第一号墓后室西南壁壁画
（宿白著，《白沙宋墓》，文物出版社，2002，图版六）

元　巾架，陶质明器
（大同市文化局文物科撰，《山西大同东郊元代崔莹李氏墓》，《文物》，1987 年 6 期，图一四）

有花枨联结，足端向外卷出，架上置蓝色白缘盥盆。[1] 此制巾架结构呈“T”字形，在元代墓葬出土的陶质明器中亦可见到。[2] 如此看来，宋元时期面盆架与毛巾架仍是分开的，两者合体成为一式的高足面盆架应不会太早，宣德初年去元代才50余年，所赏赐日本的“折迭面盆架”可能就是仅设盥盆的矮面盆架，腿足亦可能带枨的曲足。

仔细检视永乐元年（1403）、四年、五年与宣德八年（1433）等四次对日本国王的家具赏赐，几乎品类齐全，饮食用器与坐卧起居家具，甚至出门的轿乘都样样具备，唯独少了厅堂中最基本的家具——屏风，令人困惑，也有进一步了解的必要。

[1] 宿白著：《白沙宋墓》，文物出版社，2002，图版陆，41 ～ 42。
[2] 大同市文化局文物科撰：《山西大同东郊元代崔莹李氏墓》，《文物》，1987 年 6 期。

第四节　从日本贡船带来的“金屏风”谈起

前节述及永乐初年明成祖三次大规模颁赐日本国王及王妃的日用器皿和家具，再加上后来宣德八年（1433）宣宗也不遑多让地赏赐大件家具，日本国王的饮食用器与坐卧起居家具，甚至出门的轿乘等都样样具备，几乎品类齐全，唯独少了厅堂中最基本的家具——屏风，是明朝皇帝不用屏风，无造作之风，以致无法赏赐吗？观察史料却又并非如此。仅以永乐前短暂的建文朝来看，建文皇帝的侍讲学士方孝孺每日随侍御前顾问，“凡将相大政议辄咨孝儒，读书每有疑，即召使讲解。临朝奏事，臣僚面议可否，必命孝儒就扆前批答”。意即方孝孺受命随时批答将相大臣的政议，地点就在建文皇帝的屏风前。明代在永乐三年（1405）更定皇帝出行的卤簿大驾[1]，最隆重的大辂设红髹坐椅，靠背上雕描金云龙，其后设红髹屏风，也是上雕描金云龙。辂内其他陈设的器表装饰多为雕木贴金。其他玉辂、大马辇等，雕饰的龙头、云龙、香草、宝相花等，不是描金就是贴金。[2]亲王殿内屏风也饰以“泥金云龙，如东宫之制”[3]，说明明初宫廷皇帝是使用屏风的，屏风的器表也是描金、贴金等装饰。因此，检视明代初期日本贡船在朝贡贸易中所带来的物品，也许可略知其端倪。

一　日本贡船带来的“金屏风”

据『策彦入明記の研究』所记，宣德八年（1433）以后，明代

[1]　明太祖在洪武二十六年始定卤簿大驾，永乐三年更定，有大辂、玉辂、大马辇、小马辇、步辇、大凉步辇、板轿各一，具服、幄殿各一。参见清·张廷玉等撰:《明史》卷六五《志第四十一·舆服一》，中华书局，1995，页1599。

[2]　清·张廷玉等撰：《明史》卷六五《志第四十一·舆服一》，中华书局，1995，页1599～1604。

[3]　《明太祖实录》卷一〇五，洪武九年三月丁巳，“中央研究院”历史语言研究所，1966。

皇帝赏赐日本国王的礼物，多为妆花织锦、纻丝、纱罗、彩绢等，未见任何器用或家具，当然也未见屏风。[1]倒是因为以堪合咨文所行的封贡贸易[2]，日本贡船带来的“贡物”中包含不少进献给明朝皇帝的屏风。所谓“贡物”，除非特别指明，实则为贸易之物。据明朝的官书记载，有“马、盔、铠、剑、腰刀、涂金装彩屏风、洒金厨子、洒金文台、洒金手箱、描金粉匣、描金笔匣”及其他苏木、牛皮等[3]，知贡船带来的贸易之物中有家具类的屏风。特别进上的“贡献方物”则随正使上谢恩表文时一并呈上，也大抵都含屏风。如宣德九年八月，“贡献方物”为“马贰拾匹、撒金鞘柄太刀贰把……金屏风三副、枪一佰柄”等；景泰二年（1451）八月呈上的“贡献方物”也见“贴金屏风三副”。成化四年（1468）所携来贸易的方物中含“御屏风 三双”，其下还标明卖价为“百伍贯文”，仅次于“御太刀”等之“百五拾贯文”；同次的进上方物也照例有屏风，只不过此次特为标明“御屏风，三宝院殿进上之物也”。[4]“三宝院殿”是日本京都醍醐寺本坊住持的住所，其住持通常也兼掌政治权力。从明朝及日本的资料来看，不管是贸易方物或进上的“贡献方物”，不但多见屏风，且其表面处理几皆饰金，不是涂金、洒金，就是描金、贴金，而且标价不菲。成化四年（1468）“三宝院殿”所进的“御屏风”，虽未标价，以其为进上之物，当珍贵无比。可知永乐时期颁赐日本国王及王妃的大量红雕漆器和朱红戗金各式家具，是日本所需，也是珍贵的礼物。宣德初年以后进入以勘合咨文进行的“封贡贸易”，每次日本交易或进上方物都包含“屏风”一项，反映的是日本不缺屏风。不但不缺，其

[1] 牧田谛亮编著：『策彦入明記の研究』(上)，法藏馆，1955，页 345 ～ 365。

[2] 按：封贡贸易就是明廷订定并约束日本贡期为十年，每次贡船不得过三、人员不得过三百、刀剑不得过三十等，过则阻回之。相关原文为“日本国今填本字壹号堪合壹道为恩事。宣德捌年陆月初拾日准，礼部日字壹号堪合咨文”。牧田谛亮编著：『策彦入明記の研究』(上)，法藏馆，1955，页 345。

[3] 明·俞汝楫等编：《礼部志稿》卷三五《朝贡》，收入《景印文渊阁四库全书》第 597 ～ 598 册，台湾商务印书馆，1983。

[4] 日·牧田谛亮编著：『策彦入明記の研究』(上)，法藏馆，1955，页 345 ～ 352。

兴造之盛，连掌控政教的“三宝院殿”都以屏风进献中国皇帝，由此可知屏风之尊且贵。与此同时，正德七年（1512）的日本贡船的正使还列出一张清单，逐项询问明朝官员是否可增加随船人员、刀剑与方物等，其中欲增加方物的一项为“撒金、描金案卓并手箱、子合、镜台并镜”[1]，也可看出其“撒金、描金”的技艺已相当精尽，不仅施用于屏风，连案桌等家具上的施造也相当普及。

综上所述，至15世纪下半叶的成化时期，日本屏风的器表装饰已有贴金、撒金（洒金）、描金等。贴金如前章所述，先打金胶，在欲干未干尚有黏性时将金箔贴上；洒金是用碾碎的金箔或金沙洒在漆地上；描金，亦名泥金画漆，是先将金箔制成金粉，晒透过筛，再用丝棉团蘸着已成泥状的金粉着在漆画预定的图纹上。不过，明人陈霆的笔记《两山墨谈》写道：

> 近世泥金画漆之法出于倭国。宣德年间尝遣工杨某至倭国，传其法以归。杨之子埙遂习之，又能自出新意，以五色金并施，不止循其旧法。于是物色各称，天真烂然，倭人之来中国见之，亦齰称叹，以为虽其国创法，然不能臻其妙也。[2]

大意为泥金画漆之法是宣德间杨姓漆工东渡倭国学成而归，但杨姓漆工又“自出新意，以五色金并施”，让倭国人见了也啧啧称探，有后来居上之势。高濂在《遵生八笺》中也说：“如效沙金倭合（盒），胎轻漆滑，与倭无二，今多伪矣。”[3]说明明代文人认为漆器饰金的繁复巧艺来自时称“倭国”的日本，所见“胎轻漆滑”的盒器与倭国很像的，其实都是伪品。虽然中国在战国时代已掌握漆器用金的

[1] 日・牧田谛亮编著：『策彥入明記の研究』（上），法藏馆，1955，页 345 ～ 365。

[2] 明・陈霆著：《两山墨谈》卷一八，上海古籍出版社，1995。

[3] 明・高濂著、赵立勋等校注：《遵生八笺校注》，人民卫生出版社，1994，页 550。

技法，日本漆器的描金之法应是隋唐之际由中国传往日本的[1]，但十五六世纪，日本产制的各式饰金屏风远较中土繁荣兴盛，经由封贡贸易进入中国的宫廷及民间，并广受喜爱，是不争之事实。但明代工匠的工艺技巧也非等闲，又从其中自创新意，漆器饰金的造作是“五色金并施……天真烂然”，使得中晚明时期，所谓来自倭国之器有些竟是伪品。无论如何，从晚明权相严嵩被抄家的屏风、围屏清单中也许可看出所谓的“倭国”屏风对中国朝野审美趣味的影响。

二　严嵩抄家籍没入内府的屏风

晚明权相严嵩于嘉靖四十四年（1565）获罪被抄家，抄自其各地房屋田地、家私器用等件，有的“即行变卖价银，一体解部”，就是抄家清册中所记有价银的部分立即变卖银两后解送户部，其他另有为数繁伙、仅抄籍未标价银的“奇货细软”，据说全进了内府，没入宫掖。[2]其中“屏风围屏”的部分列表如下：

表十二　严嵩抄家仅抄籍未见价银的屏风、围屏

内容	数量
大理石大屏风	20 座
大理石中屏风	17 座
大理石小屏风	19 座
灵璧石屏风	8 座
白石素漆屏风	5 座
祁阳石屏风	5 座
倭漆彩画大屏风	1 座
倭漆彩画小屏风	1 座
倭金银片大围屏	2 架

[1] 朱家溍著：《故宫退食录》（上），北京出版社，1999，页 124 ～ 126。

[2] 邓之诚撰：《骨董琐记》，收入“美术丛书”（五集第三辑）卷二《权奸赏鉴》，艺文印书馆，1978，页 172 ～ 3。

续表

倭金银片小围屏	3 架
彩漆围屏	4 架
描金山水围屏	3 架
黑漆贴金围屏	2 架
羊皮颜色大围屏	2 架
羊皮中围屏	3 架
羊皮小围屏	3 架
倭金描蝴蝶围屏	5 架
倭金描花草围屏	2 架
泥金松竹梅围屏	2 架
泥金山水围屏	1 架
共计	108

由表十二可看出，单位以“座”称的独板屏风有76座，以“架”为名的折叠围屏有32架。不管是否是漆国来物或伪品，在抄家官员笔下记录“倭金”“倭漆”的屏风、围屏共有14，占总数的13%，若包括可能也间接受到倭国影响的泥金、描金、贴金或彩金的围屏12架，则总数为26架，占围屏比率81%，超过八成。其中屏风仅两座，远不及一成，可见受倭国影响的以折叠的围屏最多。换言之，严嵩府内使用的围屏有超过八成来自倭国或具倭国品味。严嵩在嘉靖朝权倾天下达20年，自有师友、门生投其所好或随其所好，是则严府使用屏风的现象应可反映晚明时期中国宫廷或官员对屏风的审美情趣。如果此批因珍贵而未价银的屏风、围屏最终全进了内府，分置各宫殿斋阁，作为嘉靖后期或往后的隆庆、万历、天启、崇祯等诸帝先后赏玩、使用的话，对十六七世纪明代宫廷屏风的发展势必有所影响。

关于这些屏风器表繁复缛丽的饰金，现藏苏州博物馆一对明代成化年间的“人物花卉纹戗金莲瓣形黑漆盒”（两件），木胎表面髹黑漆，盖面四周均戗刻缠枝牡丹与四季花，黑地金花，线条平顺流畅，

明成化　人物花卉纹戗金莲瓣形黑漆盒（两件）
腹直径 12 厘米，底直径 9 厘米，高 8.4 厘米（苏州博物馆藏）

明　唐寅《临韩熙载夜宴图》
卷，绢本，设色，纵 30.8 厘米，横 547.8 厘米（重庆市博物馆藏）

明　陈洪绶绘《窥柬》,《北西厢秘本插图》
崇祯十二年刊本，纵 20.2 厘米，横 13 厘米（浙江省图书馆藏）

极富装饰效果，近于日本室町时期绘画之装饰风格。[1]中国绘画史上明四家之一的唐寅，存世的画作中有一卷《临韩熙载夜宴图》，所临的是传为五代顾闳中所画的《韩熙载夜宴图》，其人物形象设色浓艳华丽，宴会主人韩熙载手执羽扇，敞胸盘膝坐于椅子上，数名女伎侍于身旁，背后是一架折叠的山水大围屏。另晚明画坛“南陈北崔”中的陈洪绶，绘有《北西厢秘本插图》五卷，其中一幅《窥柬》，描绘

[1] 日本室町时期系 1338 年天皇任命足利尊氏为征夷大将军，开幕府于室町（今），明朝称日本国王的源道义（足利义满）为第三代征夷大将军，此时期绘画风格为华丽且具贵族性。

红娘暗伫于折叠围屏之后，偷窥屏前崔莺莺读柬之场景，人物神情微妙，而连接两人的围屏，曲折之中可见蝴蝶花鸟，荷塘曲枝，也与日本室町时期著名的禅僧画家雪舟等扬所擅长之花鸟屏风画风格相近。[1] 凡此或可作为明代中期以后，如严嵩等显宦或宫廷内使用倭国所造围屏的形制与纹饰之参考。

日本　雪舟等扬绘屏风花鸟画（局部）（转引自邢福泉著，《日本艺术史》，东大图书公司，1999，页 147）

至于独板屏风（座屏），在严嵩的抄家清单中共有76座，所占比率高达七成，说明独板座屏于仕宦之家之重要性。其中74座为石材镶嵌屏风，仅两座是彩画屏风，也反映明代中期的官场视石材所嵌之座屏与倭国饰金的围屏一样，均为“奇货”之属。其中大理石所占比率近76%，灵璧石所制也有一成多，其余则祁阳石与白石各半。晚明文人文震亨著有《长物志》十二卷，其“品评器用”之卷六记道：“屏风之制最古，以大理石镶，下座精细者为贵，次则祁阳石，又次则花蕊石。不得旧者，亦须仿旧式为之。若纸糊及围屏、木屏俱不入品。”[2] 若依文震亨的品位，大理石“白若玉，黑若墨为贵……但得旧石，天成山水云烟，如米家山，此为无上佳品”[3]。“米家山”指大理石有天然生成山水云烟的纹理，有如宋代米芾、米友仁父子画作中云雾飘渺的山水树石样貌。严府的大理石屏风不知新石或旧石，总是取其貌如山水纹理之浑然天成，而其排名居次的也是祁阳石。至于“灵璧石屏风”，文震亨认为：“灵璧（石）出凤阳府宿州灵璧县，在深山沙土中，掘

[1] 邢福泉著：《日本艺术史》，东大图书公司，1999，页 128 ～ 147。

[2] 明・文震亨撰：《长物志》，“丛书集成初编”，商务印书馆，1936，页 45。

[3] 明・文震亨撰：《长物志》，“丛书集成初编”，商务印书馆，1936，页 23。

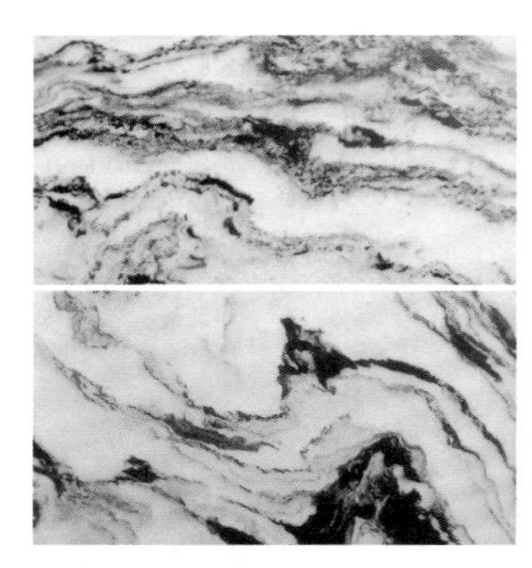

米家山的大理石纹理
（转引自胡德生著，《故宫博物院藏明清宫廷家具大观》，紫禁城出版社，2006，页599）

宋　米友仁《远岫晴云图》
轴，纸本，水墨，纵 28.6 厘米，横 24.7 厘米
（日本，大阪市立美术馆藏）

之乃见，有细白纹如玉，不起岩岫，佳者如卧牛蟠螭，种种异状，真奇品也。”[1]在文震亨的“品石”眼中，“石以灵璧为上”，但“甚贵，购之颇艰，大着尤不易得，高逾数尺者，便属奇品”[2]。严嵩的“灵璧石屏风”，既镶成屏风，尺寸定不会小，而且还有八座，仅此就可认定这严府的富贵逼人了。

文震亨是明四家之一文征明之曾孙。[3]文征明长子文彭官国子监博士，次子文嘉官和州学正，其侄文伯仁、曾孙文从简、玄孙女文俶等亦工诗文，俱为一方之彦。文征明本人又是“吴门画派”之首，门人如陈淳、钱谷、陆治、陆师道等，在花鸟、山水等方面亦各领风骚。沈春泽为《长物志》作序称道：“衣饰有王谢之风，舟车有武陵蜀道之想，蔬果有仙家瓜枣之味，香茗有荀令玉川之癖，贵其幽而闇，淡而可思也，法律指归。”[4]是则文氏一族不但在画派的流布中举足轻重，百余年来在江南地区的经营，甚至生活器用之品味与鉴赏也颇有影响力。如此看来，权倾天下的严氏相府与江南书画世家的文氏

[1] 明·文震亨撰：《长物志》，“丛书集成初编”，商务印书馆，1936，页 21。
[2] 明·文震亨撰：《长物志》，“丛书集成初编”，商务印书馆，1936，页 21。
[3] 文征明，江苏长洲人，诗文书画俱佳，曾仕翰林院待诏，画史上与唐寅、仇英、沈周合称“明四家”，文坛上又与唐寅、祝允明与徐祯卿并称“吴中四才子”。
[4] 明·文震亨撰：《长物志》，“丛书集成初编”，商务印书馆，1936，序文。

明　谢循《杏园雅集》
卷，绢本，设色，高 36.6 厘米（美国纽约大都会博物馆；转引自 *Journal of the Classical Chinese Furniture Society*, Summer 1993, p.17）

一族，于选用座屏（独板屏风）的品位是一致的。

屏心镶以石材之风尚并非始自严嵩的明中晚期。有明一代，活动于15世纪中期的宫廷画家谢环，描绘正统二年（1437）阁臣杨荣、杨士奇、杨溥等人聚会的《杏园雅集》[1]，身着红色朝服的主人杨荣右侧紧接一红漆长桌，其上便陈设一座大理石砚屏，前置笔、砚、水丞等。砚屏尺寸虽小，但大理石纹理所呈现的氤氲山岚，确也形神兼备。据此推测，大理石屏风之雅好可能系由小而大。毕竟，除了其价不菲外，山水纹理浑然天成之石材的取得并非易事。20世纪末在美国加州的中国古典家具博物馆，曾收藏过一座大理石屏风，断代为17世纪，也就是明清之交，约当文震亨活动的时代。其大理石纹理回旋细密，蜿蜒自成山水云烟，下座亦雕镂精细，应即为文震亨眼中之贵

[1]　谢环的同名画作目前知有两幅，尺寸与内容的编排略有不同，分别收藏于江苏镇江市博物馆与美国纽约大都会博物馆。还有美国国会图书馆藏 1560 年的《杏园雅集图》版画。本图所引为纽约大都会博物馆藏。

黄花梨大理石屏风
铁梨木座，高 214 厘米，
长 180.9 厘米，深 104.7 厘米
（中国古典家具博物馆藏；转引自 *Journal of the Classical Chinese Furniture Society*, Summer 1993, p.19）

品，或可作为严府56座大理石屏风之参考，也从而想见该批石材屏风籍入内府之后，与倭金类屏风一样，也许陈设在各宫各殿，甚至后嫔之所，影响晚明宫廷屏风之发展，成为明代宫廷家具的一部分。

三 镶嵌螺钿的漆屏风——明代饰金屏风之外

南京博物院藏有一架十二扇的“园林仕女图嵌螺钿黑漆屏风”，展开总宽约五米，通体髹黑为地，正面通景用软螺钿加金银片嵌饰的宫苑内园林中，仕女或下棋、踢球、骑马、投壶、泛舟，或抚琴、读书、吟诗、作画、歌舞、做女红、戏鹦鹉、荡秋千等，种种行乐活动，镶嵌精细，山石皴理、水纹粼粼，皆以各色螺钿做出向阳或背阴之光影效果。甚至仕女手抱之琵琶，其丝弦都历历可数。背面雕填园林山水，每扇条屏上部饰文玩、博古、花卉、天文仪等，下部饰花篮、飞鸟、鱼虫等。屏心则每扇一景，均附榜题，如“洛阳潮声”“紫云双塔”“笋江月色”“三洲芳草”等。据学者专家考证，此主题又称“汉宫春晓图”，背面十扇各景为福建泉州著名的“泉州十

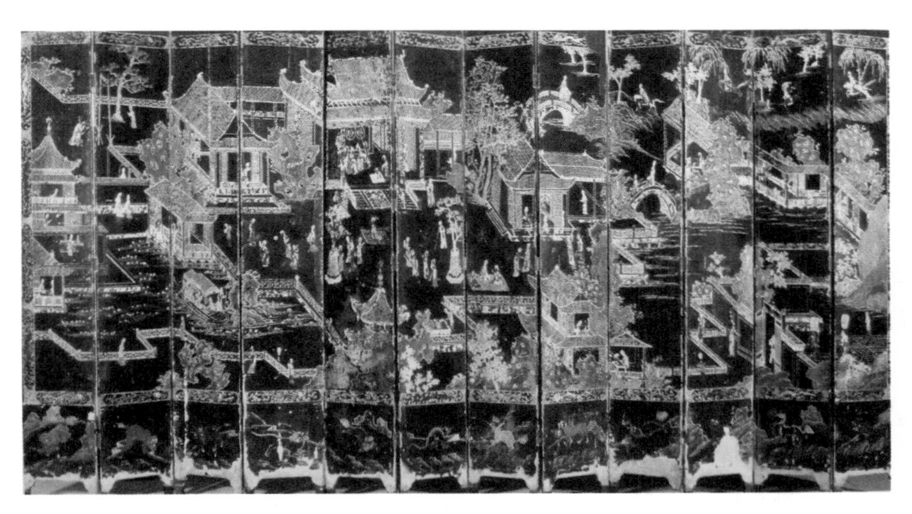

晚明　园林仕女图嵌螺钿黑漆屏风，正面

每扇高 247 厘米，宽 41.7 厘米，厚 1.4 厘米
（南京博物院藏；转引自《南京博物院》，“中国博物馆丛书”，第四卷，文物出版社，1984，图 123）

晚明　园林仕女图
嵌螺钿黑漆屏风

景”，其制作工法接近明清之际扬州镶嵌名师江千里的风格。整件屏风尺寸之大，制作之精，只能是皇室或显宦、巨富所有。[1]

因此，回头检视严嵩的抄家清单的屏风类如上述表十二所记，发现并无任何螺钿装饰，倒是床类多见螺钿镶嵌。抄家清单中床类家具亦分估银变价与较珍稀的抄籍未价银两部分。估银变价之床具如表十三，仅抄籍未价银部份如表十四：

表十三　严嵩抄家变价的床

内容	数量	价银
螺钿雕漆彩漆大八步床	52 张	15 两 / 每张
雕嵌大理石床	8 张	8 两 / 每张
彩漆雕漆八步中床	145 张	4 两 3 钱 / 每张
椐木刻诗画中床	1 张	5 两 / 每张
描金穿藤雕花凉床	130 张	2 两 5 钱 / 每张
山字屏风并梳背小凉床	138 张	1 两 5 钱 / 每张
素漆花梨木等凉床	40 张	1 两 / 每张
各样大小新旧木床	126 张	共 83 两 3 钱 5 分
共计	640 张	2127 两 8 钱 5 分

表十四　严嵩抄家仅抄籍未见价银的床

内容	数量
雕漆大理石床	1 张
黑漆大理石床	1 张
螺钿大理石床	1 张
漆大理石有架床	1 张
山字大理石床	1 张
堆漆螺钿描金床	1 张
嵌螺钿着衣亭床	3 张
嵌螺钿有架凉床	5 张

[1] 陈增弼撰：《记明清之际一件软螺钿巨幅屏风》，《文物》，1988 年第 3 期，页 70 ～ 76。王世襄撰：《中国古代漆工艺》，收入中国美术全集编辑委员会编《中国美术全集・工艺美术编》，页 41，图 148。

续表

嵌螺钿梳背藤床	2 张
厢玳瑁屏风床	1 张
共计	17 张

上述表十三抄家变价的床共640张，一般的新旧木床126张，占不到两成。其余514张皆较为珍贵，也就是单件作价的床。饰金的“描金穿藤雕花凉床”130张，所占比例更高，有25%。“彩漆雕漆八步中床”高达145张，有近三成的比例。至于螺钿镶嵌的“螺钿雕漆彩漆大八步床”52张，占的比例只有一成，但却是最贵重的，每张价银15两，全数价银后有780两，占全数变价后金额2127两的36.6%，若扣除一般新旧床的变价，仅比较珍贵的514张床数，所占比例则近四成。再看表十四，17张所值不菲、无法作价的床中，镶大理石的有5张，不到三成。其余12张全为嵌螺钿的床，所占比例超过七成，再加上大理石床中也有一张嵌螺钿的装饰，则比例更高达77%。由表十三、表十四可知，明代中晚期显宦之家较看重的床，非大理石镶嵌就是螺钿镶嵌，其中又以螺钿镶嵌最为珍贵。

如此看来，螺钿镶嵌的床具是贵中极品。不过，检视前述表十二严府仅抄籍未价银的屏风，却无一为螺钿镶嵌之作。是螺钿镶嵌之工艺不兴作于屏风吗？在此之前的正德朝太监钱宁，身怀左右开弓的射剑绝技，极受武宗的宠信，因掌管锦衣卫，并赐姓“朱”，故又叫“朱宁”，自称“皇庶子”。武宗驾崩后为继位的嘉靖皇帝所杀，并籍没其家。据《天水冰山录》“附录”所载，钱宁籍没的金银珠宝、珍珠、玉带绦环等物件，琳琅满目，不计其数。所抄黄金之数，更为严嵩的三倍有余。家具中有“螺钿屏风五十座，大理石屏风三十座，围屏五十三扛”[1]，不但总共比严府多25座，其中“螺钿屏风五十座”想必是各处搜括而来，或左右进献之物，无论如何都至少反映钱宁活

[1] 《天水冰山录》“附录”，“籍没朱宁数”，商务印书馆，1937。

动的16世纪上半叶，螺钿屏风为贵重之物。但40多年后严府抄家未见此物，此中缘由令人费解。根据后人笔记所云："严嵩父子弄权时，天下珍秘尽归听雨楼。"[1]也就是说，再珍稀之物，如传世碑帖字画，"以严氏父子之力，何求不获？"[2]就算因稀世罕有而搜罗不易，以其相府庞然之赀财，若欲取得恐怕也是不费吹灰之力。因此，严府抄家清单中屏风类之属缺螺钿镶嵌之饰，只能暂时解读为嘉靖时期显赫世家仅关注于饰金屏风，螺钿镶嵌屏风之流通仅及于庶民百姓之家。有明一代的官宦世家或皇宫内苑，镶嵌螺钿之大型屏风或围屏之风行，可能最早也在严府于嘉靖四十四年（1565）籍没之后。而严府没有此物，恐怕宫廷之内，也就是当时嘉靖皇帝的宫苑内也不会有。

螺钿，即目前所称的蚌壳，有厚薄之分，厚者称"硬螺钿"，厚度一般在5毫米以上；薄者叫"软螺钿"，以1～2毫米较多。上述南京博物院所藏的"园林仕女图嵌螺钿黑漆屏风"有些壳片仅及0.7～0.8毫米。明代隆庆年间安徽新安人黄成撰有《髹饰录》一书，总结古今漆作，详细介绍髹漆门类。天启五年（1625），另一名浙江嘉兴西塘之杨明为之逐条加注。书内认为，螺钿之镶嵌"百般文理，点、抹、钩、条，总以精细密致如画为妙"，杨明注说："壳片古者厚，而今者薄也。"[3]

四　螺钿镶嵌器用源远流长

迄今所见，中国历史上最早的螺钿镶嵌器用为公元前11～12世纪河南安阳殷商皇陵出土的残片。[4]紧接着是北京市房山县出土的西周

[1]　邓之诚撰：《骨董琐记》，收入"美术丛书"（五集第三辑）卷二，《权奸赏鉴》艺文印书馆，1978，页172～3。

[2]　邓之诚撰：《骨董琐记》，收入"美术丛书"（五集第三辑）卷六，《严氏书画记》艺文印书馆，1978，页345～6。

[3]　明·杨明注、黄成撰：《髹饰录》，中国人民大学，2004。

[4]　Sir Harry Garner: *Chinese Lacquer*, Faber and Faber Limited, London, 1979, pp..28 ～ 32, 209.

西周　彩绘兽面凤鸟纹嵌螺钿漆罍
高 54.1 厘米（中国社会科学院考古研究所藏）

唐　云龙纹嵌螺钿漆背铜镜
铜质，直径 22 厘米（中国国家博物馆藏）

五代　花鸟纹镶嵌螺钿黑漆经箱
长 35 厘米，宽 12 厘米，高 12.5 厘米（苏州博物馆藏）

时期"彩绘兽面凤鸟纹嵌螺钿漆罍"，朱漆为地，用蚌片和彩绘组成凤鸟纹。蚌片也用来镶嵌兽眼、耳、角等，装饰繁缛。河南陕县出土的一只唐代铜质"云龙纹嵌螺钿漆背铜镜"，镜背褐色漆地上以螺钿镶嵌一飞龙盘绕于云气中。苏州瑞光塔出土的五代"花鸟纹镶嵌螺钿黑漆经箱"，通体髹黑漆，镶嵌五彩厚螺钿片花纹。两件嵌饰凤鸟或云龙纹，有可能是宫掖所用。经箱出自佛塔，属佛门用物，应皆非一般百姓所有。入宋之后，宋人所著《三朝北盟会编》有一段："王黼作相，初赐第相国寺东，又赐第城西竹竿巷，穷极华侈，垒奇石为山，高十余丈，便坐二十余处种种不同，如 螺钿 合子，即梁柱门窗什器皆螺钿也。”[1]指的是北宋亡国那年，被京师的太学生封为“六贼”之一的王黼[2]，其府第豪奢，还有梁柱、门窗、什器全用螺钿镶嵌的阁子。反映在时人眼中，螺钿镶嵌属奢靡之器。而宫廷内的螺钿造作似也不遑多让，徽钦二帝及多数皇族，被南下的金人掳走后仓皇逃至江南镇江的高宗，以“镇江府军资库，杭州、温州寄留上供物有螺钿椅卓并脚踏子三十六件”，为“螺钿淫巧之物，不可留”，下旨在镇江府热闹的大街上由官府监督焚毁，还贴出榜谕，“使人知朕崇俭去华、还淳返朴之意”。[3]高宗一口气将寄留在镇江府有螺钿镶嵌的前朝御用椅桌、脚踏等共36件一把火烧掉了，为示其与前朝之奢靡不同，而自己在退朝后据以批阅四方章奏的是一张“素木卓子”。[4]两年后的绍兴元年（1131），在杭州（临安）草建行宫，并下令“不得华饰”[5]。一直到绍兴二十六年，还指着自己的座椅说：“如一椅子，只黑漆便可，何必螺钿。”[6] 焚毁螺钿椅桌以身作则的“还淳返朴”一直是被四方赞诵的“圣德”，高宗自己的御座过了近30年后也仅从未加髹漆的“素木”提升为“黑漆椅子”，旨在宣示其恭俭节用之心，共体国艰。

不过，宋代宫廷画家苏汉臣所作之《秋庭戏婴图》，画中两名幼童正躬身聚首于一只黑漆镶嵌螺钿的坐墩上推枣磨为戏，隔着立石花丛的不远处，还有另一只形制相同的黑漆镶嵌螺钿坐墩。此外，台北故宫另藏一轴传为宋人所作之《宋人戏猫图》，在近景桃树枝桠下，

---

[1] 宋・徐梦莘撰：《三朝北盟会编》卷三一《靖康中秩》，上海古籍出版社，2008。

[2] 北宋末年汴京太学生所封祸国殃民之“六贼”以蔡京为首，余为童贯、朱勔、李彦、梁师成等。

[3] 清・徐松辑：《宋会要辑稿・刑法二・禁约二》，上海古籍出版社，2014。

[4] 宋・李心传撰：《建炎以来系年要录》卷一二，高宗恭俭，《钦定四库全书》，台湾商务印书馆，1986。

[5] 元・徐一夔撰：《宋行宫考》，收入明曹昭著、舒敏编、王佐增撰《新增格古要论》卷一三，“丛书集成新编”第 50 册，新文丰出版社，1985，页 237 ～ 238。

[6] 宋・李心传撰：《建炎以来系年要录》卷一七一，收入《景印文渊阁四库全书》第 327 册，台湾商务印书馆，1986。

宋　苏汉臣《秋庭戏婴图》
轴，绢本，设色，纵 197.5 厘米，横 108.7 厘米（台北故宫藏）

（传）《宋人戏猫图》
轴，绢本，设色，纵 139.8 厘米，横 100.1 厘米（台北故宫藏）

一桌前置一坐墩，旁接一矮榻，大小八只狸奴（猫）正群戏于花丛、绮茵与高低家具间。形制为四面平的黑漆桌，牙条、角牙至腿足连成一气，所饰正是展延屈曲的折枝中带点点梅花的螺钿镶嵌。两画用笔细劲，工整严谨的风格，以及后者背后矗立三座衣架，从架上悬锦障的搭脑出头为圆雕龙凤纹饰看来，此当为宫廷画家描绘宫苑内之景。苏汉臣为北宋国都汴京人，徽宗宣和画院待诏，宋室南渡后，在绍兴年间复职，并于孝宗隆兴初（1163）授承信郎官职，有不少戏婴图与货郎图存世。如果此二轴画作完成于南渡前的徽宗时期，则是图像化地显示继唐五代之后，连同被高宗当街焚毁的椅桌，宋室宫廷内有螺钿家具之概况。若系宋室南渡后所作，则高宗当街宣示的“恭俭”对其后继诸皇帝显然仅系“表面文章”而已。事实看来也是如此——宋元之交的词人周密在其笔记《细屏十事》中写道：“王楠……初知彬州，就除福建市舶。其归也，为螺钿卓面屏风十副，图贾相盛事十项，各系以赞，以献之，贾大喜，每燕客，必设于堂。”[1]“卓面屏风”就是其标题的“细屏”，即摆在桌上的小座屏，有如前举明初谢环作《杏园雅集》中，杨荣右侧长桌上所摆的砚屏。贾相就是南宋亡国时期的权臣贾似道。王楠就任福建市舶司后回京（临安）时，送了贾似道螺钿镶嵌其“盛事十项”的十副砚屏。贾似道高兴得每回宴客必陈设于大堂。如果说权臣如贾似道动辄有下属奉上十副螺钿桌面屏风，相信至迟在南宋中期后，内廷宫苑内除了上述的螺钿椅桌、坐墩、螺钿高桌外，类似贾似道所受献的螺钿桌面屏风，甚至其他大型的螺钿家具亦应不缺，甚至还有过之而无不及。

贾似道被王楠所绘的“十事”分别是“度宗即位”“南郊庆成”“鄂渚守城”“月峡断桥”“鹿矶奏捷”“草坪决战”“安南献象”“建献嘉禾”“川献嘉禾”“淮擒孛花”[2]，图案庞杂，应包含人物、建筑、城墙、桥梁、郊野、草坪、动物、植物、山水、河流、沙渚等

[1] 宋・周密撰：《癸辛杂识・别集下・细屏十事》，中华书局，1997，页 304 ～ 305。
[2] 宋・周密撰：《癸辛杂识・别集下・细屏十事》，中华书局，1997，页 304 ～ 305。

元　螺钿庭园人物插屏
高 48.9 厘米，宽 44.6 厘米（美国克里夫兰艺术馆收藏）

内容，所嵌螺钿应为相当细致的软螺钿。美国克里夫兰艺术馆收藏一座元代的“螺钿庭园人物插屏”，屏心镶嵌庭台楼阁与山石花木，树荫下人物对弈，前方还可见正欲过桥前来凑兴的乐伎，极富故事性，或可为贾似道“十事”砚屏形制与螺钿镶嵌之遗韵。

至于灭宋的元朝，据元史所载，元文宗至顺三年（1332）曾赐燕铁木儿“江西行省造螺钿几榻”，同时还“诏赐匠者币帛各一”[1]。元明之交的萧洵所撰《元故宫遗录》，元宫廷“广寒殿，皆线金朱琐窗，缀以金铺……殿内有玉金玲珑屏台玉床，四列红连椅，前置螺甸

[1] 明・宋濂撰：《元史》卷三六《本纪第三十六・文宗》，鼎文书局，1977。

元　广寒宫图嵌螺钿黑漆盘残片
最宽处 37 厘米，厚 0.1 ~ 0.5 厘米（首都博物馆藏）

【钿】酒卓【桌】，高架金酒海，窗外出为露台”[1]，就是高足金酒杯陈放于“螺钿酒桌”上。广寒殿在元大都宫苑内万寿山（万岁山）顶，是大内燕游之处。元代贵族居住地之遗址北京后英房出过一张“广寒宫图嵌螺钿黑漆盘残片”，由元代宫殿“专尚华缛，金碧灿烂”，其陈设具“取材异国，侈诡过甚者”[2]之风尚，这只元大都贵族居处发掘的螺钿器用残片应非孤例，其螺钿陈设当不仅酒桌、几榻而已。日本东京国立博物馆收藏一件元代的“螺钿

元　螺钿龙纹菱花式盘
径 32.9 厘米（日本东京国立博物馆藏）

元明　螺钿描金番莲三角几
高 34.9 厘米，宽 26.9 厘米
（美国旧金山亚洲美术馆藏）

---

[1] 明·萧洵撰:《元故宫遗录》, 收入明曹昭著、舒敏编、王佐增《新增格古要论》卷一三，“丛书集成新编”第 50 册，新文丰出版社，1985，页 241 ～ 246。

[2] 朱偰撰:《元大都宫苑图考》,“中国营造学社汇刊”(第一卷，第二期), 1930, 页 4 ～ 5。

龙纹菱花式盘”，其螺钿镶嵌细密有致，垒垒层层，水纹波涛与碎浪翻滚为地，使矫健饱满的腾龙愈显蠢蠢欲动之势，展现宫廷器用之风华。美国旧金山亚洲美术馆所藏，断代为元明之际的“螺钿描金番莲三角几”，虽不一定是皇家之器，亦可一窥元人螺钿镶嵌之风格。综上所述，螺钿作为漆作外表相对奢华之点缀或装饰，唐、五代或宋朝的宫掖如此，元大都的宫廷用器亦不例外。

五　明代初期的螺钿镶嵌器用

那么改朝换代，赶走了汉人眼中的“鞑虏”之后的明代宫廷呢？成书于洪武二十一年（1388）的《格古要论》，江苏云间（松江）博雅好古的曹昭所撰，专以“辨释器物，使玉、石、金、珠、琴、书、图画、古器、异材，莫不明其出处，表其指归，而真伪之分，了然在目”，是明初有关于古物的鉴赏与收藏之作。景泰七年（1456）至天顺三年（1459）间，曾官刑部主事的江西吉水人王佐，为其增补、加注为《新增格古要论》，其增补的“古漆器论”中“螺钿”条提到：

> 螺钿器皿出江西吉安府庐陵县。宋朝内府中物及旧作者，俱是坚漆，或有嵌铜线者，甚佳。元朝时，富家不限年月做造，漆坚而人物细、可爱。今庐陵新做者，多用作料灰猪血和桐油，不坚而易坏，甚者，又用藕泥，其贱不可当。然好者须在家自作，方为坚固。今吉安各县旧家藏有螺钿床、椅、屏风，人物细妙可爱，照人可爱。诸大家新作果合【盒】、简牌、胡椅，亦不减其旧者，盖自作故也。[1]

王佐提到，宋代内府或之前所造的螺钿器皿多产自其家乡江西

[1]　明·曹昭著、舒敏编、王佐增：《新增格古要论》卷一三，“丛书集成新编”第50册，新文丰出版社，1985，页241～246。

吉水的庐陵县，都是坚漆，有的还嵌有铜线。元代富豪大户在自家夜以继日地做造，到了王佐的年代，在庐陵的新作因用料不同，而“贱不可当”。有元一代不及百年，所指“吉安各县旧家藏有螺钿床、椅、屏风，人物细妙可爱”，时间上至晚也应溯及元代及南宋。换言之，宋元时期，螺钿家具有椅桌、酒桌、坐墩、几榻，还有床、屏风等等，几乎是品类齐全。不过，入明之后，所见最早的记载还是王佐在“螺钿”条最后的结语：“洪武初，抄没苏人沈万三家，条凳、椅桌，螺钿、剔红最妙，六科各衙门犹有存者。”[1]意即最晚到太祖开国近一百年后的王佐时代，还可看到六科各衙门在使用抄自苏州首富沈万三家产的剔红及螺钿镶嵌条凳、椅桌。沈万三原名沈富，与其弟沈贵（沈万四）以商贸起家，经营垦殖有方，在元末群雄之一的张士诚覆灭后，对朱元璋输诚纳贡。入明后其族人并担任“粮长”之职，洪武末年卷入逆反案，两度被抄家。[2]其庞大家产中的家具当不只剔红及螺钿镶嵌的条凳和椅桌而已，但不知是否俱遣至六科部会之衙门使用。以朱元璋在称帝前后所极力宣示的节用——“夫上能崇节俭，则下无奢靡。吾尝谓珠玉非宝，节俭是宝，有所缔构，一以朴素，何必极雕巧以殚天下之力也”，南京城的宫苑内应当一如南宋高宗的“崇俭”，使用“素木”家具，最多亦仅黑漆或朱漆而已，包括家具在内的螺钿镶嵌器用应不太可能进入大内，官府营造螺钿器用或家具之机会应微乎其微。上行下效之风，使需求减少，制造渐缓，这应该也是明初曹昭在其《格古要论》中未涉任何螺钿器用之叙述，一百年后的王佐在其增补的“螺钿”条中追忆往昔的“灿烂时光”，并认为江西吉安府庐陵县的新作“贱不可当”、新不如旧之原因。由此看来，因明太祖的节用，宋元以来被视为奢靡的螺钿器作之制造在明代前期近乎停摆。

[1] 明・曹昭著、舒敏编、王佐增：《新增格古要论》卷八，“丛书集成新编”第 50 册，新文丰出版社，1985，页 160。

[2] 王颋撰：《沈万三的真实家世及传奇》，《暨南学报》2004 年第 2 期。

六　明代宫廷何时开始造作螺钿器用

据《明宣宗实录》载，宣德八年（1433）闰八月，浙江左布政使黄泽被劾奏，原因是其在任时曾役使县民采桑、养蚕，充其家用，“又擅用官库螺钿床等物”[1]，可知宣德时期，浙江的官库存贮有螺钿床等物（不知是前朝所遗还是新作），螺钿之作显然仍属奢靡之物。晚明太监刘若愚记宫内的御用监所承作的项目：“凡御前安设硬木床、桌、柜、阁及象牙、花梨、白檀、紫檀、乌木、鸂鶒木、双陆、棋子、骨牌、梳栊、螺甸【钿】、填漆、雕漆、盘匣、扇柄等件，皆造办之。”[2]可以确定晚明宫廷之内有螺钿之作，但不知始自何时，做了哪些。在明太祖的禁奢之令后，最早应也在宣德或成化时期开始有所蠢动。朝鲜的《李朝实录》在成化十七年（1481）有一段记载：

> 十二月……圣节使韩致亨奉敕来自京师，其敕曰：“朕惟尔世守东藩，恪守职责，顾忠诚之有加，肆待遇之不替……兹后但值朕诞辰……王国中所制所产器物可进御者，着为例，每岁贡献于廷，用表王事上之意。各样雕刻象牙等物件，务要加意造作，细腻小巧如法，毋得粗糙。紫绵绸三十匹、绿绵绸三十匹……细巧文蛤五百流、回蛤五百流、斑蛤五百流、细巧文蛤观音脐共一挂一百流……各样黑漆螺钿大小盒儿三十个。[3]

明宪宗的敕文中要求朝鲜在其每年万寿圣诞时所贡献的方物林林总总，其琳琅满目的明细中，包括各样蛤类的螺钿原料，也有已制为

---

[1]　《明宣宗实录》卷一〇五，宣德八年闰八月辛亥，“中央研究院”历史语言研究所，1966。

[2]　明刘若愚撰：《长安客话》卷一六，北京古籍出版社，1994，页103。

[3]　吴晗辑：《朝鲜李朝实录中的中国史料》卷一一，中华书局，1980，页670～679。

成品的“黑漆螺钿大小盒儿”。此记一则显示当时朝鲜在螺钿原物料方面的供应可能较为丰饶或质量较优，另则也许反映15世纪下半叶的大明宫廷内螺钿器皿的兴造初始，仍未就绪，要借由东藩每年的朝贡以满足所需。是否如此，仍有待考证。唯迄今所见明代宫廷有关螺钿器作较为具体之记为15世纪下半叶，继宪宗之后的孝宗，在弘治年间一笔有关黑漆琴的记载。该琴腹的池内有三行墨笔楷书款字：“大明弘治十一年，岁次戊午，奉旨：命鸿胪寺右丞万胜中、制琴人惠祥制于武英殿，命司礼太监载义、御用监太监刘孝，潘德督造。”[1]惠祥是明代中期制琴名匠之一，可知宫外的名匠也会因技艺精湛成为大内制琴的一时之选。鸿胪寺职司国家大典礼、郊庙、祭祀、朝会、宴飨、经筵、册封等各种仪式之仪典陈设、引奏等[2]，其官员连同御用监的两名太监，与名匠一起参与制琴，想必对琴器亦相当娴熟。琴是文人琴棋书画活动中之首，琴面上音阶的标志叫做“徽”。据《琴经》：“蚌徽须先用胶粉为底，庶得徽不黑。”黑漆琴嵌螺钿“徽”，在月下抚琴时，螺钿闪光的琴徽更给人以美的享受。[3] 弹琴当须琴桌，前章讨论桌器时曾举故宫博物院藏有目前仅存最早的一件实物——明代“填漆戗金云龙纹琴桌”，别具巧思地在束腰内暗设音箱。想象当年大明皇帝或其宫嫔在宫苑内浓荫的花影或月下抚琴，嵌着螺钿琴徽的琴与戗金的琴桌相互辉映，在悠扬的琴音中更见闪烁斑斓。

七 斑斓闪烁的万历朝螺钿家具

此外，故宫博物院藏有一只“明宣德款彩漆嵌螺钿云龙纹海棠式香几”，彭牙三弯腿。海棠式几面彩绘朵云嵌硬螺钿龙戏珠纹，四周彩绘嵌螺钿折枝花卉，楷书“大明宣德年制”刻款。据其专家考

---

[1] 转引自朱家溍著：《故宫退食录》（上），北京出版社，1999，页 124。

[2] 清・张廷玉等撰：《明史》卷七四《志第五十・职官三》，页 1802。

[3] 朱家溍著：《故宫退食录》（上），北京出版社，1999，页 128。

明　宣德款彩漆嵌螺钿云龙纹海棠式香几

圆径 38 厘米，通高 82 厘米（故宫博物院藏）

证，其彩绘及螺钿镶嵌具有浓厚的万历时期风格，四足原应皆嵌五彩螺钿升龙，现仅存两足可见，另两足的彩漆龙纹上依稀有原来镶嵌之残痕，怀疑落款为清康熙时期修饰后重刻。若其款识纪年为真，则为目前所知大明宫廷内时代最早的螺钿家具，从而或可推测至迟在万历时期宫廷器作中螺钿的使用仅为点缀，并非器表装饰之主体。此亦可从前章所举“明万历黑漆嵌螺钿金平脱龙纹箱”，龙纹以彩绘和填嵌方式制成，填嵌又兼用螺钿及铜片两种物料，以产生绚丽多变的效果中得到印证。其他“明万历款黑漆嵌螺钿彩绘描金云龙纹长方桌”也是如此。通体黑漆为地，面心及周匝边线均以云龙纹为饰，图案用薄螺钿填嵌而成，牙板及腿足上之龙纹以彩漆描绘，并泥金描纹理，整器精工细腻，是万历时期漆工艺的罕见精品。[1]故宫博物院另藏一件明代“紫檀洒螺钿嵌珐琅面圆杌”，坐面嵌圆形掐丝珐琅双龙戏珠纹，

[1]　胡德生著：《故宫博物院藏明清宫廷家具大观》，紫禁城出版社，2006，页 616。

明 万历款黑漆嵌螺钿彩绘描金云龙纹长方桌
长 122.5 厘米，宽 47 厘米，高 78.5 厘米（故宫博物院藏）

明 紫檀洒螺钿嵌珐琅面圆杌
面径 42.5 厘米，高 41 厘米（故宫博物院藏）

束腰分段为长方形开光，壶门式彭牙板，通体髹漆地再洒螺钿沙粒为饰，整器流光溢彩，则更是将螺钿作为衬托主纹饰之地表。另一方面，由以上诸例可看出，不管是宣德款、万历款或此珐琅面圆杌，螺钿镶嵌之宫廷用器，与其他宫廷漆作一样，纹饰构图多以龙戏珠或双龙抢珠为主题，瞠目贲张，张牙舞爪，表现真龙之威猛与其震慑之气。此外，次要纹饰以云朵、山巅、波涛，或折枝、缠枝等花卉为衬，整起纹饰主次有别，层次分明，主题纹案被衬映得非常鲜明。涂饰则线条严谨细腻，描绘齐整，漆地之外或另施

明　万历款黑漆嵌螺钿云纹书案、局部、平款
（故宫博物院藏）

彩绘、金饰，螺钿或嵌或洒，再加以铜片、珐琅等变化，使整器繁复多变而缤纷多彩，富贵堂皇而风格华丽，形成明代宫廷漆作，尤其是螺钿器造的共同特征。换言之，螺钿之用，一直并非宫廷器作之主体，仅是包括填漆、彩绘、铜镶、平脱、描金、戗金等诸多用材或技巧之一。

不过，故宫博物院另有一件“明万历款黑漆嵌螺钿云纹书案”，平头体黑漆地、如意云头牙板、足镶云头铜包脚，亦为如意云头形挡板。案面朵云纹间有坐龙与行龙，大边立面为赶珠行龙，俱满嵌厚螺钿。案里并以螺钿嵌“大明万历年制”楷书款。整器除黑漆为地外，螺钿镶嵌的朵云简略稀疏地横向排列为衬，未师任何填漆、彩绘等髹饰，也没有象征皇室的戗金、描金等用金为饰。[1]若非各式龙纹象征其为真龙天子御用之器，实与宫墙之外民间螺钿器造所差无几，但观察其龙躯则削细如螭，龙口紧抿，三停九似地蜿蜒间，螺钿镶嵌生硬如折，与其他宫廷漆作之龙纹绘饰或填嵌之细密严谨之作相去甚远，实为明代宫廷器用的罕见之品，在有款识的明代宫廷螺钿之作中显得相当突兀，也与前举元代“螺钿龙纹菱花式盘”中的龙纹之表现几乎无法相提并论。另一件明代的“黑漆嵌螺钿罗汉床”（所谓“罗汉床”

[1]　明·申時行等奉敕重修:《大明会典》卷六二《礼部二十·房屋器用等第》,东南书报社,1963。《明武宗实录》，正德元年六月辛酉，“中央研究院”历史语言研究所，1966。

明　黑漆嵌螺钿罗汉床

床面长 182 厘米，宽 79.5 厘米，通高 84.5 厘米（故宫博物院藏）

明　黑漆嵌螺钿花蝶架子床

长 207 厘米，宽 112 厘米，高 212 厘米（故宫博物院藏）

为窄身的单人睡床），通体黑漆，以厚螺钿镶嵌花鸟纹，牙条与腿足间嵌折枝花卉。据其资料所示，此件系琉璃厂古玩商自山西运回，再由该院购藏，并非宫廷器造。根据资料，与此件罗汉床“实为一堂”的另一件明代“黑漆嵌螺钿花蝶架子床”，床壁正中嵌牡丹、蝴蝶、蜻蜓等图案，四沿嵌六瓣团花，床柱与牙条、腿足间嵌饰与床壁大体相同之图案。床身为封闭的四面平式，正面的外观比较接近前章所讨论“如屋似龛”的床具。

此类单色漆上仅以螺钿镶嵌，未再施彩、描绘或饰金的做法，在明代皇室之器用中也并非全无所见，但时间上是比较早的。如前章所

《大明宣德公主像真迹》
圈背出头
绢本，长 282.1 厘米，宽 91.4 厘米
（美国弗吉尼亚美术馆藏）

明中晚期 《金盆捞月图》
轴，绢本，设色，纵 187.2 厘米，横 140.1 厘米
（上海博物馆藏）

举美国维吉尼亚美术馆所藏《大明宣德公主像真迹》，画中宣德公主所坐交椅，其圈背出头所见似为镶嵌螺钿的团花，团团如正脸梅花，外缀点点叶片，精谨细密，疏落有致，其时代经推算可能为成化六年（1470）左右，正是15世纪的下半叶。另一幅上海博物馆所藏断代为明代中期的《金盆捞月图》，画中一位坐着的执扇妇女正转身望向前景其他宫妇的“金盆捞月”场景，其身旁是一张黑漆桌子，桌面四沿及腿足下的托泥是梅花与其他多瓣花卉相间的螺钿镶嵌，其桌沿、束腰，乃至层层卷云雕刻的牙条中，可见多样而密布的团花，布局严谨精细，亦见宫廷器造之韵味，亦或可反映螺钿用材稍事增量之趋势。

八　螺钿家具中的“梅花初月”纹饰

仔细检视上述《金盆捞月图》镶嵌螺钿团团如正脸的梅花，再环顾目前世界各博物馆所藏中国螺钿器，可以发现自宋代以来的纹饰，以亭台楼阁、园林人物、四季花卉为主题的螺钿器作甚为繁伙，但其

宋元　螺钿梅花插屏
高 40 厘米，宽 38.8 厘米
（美国旧金山亚洲艺术馆藏）

元明之交　黑漆螺钿八角盘
径 29.5 厘米（美国纽约大都会博物馆藏）

明早期　黑漆螺钿长方形盘及局部
长 62 厘米，宽 30 厘米（美国纽约大都会博物馆藏）

中以梅花或梅、月为主题的图案亦隐然自成一格。美国旧金山亚洲艺术馆收藏一座断代为宋至元代的“螺钿梅花插屏”，屏心呈现梅树老枝新桠中点缀花苞与绽开的梅花。纽约大都会博物馆所藏的一只元明之交的黑漆螺钿八角盘，与一只明早期的黑漆螺钿长方形盘，图案俱为梅花与鸟的螺钿镶嵌。梅树的老枝或嫩桠上有成双的鸟儿，或开喉对唱，或忙于啄采。梅花的百样姿态，或正观或侧看，应系受到宋伯仁《梅花喜神谱》在宋理宗景定二年（1261）刊出后的影响，如“孩儿面”“篮”等。往后元明时期的螺钿镶嵌之作也见持续以此为主题，如断代为16世纪晚期的英国私人收藏“黑漆螺钿低桌”，四面平的牙条、腿足俱饰枝桠梅花，以及日本出光美术馆所藏的“螺钿梅花文高栏桌”之桌面、日本东京博物馆1979年展出馆藏的一件明代“人物螺钿高桌”之踏面等。

与此同时，元明之际以后出现一丛梅树上，梅花依

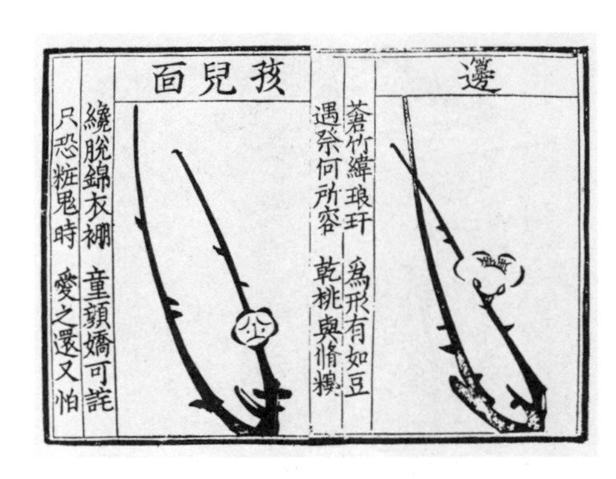

宋　宋伯仁《梅花喜神谱》（局部）
（转引自 East Asian Lacquer, p.126）

16 世纪晚期　黑漆螺钿低方桌
宽 27.6 厘米（The Garner Collection, Chinese and Associated Lacquer from The garner Collection, The British Museum, Oct.2 – Dec.2, 1973, p.39, plate 55b）

明　螺钿梅花文高栏桌
高 30 厘米（日本出光美术馆藏）

明　人物螺钿高桌，踏面
（东京博物馆）

元明之际　戗金螺钿文具箱
高 30.6 厘米，宽 23.8 厘米，深 21.4 厘米
（美国沙可乐艺术馆藏）

明　梅月螺钿桌
（东京博物馆藏）

明　梅月螺钿六角盘

旧各呈其姿，但天空增饰一轮初月的新组合，如美国沙可乐艺术馆所藏的一组明代“戗金螺钿文具箱”，最上层的箱面是“梅花初月”的图案。同样的纹饰在日本东京博物馆1979年展出馆藏的一件明代“梅月螺钿桌”之桌面也可见到，梅月纹饰旁还另嵌应景诗句。日本也收藏了一件明代的“梅月螺钿六角盘”，等等。据《明史》所载，朱元璋在天下群雄争战之际，提兵过安徽徽州，召问徽州老儒朱升时局要务等事。博览群书的朱升，对“数学卜筮，靡

不精究”，对曰：“高筑墙，广积粮，缓称王。”[1]朱元璋听后大悦，称善，于是“预帷幄密议，问所愿欲，曰请留宸翰以光后圃书楼。上亲为书梅花初月楼以赐之。临行更问之，允升跪而泣曰，臣子同后得全躯而死，臣在地下亦蒙恩不浅矣”[2]。意即朱升对朱元璋主动问及其所愿欲，答以要其墨宝以光耀其后院的书楼，同时还跪请泣求朱元璋留其子朱同“全躯而死”。据《明史》所载，朱升在朱元璋称帝后进为翰林学士，与诸儒共同编修《女诫》。朱元璋大封功臣之诰词多为朱升所撰，年逾七十致仕，两年后卒。其子朱同亦擅诗翰，官至礼部侍郎，宫内壁上多其题咏，朱元璋还常令其题诗以赐宫人，后因其行事令朱元璋起疑而将杀。念及朱升在当年初见时就已为其子跪请泣求“得全躯而死”，遂令其自尽。朱升的事迹在正史中夹杂明人的笔记，不外突显其预事之精妙——预见多年后其子会遭疑致死，印证其“数学卜筮，靡不精究”，而身为开国皇帝的真龙天子朱元璋，与人间神算朱升交锋后所遗留的墨宝题字“梅花初月楼”，自然为人所津津乐道，广为传布，或许因此成为往后器用纹饰的主题之一。而尽管“梅花初月”的主题可能来自明太祖开国前之事迹，似仅在民间流转，显然并未进入大明宫掖。

综上所述，有明一代的宫廷螺钿漆作，前期可能因明太祖的崇俭节用，使得被视为奢靡的螺钿器作不兴，一直到英宗的天顺年间，官府所用之螺钿椅桌、条凳可能还都是明初江苏首富沈万三家族抄家所得。从仅存的数件带年款的螺钿家具看来，最早在宣德时期开始此奢靡之作，但仅为诸多器表装饰用材之一，至万历朝乃大肆兴造，但系由点缀性之装饰逐渐增加用量，目前所存最早使用螺钿家具的《大明宣德公主真迹》图像以及明中晚期的一张《金盆捞月图》画作似也正

---

[1] 清·张廷玉等撰：《明史》卷一三六《列传第二十四·朱升》，中华书局，1995，页3928。

[2] 明·黄瑜撰：《双槐岁抄》卷二，收入《四库全书存目丛书·子部·小说家类》，庄严文化事业公司，1996。

好呼应此点。而万历十二年（1584）七月，万历皇帝一口气下旨传作的40张床中，以目前所见之数据，虽仅有形制未见表面处理之描述，但以其形制与相传纳入内府之严嵩抄家各式床具相近，其外表装饰应可能如严嵩抄家所得的包含雕漆、彩漆以及螺钿镶嵌。

与此同时，观察现存的螺钿器作实物亦可发现，明中期的用量逐增之外，螺钿原材也从粗厚渐渐走向轻薄细致，从收藏家手中所见类如清初的一张黑漆南官帽椅可见，其背板全部以螺钿布置为纹饰，上下分段的方寸之间，上段如意云头开光的左右是双龙戏珠纹饰，中段是月下携琴，有仆役、童子等提灯随侍在侧的屋宇庭园夜色，螺钿运用如尘沙般，堆砌精细工整，利用其闪烁流光营造出月夜下的庭园人物，严谨细致，传统宫廷螺钿器造风格之余韵表露无遗。

清初　黑漆镶螺钿庭园人物南官帽椅及局部
（台湾私人收藏）

第四章
谁是真龙天子

第一节　明代宫廷家具的来源

一　谁在造办宫廷家具？

晚明太监刘若愚，生于万历十二年（1584），万历二十九年入宫，隶司礼监，辗转为写字奉御，天启初年升至监丞，自崇祯二年（1629）至十四年陆续写成《酌中志》一书，记述其在宫中数十年之见闻。据《酌中志》所载，与皇帝最亲近的内府衙门，有如明代皇帝的家臣组织，其功能运作一如外朝，诸太监之职掌亦分品秩，司礼监掌印太监有如外朝内阁的首辅，秉笔太监如内阁次辅，可谓“位低而权重”。有司礼、御用、内官、御马、尚宝、神宫、尚膳、尚衣、印绶、直殿、都知等十二监，另有惜薪、宝钞、钟鼓、混等四司，又有兵仗、巾帽、针工、内织染、酒醋面、司苑、浣衣、银作八局，总谓二十四衙门，专管皇帝御前所用、皇族及宫人所需。其中御用监、内官监、司设监，以及司礼监下辖的御前作分别造办宫廷所用器用和家具。据明人张爵所记，此四监均在宣武门大街东边，皇城西安门外的积庆坊内。[1]从《明代北京城复原图》可知，以紫禁城为中心的皇城内[2]，内官监紧临司设监，司礼监在司设监东南、针工局与尚衣监之间，三监隔着万岁山，坐于宫城之北。御用监在宫城西南方，银作局后，沿着西苑的太液池。司礼监所辖的御前作却在宫城东南角皇史宬之南，范围较小，紧临崇质殿。四监一作之职掌及分工明细，现依《酌中志》所述，列如下表。

表十五 《酌中志》所记内府造办家具器用之职掌分工条列表

衙门	人员编制	所造办之家具	备注
御前作	掌作官一员、散官十余员，由司礼监工年老资深者挨转	专管营造龙床、龙桌、箱柜之类。合用漆布、桐油、银朱等件，奏准于甲字库关支	御前作与司礼监辖下的中书房，皆由司礼监掌印太监或秉笔太监监督
内官监	掌印太监一员，下有总理、管理、佥书、典簿、掌司人数、写字、监工	所管为：木作、石作、瓦作、搭材作、土作、东作、西作、油漆作、婚礼作、火药作	并管米盐库、营造库、皇坛库、里冰窖、金海等
御用监	掌印太监一员，里外监把总二员。另有典簿、掌司、写字、监工	凡御前所用围屏、摆设、器具，皆取办之，有佛作等作；凡御前安设硬木床、桌、柜、阁及象牙、花梨、白檀、紫檀、乌木、鸂鶒木、双陆、棋子、骨牌、梳栊、螺钿、填漆、雕漆、盘匣、扇柄等件	
司设监	掌印太监一员，有总理、佥书等官，如内官监	职掌卤簿、仪仗、围幙、褥垫，各宫冬夏帘、凉席、帐幔、雨袱子、雨顶子、大伞之类	

由上表观察，此四监一作的职掌似乎并不明确，御前作专责“龙床、龙桌、箱柜之类”，与御用监的“凡御前安设硬木床、桌、柜”等多所重叠，只是后者所造办器用更广、更多，更为繁杂。内官监所管的“木作”，似乎“包山包海”地也涵盖木制家具。据同书所载，

[1] 明·张爵纂：《京师五城坊巷胡同集》，积庆坊，“求恕斋丛书”，文物出版社，1984，页 4 ～ 5。按：该书作者自序于嘉靖庚申，即嘉靖三十九年，故此书所述各监作地址应至少为嘉靖时期之位置。

[2] 明代至中晚期，宫城开始称“紫禁城”，外禁垣区称皇城。参见李燮平著：《明代北京都城营建丛考》，紫禁城出版社，2006，页 104 ～ 112。

内府甜食房经办各色丝窝、虎眼等甜食后，要向内官监“讨取戗金盒装盛”以进呈御前使用。[1]是则内官监也造办膳盒之属，可是据上表之列，此应为御用监所管范围。若检视万历四十三年（1615）工科给事中何士晋[2]所撰《工部厂库须知》中涉及家具器用之记载，则与刘若愚所记出入更大。现将两书相关记载并同条列如下表：

表十六　万历《工部厂库须知》与《酌中志》所记对照表

	《酌中志》卷十六所记	《工部厂库须知》卷九所记
御前作	专管营造龙床、龙桌、箱柜之类。合用漆布、桐油、银朱等件	“御前作成造龙床”；“司礼监成造上用经书画轴等项装盛柜匣，并屏风画轴楣杆等件”
内官监	木作、石作、瓦作、搭材作、土作、东作、西作、油漆作、婚礼作、火药作[1]	“内官监成造慈宁宫铺宫物件”；“内官监成造亲王婚礼仪仗妆奁等物”[2]；“内官监成造亲王出府物件……为福王出府题办椅、桌等器物”；“内官监成造亲王之国龙床、坐褥、板箱等物”；“内官监成造宫殿等处供应床卓【桌】器皿等件”；“内官监成造御用器皿如彩漆膳盒、托盒之类”
御用监	凡御前所用围屏、摆设、器具，皆取办之，有佛作等作；凡御前安设硬木床、桌、柜、阁及象牙、花梨、白檀、紫檀、乌木、鸂鶒木、双陆、棋子、骨牌、梳栊、螺钿、填漆、雕漆、盘匣、扇柄等件	“御用监成造乾清宫龙床顶架等件”；“御用监成造慈宁宫等处陈设龙床、宝厨、竖柜等物”；“御用监成造铺宫龙床”；“御用监成造亲王婚礼床帐等物件”
司设监	职掌卤簿、仪仗、围幙、褥垫，各宫冬夏帘、凉席、帐幔、雨袱子、雨顶子、大伞之类	“司设监成造慈宁宫铺宫物件”；“司设监成造金殿龙床等项”；“司设监成造亲王婚礼床帐、【轿】乘等物”；“司设监成造亲王之国钱粮（屋殿、【轿】乘、账房、软床铺陈、帐幔、围幕……等物”

由上表之对照，刘若愚所记专司木作、婚礼作等之内官监，在何

[1] 明·刘若愚著：《酌中志》，北京古籍出版社，2001，页114。

[2] 何士晋，字武莪，宜兴人，万历二十六年举进士，初授宁波推官，擢工科给事中，光宗立，擢尚宝少卿，迁太仆。天启二年以右佥都御史巡抚广西，四年擢兵部右侍郎，总督两广军务，兼巡抚广东。参见清·张廷玉等撰：《明史》卷二三五《列传第一百二十三》，页6127～6130。

[3] “东作、西作”应为打造铜、铁之作。参见明·何士晋撰：《工部厂库须知》卷四，台湾“中央图书馆”，1985。

[4] 依嘉靖三十二年例，亲王婚礼妆奁“每位合用朱红器皿八百三十一件”。参见明·申时行等奉敕重修：《大明会典》卷二〇一，东南书报社，1963，页2717。

士晋的《工部厂库须知》中也成造宫殿的“铺宫物件”[1]，而御用监不但成造属于御前作职责的龙床顶架等物，也包括属于内官监“婚礼作”的造办。而刘若愚笔下专管卤簿、仪仗等类的司设监，也成造金殿龙床，铺宫对象，甚至婚礼床帐等。至于司礼监直辖的御前作，在何士晋稽核的案例中除成造龙床、盛装御用经书的柜匣外，还造办屏风等物，与御用监所司也重叠。而“婚礼作”，顾名思义，婚礼所用什物、床桌椅具等器用自当合在其列，刘若愚仅记于内官监之下。而何士晋所稽核之件，似乎御用监与司设监也涉及家具之兴造。

何士晋为外朝吏、户、礼、兵、刑、工六部中的工部工科给事中。工部属下之营缮所，职掌国家宫殿及在外各项大工之兴造。“给事中”之职旨在稽查六部百司之事，每科由两人至六人不等轮值。工部工科给事中系针对外朝、内府等大小相关工程之兴造径行稽查，对于浮冒、舛错、蒙混、违背法令者，皆得题报参奏，有如今日政府部门中的会计稽核。《工部厂库须知》即其在数年内访查工部隶属的各厂、库后上报的题奏，时间亦在刘若愚供职期之内。虽然其中有关家具之案件不多，且仅为片断，以其对各造作之亲予钩稽，相信其内容应更为详尽确切，也应该更接近事实。

由此看来，明代宫廷家具的造办，包括皇帝御前所用与皇族之需，由内府二十四衙门中的三监一作供应。三监一作间经常互通有无，或相互支持，承做项目与品类似并无明确的之划分，而所有大小造作，均由外朝的工部负责稽核。事实上，工部的职掌不仅如此，还有物料（包括木料）和匠役的供应。

[1] “铺宫物件”，以嘉靖元年乾清宫、坤宁宫为例，为“铺设帘栊、绣龙凤帐幔、铺陈龙毯、花毯、地毡、草席、竹帘等件，共一千二百三十二件”。参见明·申时行等奉敕重修：《大明会典》卷二〇一，东南书报社，1963，页2717。

二　工部供应家具造办中的木料和匠役

(一) 三厂供应木料

所有营缮，包括家具之造办，其首要为物料与匠役。何士晋所巡察的“厂库”，指工部辖下的三厂与内府十库中的戊字库、广积库、广盈库三库。[1] 至于三厂，即神木厂、山西大木厂与台基厂。[2] 从明初成祖永乐年间营建北京城开始，遣相关大臣至四川、湖广、浙江、山西等地采木，派至四川的工部尚书宋礼回奏说：“有数大木，一夕浮大谷达于江，天子以为神，名其山曰神木山，遣官祭祀。”[3]京师的神木厂也因此得名。[4]神木厂与山西大木厂俱为储积木材、兼收苇席之处，台基厂亦为储材之场，但“一切营建，定式于此，故曰台基”，也就是说，台基厂除储积木料、堆放柴薪及芦苇之外，还是一切营建定式之所。[5] 神木厂在崇文门外。明代嘉靖时人张爵曾著有《京师五城坊巷胡同集》，内附京师城坊绘图并详记各作坊位置。据其相关记载[6]和近人《明北京城复原图》的图示，崇文门外仅见“神木厂大街”，在崇北坊。山西大木厂有时简称“大木厂”“山西厂”“山厂”等，不在山西。据《大明会典》所述，在朝阳门外[7]，但张爵的《京师五城坊巷胡同集》及近人的《明北京城复原图》则在阜成门的阜财坊内。[8]台基厂所占范围广阔，在朝阳门外沿河往南之京城东南角，

[1]　内府凡十库，其中乙字库属兵部，戊字库、广积库、广盈库属工部，其余六库皆属户部。参见清・张廷玉等撰：《明史・志第五十八・食货六》，中华书局，1995，页 1926。

[2]　一般皆称明代工部设五大厂，另两厂与家具无关，为琉璃厂与黑窑厂，俱在外城。参见清・缪荃孙等撰：《京师坊巷志》卷二，“求恕斋丛书”，文物出版社，1984。唯按《大明会典》及《工部厂库须知》，所谓的“厂”，应还有器皿厂等。

[3]　清・张廷玉等撰：《明史・志第五十八・食货六》，中华书局，1995，页 1995。

[4]　明・何士晋撰：《工部厂库须知》卷五，台北“中央图书馆”，1947。

[5]　明・何士晋撰：《工部厂库须知》卷五，台北“中央图书馆”，1985。

[6]　明・张爵纂：《京师五城坊巷胡同集》，“求恕斋丛书”，文物出版社，1984，页 16 ～ 17。

[7]　明・申时行等奉敕重修：《大明会典》，卷一九〇，东南书报社，1963，页 2592。

[8]　张爵的《京师五城坊巷胡同集》，山西厂亦在阜财坊内。参见明・张爵纂：《京师五城坊巷胡同集》，“求恕斋丛书”，文物出版社，1984，页 9 ～ 10。

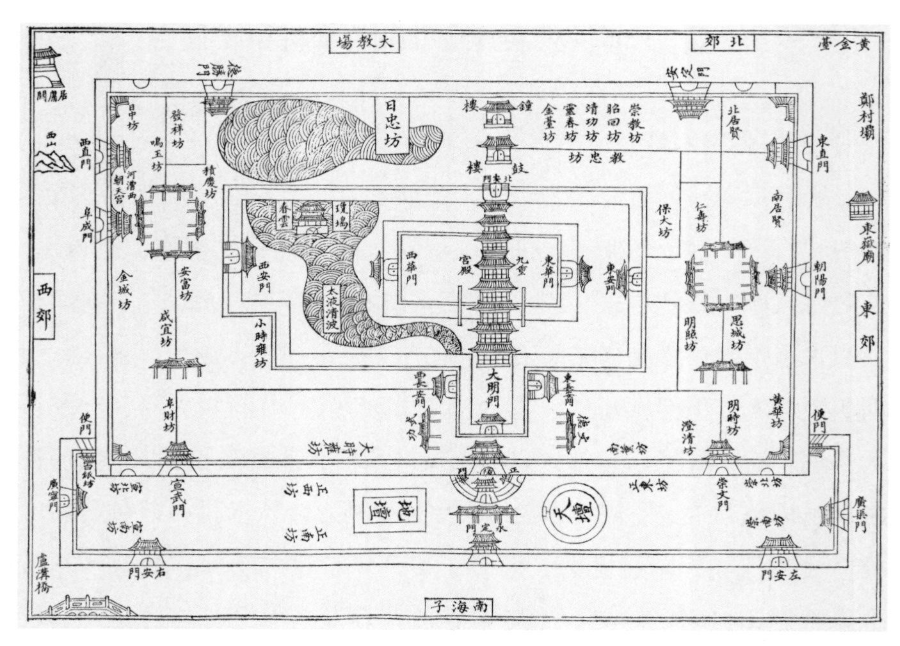

明　京师五城坊巷胡同总图

（明·张爵纂，《京师五城坊巷胡同集》，“求恕斋丛书”，文物出版社，1984）

但其南门与西门俱位于崇文门大街至长安大街之间的南熏坊内。[1] 各地所采之木料经河道船舟运至京师东方的张家湾（现属通州），再觅工役循陆路运至50里地距离的神木厂、57里地的台基厂、60里距离的山西厂贮存。[2]每逢宫内任何营缮或木作之造，工部接到内府之旨令后，首先便于此三厂拨分木料。

不过，根据工部官员的笔记，官府营造的大木均收贮于三厂，但三厂亦各有其专精，如正德中营建乾清宫、坤宁宫等，从四川、湖广等处采集的大楠木，围长约一丈四尺，长均四五丈，共百余根，运至天津时遇河水干涸无法前进，转运陆路又耗银不赀，于是疏浚河道、修补闸门，辗转才将这批巨木送到张家湾。“凡数日抵神木厂，拽入

[1] 明·张爵纂：《京师五城坊巷胡同集》，“求恕斋丛书”，文物出版社，1984，页 1 ～ 2、8 ～ 9。按：台基厂在改朝换代之后，先后为清代裕王府、庆公府及晚清的法国使馆。参见清·缪荃孙等撰：《京师坊巷志》卷二，“求恕斋丛书”，文物出版社，1984。

[2] 明·何士晋撰：《工部厂库须知》卷五，“运价规则”条，台湾“中央图书馆”影印本，1947。按：若山西大木厂在阜成门内的阜财坊内，则距离张家湾应不只 60 里。

细丝黄花梨（胡德生提供）

檀香紫檀（胡德生提供）

檀香紫檀（胡德生提供）

铁梨木（胡德生提供）

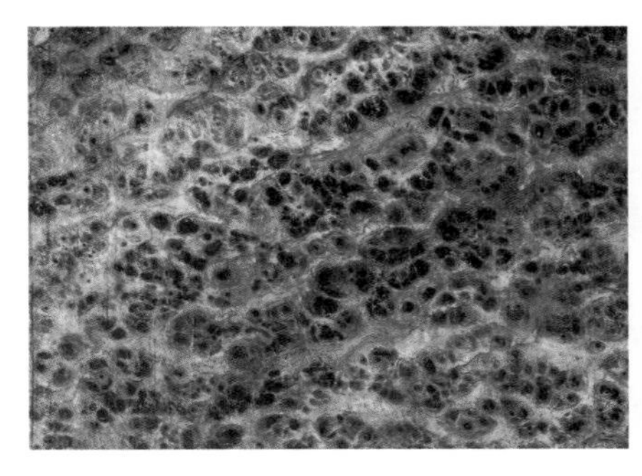

瘿木瘤横切面（胡德生提供）

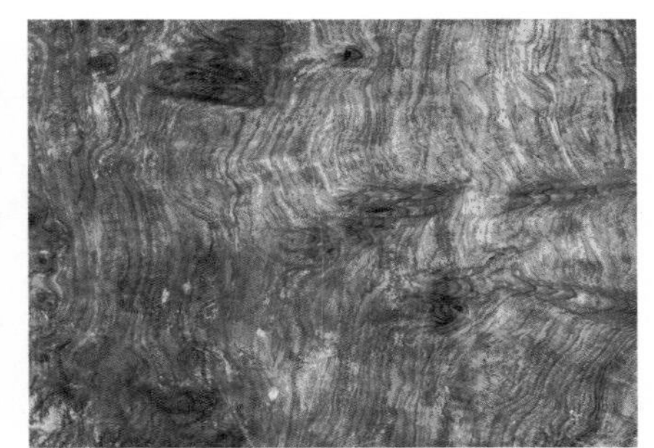

瘿木瘤纵切面（胡德生提供）

打截，运入台基厂造作。”[1]由此推测神木厂有简易的打截设施，台基厂的设备更为齐全，还可以“造作”。如何造作，所造品类细目为何，有待进一步研究。同时，正德以前，相关官员均于朝廷下旨采木后，方启动采集作业，有时山险水枯、运送无期，或遇到所采之木“十楠

[1]　明·赵璜撰:《归闲述梦·子部》, 清末虞山周氏鸽峰草堂蓝格钞本, 台湾“中央图书馆”藏，页 23 ～ 24。

九空”，不是上下空就是中间空，甚至上、中、下皆空，抵京时延宕非时，或木料已空朽不堪，工部采木堂司因此被参奏或罚俸、停俸等，后来责成在地官员平日就行采收备用，才使得相关营造顺利进行，至此“神木厂始有堆积大木，前此所未见也”[1]。看起来木料之运送，距离最近的神木厂是首选之地，而堆积木料之事始自正德时期。

至于宫廷营造或造作所用木料，根据前述御前安设硬木床、桌、柜、阁等；或御用监承造围屏、佛作等，所用有花梨、白檀、乌木、鸂鶒木，时至今日仍为各式传统木作家具的用材，随附相关木料或切面略供参考。

（二）匠役分工细密

木料备妥后须匠役造作。明代匠役分轮班匠与住坐匠两类。轮班匠属工部，住坐匠则归内府。轮班匠散住外省各地，视役作繁简，各色人匠如木匠、油漆匠、雕銮匠、戗金匠等，分别为五年一次到一年一次不等之轮班，更番赴京输作，每役不过三月。各色人匠总数，以洪武时期为例，共约为12万名。[2]内府所隶的住坐匠，又分军匠和民匠，有起自外省各地如南京、浙江等处，皆居于京师，附籍大兴、宛平两县，仍食工部粮饷，皆由工部每年分拨至内府各相关监司取用，其人数在成化间约为6000名，但每岁递增。据《大明会典》所载，嘉靖十年（1531）工部曾会同各科道官员、内府司礼监及各监局派员一起清查，共有军民住坐匠15167名，除有名无人之人，再革去老弱残疾等，最后存留12255名作为内府全部匠役之定额。遇缺仅能在定额内佥补，不许另外奏请招收。[3]《大明会典》记当时所定有关造办家具

[1] 明·赵璜撰:《归闲述梦·子部》,清末虞山周氏鸽峰草堂蓝格钞本,台湾,“国家图书馆”藏，页 24 ～ 25。

[2] 单士元撰：《明代营造史料》，“中国营造学社汇刊”（第四卷，第一期），页 120 ～ 125。

[3] 明 · 申时行等奉敕重修 ：《大明会典》 卷一八九，东南书报社，1963，页 2572。

之监司[1]及其相关工匠之数如下表：

表十七　嘉靖十年内府司礼监、司设监各色工匠定额

内府监别	该监总定额	家具相关匠作	定额
司礼监	1583 名	木匠	71 名
		画匠	76 名
		销金匠	25 名
		油漆匠	67 名
		象牙匠	25 名
		旋匠	10 名
		绦匠	10 名
		石匠	8 名
		锯匠	6 名
		雕銮匠	2 名
		卷胎匠	2 名
		镀金匠	2 名
		钑花匠	2 名
		锁匠	1 名
司设监	1435 名	销金匠	23 名
		锯匠	17 名
		戗金匠	13 名
		描金匠	1 名
		锉磨匠	15 名
		漆匠	65 名
		绦匠	24 名
		穿交椅匠	9 名
		木匠	86 名
		抹金匠	7 名
		雕銮匠	36 名
		卷胎匠	4 名
		交椅匠	11 名
		妆銮匠	30 名
		石匠	1 名
		锁匠	1 名
		砍轿匠	12 名
		画匠	14 名

以上所列为造办家具相关的铜匠、铸匠、竹匠、藤枕匠等，可知内府造作匠役所涉之广之细，匠役各有专司，权责厘定，分工细密，相较于现代工厂车间生产线分工之派造似有过之而无不及。

[1] 按：《大明会典》内未列内官监与御用监之工匠数明细。参见该书卷一八九，页2572～2585。

三　嘉靖四十年是明代宫廷造作的最高峰之一

尽管匠役人数在嘉靖十年（1531）之定额已经是成化年间之两倍，但30年后的嘉靖四十年，再次清查时发现，支俸粮匠已达18443名，多出了6188名，足足比定额超出一半，也超过成化年间的总额。后经裁革1265名，以存留之17178名为定额，并申明府所需不得溢数滥收。此次所留存的工匠中，包含御前作的司礼监定数为1892名，司设监1555名，比30年前各多出309名和120名。而此次内官监之定额为2822名，御用监为2898名，应是相关家具造办最大的“衙门”。往后穆宗登极之隆庆元年（1567）又清查一次，逃亡不补及裁革老弱后，将所存15884名着为定额。三年后再清查，总数复减为13367名。现将成化、嘉靖以来至隆庆间（1570）间，历次清查、汰减后着为定额之数整理如下：

表十八　明代成化至隆庆间内府匠役数额

时间	军民住坐匠员额	汰弱、裁革后定额	司礼监定额	司设监定额	内官监定额	御用监定额
成化年间	6000					
嘉靖十年	15167	12255	1583	1435		
嘉靖四十年	18443	17178	1892	1555	2822	2898
隆庆元年	15884					
隆庆三年	13367					

从数字上观察上表，从成化末年到嘉靖十年的44年间，每年约递增208名，30年后的嘉靖四十年（1561）亦逐年稳定增长近110名，内府匠役之数是成化年间的三倍有余，若冒充与老弱残疾者不论，仅以列表来看是数字的最高点。换言之，将表十八转换成柱形图（图表一）来观察，嘉靖四十年是内府器作造办的最高峰，全部匠役员额高达18443名，负责成造相关家具的四监定额总数高达9167名，超过内府全部匠作定额之半，其中御用监与内官监不相上下，都近3000名，同擢

图表一　明代成化至隆庆间内府匠役数额柱形图

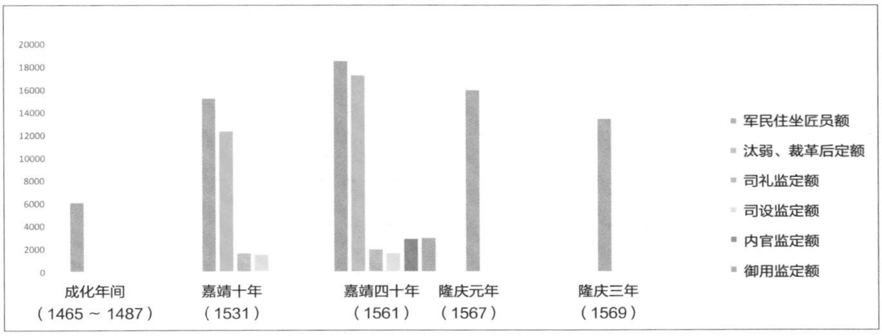

其峰，堪称明代版的“一杯桊用百人之力，一屏风就万人之工”[1]。

想象16世纪中期，大明天子所在的紫禁城，数千名匠役在其周边各作进出干活，其热络的盛况应为京师一景。然而，想象的热络盛况是否属实？内府匠役供职数额有否虚报或浮滥？何士晋的《工部厂库须知》即已点出：

> （御用监）“前项查得……该监每年成造龙床之顶架及袍匣、服橱、宝箱，系本司项下。其屯司付办，则称上用龙凤座床、顶架……夫雕填与剔漆，精细之器也，工不易成，成不易坏，安有一年之间尽用得许多钱粮。且甫成而次年度置何所，复另行成造也哉。今以一年而一题，其为干没也多矣。[2]

何士晋认为雕填与剔漆之作相当费工，但做成后也不容意损坏，御用监每年都题报兴造，那些历年所造之器都庋藏何处？对内府官匠

[1] 汉昭帝始元六年，由丞相车千秋、御史大夫桑弘羊与中央官员推举的贤良，地方首长推举的文学等共50余人，齐聚一堂，相对当时的国计民生问题进行辩论，此为其间贤良批评政府“宫室奢侈”“器械雕琢”等财用无度、用费不节之言，见《盐铁论·散不足第二十九》。

[2] 明·何士晋撰：《工部厂库须知》卷九，台湾“中央图书馆”影印本，1947。

供役的之异常，嘉靖四十五年（1566）的礼部尚书高仪[1]所撰的《议革光禄积弊疏》中有更清楚的陈述。高仪是嘉靖二十年进士，选庶吉士，授翰林编修，历侍讲学士，官太常卿，在宫内行走多年，对内府诸监司有一定程度之了解。所上之疏内容力陈各项时弊，并拟议改革方向，其中一项"核实支"，便是举发内府匠役冒充的浮烂：

> 查得嘉靖四十三年九月内，延祺等官人二千七百七十五分，至今年二月以前，计二年五□月，中间止报开除十分，蓦于三月传扣三百余分，四月内又扣七百余分，则前此诓昌厨膳可知。今数尚盈千，皆服役先朝，皇上隆光天之治，别宫岂以蓄幽怨之人，尽数放出，令酌室家。[2]

疏内指出，从嘉靖四十三年（1564）九月前吃粮匠役人数2775名，于九月间开除了十名，往后短短一两个月内突然扣除口数1000多分，从而可知以往其中的诓报。尽管已放出1000多名，高仪认为所留1000名多名仍然浮滥，建议"尽数放出"，令其各谋生计，而这事情在"圣心一转移之仁耳"，也就是如何除弊，全在皇帝的一念之间。高仪接着提出对内府造作的观察：

> 至于造花绦、帐幔、兜罗绒、雕漆等酒饭，岁月浸久，向无停住，岂有累数十年工作之理。如正月内二次传给造龙床工匠何景春、侯堂等酒饭，盖系见役前此造龙床曹相等，乃嘉靖三十二年传给者，停工岁久明矣。犹且一槩冒支，

[1] 高仪为嘉靖二十年进士，选庶吉士，授翰林编修。隆庆六年，穆宗大渐，召高拱、张居正、高仪为顾命大臣。高拱致仕后不久，高仪亦病殁。参见清·张廷玉等撰：《明史》卷一九三，中华书局，1995，页5128。

[2] 明·高仪撰：《议革光禄积弊疏》，《高文端公文集》，收入陈子龙等辑《皇明经世文编》，《四库禁毁书丛刊》，北京出版社，2000，页3294。

他可类见。[1]

高仪指出，内府所报支领造作花绦、帐幔、兜罗绒、雕漆等酒饭，数十年来“向无停住”，岂有此理。连造龙床工匠何景春等人的酒饭，是顶着嘉靖三十二年，也就是12年前一个造龙床匠役曹相之名。早就完成的造作，还这样冒支，其他各项成造之浮滥可想而知。尤有甚者，再追究造龙床的曹相等匠共33人到底起自何时，竟然是“一则称自弘治三年，一则起于嘉靖三十二年”[2]。若果真起自弘治三年（1490），则这龙床之造作76年来就未曾停过。何况，高仪说，这些工匠隶属于工部，本就支领工部的口粮，在内府竟然“复食大烹，真为靡费”[3]，疾言建请一并严加清查。

高仪最后说：“我皇上登极以来，百凡浮费，可谓节省之至矣。但宫闱邃密，服役众多，非外廷所能稽察中间当节而未及尽节。”[4]总而言之就是外朝的稽核有限，对内府的约束，还是仰赖皇帝的心意了。按：嘉靖皇帝驾崩于四十五年十二月十四日，裕王朱载垕继位，改元隆庆，是为穆宗。从该疏内容及“我皇上登极以来，百凡浮费，可谓节省之至矣”之言，应是穆宗甫登基后之建言。

从《大明会典》所载及上述图表一看来，穆宗登极后立刻进行清查，并在三年后再度裁减，总额较之九年前少了3511，但还是比起一百年前的成化年间多出一倍有余。对新登极的穆宗而言，此举不管是大刀阔斧，或仅略施薄惩，应皆警觉到内府如此造作频繁、冗滥吃粮之现象皆为国家府库之蠹，显然有力挽狂澜之决心，但于大明国祚之

[1] 明·高仪撰:《议革光禄积弊疏》,《高文端公文集》, 收入陈子龙等辑《皇明经世文编》,《四库禁毁书丛刊》，北京出版社，2000。

[2] 明·高仪撰:《议革光禄积弊疏》,《高文端公文集》, 收入陈子龙等辑《皇明经世文编》,《四库禁毁书丛刊》，北京出版社，2000。

[3] 明·高仪撰:《议革光禄积弊疏》,《高文端公文集》, 收入陈子龙等辑《皇明经世文编》,《四库禁毁书丛刊》，北京出版社，2000。

[4] 明·高仪撰:《议革光禄积弊疏》,《高文端公文集》, 收入陈子龙等辑《皇明经世文编》,《四库禁毁书丛刊》，北京出版社，2000。

绵延似为时已晚。何况，从往后内府的造作来看，嘉靖四十年也许并非明代器作兴造的唯一高峰，因为短短六年的隆庆朝之后，继位的明神宗万历皇帝在其御极的48年间，器用兴造更是琳琅满目，沸沸扬扬。

四　万历四十二年造作的朱漆器用

前章讨论万历的龙床时，曾述及万历十二年（1584）时，内府御用监一次传造40张床的特旨。以给事中之身份，何士晋尽其言官的职责，指出40张床扣掉原存的木料外，另外向外召买的用费居然“费至三万金”，认为此举“亦已滥矣”。[1]就万历中期全国每年税入为400万两，平均每月33万两，则此40张床所费就占了月入税收的近十分之一，这还不包括主要用料木材之费用，其用度确实令人瞠目结舌。而据何士晋所记，万历四十二年一批朱漆器用的兴造也不遑多让。现将其相关项目的造作、数量以及何士晋所钩稽出该项所费银两之数等，并列如下表：

表十九　万历四十二年兴造之朱红器用和所费银两

序号	品名	成造数量	每单项费用[2]	共费银两	备注
1	朱红膳盒，架杠全	100 副	物料 0.697 两 工食 0.197 两	89.40 两	
2	朱红大膳盒，架杠全	600 副	物料 1.394 两 工食 0.394 两	1072.80 两	“照前项倍估，临时裁节”[3]
3	戗金膳盒，架杠全	150 副	物料 1.048 两 工食 0.347 两	209.25 两	

[1] 明·何士晋撰：《工部厂库须知》卷九，台湾“中央图书馆”影印本。

[2] 原文所载为“物料十九项，共银六钱九分六厘六毫九丝，工食四作共银一钱九分七厘”,本表暂以“两”为单位,厘后之“毫”与“丝”暂不计入。以下亦同。明·何士晋撰：《工部厂库须知》卷九，台湾“中央图书馆”影印本，1947。

[3] 原文中对同器但仅尺寸大小之别的用银，皆为“照前项倍估，临时裁节”或“视前件倍估，临时裁节”，以下亦同。明·何士晋撰：《工部厂库须知》卷九，台湾“中央图书馆”影印本，1947。

续表

4	戗金大膳盒，架杠全	450 副	物料 2.096 两 工食 0.694 两	1255.5 两	“视前件倍估，临时裁节”
5	朱红托盒，架杠全	1500 架	物料 0.474 两 工食 0.108 两	873 两	
6	朱红大托盒，架杠全	180 架	物料 0.948 两 工食 0.216 两	209.52 两	“照前项倍估，临时裁节”
7	戗金大托盒	470 架	物料 1.404 两 [1] 工食 0.496 两	893 两	“照前倍估，临时裁节”

此表令人惊讶之处在于每件器用成造之数动辄成百上千，“朱红大膳盒”一次600副，就连皇帝、皇后等御前专用的戗金器作“戗金膳盒”及“戗金大膳盒”也分别有150副、450副，“戗金大托盒”更高达470架，也因此单项费银就要数百两，甚至千两以上，直是所费不赀。若再观察同卷中未列数量但有物料和工食银记载的项目如戗金大酒盒30副、朱红酒盒500副、朱红水沿木桌200张、朱红木水桶106只、朱红方木箱27撞等，可知内府朱红器用的造办似为惯性的“大手笔”，亦即成作数量之庞大似为常例，并非特例。另外，估算价银的清单中还有“戗金顶盘”“戗金果菜楪”等，其中“戗金大膳桌”一张的费用“物料十三项，共银十五两一前五分七厘一毫六丝五忽；工食三作共银三两九钱六分”。如此，物料银加工食银后，一张所费为19.12两，近20两，也令人目瞪口呆。目前故宫博物院藏有一张“填漆戗金云龙纹琴桌”，即整器的腿柱、束腰与桌面全施戗金，虽非大膳桌，但器表戗金可供参考。虽然表十九所列多为小件用器，与龙床等大件家具所费之银两相去甚远，但品目繁杂琐细，以及造作数量之庞大，林林总总地累计之后，其总额可能不会让龙床之作专美于前，或者还有过之而无不及。

[1] 同卷列“戗金托盒”所费为“物料十七项，共银七钱零二厘一毫，工食三作共银二钱四分八厘”，以“戗金大托盒”之费为“照前倍估，临时裁节”。因万历四十二年成造清单“戗金托盒”，故暂以其费之倍为“戗金大托盒”之用。明·何士晋撰：《工部厂库须知》卷九，台湾“中央图书馆”影印本，1947。

明　填漆戗金云龙纹琴桌及局部

长 97 厘米，宽 45 厘米，高 70 厘米（故宫博物院藏）

据表十七、表十八、表十九以及图表一等所示，外朝的工部，甚至礼部尚书都出言揭举内府衙门诸监司诸般的浮滥弊端，当时工部与内府诸监的关系如何就格外引人注目。

五　“明代内府与工部为敌体”——宫廷家具造办中工部与内府的关系

中国传统的木构建筑称为“大木作”，建筑内部的构件和木制家具叫“小木作”。何士晋所供职工部掌管属下的营缮所，凡属内府、宫殿之营建以及在外的竹木之作各项大工等，皆其负责将作。但明初定制，凡“内府造作……必先委官督匠，度量材料，然后兴工……”明中期又有“凡内府及在外各项大工，例应内官监估计”之令，亦即一切大小兴造的估价、计量之权操之于内府内官监等。换言之，内府相关各监系居于主导、指挥之地位，外朝的工部或其营缮所仅奉命施造而已，但与此同时，工部工科给事中等官职又对内府诸监之兴造有稽核题奏之责，如此环环相扣，又互为牵制的制度，让双方的关系剑拔弩张，有如“敌体”。[1]

工部对内府各项兴造的督察，从各监司的题报就开始了。嘉靖元年（1522）擢工部尚书的赵璜[2]，在其《归闲述梦》中记其到任新职初始，认为内府御用监呈上的一项造作太浮滥，就其申领项目诘问呈案太监：“花楸木何用？”曰：“造琵琶。”予曰：“上不好音乐。”“南枣木何用？”曰：“刻神道。”予曰：“上不好鬼神。”三人语塞。[3]还有人拦路跪地告状，谓内府酒醋面局灶房不少座，灶之周围系铸铁砖造门面，砖铁可经百年，但每岁煤柴申领时也夹带造灶的砖铁。[4]内府空领浮滥如此，也从而可知工部对内府之题报有稽查审核之权，并对诸监之冒滥弊端多所了解。万历二十四年（1596）任工部营缮司郎

[1]　单士元撰：《明代营造史料》，“中国营造学社汇刊”（第四卷，第一期），页117～120。

[2]　赵璜，字廷实，弘治三年进士，据《明史》：“世宗即位后裁宦官赐葬费及御用监料费，革内府酒醋面局岁征铁砖价银岁巨万。”参见清・张廷玉等撰：《明史》卷一九四，中华书局，1995，页5145～5147。

[3]　明・赵璜撰：《归闲述梦・子部》，清末虞山周氏鸽峰草堂蓝格钞本，台湾“中央图书馆”藏，页28。

[4]　明・赵璜撰：《归闲述梦・子部》，清末虞山周氏鸽峰草堂蓝格钞本，台湾“中央图书馆”藏，页29。

中的贺盛瑞在其《两宫鼎建记》中亦提及“神宫监修造例用板瓦，然官瓦恶，乃每片值价一分四厘，民瓦每片价才三厘，而白皙然。诸阉阴耗食于官窑者久矣”[1]。即官瓦质量低于民瓦，价格却是民瓦的三倍多，诸太监的暗杠自肥可想而知。内官的“阴耗”防不胜防，还发生过“有中官在工，作卓椅等料藏于柴篓抬出者”[2]。就是曾揪出宫中太监欲暗度陈仓地将宫中桌椅用料挟带出宫。但是，尽管外朝的工部如此“明察秋毫”，身为皇帝亲信的内府太监往往有恃无恐。万历十一年（1583）的进士徐学聚，在供职都察院右佥都御史时撰有《国朝典汇》一书，其“采办内供物”条中有一段记嘉靖四年（1525）三月事：

> 御用太监黄锦等言，成造龙床及御用器，定料不敷，乞行南京守备太监委官于芜湖抽分厂，并龙江、瓦屑坝抽分局将抽下杉木板枋选择印记，运送应用。工部执奏，谓芜湖抽分专以成造运船及供应器具，其朝贡四夷赏赉折价亦取于此。每岁所抽竹木易银不过二万余两，不足以供所费。今该监所需二十余万是罄一岁之入曾不及十分之一也。……乞敕该监酌量缓急，汰其滥冗，先以南京御用监见存木料取次，应用不足则于龙江抽分厂支补……。上竟从锦所请云。[3]

御用太监黄锦以成造龙床及御用器在京所存定料不足为名，指定工部所隶的抽分厂（税关）供应，所需用银20万是该抽分厂岁入的十倍之多，虽轻工部建请黄锦“酌量缓急，汰其滥冗”后，先取用南京御用监所存定料之折中办法等，都不为黄锦接受，最后嘉靖还是下旨

[1] 明·贺仲轼撰：《两宫鼎建记》（下），清道光辛卯六安晁氏活字印本，台湾“中央图书馆”藏，页 11。

[2] 明·贺盛瑞撰：《两宫鼎建记》（下），清道光辛卯六安晁氏活字印本，台湾“中央图书馆”藏，页 3。

[3] 明·徐学聚著：《国朝典汇》卷一九五《采办内供物料》，台湾“中央图书馆”珍藏善本，学生书局印行，1965，页 2269。

裁示“从黄锦所请”。

工部最后是否勉力依黄锦所请行事，不得而知。但是如果对内府御前太监的要求有所连逆，让其无法“事事如意”的话，工部可能就无法“善终”。《明神宗实录》载：“万历二十四年三月乙亥，是日戌刻，火发坤宁宫，延及乾清宫，一时俱尽。”[1]也就是万历二十四年，坤宁宫、乾清宫大火，两宫尽毁于一夕。重建初始，内府说“此大工之费可巨百万，而石价居其半”。巨百万就是1000万，石价（建材类）就要500万，但当时负责筹办的工部营缮司郎中贺盛瑞在事后所撰《辨京察疏》记道：

> 自万历二十四年七月初十日开工起，至二十六年七月十五日两宫盖瓦通完，金砖颜料买办就绪止，职经手发过银两，除浙、直、徐州解银六万两，神霄殿、东裕库、若玉轩板箱竖柜，约费银四万两，曹天佑木价万两，实计两宫支费仅六十三万两有奇，不及巨百万十分之一。[2]

贺盛瑞总计支出63万两，连千万的十分之一都不到。两宫重建初兴，正是“中珰垂涎之余，同事染指之际”[3]，贺盛瑞对所有的“钻刺请托，蚁聚蜂屯，一概竣绝”[4]。采木过程中，有徽州府一干木商勾结东厂，要求札付（签合同）买木16万根，“勿论夹带私木”，欲以皇木之名挟带大量私木，以便宜行事，并规避巨额运输费和关税，图谋暴

[1]　《明神宗实录》卷二九五，万历二十四年三月乙亥，“中央研究院”历史语言研究所，1966。

[2]　明・贺盛瑞撰：《辨京察疏》，《两宫鼎建记》（下），台湾“中央图书馆”藏，页13～14。按：贺盛瑞，字凤山，河南获嘉县人。收入单士元：《明代营造史料》，“中国营造学社汇刊”（第四卷，第二期），万历朝重修两宫。

[3]　明・贺仲轼撰：《两宫鼎建记》，清道光辛卯六安晁氏活字印本，台湾“中央图书馆”藏，页1～2。

[4]　明・贺仲轼撰：《两宫鼎建记》（上），清道光辛卯六安晁氏活字印本，台湾“中央图书馆”藏，页5。

利。等采木特旨一下，贺盛瑞在“奸商人人意得气扬，谓为必得之物，可要挟而取之”时，突出奇计，在札付上另载明附加条件，使得一干木商虽得札付但却一无所获[1]，也挡了木商后台的内府、东厂太监与少数官员之财路。东厂大怒，贺盛瑞被参并缉捕下狱，此《辨京察疏》为贺盛瑞陷狱后的辩解之文。

内府太监的权势究竟有多大？上述宫殿“大木作”兴造不论，在“小木作”中家具的造办也处处见内府太监之气焰。隆庆二年（1568）九月，工部尚书雷礼上疏：

> 因本部上供钱粮，已经奉诏节省，而为太监滕祥所执，事事制肘。如近者传造橱柜，采办胶漆，修补七坛乐器，祥自加征，所靡费以巨万，而工厂存留大木围一丈长四丈以上，该监动以御器为辞，斩截任意，用违其材，臣不能争，但愤慨流涕而已……。上览疏不悦，令改仕去。[2]

内府太监滕祥对家具橱柜等之造办，动辄以皇帝御前用器为名而恣意作为，即便是身为正二品的工部尚书，也只能徒呼负负而“愤慨流涕”。穆宗皇帝看了雷礼的上疏很不高兴，雷礼最后被逼辞官归去，正是“外廷千言，不如禁密词组”。互为“敌体”的内府太监与工部官员，两者孰强孰弱，相当明显。

而从贺盛瑞《辨京察疏》所述可知，乾清、坤宁两宫大火后，工部在重建之初准备木料之时，一并拨银大约四万两用于神霄殿、东裕

---

[1] 贺盛瑞在札付中载明不许用皇木之名采木及运送，若非皇木，所经各关口照例抽分（课税），磕撞官民船只需照价赔偿，所经州县官府不派船夫拽筏协助等等，最后木到张家湾后官员才逐根丈量计数具题给价，付钱给木商，因非皇木不预支费用等。此特殊的札付使厂商及背后的内府、东厂太监因此无可获利。参见明·贺盛瑞撰：《辨京察疏》，《两宫鼎建记》（上），台湾“中央图书馆”藏，页 5 ～ 7。

[2] 《明穆宗实录》卷二四，隆庆二年九月辛酉，“中央研究院”历史语言研究所，1966。单士元撰：《明代营造史料》，“中国营造学社汇刊”（第四卷，第一期），页 120。

库与若玉轩三处的“板箱竖柜”。神霄殿在隆庆初曾奉穆宗母孝恪皇太后之神位，东裕库则为明代收贮御用物品之内库房。[1] 板箱竖柜通常用于贮存御用或祭祀物品，需要量大，从贺盛瑞之子贺仲轼为其父申冤所辑录的《两宫鼎建记》中可知，该次成造之“板箱竖柜”为“竖柜二百四十座、板箱二千四百个”。[2]此数量若仅为三处之用委实惊人，而其用材所费不赀亦可想见。

按：故宫博物院所藏明代贮物的箱类家具，动辄近丈长；柜类家具更为可观，一对清代花梨木竖柜，仅底柜就有223厘米高，上有两层顶柜，每层98.5厘米，总高518.5厘米，最上层的顶柜就紧贴着屋顶天花板，是该院所藏最高的家具[3]，而这屋顶所在也就是坤宁宫。坤宁宫在明代是皇后居住的正宫，入清后改为宫中祭神场所及皇帝大婚之洞房。[4] 据清代《养心殿造办处各作成做活计清档》所载，乾隆七年正月：“太监高玉传旨：坤宁宫殿内……南北安设之大柜，照样做花梨木雕龙柜一对。”[5]九个月后新柜制成，将原处陈设的一对“黑漆地堆灰罩金云龙柜”换下。此对“黑漆地堆灰罩金云龙柜”在乾隆初年如何地被“照样”而做未有记载。无论如何，乾隆七年（1742）距万历二十六年（1598）约150年，以明末的边境不安，内乱外患频仍，改朝换代后清初的将养生息，直至雍正、乾隆才大事兴作的历史进程看来，被换下“黑漆地堆灰罩金云龙柜”有可能就是该次贺盛瑞拨银四万两所造为数颇伙的“板箱竖柜”之一。此种高大粗壮的竖柜不是等闲之材就可造就，其木材必须长度足够并且粗壮，难怪贺盛瑞在筹办重建两宫的木材用料时，须一并拨银处理。

也因此可知，明代宫廷家具的造作，外廷的工部涉入既深且广，

[1] 神霄殿与东裕库皆明代所建，现皆无存，遗址为清代斋宫、毓庆宫一带，参见万依主编：《故宫辞典》，文汇出版社，1996，页 37 ～ 38。

[2] 明•贺仲轼撰:《两宫鼎建记》(上),清道光辛卯六安晁氏活字印本,台湾“中央图书馆”藏，页 3。

[3] 胡德生著：《明清宫廷家具大观》，紫禁城出版社，2006，页 664。

[4] 万依主编：《故宫辞典》，文汇出版社，1996，页 28。

[5] 《养心殿造办处各作成做活计清档》，乾隆七年正月初三日，记事录。

相关职司有时还会因与内府各监太监的冲突导致下狱或去职，工部自应亦为宫廷家具造办的重要衙门之一，并非仅刘若愚在《酌中志》所记仅内府的三监一作而已。

六　明代其他宫廷家具器用兴造之处

(一)“果园厂”与“器皿厂”

此外，明代宫廷家具器用之兴造还有一个工部直辖的“器皿厂”，唯其所作似以朱漆器用及琐碎小件为主。上述何士晋所稽核的万历四十二年（1614）之朱红膳盒等器，包括所费不赀的“戗金大膳桌”等，就是对“器皿厂”之稽核。根据《大明会典》：

> 永乐中，设器皿厂，工部添设郎中一员，专管厂内十二作，曰戗金、油漆、木、竹、铜、锡、卷胎、蒸笼、桶、旋、祭器、铁索。每年光禄寺坐出该用器皿数目，题送工部奏准，札付本厂修造完备，该寺差人领用。[1]

此器皿厂设于永乐中，为工部直辖，派郎中一员管理，负责厂内的十二作，应即何士晋稽核的“器皿厂”。又据《明史》食货志，明英宗以后，凡上用的“朱红膳盒诸器，营缮所造，以进宫中食物”[2]，故此“器皿厂”可能就在工部所辖营缮所之下。据明人张爵所纂的《京师五城坊巷胡同集》，“器皿厂”在皇城东华门外与朝阳门间，安定门街西南方的保大坊内，和礼仪房（奶子府）、羽林右卫之间，与东厂、神武左卫和中府草场等衙门为邻，保大坊内还有灯市、翠花胡同、弓弦胡同等。[3] 此外，前章第一节讨论剔红器时，曾引晚明高濂

[1]　明・申时行等奉敕重修：《大明会典》卷二〇一，东南书报社，1963，页 2715。

[2]　清・张廷玉等撰：《明史・志第五十八・食货六》，中华书局，1995，页 1990。

[3]　明・张爵纂：《京师五城坊巷胡同集》，“求恕斋丛书”，文物出版社，1984，页 11 ～ 12。

《遵生八笺》及清初高士奇《金鳌退食笔记》中所述，明初永乐年间在“棂星门之西”设“果园厂”，专事内府剔漆之作。据《明代北京城复原图》，果园厂在皇城外过太液池上的玉河桥，迤西向北过羊房夹道，经西酒房、西花房、藏经厂，再过洗帛厂即是。张爵的《京师五城坊巷胡同集》记果园厂在积庆坊内，经厂与洗白厂之间，其位置与清初高士奇所记相同。

张爵，字天锡，北京人，正德间充兴王府书办，兴王朱厚熜被迎至北京继皇帝位，张爵因随扈有功，升锦衣卫，实授百户。张爵升官千户后，以“缉捕刑狱”之功升指挥佥事，后复升指挥使，一路深受嘉靖皇帝倚重。嘉靖三年（1524）以后并曾“掌街道房事”，即专管京城坊巷街道之事。[1]后于嘉靖三十八年（1559）辞官归里，次年编成《京师五城坊巷胡同集》。其序中自言“予见公署所载五城坊巷必录之，遇时俗相传京师胡同亦书之。取其大小远近，采葺成编……又为总图于首，披图而观，京师之广，古今之迹，了然于目”[2]。是则此书为其任职锦衣卫38年间，北京城坊巷道的档案数据，准确度应该非常高。因此，果园厂与器皿厂同时并存，同为宫廷或御用漆作造作之处，一在皇城西，一在皇城东，两者据史料所载皆开创于永乐时期。而同为漆作之厂，果园厂隶属衙门为何，造办项目与工部的器皿厂如何分工等，都有待进一步探讨。

又据明人笔记《识小录》：“雕漆起于宋，谓之宋剔，有金银胎者至今传宝。宣庙极爱之，开柯延厂，制造靡丽，有滇人精此技，拘入厂内，至老死不能归骨，今价极贵，小者尤珍。”[3]其中“宣庙极爱之，开柯延厂，制造靡丽”之“柯延厂”是否与永乐年间所设的“果园厂”“器皿厂”同时并立，三厂职司为何等，亦有待厘清。

明代两京之一的南京，在家具器用的兴造上也承担一定的角色。

---

[1]　徐苹芳编著:《明清北京城复原图说明书》,《明清北京城图》, 地图出版社, 1986, 页 3。

[2]　明・张爵纂：《京师五城坊巷胡同集》，“求恕斋丛书”，文物出版社，1984，序。

[3]　明・徐树丕撰：《识小录》，“笔记小说大观”四十编，新兴书局，1985。

上述徐学聚在《国朝典汇》所记，御用太监黄锦以成造龙床及御用器在京所存定料不足为名，指定工部所隶的抽分厂供应，工部则除了建请黄锦“酌量缓急，汰其滥冗”外，并提议不足之料先自南京御用监取用。按《明史·职官志》：“南京官品秩，俱同北京。”[1]可知南京各衙门与北京官署大同小异[2]，其运作、功能也大抵相同，两者相互支持，互通有无。据《大明会典》：“凡南京内官监成造郊庙、宫殿、门庑、御道……并朱红漆、朦金彩漆云龙膳卓……凡奉先殿朱红漆供桌等件，本部每年一次修换。”[3]南京的内官监也造办朱漆膳桌、供桌等器用。不过，南京相关各衙署应居于备补之位，所造之器应亦多为南都宫殿、陵墓所用。北京的四监一作在必要时是否亦照会南京的四监一作协助，此中详情有待进一步研究。

七　明代宫廷家具器用之采办、召买和委外成造

据《明史·食货志》：“上供之物，任土作贡，曰岁办，不给，则官出钱以市，曰采办。”[4]亦即宫中需用之物，若无上贡的岁办，则官府出钱采办。明代宫廷向外采办之事自洪武时期就开始了：“洪武时，宫禁中市物，视时估率加十钱，其损上益下如此。”[5]开国的明太祖起自民间，体恤百姓，故向外采办都是“损上益下”地比照市价多给。关于明初的召买，《国朝典汇》上也有一段记明仁宗时事：

[1] 清·张廷玉等撰：《明史》卷七五《志第五十一·职官四》，中华书局，1995，页1832。

[2] 两京职官大同小异，即官秩相同，唯南京编制人员较为简略，如北京之工部设尚书一人、左右侍郎各一人、司务两人等；南京工部则尚书一人、右侍郎一人、司务一人等。参见清·张廷玉等撰：《明史》卷七二《志第四十八·职官一》；卷七五《志第五十一·职官四》，中华书局，1995，页1759、1833。

[3] 明·申时行等奉敕重修：《大明会典》卷二〇八《文职衙门·南京工部》，东南书报社，1965，页2771。

[4] 清·张廷玉等撰：《明史·志第五十八·食货六》，中华书局，1995，页1991。

[5] 清·张廷玉等撰：《明史·志第五十八·食货六》，中华书局，1995，页1991。

> 工部尚书吴中言，制造御用朱红戗金龙凤器用物料不足，请买于民间。仁宗曰："汉文服御帷帐无文绣，史称其恭俭爱民。朕方慕之，以俭约率下，所造服食器用当从朴素，不须华丽，所用物料就库藏中给用，不必召买。[1]

所记的是仁宗的禁奢节用，却也反映宫中向外召买之常例。仁宗后的宣宗，还对"朱红戗金龙凤器物，多所罢减"[2]，但仅为"罢减"，并非停止。有关向外召买之例，如万历三十一年（1603），因福王出府，工部认为所需对象折价（折成银两）给付不便，建请自行造办及委外限办：

> 工部以福王出府，物件折价未便，且又增开雇匠三万二百余工，与潞王事例不合。及查所造不过棹凳厨柜等项杂用器皿之数，请行营缮司于湾基等厂取用丝绵、铜铁、朱漆等项，于甲、丙等库实在项下取用，其应置办者，令殷实铺商勒限办用。诏仍令折价，不允所请。[3]

福王朱常洵是万历第三子，是其宠妃郑贵妃所出。万历二十九年（1601）立长子朱常洛为太子时就封常洵为福王，延至万历四十二年才令其就藩。就藩洛阳府邸费用28万，十倍于常，其婚礼费用至30万[4]，万历对其恩宠可知。潞王朱翊镠为万历同母弟，万历亦对其优渥有加，万历十七年（1588）就藩卫辉，据《明史》记："翊镠居藩，

---

[1]　明·徐学聚著：《国朝典汇》卷一九五《采办内供物料》，台湾"中央图书馆"珍藏善本，学生书局印行，1965，页2265。

[2]　清·张廷玉等撰：《明史·志第五十八·食货六》，中华书局，1995，页1993。

[3]　《明神宗实录》卷三九〇，万历三十一年十一月壬戌，"中央研究院"历史语言研究所，1966。

[4]　清·张廷玉等撰：《明史》卷一二〇，中华书局，1995，页3649～3651。

多请赡田、食盐，无不应着，其后福藩遂缘为故事。”[1]就是后来的福王凡有所需，皆以潞王为例。此次工部以福王出府物件所需的“棹凳橱柜等项杂用器皿”为一般杂用器皿，要增开30200余工[2]，与潞王之例不合，对要求折银之事表示“歉难照办”，建请由工部向各相关厂库取用如铜铁、朱漆等物料，再令“殷实铺商勒限办用”，即物料备妥再委外加工成造。不过，旨令下来，“仍令折价”，不允工部所请。此事除显示福王在万历心中之地位可能要高于潞王外，工部所提的“其应置办者，令殷实铺商勒限办用”也反映明代宫廷所需之器用，向外采买似成常例外，有时也委外加工，并非一概自行成造，即使贵如福王之所需也不例外。

八　官员抄籍入府之家具与地方兴造的“龙床”

福王就藩时，万历将各地税使每月纳入堆积如山的“明珠异宝、文毳锦绮”，多数送给了福王。福王另行奏请纳其名下的项目也很多，如“又奏乞故大学士张居正所没产，及江都至太平沿江荻州杂税，并四川盐井榷茶银”等。可见得没入官府之物，常为皇帝转赠，由皇族接收。而官员获罪抄家后，不能移动的房产田物等，除变卖价银再解户部外，也有可能就这样转赠皇族。皇城内府设有户部专管的赃罚库，收贮没官物件或因剿乱、战争等掳获的器物，能够移动的什物如就归入此库，如万历二十八年所记：“兵部覆督臣李化龙槛送逆□酋杨应龙妻子族党六十九名□行法司拟罪献俘，礼部择日告庙宣捷，上

[1] 清・张廷玉等撰：《明史》卷一二〇，中华书局，1995，页 3648 ～ 3649。

[2] 按：何士晋所记匠役之工食银，如上举“戗金大膳桌一张……工食三作，共银三两九钱六分”，或“戗金膳盒一副……工食五作，共银三钱四七厘”等所记，每项工食应以其难简费工来计工时与粮饷，此“增开三万二百余工”应为福王所开“棹凳厨柜等项杂用器皿”之价，比一般常例之计外又增加的工时，工部也就因此要多支出相对应的工食银。

御门受贺，其所获器物赴内府交纳，允之。”[1]嘉靖四十四年（1565）获罪被抄家的严嵩，大部分的金银珍宝或家具器用等变卖所得解送户部，也有为数甚伙的“奇货细软”仅抄籍未变卖，据说全进了内府，没入宫掖。[2]其中有各式床具共17张，各色屏风计108座等。

与此同时，明代宫廷家具之来源还有可能是地方的捐输。弘治十五年（1502）的进士王廷相，在其《王氏家藏文集》中有《答内守备赖公等书》一文，反击正德年间诸守备所言，“武宗行幸南京，当时危迫艰难，内外守备参赞诸公，调摄得宜。故江南生灵皆赖以安”之词，直言指出其实情是：

> 有司一闻乘舆南巡，备预供应，官民钱粮何啻千万，假公聚敛，半充奸将之馈送，事平羡余，尽入守备之囊橐。银两数千、龙床三张、玉带十余腰、宝石首饰七十余副，而锦绮彩段，各各称是。至今都人传说以为口实。[3]

王廷相揭发各参赞守备的贪渎之状，也同时反映武宗南巡时，地方官员备预供应之对象还包括龙床，并且为数三张。这三张龙床为内府的御前作、御用监或内官监等成造后再随驾南下的可能性较低，应由地方依御前所用形制与雕饰兴造。王廷相举发各守备贪饕之事，若经查办属实，贪赃之对象可能皆尽没入官府。若诸守备为清廉之官，在武宗回銮后，此皇帝临御过的“龙床三张”，想必也无人敢于僭用，也许束之高阁供奉，或奉进内府，物归其主。凡此虽有待进一步的史料搜证，但推论的方向应是合理的。

综上所述，明代宫廷的家具器用，首先为内府三监一作的题报，

[1]　《明神宗实录》卷三五四，万历二十八年十二月壬午，“中央研究院”历史语言研究所，1966。

[2]　邓之诚撰：《骨董琐记》，收入“美术丛书”（五集第三辑）卷二。

[3]　明·王廷相撰：《答内守备赖公等书》，《王氏家藏文集》，收入陈子龙等辑《皇明经世文编》，《四库禁毁书丛刊》，北京出版社，2000。

再传旨工部发送所需物料、派遣匠役，在相关各监造办。工部同时会审查题报的项目，并在完作后担负稽核之权。宫内用物，包括御用戗金龙凤器作，自明初即有向外采办、召买之常例，终明之世未见停办，工部有时也会备妥物料再委外加工。与此同时，明代永乐时期分别开创器皿厂与果园厂，一在皇城之东，一在皇城之西，皆造办御用朱红戗金之作。宣德时还有一个“柯延厂”，此前后三厂之职掌责付如何划分，有待进一步探讨。此外，官员获罪抄家后的籍没器用家具为数不少，没入内府后可能都为宫廷所用，其他如战俘所献器物亦归内府，唯无详细品目。而一应制度品秩俱同北京的南京，相关监司必要之时亦与北京相互支持、互通有无。明武宗多次巡幸南都，地方官员特为备预如龙床等之器用，武宗回銮后可能将之束之高阁，为官员浸没，或捐至内府“物归原主”，或许值得进一步研究。

目前探讨明代宫廷家具的来源，虽不若后继的清代有养心殿内务府造办处各作成作之流水明细可供参考，但经过上述史料的爬梳与多方相互推敲，似也脉络隐现，有迹可寻，仅将之归纳如图表二。唯此探讨仅为目前的管窥之见，有待日后更多出土资料或文献的搜集再行补正。

图表二 明代宫廷家具之来源

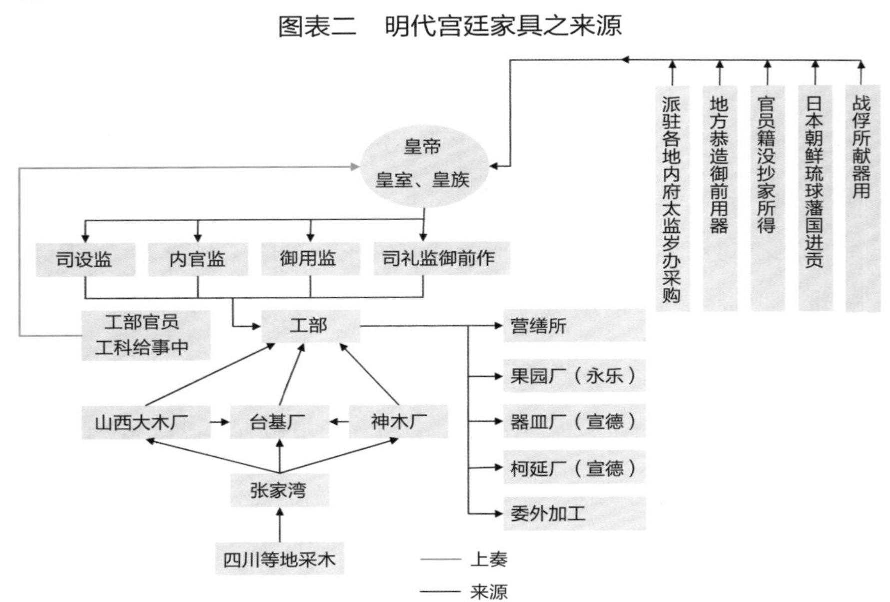

第二节 外国人眼中的“中国秘密”

一 外国人眼中的“中国秘密”

Chaises éclatées
（Galerie Luohan, Front Page, *Orientation*, September, 2000）

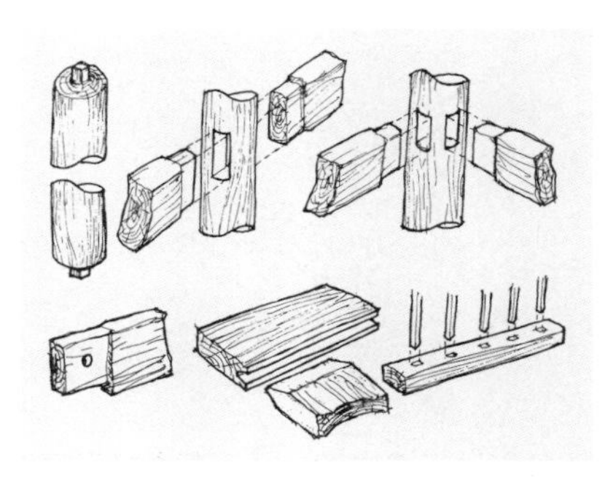

河姆渡遗址第四层所见的木构榫卯类型
（转引自杨鸿勋著，《建筑考古学论文集》，文物出版社，1987，页50，图8）

2000年秋天，法国巴黎一家专门从事中国古典家具与艺术品交易的艺廊Galerie Luohan举办一个为期三个月，题名为“Chaises éclatées”的展览，并特别在题名下加注“Chinese Secrets in Furniture”（家具中的中国秘密）。[1]“Chaises éclatées”译成中文为“分割的椅子”，该展览的图像广告便是一张中国木制椅子的“分割”。事实上，这就是中国的小木作家具结构中特有的“榫卯接合”（mortise and tenon joints）。1987年在美国纽约州北郊有一家名为“Gasho Steakhouse”的日本餐馆，号称整座建筑无一根钉子，全以木工的榫卯接合，使前来用餐的美国食客惊奇不已，也可能因此将榫卯工艺与日本画上等号。中国传统木构建筑又称大木作，木制家具称为小木作，不论是法国人眼中的“中国秘密”，还是让美国人惊艳的榫卯接合工艺，以目前考古资料所

[1] *Orientations*, September 2000.

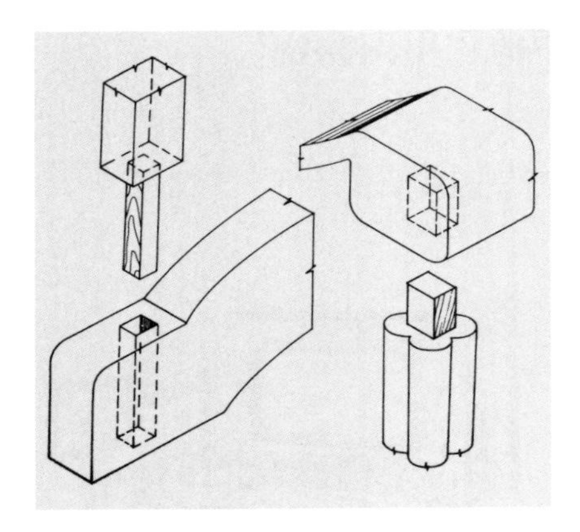

闭口透直榫、闭口不透直榫示意图，信阳长台关 2 号墓
（转引自林寿晋著,《战国细木工榫接合工艺研究》,香港中文大学，1981，页 7）

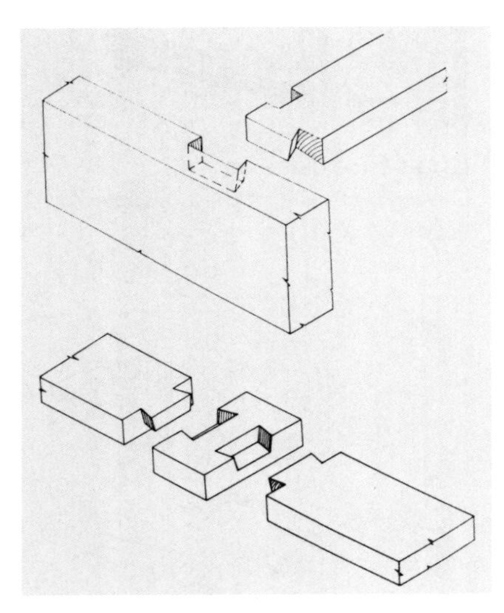

闭口不透半鸠尾榫、闭口不透鸠尾榫示意图，长沙五里牌 406 号墓
（转引自林寿晋著,《战国细木工榫接合工艺研究》,香港中文大学，1981，页 30）

知，早在七千多年前中国浙江河姆渡遗址就已经存在。[1]

不管是大木作还是小木作，所谓的“榫卯接合”就是将一个榫头或端头，嵌入另一个榫眼或榫槽内。广义地说，凡不借助绳索、胶、金属缔固物、钉和螺钉等外物，单纯依靠木零件自身的结构来接合，都可算作“榫卯接合”。自新石器时代至21世纪的今日，木作榫卯接合的主要方式有捆缚接合、榫接合、胶接合、金属缔固物接合、钉接合与螺钉接合。据专家学者的研究，这六种接合的方式，“其中钉接合的方式肇始于汉代，螺钉接合始于近代外，其余四种接合方式在战国之前都已被采用了”[2]。这四种方式，榫卯接合的强度最大，也最美观。而从河姆渡遗址到后来在湖南、湖北、安徽等地陆续的墓葬出土可以发现，最晚在战国时期，榫卯的接合已发展出三大主要的基本类型，即直榫、圆

[1] 浙江省文物管理委员会等:《河姆渡遗址第一期发掘报告》,《考古学报》1978 年 1 期，47 ～ 48 图 5，版 3，2 ～ 6，科学出版社。浙江省文物管理委员会等：《河姆渡发现原始社会重要遗址》,《文物》，1976 年第 8 期，页 6 ～ 12。

[2] 林寿晋著：《战国细木工榫接合工艺研究》，香港中文大学，1981，页 2。

战国　内棺形制，湖南长沙黄泥坑20号墓（湖南省文物管理委员会撰，《长沙黄泥坑第二十号墓清理简报》，《文物参考数据》，1956年第11期，页37）

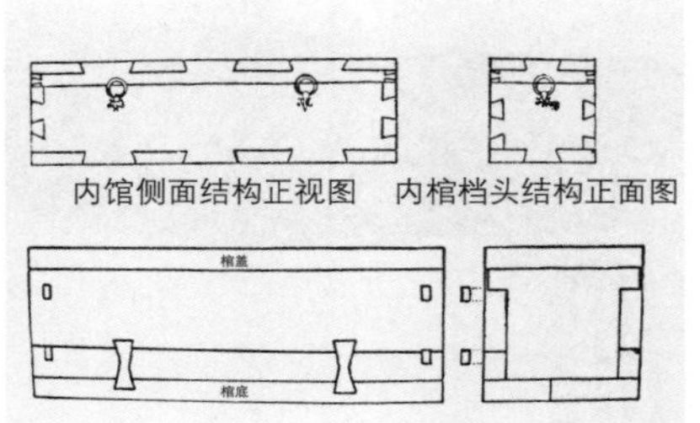

内棺形制侧面结构与内棺文件头结构正视图，湖南长沙黄泥坑20号墓（湖南省文物管理委员会撰，《长沙黄泥坑第二十号墓清理简报》，《文物参考数据》，1956年第11期，页37）

榫、鸠尾榫。若再细分则至少有14种——直榫、半直榫、鸠尾榫、半鸠尾榫、圆榫、端头榫、嵌榫、嵌条、蝶榫、半蝶榫、宽槽接合、窄槽接合、切斜加半直榫接合、双缺接合。[1]圆榫就是榫头作圆柱状，虽为基本类型，但接合强度最小，多用于可左右旋转的枢纽，由细分的十四种类型可看出其使用并不普遍。[2] 相较之下，其余类型多半都有透榫与闭口不透榫的做法。透榫即榫端穿过榫眼或榫槽而裸露于木器表面，可能影响整座木作的外观，或外表用漆的完整性，但接合强度大。闭口不透榫则是穿入却嵌住的榫头隐藏于木器里面，外表看不出其榫卯的结构。1956年在湖南长沙黄泥坑出土的一座大型战国墓椁，其内棺长172厘米，宽、高均为54厘米，外形有如一口大箱子，便是由开口透鸠尾榫接合而成。[3]而同为战国时期的墓葬出土，长沙信阳楚墓的雕花木几便两者并存，从线绘图可清楚看出其以透直榫施于不必上漆、也不影响外观的足座底部，另以不透直榫施于须用漆及考虑外表观瞻的几面，不但巧妙地避开了两者的缺点，也充分利用了两者的优点。[4]

[1] 林寿晋著：《战国细木工榫接合工艺研究》，香港中文大学，1981，页5～6。
[2] 林寿晋著：《战国细木工榫接合工艺研究》，香港中文大学，1981，页6～33。
[3] 湖南省文物管理委员会撰：《长沙黄泥坑第二十号墓清理简报》，《文物参考数据》，1956年第11期，页36。
[4] 林寿晋著：《战国细木工榫接合工艺研究》，香港中文大学，1981，页14。

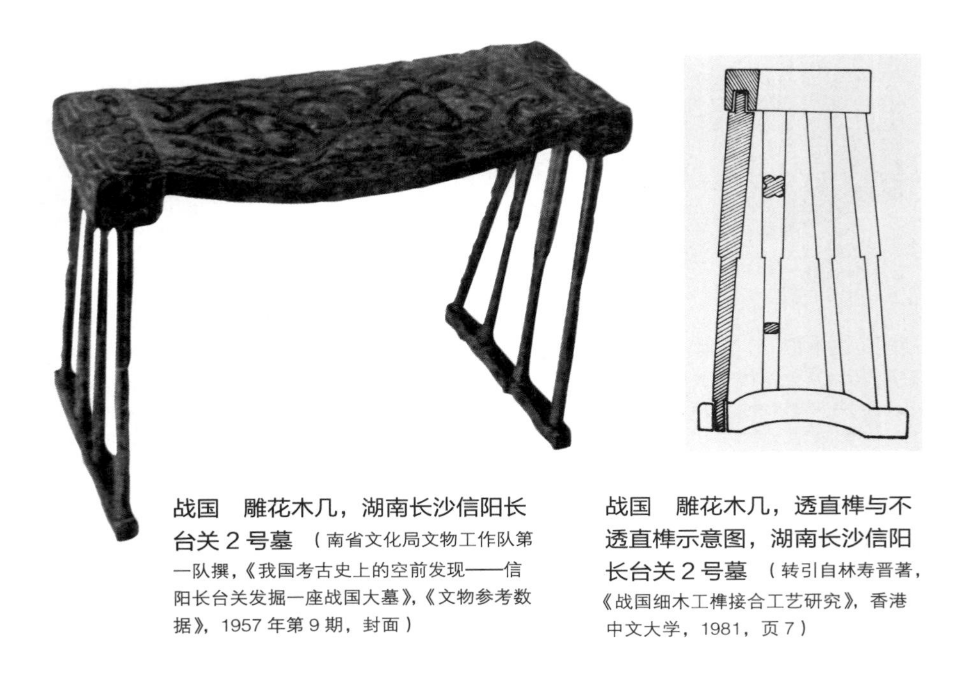

战国　雕花木几，湖南长沙信阳长台关 2 号墓（南省文化局文物工作队第一队撰，《我国考古史上的空前发现——信阳长台关发掘一座战国大墓》，《文物参考数据》，1957 年第 9 期，封面）

战国　雕花木几，透直榫与不透直榫示意图，湖南长沙信阳长台关 2 号墓（转引自林寿晋著，《战国细木工榫接合工艺研究》，香港中文大学，1981，页 7）

山西应县佛宫寺释迦木塔断面图（转引自梁思成著，《中国建筑史》，明文书局，1989，页 139）

战国时期各地墓葬出土的家具，除上述如大箱子般的内棺、雕木花几外，还有大床、木枕以及腿柱不一的各形几、俎、案；还有耳杯、爵等生活用品与庖厨用具；还有各式水器、乐器、器座等，包括梳妆用具与装饰陈设，无不交相运用上述各类榫卯的接合的方式。[1]简言之，根据学者的研究，现代木工所掌握的主要榫卯接合方法，在两千多年前的战国时期几乎已经存在，并且运用自如了，所异者仅在于现代的榫卯多由机器加工，战国时期则一斧一痕地由匠人以手工制作。[2]

[1] 林寿晋著：《战国细木工榫接合工艺研究》，香港中文大学，1981，页 78 ～ 108。

[2] 林寿晋著：《战国细木工榫接合工艺研究》，香港中文大学，1981，页 54。

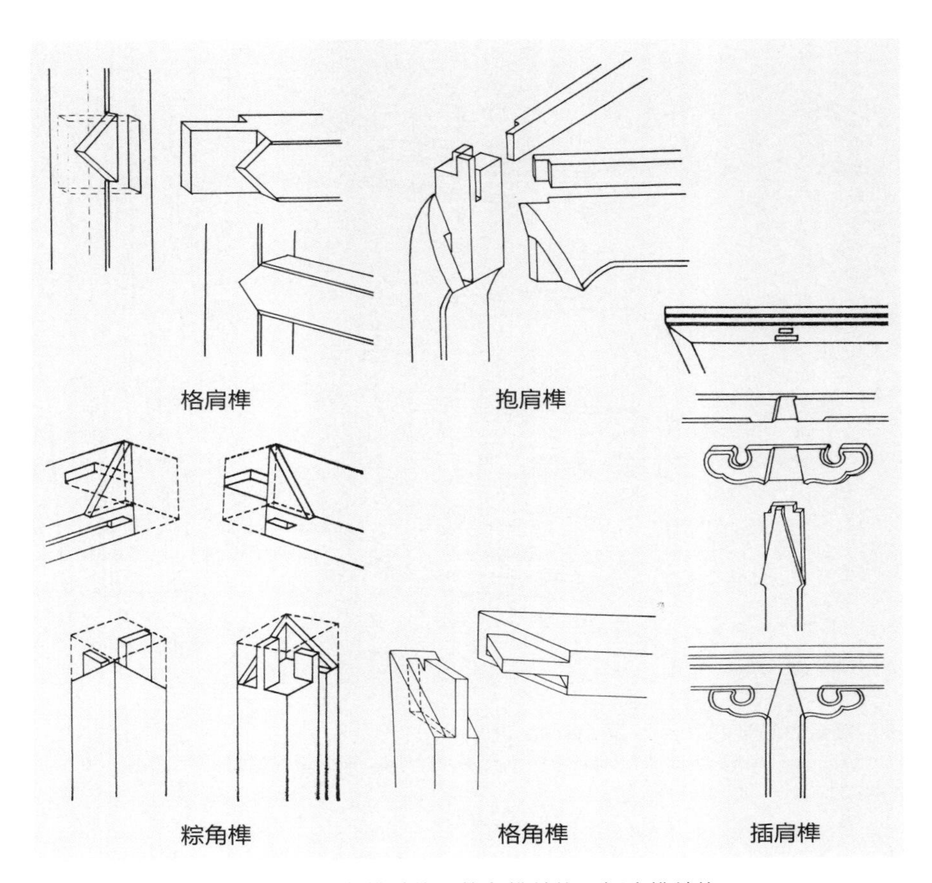

格肩榫结构、抱肩榫结构、粽角榫结构、格角榫结构、插肩榫结构
（转引自胡德生著，《故宫博物院藏明清宫廷家具大观》，紫禁城出版社，2006，页 407、413、415）

此后千年来中国传统的木构建筑便是在各种不同榫卯的运用间完成。著名的山西应县佛宫寺释迦木塔，一般简称应县木塔，至塔尖的总高为67米，始建于辽道宗清宁二年（1056），全由榫卯接合，未用寸钉。近千年来饱经战火、兵燹、地震与水浸等天灾人祸，仍屹立不倒。如果在美国的日本餐馆Gasho Steakhouse让美国人惊艳，这座目前中国现存最早、历尽沧桑的木塔可能就更令美国人目瞪口呆。而小木作的家具榫卯接合，也就是法国人眼中的“中国秘密”，也在距战国时期一千五百多年后的明代，衍生出细致繁琐的各种榫接，以符合日益多样的各式家具在造型、结构与纹饰上的制作需求。如因应横材与竖材呈丁字形结合的“格肩榫”，桌案、椅凳、柜门等板面四框的接

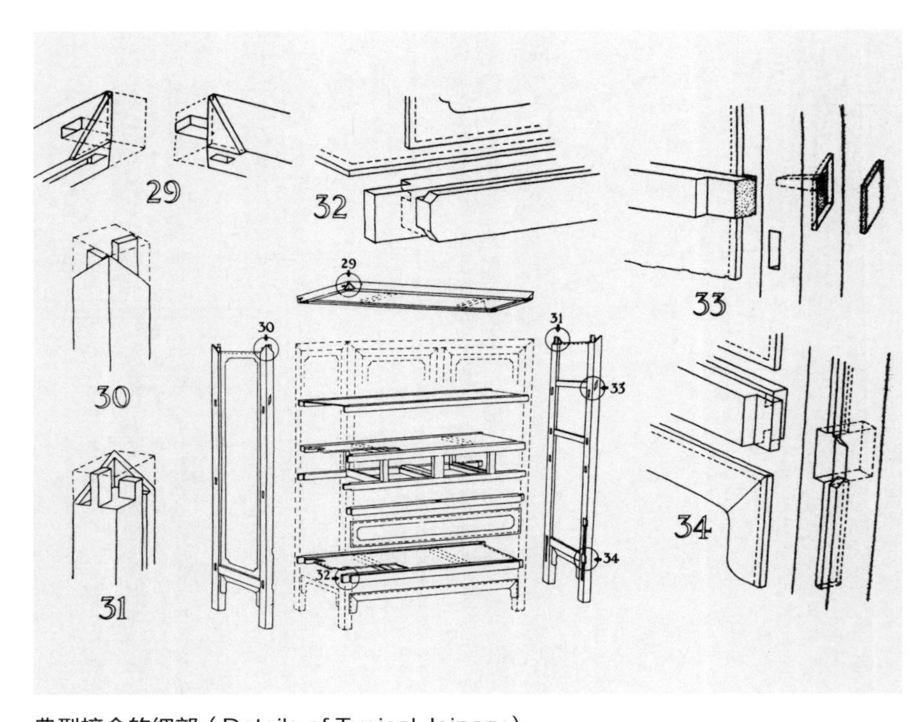

典型接合的细部（Details of Typical Joinery）

（Gustav Ecke, *Chinese Domestic Furniture in Photographs and Measured Drawings*, New York, Dover Publications, Inc.1986, p.155）

合，或椅背、扶手、立柱与横木接合的“格角榫”等。或长短不一、形状不一的多重榫头在一个交点接合的“棕角榫”。进一步把综角榫的结构略做改变，位置挪移至板面下成为“抱肩榫”，以及自上而下，将板面、牙条、角牙垂直串成一线的“插肩榫”，榫接外露的线条也成为表面装饰的一部份。还有视个别角度与位置的差异所衍生出“挂榫”“夹头榫”“龙凤榫”等等。可以说，17世纪的清代家具所运用的各式榫接，大抵在14世纪的明代就已完善具备。

最早揭开明代家具研究的德籍艾克教授在二十世纪三四十年代的滞华期间，就已对明代家具的细部结构与榫卯接合做过仔细剖析与研究。他在1943年所绘的图稿中清楚地显示，由战国时期三大主要的直榫、圆榫、鸠尾榫所变化出来的榫卯接合的细致与繁琐。图中标记的号数29即为今日所称的“框内装饰板结构”，30 为“柱顶长短榫与板

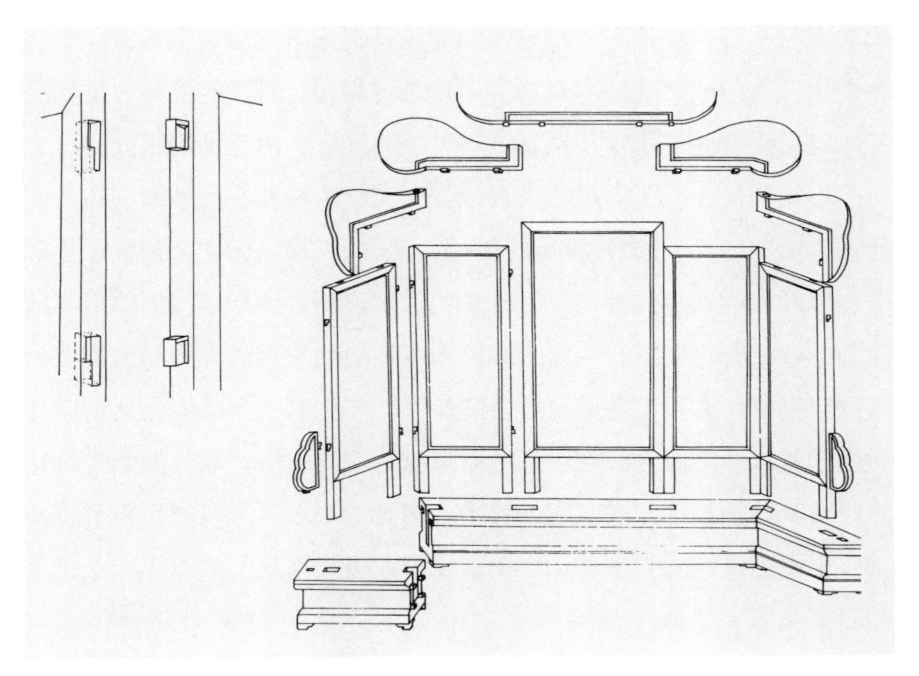

五扇式座屏与屏心、屏帽走马销结构
（转引自胡德生著，《故宫博物院藏明清宫廷家具大观》（下），紫禁城出版社，2006，页 423）

面结构”，31是的“粽角榫结构”，32、33、34等类型则多为枨或腿足的勾卦榫之结合。[1]

美中不足的是，艾克教授当年的钻研并未将中国传统家具中极为重要的屏风类纳入。明孝宗、明世宗或明穆宗等朝服坐像宝座后的三折屏风，也称三扇座屏，由于屏风形体较大，搬运不易，各部件多使用活榫开合的结构，便于拆卸、组装或移动。活榫开合结构俗称“走马销”，做法是在一边凿眼，镶上木楔，木楔突出3～4厘米，自中线削成斜坡，做成头大底小的榫头，在另一边凿出与榫头同大的榫窝，再把榫窝的一头开出一段底大口窄的滑口，使用时把榫头对准大榫窝按下合实后，再向窄口方向推，窄口榫窝便会紧紧地卡住榫头，两个部件便会牢固的连在一起。拆卸时由窄口向宽口方向一推，因宽口榫

[1] 现代各榫接的中文名称参见胡德生著：《故宫博物院藏明清宫廷家具大观》（下），紫禁城出版社，2006，页 404 ～ 417。

窝较宽松，很容易拆开。有底座的屏风是三扇、五扇、七扇等，其底座多由三节组成，底座与每扇屏面均带走马销。若设有屏帽，屏帽之间本身的组合就使用走马销，每扇屏风的屏框亦由走马销组成。[1]

无论如何，除了屏风类家具以外，艾克教授几乎巨细靡遗地将明代家具中的椅具，如靠背椅、扶手椅、圈椅、榻、床架、条櫈、小櫈子，以及几类家具如茶几等等各类代表性形制，一一以线图绘出其结构与榫卯接合之明细。从所绘线图中可知明代家具的榫卯与结构多为战国时期14种榫卯接合形制的余波荡漾，艾克以一个德国包浩斯设计学院建筑教授之眼光，在80余年前即已对中国的明代家具如此独具慧眼，对其结构与榫卯进行巨细靡遗、前无古人之深入研究，不啻将两千年来中国传统的大小木作之工艺技巧在当代世人的面前作一个完美的总结与历史定位。

因此，距离明代已三百年的民国初期，透过艾克教授的明锐的线绘，世人终可一窥明代宫廷内曾使用过的各类家具之榫卯接合大要，如明太祖“真容”与“疑像”的诸多坐具，明成祖以降诸位皇帝朝服像的宝座，明宣宗、明宪宗在宫苑内各处行乐走动的椅具或轿具，明神宗万历皇帝于“经筵进讲”或在阁员“日直讲读”时的坐椅，以及当朝阁臣于恩宠时受赐的小杌櫈，乃至历代皇帝在仙遐之际出现“榻前顾命”或“病榻遗诏”的榻，或是明神宗在万历十二年（1584）七月二十六日一口气传造的40张床具等等。

二　明代的椅、榻坐起来舒服吗？

自从20世纪80年代王世襄先生将“明至清前期材美工良、造型优

[1] 胡德生著：《故宫博物院藏明清宫廷家具大观》（下），紫禁城出版社，2006，页422。

美”的家具定名为“明式家具”[1]，并在港台两地先后出版了《明式家具珍赏》《明式家具研究》等专著后，一时间仿佛唤醒了中国人封尘已久的记忆，也开启了全世界古董家具收藏的新领域。先不论“明式家具”与明代家具或明代宫廷家具的关系，这“明式家具”开始在有名的英国伦敦苏富比（Sotheby's）或美国纽约佳士得（Christie's）的拍卖场上大放异彩，全世界的古物收藏家遂竞相在其收藏上添上一笔，讲究生活品位的人也忙着穿梭于古董家具店，将自家的客厅或书房中摆上一两件“明式家具”中的坐榻或椅具等。然而，“明式家具”或明代家具中的椅、榻等，坐起来舒服吗？

西方世界在十五六世纪的文艺复兴时期，著名的画家达文西（Leonardo de Vinci）创作了至今仍流传不辍的人体黄金比例图，显示人体躯干、四肢与头的完美比例。数百年以来，哲学家、数学家、艺术家与理论家等，不断地对人体尺度进行研究，也累积了大量人体测量的数据。经过不断地分析、研究与整理后，于19世纪下半叶产生了“人体测量学”的新学科，并有专书问世。不过，这些研究大多从美学的角度出发去探讨人体的比例关系。一直到第二次世界大战前后的20世纪40年代，为了应一些军事设施与航空工业的需求，企图使人与环境、空间或设施产生有效率与充分的利用，人体测量学逐渐运用于实际的生活环境中，并从而引起建筑师与室内设计师的重视，将之运用到整个建筑和室内外的环境设计中，重新审视室内家具的尺寸与环境空间的调适，其中人体与座椅之间的关系尤其备受瞩目。在人体坐着时的视觉区域和视线范围所及之视听空间下，考虑其功能、造型与舒适性，分出高级人员用椅、秘书椅、一般用椅、制图椅和长靠背椅等，并定出关键尺寸，包括座高、座深、座宽（分坐面与包含两侧扶

[1] 王世襄对“明式家具”有广义、狭义两种定义，此为其狭义之定义，也是其专著中所讨论的范围。其广义定义则不仅是制于明代的家具，凡明、清或近现代，不论木料、雕刻等，只要具有明式风格者，均可称为“明式家具”。参见王世襄著:《明式家具研究》，南天书局，1989，页 17。

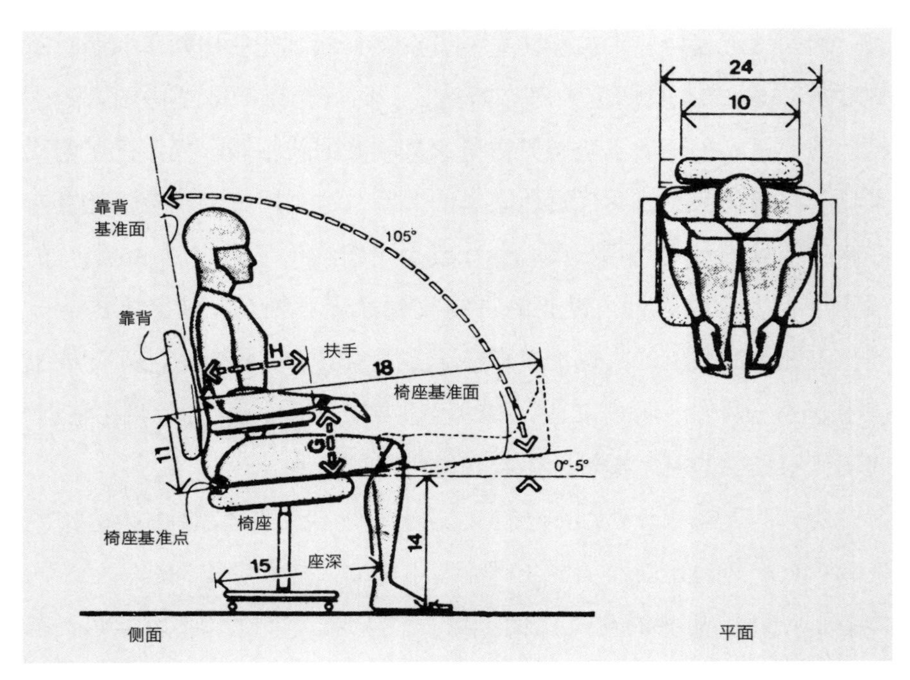

线绘尺寸图，高级人员用椅，侧面、平面
（转引自龚锦编译 :《人体尺度与室内空间》，博远出版社，2008，页 70）

手后之总宽）、座面倾斜度和靠背之倾斜度，扶手的高度和长度，与两人座以上合理舒适的空间间隔等等。[1]

虽然上述椅具名目各自有别，但有些尺寸却是大同小异，现试以所制作的高级人员用椅线绘尺寸图为例，与艾克教授所绘制的明代太师椅（圈椅）与靠背椅互相对照——前者是明代位高权重者所使用，后者则是现代社会一般常见椅具。

---

[1] 龚锦编译 :《人体尺度与室内空间》，博远出版社，2008，页 3 ～ 7、68 ～ 72。按 :陈增弼先生曾于 1981 年撰有《明式家具的功能与造型》一文，其中涉及明椅与现代椅的比较，所根据的现代椅的国家标准系 1977 年以前中国轻工业部的标准“常用家具基本尺寸”，已时隔 30 余年，故本文另以近年出版之数据作基础，可能会较接近现代人的标准。参见陈增弼撰 :《明式家具的功能与造型》，《文物》，1981 年第 3 期，页 83 ～ 90。

表二十　现代高级人员用椅与明代太师椅、扶手椅尺寸比较图

椅具部位	现代高级人员尺寸（厘米）	明代太师椅尺寸（厘米）	明代靠背椅尺寸（厘米）	备注
座高	40.6～43.2	52	59	
座深	39.4～45.7	48	40	
座宽（仅坐面）	45.7～50.8	62*	49	
座宽（连两侧扶手）	61.0～71.1	62*	–	* 因卷卷的扶手仅由柱式鹅脖连接，故两者相同
靠背高度	43.2～61.0	50	59	
椅具总高度	78.7～83.8	105	111	自平地至椅背顶端
座面向后倾斜度	至少 5°	无（坐面为平面藤心编织）	无（坐面为平面藤心编织）	（但现代制图椅以水平为宜）
靠背倾斜度	105°（自座面至少后倾向上高出5°起算）	105°（以座面为平面起算）[1]	0°	
扶手的高度	20.3～25.4	扶手系从背后的搭脑向前展延而下，故无扶手高度之数字		
扶手的长度	30.5	由椅背向前弯曲而下		一般扶手椅多与座深同长度

由以上数据显示，明代太师椅的座面高度比现代椅具高出很多，可能永远需要一只至少10～15厘米以上高度的脚踏搁在座前，否则双脚会悬空。其座深与后者的平均最高数据还要深入近3厘米，使用时可能要刻意将下半身挪向后方，背脊方能贴近背板。其座宽又比现代高级人员坐椅的尺寸要大，甚至比后者多出10余厘米，扶手又是从椅背顺势向前弯曲而下的斜度，就座时双肘可能要向上提举，并向外横开方能搭上扶手，如此上半身的姿势无法持久，必须寻求下半身的支撑，因此落在脚踏上的双脚就必须呈八字步大开以求得肢体上下的平衡。检视明仁宗、明神宗等以圈椅为宝座的朝服坐像，正好都是这种正襟危坐、八步大叉的姿势。再者，其靠背向后的倾斜度为105°，与现代坐椅大抵相似，但是后者加上座面稍为向后倾斜

[1] 根据胡德生的研究，明代椅具后背板多与座面保持 100°～105° 的背倾角。参见胡德生著：《故宫博物院藏明清宫廷家具大观》（下），紫禁城出版社，2006，页 402。

至少5°[1]之后成为110°，与太师椅的倾斜度差距成为10°。虽然太师椅藤心编织的弹性会使座面会产生3～5°的坐倾角[2]，但也因编织藤心弹性的不确定性，若产生的坐倾角是向前倾斜的话，可能会使靠背原有的105°向后倾斜度拉正为垂直的90°，如此正负相加，与现代高级人员的理想椅具相差10°。而根据现代人体尺度与空间研究，人的躯干与大腿间构成的角度应不小于105°，否则会让人觉得不舒服。[3]同时，椅具的扶手应有软垫，并与座面平行，而且座面的前缘应做圆滑的处理，以避免硌痛。[4]

再检视明代靠背椅的尺寸，其座宽、坐深都在现代高级人员坐椅理想尺寸之内，座高、靠背高度和太师椅一样，都远高于现代坐椅，但由于其靠背与坐面之间为0°的后倾度，即90°直角，完全没有向后倾斜的设计，使用者自腰部以上的背脊被迫必须挺直，也就是随时要保持正襟危坐的姿势。但是由于靠背板在约20厘米的高度开始向后倾斜，虽然也只有大约5°左右，却使得挺直的胸背须再向后方挪动才能贴到背板。如果觉得吃力，只能选择舍弃靠背板，继续保持正坐，无法改变成任何轻松的姿势。若加上编织藤心座面弹性的不确定性，很难想象坐于其上的舒适感或持久性。

此外，与明代的榻或罗汉床有类似形制的现代长靠背椅，不论其座深，仅讨论其长度的话，分为使用者能自由阅读或在身旁略置一点私人对象的“低密度布置”以及相邻的人紧凑就座的“高密度布置”两种情况。则前者一个人的理想空间距离是76.2厘米，后者至少有61厘米。观察故宫博物院的清宫旧藏，有“大明崇祯辛未年制”楷书款的“填漆戗金龙纹罗汉床”，长度为183.5厘米，以“低密度布置”使用，有2.5人可坐。若以“高密度布置”使用的话，则供3人挤在一起。

---

[1] 座面向后倾斜的极限角度是15°，超过15°时，年老的使用者便较难轻松地从椅子上站起来。龚锦编译：《人体尺度与室内空间》，博远出版社，2008，页71。

[2] 胡德生著：《故宫博物院藏明清宫廷家具大观》（下），紫禁城出版社，2006，页402。

[3] 龚锦编译：《人体尺度与室内空间》，博远出版社，2008，页71。

[4] 龚锦编译：《人体尺度与室内空间》，博远出版社，2008，页71。

明　崇祯填漆戗金龙纹罗汉床
高 85 厘米，长 183.5 厘米，宽 89.5 厘米（故宫博物院藏）

当然，此“填漆戗金龙纹罗汉床”应为晚明宫内崇祯皇帝或皇族成员使用，而且多为一人独坐，不会有宽松或拥挤的问题。若今人模仿其尺寸成造，并将之设定为室内多人共坐的话，若非在榻的中间置短几以隔成左右两人之用，则在实际生活的使用人数上会有一点无所适从的感觉。

诚然，以上现代高级人员坐椅或长条靠背椅之数据仅供参考，但若以现代椅具的基本要求是舒适与放松的考虑来看，以今鉴古，太师椅之存在，其形制与尺寸在彰显使用者之尊贵身份与地位的意义远高于实用功能，扶手椅的设计则随时在提醒使用者腰背挺直，坐之以礼。换言之，以今人的眼光看来，太师椅和扶手椅子宋代兴起以来至明代盛行不坠，明代宫廷内也见使用，其实是充满礼仪上的象征意涵，使用者的舒适与否，是否舒适，能否放松而得到休息，并非首要考虑。如此看来，假定中国人的人体生理结构三百年来无多大改变的话，作为现代的高级人员，其坐具无疑要比明代有身份、有地位，比能坐上太师椅的高级官员，甚至是一统天下的皇帝要舒服很多。

艾克教授在其专著中探讨自上古到明代时期中国家具的发展，发现明代人的居家生活，即使是最隐秘的卧房，其室内家具的陈设，

“dignity”（威严、身份或体面）的参酌是凌驾于“comfort”（舒适）的考虑。[1]虽然其论述的目标是明人室内家具的陈设，但其结论却正与上述明代太师椅、扶手椅等尺寸之探讨所得殊途同归，不谋而合。

三 “财德”“进宝”“大吉”“贵子”——明代宫廷家具的吉祥尺寸?

如前所述，中国传统的木构建筑称为“大木作”，建筑内部的构件和木制家具叫“小木作”，而此“小木作”可以说是建筑物的“肚肠”。一般建筑不管阳宅、阴宅均讲究“风水”之说。明成祖在元大都的废墟上一手肇建的北京皇城，以横亘宫内外的金水河、宫外的万岁山，与天寿山、燕山、太行山、昆仑山一脉相连。同时，以紫禁城为核心的皇城为中心[2]，左右有滹沱河、桑干河、临河、霸水、辽水等环抱，形成“五龙会水”的格局[3]，将天上之气引入紫禁城中，使之藏于天地乾坤交会之处，是天、地、人三者集合最完美的表现。[4]宫内三大殿复建于土字形的台基上，并以太和殿为中心，形成“土在中央，水在北方，金在西方，火在南方，木在东方，宫殿因此而建，内廷东西六宫按六六大顺卦象而建，东西七所按北方七宿星座而列”[5]的格局。作为“肚肠”的内部构件城门，按五行相生相克之法，东方开门，“木”能克“土”，紫禁城会成为“凶宅”，但整座建筑群又讲究对称与平衡，东边不能不辟门，于是在东边东华门之门钉上

[1] 艾克的原文是“Even in t he innermost apartment, comfort seems to cede to the sway of Wood, Structure, Dignity”。Gustav Ecke: *Chinese Domestic Furniture in Photographs and Measured Drawings'*, Introduction, New York, Dover Publications, Inc.1986.

[2] 据《明代北京都城营建丛考》，“紫禁城”名称的使用，约在弘治至万历两朝修《会典》之间。明代至中晚期，宫城开始称“紫禁城”，外禁垣区称皇城。参见李燮平著:《明代北京都城营建丛考》，紫禁城出版社，2006，页 104 ～ 112。

[3] 王子林著 :《紫禁城风水》，紫禁城出版社，2005，页 55。

[4] 王子林著 :《紫禁城风水》，紫禁城出版社，2005，页 55，《燕山图》说明。

[5] 王子林著 :《紫禁城风水》，紫禁城出版社，2005，序。

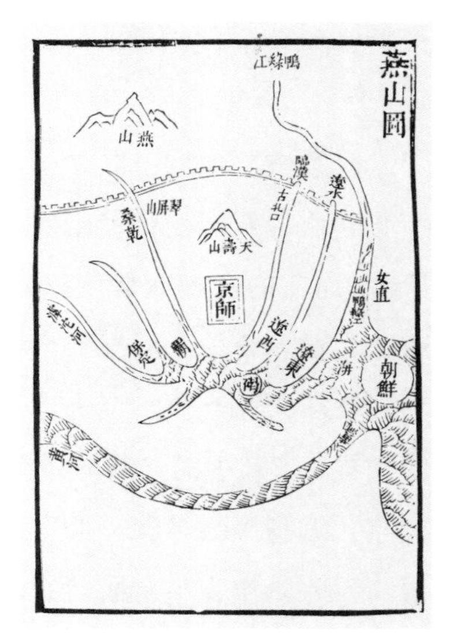

明　《燕山图》
（王圻等编，《三才图会》，上海古籍出版社，1993，页 503）

排列八行九列共72颗门钉。其余的午门、玄武门与西华门各设九行九列共81颗门钉。偶数属阴，奇数属阳，用“阳”来制“阴”，用“阴”来避“阳”，“阴木”也就不能克土，从而避开东边开门之忌讳。[1] 史料所载，万历三十八年（1610）秋天，工科给事中何士晋等言官上疏陈言：“以皇极门明年方向通利岁神协吉，宜建竖柱，疏请涓定明春竖柱吉辰庶己完物料，不致摧残破冒。”[2]反映紫禁城内的任何土木兴建或修造，都会依时、因地及方位来择定吉日良辰。不仅如此，皇帝百年后的陵寝营造也是万般地严谨审慎。多数明代皇帝登极后便会遣派精通堪舆之官员在天寿山区踏查合适的陵址，如明神宗位在大裕山的定陵，据大臣所述，此吉地“主势尊严，重重起伏，水星行龙，金星结穴，左右四辅，拱顾周旋”[3]。之前相关官员数度奉命勘察时，都带着“谙晓地理人连世昌”前往，有时称连世昌为“术人”或“术士”，甚至“究心地理”或“善地”的官员如“南京刑部尚书陈道基、通政使司左参议梁子琦、贵州按察佥事胡宾”等，也

[1]　王子林著:《紫禁城风水》，紫禁城出版社，2005，序。另据《明代北京都城营建丛考》，不仅东华门有门钉 72 颗，午门两座掖门也是门钉八路、每路九颗，此由于宫城营建初始所规划的制度始然，在凸显皇权至高的原则下，城内东西两区的方位、形制与装饰上都有尊卑等第的考虑，东边太子常朝的文华殿与西边作为皇帝便殿的武英殿位阶即有格局大小等高下之分。因宫城之内，只有当朝皇帝为真龙天子，太子仅为备位身份。参见李燮平著：《明代北京都城营建丛考》，紫禁城出版社，2006，页 381 ～ 391。

[2]　《明神宗实录》卷四七四，万历三十八年八月戊寅，“中央研究院”历史语言研究所，1966。

[3]　王岩撰：《明定陵营建大事记》，中国社会科学院考古研究所，《定陵》，文物出版社，1990，页 338 ～ 340。

都特别请旨前往相择。[1] 大裕山择址既定，万历还“钦定寿宫式样丈尺”。[2]

紫禁城之建构，取之于天地，巧用于人间；皇陵的建造，也主其山势起伏与五行的相辅相生，如此缜密的布局，不禁令人联想到属于“小木作”的宫内或御用家具，其制作之尺寸是否与风水或任何求吉避凶之观念有关。何况，皇帝亲信的内府还有“灵台”之设，其编制为“掌印太监一员，佥书近侍、看时近侍无定员。掌观星气云物，测候灾祥”。[3]其中的“看时近侍”就是测候灾祥，选择吉日良辰的内廷太监，编制不限名额。换言之，宫内的皇帝与皇族们应该都是择吉行事。因此，作为皇帝或后妃、皇子、皇孙所使用的宫廷家具，其造作之间，是否配合明成祖兴造紫禁城时所依据的风水考虑，以及“看时近侍”斟酌而出之吉言、吉吉句或吉数等，应当也是令人好奇，启人关注。

中国传统建筑有其专用营造尺，以十寸为一尺，但流传于民间按堪舆所定的“压白”，则在尺寸之间力求趋吉避凶。其有“尺白”“寸白”之分，顾名思义，前者决定尺的单位，后者决定寸的计量，如著名的《鲁班经》[4]中的“鲁班尺”，或称“鲁班真尺”“文公尺”，因其以八寸为一尺，故又有“八字尺”之称。又以门的尺寸若合吉字，将会光庭耀祖，故又称“门光尺”“门公尺”，[5]每寸上依序有“财”“病”“离”“义”“官”“劫”“害”吉”八个字，有些尺上的“吉”字作“本”。其中“财”“义”“官”“吉”（或“本”）为吉，其余四字为凶。《鲁班

[1] 王岩撰：《明定陵营建大事记》，中国社会科学院考古研究所，《定陵》，文物出版社，1990，页 338 ～ 340。

[2] 《明神宗实录》卷一五四，万历十二年十月己酉，“中央研究院”历史语言研究所，1966。

[3] 清・张廷玉等撰：《明史》卷七四《志第五十・职官三》，中华书局，1995，页 1821。

[4] 《鲁班经》前身是明万历时期焦竑所编著《国史经籍志》中的《鲁班营造正式》，其成书大约于元末明初，但部份内容可追溯到元代，渊源有六七百年之久。程建军编著:《风水与建筑》，江西科学技术出版社，1994，页 136 ～ 137。

[5] 程建军编著：《风水与建筑》，江西科学技术珠版社，1994，页 138。

经》中对此八字的解释是：

> 财者财帛荣昌，病者灾病难免，离者主人分张，义者主产孝子，官者主生贵子，劫者主祸妨麻，害者主被盗侵，本者主家兴崇。

八字中头、尾的“财”“吉”最好，其中“财”“义”“官”“本”四字为吉，“病”“离”“劫”“害”四字为凶。八字下又各分四格，格内进一步记载该尺寸更详细的吉凶祸福。但“本”字寸上并非都吉，凶字寸上并非皆凶，以造门为例，要看使用者（户主）的身份与安设所在。如“义”字门安在廊门和都门都为凶，庶民若安“官”字门亦为凶。同样的，“病”字门虽凶，但安在厕所却能逢凶化吉。[1] 事实上，木工匠师在营造度量上，不管是官府所用或民宅所需，往往两者均同时斟酌考虑。与此同时，一般匠师还有营造陵墓、坟茔等阴宅所用之“丁兰尺”。丁兰尺有十个字，为“财”“失”“兴”“死”“官”“义”“苦”“旺”“害”“丁”，以“财”“兴”“官”“义”“旺”“丁”为吉，其余为凶。根据明人所著的《阳宅十书》，门公尺“非止量门可用，一切床房器物俱当用此，一寸一分，灼有关系者”[2]。也就是说，鲁班尺不只在量门时使用，其他建筑物内的家具器用，都可使用此尺，一寸或一分，都大有关系。

晚近于台湾地区实地访查寺庙供奉神祇、祖先等供桌之尺寸，发现其考究严谨之程度要高于一般家具，其着重“合字”的吉字尺寸更甚于使用时的方便性与舒适感。如很多庙宇的供桌因首重吉祥“合字”致高度偏高，便在供桌旁置一只踏凳供信徒踩登。同为供桌，不同性质的庙宇内所设之供桌尺寸亦不相同。一般神祇之供桌采门公

[1] 明·午荣编、张庆澜等译注：《鲁班经》（白话译解本），重庆出版社，2007，页71～72。

[2] 明·亹居士：《阳宅十书》，《续修四库全书·子部》，上海古籍出版社，1995。

尺，台湾匠工还另有“丁兰尺”，用于阴宅，或供奉祖先的供桌使用。清代为各类械斗[1]丧生的孤魂野鬼所兴造的“义民庙”，或专收只身渡台后困苦死于异乡的“大众爷”庙等，内部陈设的供桌就采用丁兰尺进行设计。匠师们实际使用的卷尺上，通常两者并列，吉字均以红色表示，凶字以黑色代之。一般匠师在度量时会刻意避开黑字，尽量取用红字，甚至将尺寸定在上下两者皆能符合的“双红”上。[2]

综上所述，明代宫廷用器如家具等，依“合字”成造似乎是想当然尔的事。目前所见，有关明代宫廷家具之史料不多，遑论当时各类家具是否依照吉祥尺寸而成造。现仅就故宫博物院所藏带有纪年款的明代宫廷家具[3]为例，由其每件所标示现代通行的“米突制”（meter）之厘米量度，部分构件并标出尺寸，对照门公尺与丁兰尺上红字为吉，黑字为凶所示，略加整理为下列表：

表二十一　明代宫廷家具尺寸与鲁班尺、丁兰尺之对照表

序号	品名	纪年款	尺寸（厘米）	鲁班尺	丁兰尺	数据源
1	填漆戗金双龙纹立柜	大明宣德甲戌年制[4]	长：92 宽：60 高：158	退财 添丁 退口	劫财 官 财旺	胡德生编著：《明清宫廷家具大观》，紫禁城出版社，2006，页 604
2	彩漆嵌螺钿云龙纹海棠式香几	大明宣德年制	圆径：38 通高：82 腿足：64 束腰：4.5	财至 登科 大吉 迎福	财德 口舌 死 病临	胡德生编著：《明清宫廷家具大观》，紫禁城出版社，2006，页 606

[1] 清代自闽粤沿海移垦入台所产生的各种武力冲突，有祖籍不同的“闽粤械斗”，或同属闽籍，但分别来自漳州与泉州的“漳泉械斗”。即使祖籍、州县相同，也有不同宗族、姓氏的械斗，或因争地、争水而产生的械斗，也有不同行业间的械斗。参见吴密察监修：《台湾史小事典》，远流出版社，2000，页 44。

[2] 郑碧英撰：《台湾传统寺庙宗祠供桌之研究》，中原大学建筑学系，2005 年硕士论文。

[3] 胡德生著：《故宫博物院藏明清宫廷家具大观》，紫禁城出版社，2006，页 603 ～ 625。

[4] 按：大明宣德并无“甲戌”年，据北京故宫专家之见，此刻款疑为万历时改刻。参见胡德生著：《故宫博物院藏明清宫廷家具大观》，紫禁城出版社，2006，页 604。

续表

3	剔红牡丹花茶几	大明宣德年制	面径：43 宽：57 通高：84	兴旺 / 财德 官鬼 进宝	口舌 益利 死绝	胡德生编著：《明清宫廷家具大观》，紫禁城出版社，2006，页 608
4	黑漆描金云龙纹箱式柜	大明万历年制	长：73 宽：41.5 高：63	离乡 进宝 贵子	退财 财旺 死别	胡德生编著：《明清宫廷家具大观》，紫禁城出版社，2006，页 609
5	填漆戗金云龙纹柜	大明万历丁未年制	长：124 宽：74.5 高：174	财至 财失 宝库	灾至 迎福 天库	胡德生编著：《明清宫廷家具大观》，紫禁城出版社，2006，页 611
6	黑漆描金云龙纹长箱	大明万历年制	长：126 宽：47.5 高：62	本 迎福 义	旺 天德 / 喜事 顺科	胡德生编著：《明清宫廷家具大观》，紫禁城出版社，2006，页 612
7	黑漆嵌螺钿描金双龙戏珠纹书格	大明万历年制	长：157 宽：63 高：173	死别 / 退口 贵子 财德	丁 死别 益利	胡德生编著：《明清宫廷家具大观》，紫禁城出版社，2006，页 613
8	黑漆描金云龙纹药柜	大明万历年制	长：78.8 宽：57 高：94.5	病临 官鬼 牢执	及第 益利 财旺	胡德生编著：《明清宫廷家具大观》，紫禁城出版社，2006，页 614
9	黑漆嵌螺钿彩绘描金云龙纹长方桌	大明万历年制	长：125.5 宽：47 高：78.5	登科 六合 / 迎福 病临	喜事 天德 福星 / 及第	胡德生编著：《明清宫廷家具大观》，紫禁城出版社，2006，页 617
10	填漆戗金云龙纹长方桌	大明万历年制	长：89 宽：64 高：71	六合 大吉 死别	纳福 死 牢执	胡德生编著：《明清宫廷家具大观》，紫禁城出版社，2006，页 617
11	黑漆嵌螺钿云龙纹书案	大明万历年制	长：197 宽：53 高：87	进益 孤寡 财德	登科 劫财 喜事 / 旺	胡德生编著：《明清宫廷家具大观》，紫禁城出版社，2006，页 618
12	黑漆描金云龙纹箱式柜	大明万历年制	长：66.5 宽：66.5 高：81.5	横财 横财 财至	登科 登科 口舌	胡德生编著：《明清宫廷家具大观》，紫禁城出版社，2006，页 621
13	松寿纹雕漆箱	大明嘉靖年制	长：31.5 宽：21.5 高：33	财失 大吉 / 顺科 灾至	孤寡 官 失	胡德生编著：《明清宫廷家具大观》，紫禁城出版社，2006，页 623
14	填漆戗金云龙纹罗汉床	大明崇祯辛未年制	长：183.5 宽：89.5 面高：43.5 通高：85	长库 六合 财德 兴旺	贵子 失脱 口舌 灾至	胡德生编著：《明清宫廷家具大观》，紫禁城出版社，2006，页 625

从表二十一可知，总共14件纪年款家具，有两件的长、宽、高数字是“财德”“进宝”“大吉”“贵子”“横财”“登科”等“双红”，即万历年制的“黑漆描金云龙纹长箱”与“黑漆描金云龙纹箱式柜”，占全数约15%。而在全部列出的42个尺寸中，合于门公尺“吉”字（红字）的有27个，占65%，合于丁兰尺的红字亦为27个。也就是说，明代宫廷家具的尺寸，不管是门公尺或丁兰尺之对照，俱有15个尺寸是落在“凶”字上，此中或另有“天机”不得而知。唯其中万历皇帝的“黑漆描金云龙纹药柜”，门公尺的部分全为凶字，丁兰尺的部分俱为吉字，是否因药柜本身系集合各式欲怯之病于一身之本质，故以阳之“凶”克之，以收“以恶制恶”之效，并随以阴之各“吉”相辅，用使万历皇帝的龙体大安吉祥，令人好奇。

当然，此表“以今探古”式的制作仅系参考。因为，此微量地分析，可供参考之件数太少。再者，现有纪年款明代宫廷家具，是否因年深久远，有改制、补修、并接等之过程，目前所见是否已非其原始尺寸不得而知。何况，历代每次改朝换代后的尺寸迭有增减，如宋代一尺为31厘米，明清两代大抵为32厘米，如今之用尺达33.5厘米。[1] 即便同一时代，江南、江北匠师之所用也可能有长短之差。其他或因制造不精、日久磨损，或因传递之误所导致各地尺寸有些微出入[2]，凡此使得讲究“一寸一分，灼有关系”的家具或器用可能出现“差之毫厘，失之千里”之现象。

此外，传统上中国的风水之说有“时空合一”的观念，吉凶祸福的认定，非仅以空间的尺寸而定，还有良辰吉日的时间选择，也就是“时讳”。又根据五行之相生相克，合吉之数并非恒为吉，凶字也不永远是凶。以大门之制作为例，“义”字门仅适合“寺观学舍义聚之所”，若设于民房廊上会被视为凶；“官”字门不宜安于民家，反之若

[1] 河南省计量局主编：《中国古代度量衡论文集》，中州古籍出版社，1990，页153。

[2] 程建军编著：《风水与建筑》，江西科学技术珠版社，1994，页127。

设于如厕之处反会逢凶化吉。[1] 因此，若要探讨隐藏于明代宫廷家具中之“吉凶祸福”，除了还原当时的精确尺寸外，还要重建现场，探究皇帝或皇族的居处所在，该件家具兴造伊始的功能，摆放之方位等等，亦即当时的时空背景亦须一并参酌。

由是观之，现藏故宫博物院明代纪年款家具之尺寸，即便如所列表上所示，仅65%为“吉”，由于各种文献史料阙如以及还原现场实境困难，吉凶祸福之数仍无法定论。宫闱邃密，目前的探讨尚属天机不可测之阶段。

[1] 程建军编著：《风水与建筑》，江西科学技术珠版社，1994，页 139 ～ 142。

第三节 明代宫廷家具的纹饰与用色

盛著是元明之际的画家，明太祖开国后供奉内府。明人徐沁的《明画录》记道：“盛著……画天界寺影壁，以水母乘龙背，不称旨，弃市。”[1]“弃市”就是处斩后暴尸于市。象征皇帝的龙，岂可任“水母”骑乘？朱元璋对如此“不称旨”的画家毫不手软地处以极刑，足证其对“龙”的专擅之心与重视。事实上，元代以外族入主中原，仅限“五爪二角”官民禁用，就是长了两只角、带五爪的龙为皇室专用，四爪以下、无角的龙还是开放的。[2]而朱元璋在天下纷乱、力战群雄之际的元至正二十五年（1365），即已将龙凤纹饰视为专属。镇守江西的朱文正，因“骄淫暴横，夺民妇女，所用床榻僭以龙凤为饰”[3]，而将其免官，若朱文正不是其亲侄，可能就难逃一死。因为同样在元末战乱之时，即随朱元璋出生入死、屡建奇功的大将廖永忠，开国后以功封德庆侯，却于洪武八年因“坐僭用龙凤诸不法事，赐死”[4]。中国历代皇帝将龙据为己有，视自己为“真龙天子”，禁止官民沾染或不敬等事，见诸文字的，大概始自宋徽宗赵佶。

一 宋徽宗之后的龙纹演变与皇室用色

中国的龙纹由来已久，但是形象一直未定。上古以降，有时呈现人首蛇身龙颜，有些是与异兽相类的兽形龙，或龙首鱼身的鱼龙

[1] 盛著，字叔彰，嘉兴魏塘人，画山水高洁秀涧，并工人物花鸟，洪武中供奉内府被赏遇。明·徐沁著：《明画录》，收入黄宾虹等主编“美术丛书”（三集第七辑），艺文印书馆，1975，页41。

[2] 刘志雄等著：《大元圣政国朝典章》，收入《龙与中国文化》，人民出版社，1996，页282。

[3] 《明太祖实录》卷一六，乙巳春正月甲申，“中央研究院”历史语言研究所，1966。

[4] 清·张廷玉等撰：《明史》卷一二九《列传第十七》，中华书局，1995，页3804～3806。

变幻，称为“摩羯”。[1] 迄今所见，最早将龙形整合，对龙作具体形象描述的是北宋贵族郭若虚[2]：“画龙者折出三停，自首至膊，膊至腰，腰至尾也。分成九似，角似鹿，头似驼，眼四鬼，项似蛇，腹似蜃，鳞似鱼，爪似鹰，掌似虎，耳似牛也。”[3]此“三停九似”之说使龙的形象渐趋于一尊。五十年后的宋徽宗，在即位十年后，先规定以龙为饰者，用户与制造者同样入罪：“政和元年十二月七日诏：‘元符杂敕，诸服用以龙或销金为饰……及以纯锦徧绣为帐幕者，徒二年，工匠加二等，许人告捕，虽非自用，与人造作，同严行禁之。’”[4]十年后又下诏：“禁中外不许以龙、天、君、玉、帝、上、圣、皇等为名字。”[5] 一时之间，天下官民人等，名字涉及指定诸字者纷纷改字以避讳。改名的方式有将名字两字减成单名的，如“毛友龙”成为“毛友”、“叶天将”改名“叶将”、复姓的“句龙如渊”则去“龙”为单姓“句”等。虽然数年之后的宣和时期，徽宗唯恐“天”“玉”“君”“圣”的禁讳“谄佞不根，贻讥后世”而罢之，但仍保留对“龙”“帝”“上”“皇”等字的禁忌，就是坚持官民人等仍不许用这四字，其余的字也就睁一只眼闭之只眼。[6]事实上，最早动念以龙为皇帝专属的是宋徽宗的高祖宋仁宗。仁宗在位期间曾诏定天下官民士庶的屋宇器服之制、朝廷命妇的首饰等都不得有“奇巧飞动如龙形者”[7]。尽管如此巨细靡遗，终宋一代龙爪之数并未受到特别重视，也未规定御用龙爪该当何数，如今所见宋室器用有三爪或四爪者。

---

[1] 徐乃湘等撰：《说龙》，紫禁城出版社，1987，页 43。

[2] 郭若虚，并州太原人，宋真宗赵恒郭皇后的侄孙，宋仁宗赵祯的兄弟相王的女婿。曾任供备库使，西京左藏库使，并曾以贺正旦使、文思副使等官职出使辽国。参见宋・郭若虚著：《图画见闻志》，人民美术出版社，1983，简介。

[3] 宋・郭若虚著：《图画见闻志》，人民美术出版社，1983，页 10。

[4] 《宋会要辑稿》第四十四册《舆服四・臣庶服》，世界书局，1964，页 1797。

[5] 宋・洪迈著：《容斋续笔》，汉欣文化事业，1994，页 47。

[6] 宋・洪迈著：《容斋续笔》，汉欣文化事业，1994，页 47。

[7] 清・徐松辑：《宋会要辑稿・舆服四・臣庶服》，世界书局，1964，页 1796。

元人入主中原后，泰定三年（1326）虽曾“申禁民间金龙文织币”[1]，也未明定皇帝的龙纹爪数为何。一直到至元二年，元顺帝妥欢贴睦尔才禁用五爪龙。[2] 此时朱元璋九岁，数年后各地旱灾、蝗害、瘟疫等接踵而至，天下混乱，豪杰并起，朱元璋也投身反元的浪潮，于至正十二年（1352）投奔红巾军的郭子兴，此后转战南北，到至正二十四年春天自立为“吴王”。目前所见朱元璋的诸多“疑像”中，其袍服上龙爪的含混、不一致与不确定，或许正反映当时天下纷扰未定，称王之礼制大率皆依宋制的龙爪三、龙爪四，也夹杂了一点元末新制皇帝专断的五爪龙。换言之，除了头戴九旒冕的“疑像”一、“疑像”二外，其他龙爪混乱无章的诸“疑像”均可能出自与群雄对峙后雄霸一方，自立为吴王之前的混乱时期。

二　明太祖禁官民人等用“龙凤并朱漆金饰”

贫困出身的朱元璋力在建立大明王朝后，“概括承受”宋元两代将龙作为皇帝专属，五爪龙也视为皇帝分身，任何官民人等擅用龙纹或五爪龙就是僭越，自古以来龙纹的具体位阶至此底定。朱元璋为了进一步“明尊卑，别贵贱”，除了以不同的飞禽走兽制定了等级森然的文武官员公服[3]，官民人等禁用之色也增加许多。洪武二十四年（1391）对文武官员和庶民之冠服、居室、器用制度等之用色及纹饰详加定制：“官吏衣服，帐幔，不许用玄、黄、紫三色，并织绣龙凤文，违者罪及染造之人。”[4]此禁令也扩及日常起居之家具：“官民人

[1] 明·宋濂撰：《元史》卷三〇《本纪第三十》，泰定三年三月乙卯，鼎文书局，1977，页669。

[2] 明·宋濂撰：《元史》卷三九，至元二年夏四月丁亥，鼎文书局，1977，页834。

[3] 清·张廷玉等撰：《明史》卷六七《舆服三》，中华书局，1995，页1637～1638。

[4] 清·张廷玉等撰：《明史》卷六七《舆服三》，中华书局，1995，页1637～1638。

等所用床榻不许雕刻龙凤并朱漆金饰。”[1] 洪武二十六年又颁布“器用之禁”的细目：“木器不许用朱红及抹金、描金，雕琢龙凤文……百官，床面、屏风、槅子，杂色漆饰，不许雕刻龙文，并金饰朱漆。”[2] 而方外僧众所栖的寺观庵院，则早在洪武六年就下诏：“凡各处僧道寺观金彩妆饰神佛龙凤等像，除旧有外，不许再造。”就是已有的不再追究，但不准新造。唯一的例外是寺观庵院供奉神祇的“殿宇、梁栋、门窗、神座、案卓许用红色”，只是神明许用红色，修行其间的僧道与其他官民一样，不许“僭用红色什物床榻椅子”。[3] 朱红之为明代国色，也在洪武三年就经由礼部颁布：“历代异尚。夏黑、商白、周赤、秦黑、汉赤，唐服饰黄，旗帜赤。今国家承元之后，取法周、汉、唐、宋，服色所尚，于赤为宜。”[4] 也就是开国三年后即将红色收归“国有”，官民人等俱不许用。

近百年后的明英宗，经“夺门之变”复登皇位的第二年又将官民禁讳项目及用色扩大：“官民衣服不得用蟒龙、飞鱼、斗牛、大鹏、像生狮子、四宝相花、大西番莲、大云花样，并玄、黄、紫、及玄色、黑、绿、柳黄、姜黄、明黄诸色。”[5]凡貌似龙形或形象威猛的动物，庄严富贵的花纹以及近黄色系等，都在禁制之列，同时又新增绿色为禁讳。明武宗正德十六年（1521）又三令五申：“官吏人等……其椅卓木器之类不许用朱红金饰。”[6]万历十五年（1587）内阁首辅申时行等奉敕重修《大明会典》时，总结开国以来历朝的定制，清楚的写道：“国初着令，凡官民服色、冠带、房舍、鞍马，贵贱各有等第。

[1] 《明太祖实录》卷二〇九，洪武二十四年六月己未，“中央研究院”历史语言研究所，1966。

[2] 清·张廷玉等撰：《明史》卷六八《舆服四》，中华书局，1995，页 1672。

[3] 明·俞汝楫等辑：《礼部志稿》卷一八《仪制司职掌九·房屋器用等第》，商务印书馆，2006，页 597。

[4] 清·张廷玉等撰：《明史》卷六七《舆服三》，中华书局，1995，页 1633 ~ 1634。

[5] 清·张廷玉等撰：《明史》卷六七《舆服三》，中华书局，1995，页 1638。

[6] 明·俞汝楫等辑：《礼部志稿》卷一八《仪制司职掌九·房屋器用等第》，商务印书馆，2006，页 597。

上可以兼下，下不可僭上。……凡服色、器皿房屋等项，并不许雕刻、刺绣古帝王后妃、圣贤人物故事，及日月、龙凤狮子麒麟犀象等形，所以辨上下、定民志，至今遵守，不敢违越。”[1] 简言之，明代官民的服饰、房屋、器用不许使用金色、朱红、玄（带赤的黑）、黑、紫、绿、柳黄、姜黄、明黄等诸色。对天子专用的黄色还细分色相，几乎带黄的颜色都包括在内。纹饰则凡古帝王后妃、圣贤人物故事，及日月、龙凤、狮子、麒麟、犀、象等形之外，蟒龙、飞鱼、斗牛、大鹏、像生狮子、四宝相花、大西番莲、大云花样也都不许用。因此，若从逆向的角度去看，官民人等禁用之色与纹饰，也就是皇帝、皇族等在服饰、器用、家具上之所专用，就是明代宫廷器用之色与纹饰。

三　用绿——让人“耳目一新”的明成祖宝座

明英宗天顺二年（1458）将绿色纳入官民禁用之色中，《明英宗坐像》中英宗的宝座整器几近墨绿，终明一代的皇帝朝服坐像亦多循英宗宝座而用绿，仅深浅小异。目前所见入清之后的孝庄文皇后还有一幅坐在绿色宝座上的便服像[2]，看起来明英宗是“后有来者”，但宝座用绿其实并非始自明英宗。

明代开国的朱元璋有一幅“真容”与诸多“疑像”，所见之坐具有朱红、黑漆、金色，其中有一张是露出木纹的未漆坐具，于礼制上似与其天子之身份不符。是否为其江山未定之前所作，在前文已讨论过。而朱红与髹金之色，宋代历朝的帝后坐像的坐具非朱即金，就算“真容”的坐具于髹金中另饰连珠纹，亦与宋仁宗皇后坐具的装饰方式略同，故而明太祖诸像所坐大抵确皆因循宋制，真正令人“耳目一

[1] 明·申时行等奉敕重修:《大明会典》卷六二《房屋器用等第》，万历十五年司礼监刊本，东南书报社，1963。

[2] 孝庄文皇后即清太宗皇太极五宫并建的中西宫侧福晋庄妃，顺治的生母，随顺治入北京为清入关后第一位皇太后。

新”的是明成祖朝服像的宝座。明成祖的宝座通体髹绿，搭脑与扶手出头雕饰的张口龙首亦以髹绿为底再饰以金，完全异于明太祖诏告天下的“取法周、汉、唐、宋，服色所尚”。也就是说，“靖难之役”后登上帝位的明成祖才是宝座用绿的滥觞。然而，其宝座的用绿却是因何而来？

前此曾讨论过明太祖在开国初年接触藏传佛教，对西藏地区实行“广行招谕”与“多封众建”的政策，建立朝贡贸易和茶马互市，确保中央与地方的领属关系。永乐年间，成祖不但“崇其教”，更召请藏僧来京，讨问法要，接受灌顶，并任用藏僧举办法事。国都北迁后，更在宫中设立“番经厂”，厂中“供西番佛像，皆陈设近侍司其香火”。[1] 西藏布达拉宫收有一幅明成祖坐像，右上方有竖行楷书题“大明永乐二年四十五岁三月初一日记”。[2]永乐二年（1404）为其入主南京的第二年，可见其与西藏或藏僧往来之密切。无独有偶，朱棣“靖难”称帝的最大推手僧人姚广孝，于永乐十六年逝世后受封“荣国恭靖公”。成祖为他辍朝二日，并亲撰碑文。其画像中的坐具也是略浅的绿色。同为尚佛人物，成祖及姚广孝所坐为史无前例的用绿，是否与佛教中的藏传佛教有关？

藏传佛教有源自密宗金刚界思想的五方佛，东西南北中五方各有一佛主持，又称“五方如来”“五智如来”。中央为毗卢遮那佛（vairocana），即释迦牟尼佛，或称“大日如来”，象征五智中的“法界体性悟”。释迦牟尼佛又化育另外四智，即象征“大圆镜智”的东方阿閦佛（akshobhya，不动佛）、象征“妙观察智”的西方阿弥陀佛（amit ā bha）、象征“平等性智”的南方宝生佛（ratna－sambhava），以及象征“成所作智”的北方不空成就佛（amogha－siddhi）。五佛身相各有其色，中央的释迦牟尼佛为白色，东方的阿閦佛为蓝色，西方的阿弥陀佛为红色，南方宝生佛为黄色，北方不空成就佛为绿色，历来

[1]　刘若愚著：《酌中志》卷一六《内府衙门职掌》，北京古籍出版社，1994，页 118 ～ 120。

[2]　西藏文管会欧朝贵撰：《布达拉宫藏明成祖朱棣画像》，《文物》，1985 年 11 期，页 65。

佛身造像均以此为依归。事实上，北方不空成就佛多化现宝绿色，其净土名号“胜业净土”，是诸行圆满，代表一切成就之意。佛门修行者遭烦恼所惑，只要不空成就佛的加持，就能够自利利他，使一切众生远离烦恼。[1]明成祖是否笃信不空成就佛，或皈依为其弟子，其宝座用绿是否与其信仰有关，当待进一步探索。

此外，不空成就佛的手印是“施无畏印”，左手执衣两角，右手展掌，竖其五指，为救度有情众生与成究佛法的功德。成祖坐像中的手势双掌外露，一手扶带，一手抚膝，与不空成就佛不同，但与传统宋代诸帝的双手笼袖垂膝却迥然有异，亦与明太祖部分坐像所示的双手笼袖抱胸大不相同，也是历代帝王坐像中前所未见。此创举是否亦受佛门人物手印之影响亦令人好奇。无论如何，明成祖此一创举，其子孙的坐像依样画葫芦，一直到明孝宗的坐像才又见笼袖垂膝，但改朝换代之后崇尚藏传佛教的清代诸帝，却又是双掌外露，一手抚膝，一手拈珠，似与两三百年前在宫中设立番经厂的成祖坐像之手势遥相呼应。

四　明代皇室家具器用与儒释道文化的关系

根据学者的分析，中国传统木构建筑与儒释道文化有深厚的渊源。儒家讲求天圆地方、中庸和谐，建筑群组多具中轴线，在线最高点即为群组中的至尊，并以此为中心，左右对称地向两翼逐次而降，以明五伦之序。整体建筑四平八稳，有如正襟危坐的儒者。北京紫禁城的三大殿、天坛祈年殿、北京国子监俱为儒家建筑的代表。佛教建筑以弘法为主，旨在普度众生，要关照的是多方信众，有四方佛、八方佛、十一方佛等之造像，建筑也是四角形（四相度）、八角形（八相度）、多角形（多相度）或360°的塔寺等，以示东西南北、前后左

[1] 丁福保编纂：《佛学大辞典》，文物出版社，1984。叶露华等编著：《中国佛教图像解说》，上海书店出版社，1992。

右面面俱到。建物顶上并设塔刹，“一刹那”指极短的时间，若有佛法开示，即使“一刹那”亦可立地成佛。佛寺建筑大底皆类如此，如北京北海小西天、承德普宁寺、山西应县佛宫寺辽释迦木塔，或藏传佛教的蔓荼罗（檀城）等。至于道家建筑，则与儒家建筑正好相反，不“正襟危坐”，也不对称，所追逐的是流动的道气，在道家“实出于虚”“奇正相生”等道法自然、天人相通的主张下，以气导形，建筑依自然的山川水流顺势而成，往往可见曲折的小径，迂回过门的水道或偏设一侧的过廊，旨在不对称中求平衡，不定形中而器成。如山西太原晋祠圣母殿、武当山紫霄宫、湖北钟祥明世宗父亲兴献王朱佑杬的显陵等。[1]

大木作的建筑如此，作为建筑“肚肠”的小木作，是否也多少有儒释道文化的影子？若观察自上古以来的器用，可以发现这答案是肯定的。著名的战国时期曾侯乙墓出土大批文物，其中一只漆匫（衣箱），黑底朱饰，拱形箱盖上有一个粗笔大“斗”字，左青龙，右白虎，其间是28个隶字星宿名称。考古学者推测曾侯乙墓下葬的年代是公元前433年或稍晚，这只衣箱于是成为目前所知写有二十八星宿全部名称与四象（青龙、白虎、朱雀、玄武）雏形的具体文物，除了证明二十八星宿起源于上古的中国外[2]，以家具的装饰而言，因为二十八星宿与四象往后被列为道家思想体系的源头，因此也可算是最早受道家思想影响而为纹饰的器用。

1987年陕西扶风出土了唐僖宗于乾符元年（874）敕命所封的法门寺地宫。[3]地宫所藏有如佛教文物的宝藏库，也代表9世纪时期唐代皇室礼佛、供佛的兴盛。整个地宫最重要的是后室北壁正中的佛指舍利，由八重宝函供奉，宝函左右并有护法天王随扈。八重的最外一重为银棱檀香木盝顶宝函，外观刻有阿弥陀佛极乐世界、释迦牟尼说

[1] 李乾朗：《中国建筑与儒释道文化》，2010 年 5 月 18 日在台北科技大学的演讲稿。

[2] 湖北省博物馆编：《曾侯乙墓文物艺术》，湖北美术出版社，1992，页 148 ～ 150。

[3] 韩金科主编：《法门寺》，香江出版社，前言。

战国　漆匫，曾侯乙墓出土
长 71 厘米，宽 47 厘米，高 40.5 厘米
（湖北省博物馆编，《曾侯乙墓文物艺术》，湖北美术出版社，1992，图 186）

法、和礼佛等图像，可惜出土时已散架，其余七重宝函非金即银，外表刻饰鎏金的《如来说法图》《六臂观音图》等，其中第七重为鎏金盝顶，刻饰四大天王，各个手持法器，威武庄严。盝顶盖上刻饰鎏金双龙戏珠，双龙蜿蜒硕长，一升一降，对着正中的火焰明珠，由于刻饰在盝顶盖上，功能有如守护宝函四面的四方天王。由此可知，唐代的器用纹饰中，龙与佛门人物并存，释道融合共处，但龙纹处于随扈的配饰地位。

再以明成祖的宝座为例，除用绿之外，整个宝座炫目灿烂、五色缤纷，迥异于明太祖诸像的质朴与简略。如果明太祖坐具承袭宋代帝后的是儒家文化，则明成祖的宝座，如其形制接续晚唐五代以来的开阔厚重，也反映儒家文化的四平八稳，但其外表装饰与用色却糅合蒙元北人的审美情趣。所谓蒙元北人的审美情趣，更进一步说，包括元代皇帝崇奉的藏传佛教之美学特征。佛教在7世纪时从中土与印度传入西藏，与其原始的本教互有采撷而形成独具特色的藏传佛教。13世纪传入内地后即为元朝皇帝所崇信，教主八思巴还被尊为国师，领宣

北方大圣毗沙门天王，四大天王之一，第七重宝函正前面
（韩金科主编，《法门寺》，香江出版社，页 86）

双龙捧如意宝珠，盝顶盖上鎏金刻饰，第七重宝函正前面
（韩金科主编，《法门寺》，香江出版社，页 86）

政院事，统管全境的佛教及藏区事务。[1]朝代更迭之后，明太祖亦立番僧为国师，但为的是“弭边患”。成祖将国都北迁后，宫廷内又设立“番经厂”，“番经”就是藏传佛教的经典。此外，所延请入京并授法号的番僧数倍于太祖时期。成祖宝座迥异于太祖之“异域”风尚，若拉远一点来看，与成画于盛德四年（1179）的《张胜温绘大理国梵像图》卷中诸菩萨、观音之装饰非常接近。近一点的话，则与边陲之地的山西右玉县《宝宁寺水陆画》中部份佛与菩萨在妙相庄严之余，其幡幢飘扬的宝盖、体被繁复的璎珞，与须弥座上的彩结流苏等之意象也几乎相同。[2]

《明成祖坐像》（局部）
轴，绢本，设色，纵 220 厘米，横 150 厘米（台北故宫藏）

凡此种种，不管成祖是否为不空成就佛之弟子，或仅对西藏有

[1] 故宫博物院编：《清代宫廷与藏传佛教文化》，《清宫藏传佛教文物》，紫禁城出版社，1992，页 5 ～ 10。

[2] 山西右玉县宝宁寺之壁画，据研究为明代所作，但根据残款，有部份为元代遗作，或明初根据元人的粉本绘制而成。吴连城撰：《山西右玉宝宁寺水陆画》，《文物》，1962 年第 4、5 期。

元明 《宝宁寺水陆画》(局部)，山西右玉县 (贺朝善摄)

“宣抚”或“招纳”之意，其朝服宝座之装饰受到藏传佛教或西南地区段氏后理国等“异域”之影响显而易见。尤其是观察佛与菩萨脚下的须弥座，其悬垂的彩结流苏是由昂扬的龙首张口所衔，反映龙的地位次于佛门释家，一如唐代法门寺宝函的刻饰般，属于配饰的角色。但成祖的宝座将龙首口衔彩结流苏提升至宝座主要构件的搭脑与扶手，不但与佛门宝座紧密连接，似又成功地宣告宝座上的坐者等同诸佛，大明皇帝已与龙合体为真龙天子。

五　佛门象征的“卍”字最终成为地景之一

坐具的装饰受到释家文化影响的不只是明成祖，其爱孙明宣宗朝服坐像的宝座显系承自成祖。往后的英宗、宪宗所坐也是大同小异。孝宗以后的朝服宝座大体上也是从成祖的宝座展衍生而来。不过，明宣宗另一幅坐像上的坐具，椅盘坐面满饰佛教的“卍”字纹，则直接反映了宣宗时期佛教思想在明代宫廷内的广植与深入。宣宗继成祖之后，广延番僧入京，受封的番僧至少1000余人，虽然可能“渐开明代佛教过度崇奉藏传佛教之门”[1]，但其径自坐在佛教象征的符号上，除

[1] 何孝荣撰：《明代皇帝崇奉藏传佛教浅析》，《中国史研究》，2005年4期。

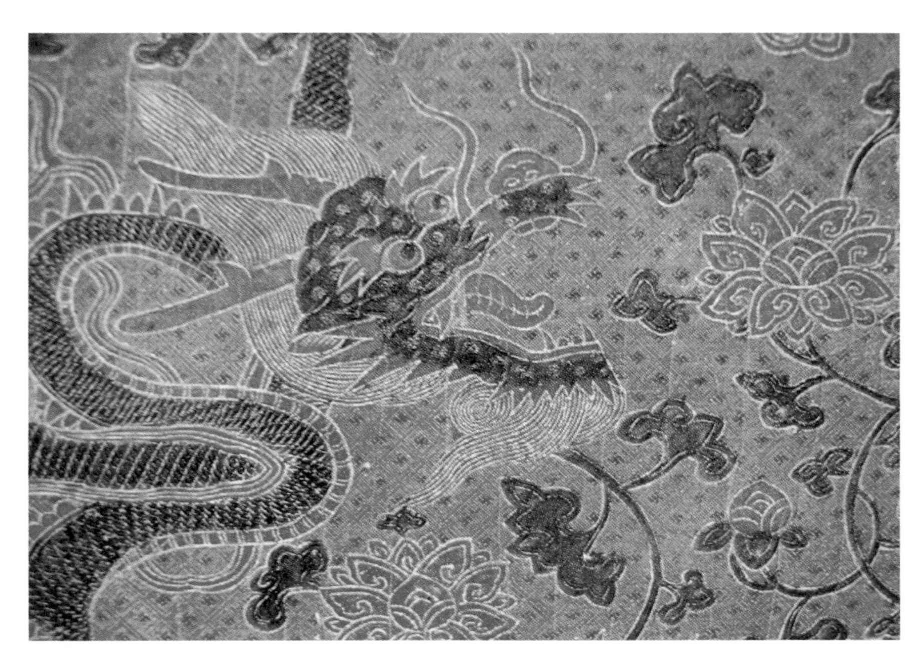

“卍”字地纹，明戗金细钩填漆龙纹箱（局部）
（故宫博物院藏）

“卍”字地纹，明崇祯款填漆戗金云龙纹罗汉床（局部）
（故宫博物院藏）

明　宣德款蓝查文出戟大盖罐
高 28.7 厘米，口径 19.7 厘米，足径 24.7 厘米
（故宫博物院藏）

了可能有宣示其功过于神佛的意蕴外，是否更如“宾主易位”般，神佛的符号已成为其装饰之一，人间皇帝的地位似已凌驾于神佛之上？而如此一消一长之间，到了万历时期所见家具上的“卍”字纹，已演变成更微小、更细密的地景纹饰之一，如施红字于黑方格内，或黑字于红方格内，成为主要纹饰之背景，或家具器用的边框、转角处，并不醒目，也容易被忽视，诸佛的庇护象征已全然式微，成为诸多繁花似锦的装饰元素之一。如目前故宫博物院所藏万历时期的“万历款填漆戗金云龙纹长方桌”[1]“明万历款填漆戗金云龙纹柜”与“戗金细钩填漆龙纹箱”等都见如此编排，此现象一直持续至明覆亡前的崇祯时期。

现藏故宫博物院的一座宣德款“青花蓝查文出戟大盖罐”说明宣德时期受佛教文化的影响。蓝查文也称梵文，是古印度教的书面语言。大盖罐是瓷器中的大器之一，明代官窑大器主要用于贮藏食物、居室陈设、赏赉、外销，与祭祀时摆放祭品之用。[2]此大盖罐之肩部突出八戟板手，器身满书蓝查（lañja）体梵文，如藏传佛教中的法轮，俗称“法轮罐”。所书的梵文意为清净、寂静、不生不灭、无所不在等，是皇室法会的重器。以梵文为主要纹饰的家居器用，目前所知有收藏于日本东京艺术大学的明代“描漆蕃莲纹圆盒”，小巧的器身上满饰缠枝莲花纹，中心如12道光芒般围绕着一个梵文“hrîh”。“hrîh”为阿弥陀如来种子字，有“长寿”之意，有时也见梵文六字真

[1]　胡德生著：《故宫博物院藏明清宫廷家具大观》，紫禁城出版社，2006，页 616，图 745。
[2]　王健华撰：《明清官窑大器发展的四个高峰时期》，《故宫博物院院刊》，2009 年第 3 期，页 53 ～ 59。

明 梵文缠枝莲纹长方形填漆盒
盒口长 25.5 厘米，宽 15.6 厘米，高 9.6 厘米
（故宫博物院藏）

明 描漆蕃莲纹圆盒
高 3.3 厘米，直径 7.7 厘米
（东京艺术大学藏）

言（om ma ni pad me hûm唵嘛呢叭咪吽）捧护于中，或押于真言之后。[1]另有一件“梵文缠枝莲纹长方形填漆盒”，与圆盒一样，也是满饰缠枝连纹中绘此梵文“hrîh”。两者在纹饰的构图与表现手法上如出一辙，在时代背景上可能有密切关系，而以明成祖、明宣宗时期藏传佛教在宫内的热潮，推测此两件与上述“青花蓝查文出戟大盖罐”一样，亦为永乐或宣德时期所作。

六 道家的吉祥象卦在嘉靖时期大放异彩

由目前的数据显示，明世宗嘉靖时期的器用纹饰，可能是整个明代最具道家色彩的器用纹饰。相较于宋徽宗自称“教主道君皇帝”的崇信道教，四百年后的明世宗也不遑多让，登基后不久就开始斋醮活动，热衷道家的长生之道，前后给自己的封号有“灵霄上清统雷元阳

[1] 参见李勤璞撰：《凌源市博物馆石刻八面摩尼轮：文化景观的解释》，《辽宁博物馆馆刊》第二辑，辽海出版社，2007。

妙一飞元真君”“九天弘教普济生灵掌阴阳功过大道思仁紫极仙翁一阳真人元虚圆应开化伏魔终孝帝君”“太上大罗天仙紫极长生圣智昭灵统元证应玉虚总掌五雷大真人元都境万寿帝君”等，令人目不暇接，直把自己当做道教诸神之一。所用纹饰，在追求长生之余，除了传统的灵芝、仙鹤、桃实等寓意长寿之图案，或以大篆“寿”字为主要纹饰、边饰游龙之外[1]，更有道家的八宝吉祥纹饰，如美国大都会博物馆在1992年展出过一个九连篆“寿”字，字外环绕藏八宝吉祥纹饰“三火珠、双羊角、双画卷、法螺、方胜、钱币、单火珠、珊瑚”等。与此同时，美国旧金山亚洲博物馆也有一件几乎同样尺寸、形制与图案的“剔红寿字八方盘”，除了排序不同外，护持“寿”字的八吉祥纹饰都雷同，边缘的银锭游龙也相同。推测当年类似此种重复生产的对象应该不是孤例。有学者以一对明代戗金藏经宝匣（sutra covers）为例指出，道家八宝有些取自藏传佛教的八吉祥图案，该宝匣匣盖中央为寓意三宝的三火珠，左右排开的是法轮、幡帜、双鱼、宝瓶，以及宝伞、法螺、盘肠、莲花等，是以道家八宝的“单火珠”“三火珠”即衍化自藏传佛教，其“法螺”更是直接从道家借用等。[2]对嘉靖皇帝来讲，若撷取或直接借用西藏番僧的吉祥宝物，会有助于得道成仙，到达长生不老之妙境，则佛道双修或释道并行应亦无妨，而此或许亦反映其对道家仙境的汲汲营求。

此外，嘉靖时期有时将《易经》八卦之象直接置入器用装饰上，如一只剔彩圆盘，龙头正上方有一个盘缠的“寿”字，左右为乾坤两卦，寓意“乾坤捧寿”。另一具“龙凤纹银锭形雕填漆盒”，银锭形盖面为山海、龙凤纹与篆书万字，盖壁口沿饰有乾坤八卦的符号，如图面所示的“兑”“坤”“离”“巽”等。特别引人注意的是一只雕漆圆

[1] 如一只嘉靖款的剔彩圆盘，直径15.6厘米，参见East Asian Lacquer – The Florence and Herbert Irving Collection, The Metropolitan Museum of Art, New York, 1992, Picture No.35.

[2] East Asian Lacquer – The Florence and Herbert Irving Collection, The Metropolitan Museum of Art, New York, 1992, p.96 ～ 97, 116 ～ 118, picture No. 49.

明　嘉靖龙凤纹银锭形雕填漆盒
长 25.2 厘米，高 11.7 厘米（故宫博物院藏；转引自《中国美术全集·漆器》图 128）

嘉靖　雕漆圆盘 直径 36.8 厘米
（转引自 East Asian Lacquer – The Florence and Herbert Irving Collection, The Metropolitan Museum of Art, New York, 1992, p.93）

盘，地景为江崖海水与朵云，主纹饰为一尊雄伟的升龙，曲膝半跪，像大力士般的双手高举一个斗大的“圣”字，“圣”字两旁分置小字“辅”“弼”，盘沿四尊游龙间各嵌入“乾”“坤”“如”“意”四字；外沿同样雕以四龙，间饰为“福”“禄”“长”“春”，整器的图案编排与布置明确地在凸显这个大“圣”字。此种构图不禁令人想起宋徽宗曾将“圣”字作为官民人等之禁忌，其旨意或许是殊途而同归。就字面上解释，“辅”意为帮助，“弼”则有匡正之意，“辅弼”也可当做“宰相”解，则代表天子的“圣”，下有矫龙捧护，左右有宰辅伺候，与地景的江崖海水共同护持这位圣上皇帝。不过，整个构图中，皇帝被尊崇如天，但也令人怀疑龙的地位被矮化了，与人间的宰辅一样伺候圣上，天子似与真龙脱钩而升华，皇帝的身份与地位已凌驾真龙之上。此或许可与嘉靖登基初期所衍生的“大礼议”事件相互辉映。明世宗朱厚熜以外藩兴献王朱佑杬（与明武宗之父孝宗朱佑樘是兄弟）之子来京入继武宗之皇位，因武宗遗诏最后四字“嗣皇帝位”，朱厚熜坚持“继统不继嗣”，与朝臣对立僵持四年有余，最后成功地将其亲生父亲兴献王改称“兴献帝”，祭祠上称为“皇考”，并进而超越武宗朱厚照而配享于明堂，成功地将皇权推至入明以来的最高峰。[1] 世

[1] 许文继等著：《正说明朝十六帝》，中华书局，2005，页 196 ～ 202。

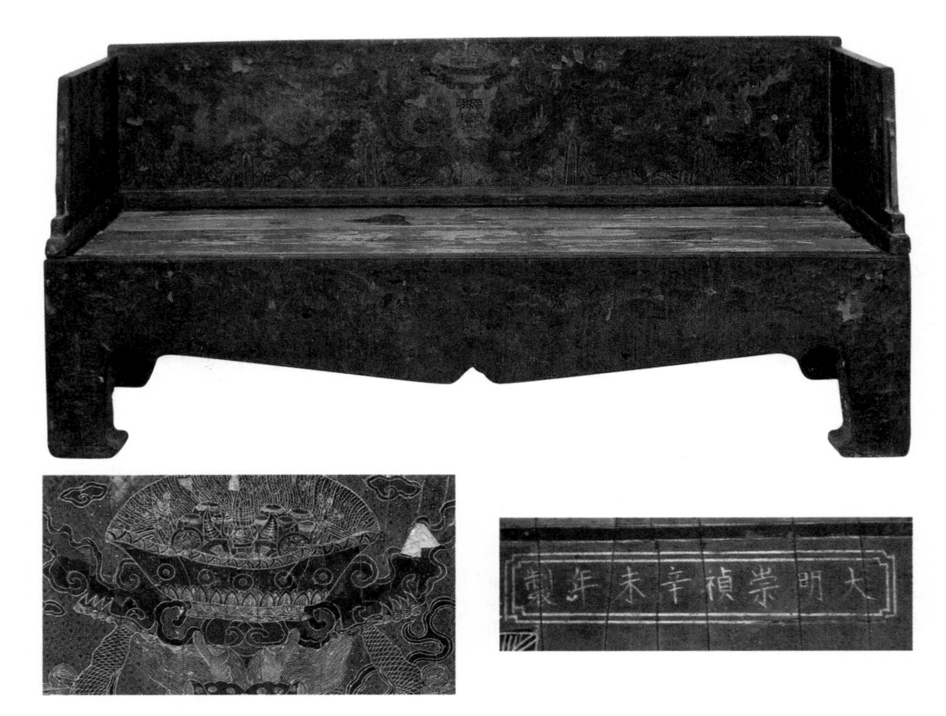

明崇祯款填漆戗金云龙纹罗汉床及局部、款识

长 183.5 厘米，宽 89.5 厘米，面高 43.5 厘米，通高 85 厘米（故宫博物院藏）

宗如此作为，要说内心自视其身份与地位已超越真龙之上，应不令人惊异。

不过，明代最后一个皇帝崇祯看起来却不似其先祖般对皇权雄心勃勃。现藏故宫博物院一架“崇祯款填漆戗金云龙纹罗汉床”，通体髹红，整器饰雕填戗金，坐面上三面围板，后背正中上侧刻“大明崇祯辛未年制”款识。背板正面及左右两侧为双龙戏珠纹，间饰填朵彩纹。背板两侧行龙各一，间饰彩云朵朵及杂宝纹与“卐”字纹，里面是山水波涛，中间一正龙双肘高举，举的却是聚宝盆，宝盆内还金银宝钱攒聚，闪烁耀目。自古皇帝而有天下，“普天之下，莫非王土，率土之滨，莫非王臣”，身为“真龙天子”不欲扩张皇权，整治民瘼，却仿如民间的商贾富富豪般地企求财源滚滚，与民争利，似乎把皇帝的宝座给“坐”小了。双龙与聚宝盆之地景密布佛门的“卍”字纹饰，也就从原先的祈福求寿变成企望财运昌隆。

七　明代家具器用中儒释道文化的消长

如此看来，龙纹与释道文化一样，终明一代有其阶段性的起伏变化。明太祖出身寒微，自无传统皇帝因生母感龙而孕之传说，登基后急以龙纹为专属，严禁官民人等使用，是极欲将自身与龙画上等号。明成祖的宝座用绿，并撷取佛门装饰上龙首口衔彩结流苏的装饰，以与佛门的尊崇紧密连接，成功地宣告宝座上的坐者等同诸佛，大明皇帝已与龙合体为真龙天子。其爱孙明宣宗以象征释门的“卍”字密布于所坐的椅面上，令人有其意欲超越诸佛之联想。到了万历时期，此“卍”字已成为皇帝器用装饰的诸多地景之一，似失其震慑群魔的避邪原意。与此同时，万历的皇祖嘉靖，在位期间孜孜于道家的作醮与修持，器用上的纹饰多见以道家为主的祥瑞与卦象，或道释并行，撷取或借用佛教信物，甚至已超然物外，成为凌驾真龙之上的圣上天子。自宋徽宗以来官民禁用的龙纹，皇帝力求与其平起平坐。四百年后明世宗嘉靖的手上，竟成为万人之上、一人之下，位如皇帝的宰辅。因此，有明一代家具器用上的装饰，儒家以一贯的稳重以不变应万变，佛门释家以灿然华丽开场，却微小沉默以终。道家文化中的龙纹，虽然大部分时间是锣鼓喧天，却可能难逃明世宗的“算计”，最后落得等同宰辅般地伺候这位潜修道行的圣明天子。

八　明代宫廷器用中的龙纹、凤纹、龙凤呈祥纹与阿拉伯文纹饰

（一）明代龙纹之特征

当然，自明太祖开国定制以来，龙纹一路锣鼓喧天，仍然是以皇帝为主的明代宫廷家具器用的主要纹饰。前述嘉靖虽勤修仙道，器用中到处可见道家纹饰，但这并不表示嘉靖对龙纹有丝毫轻忽。不仅如此，还严加防范象征天子的龙纹是否被僭用。嘉靖十六年（1537）：“群臣朝于驻跸所，兵部尚书张瓒服蟒，帝怒，谕阁臣曰：‘尚书二

品，何自服蟒？’言对曰：‘瓒所服，乃钦赐飞鱼服，鲜明类蟒耳。’帝曰：‘飞鱼何组两角，其严禁之。’”于是礼部又再一次颁诏：“文武官不许擅用蟒衣，飞鱼，斗牛违禁华异服色。”[1]从嘉靖与群臣的对话中，知道张瓒所穿的是皇帝钦赐的飞鱼服，但却长了两角。以现代人的认知，就算鱼长了两角，仍与蟒差距甚大，不会有“鲜明类蟒耳”的状况产生。至于蟒服，原是永乐年间成祖左右宦官的燕闲之服，“宦官在帝左右，必蟒服，制如曳撒，绣蟒于左右，系以鸾带，此燕闲之服也。次则飞鱼，惟入侍用之。贵而用事者，赐蟒，文武一品所不易得也。单蟒面皆斜向，坐蟒则面正向，尤贵”[2]。可知蟒脸的正向和斜向也分别代表不同的尊卑等级。最贵重的坐蟒，据刘若愚的《酌中志》，也是由宫中太监首先拥有的。“凡司礼监掌印、秉笔及乾清宫管事之耆旧有劳者，皆得赐坐蟒补。”[3]“坐蟒补”就是公服胸前贴的补子以坐蟒为饰。至于外廷阁臣受赐蟒服，则始自弘治年间的礼部尚书刘健。刘健因《大明会典》修成，与李东阳、谢迁同受赐蟒衣，也是阁臣赐蟒之始。[4]至于蟒、龙之别，弘治元年（1488）都御史边镛的说法是：“夫蟒无角、无足。”[5]无角、无足，看起来应系一尾大蛇，与鱼或龙之形象相去甚远。张瓒受赐的飞鱼服，不但长了角，看起来又像蟒，无怪乎嘉靖皇帝大怒。想来对龙纹情有独钟的不只皇帝，明代宫廷内皇帝身边的重臣似也时生觊觎，也因此官员补服上的蟒或飞鱼，都有可能“长”得像龙，或者游走龙形的边缘，此混淆现象不啻为明代“龙纹”的特征之一。

就现有的文献资料与局限的实物归纳所见，明代正版龙纹大体上身形饱满匀称，凝重威严，以目前山西大同华严寺对街不远的九龙

---

[1] 清・张廷玉等撰：《明史》卷六七《舆服三》，中华书局，1995，页1640。

[2] 清・张廷玉等撰：《明史》卷六七《舆服三》，中华书局，1995，页1647。

[3] 明・刘若愚著：《酌中志》卷一九，北京古籍出版社，2001，页166。

[4] 清・张廷玉等撰：《明史》卷一八一《列传第六十九》，中华书局，1995，页4811～4812。

[5] 清・张廷玉等撰：《明史》卷六七《舆服三》，中华书局，1995，页1647。

壁为例，其头、身、腿、爪比例协调外，角、发、眉、须、鳍、甲、鳞、肘毛、齿、爪等都完整齐备，勾划匀密。九龙壁为明太祖第十三子代王朱桂镇戍山西大同时，原来藩王府前的照壁，因近年都市重划，形成与王府隔街遥望的格局，但仍为明初龙纹形象的代表。明代家具器用上的龙纹还有一项特点，就是龙作为吉祥之物，传统的吉祥象征或上述的八宝纹饰等，有时会化入龙体。例如，如意云头纹化成龙纹的鼻头，不论正龙或游龙，鼻头永远朝正前方，不会随龙头之转向而偏侧一方。又如皇帝御前的五爪龙，其爪端常作同方向的转动状，以示法轮常转，此亦造成明代晚期御用龙的五爪如血脉贲张般的强劲有力。根据专家的研究，龙发的表现亦约略有时代之分，大致上早期的龙发多呈整束由后向前劲飙，中期略分出小绺，看起来较为稀疏地向上纷飞或抖动，晚期如万历时期的龙

明　九龙壁（局部），山西大同
（徐汝聪摄）

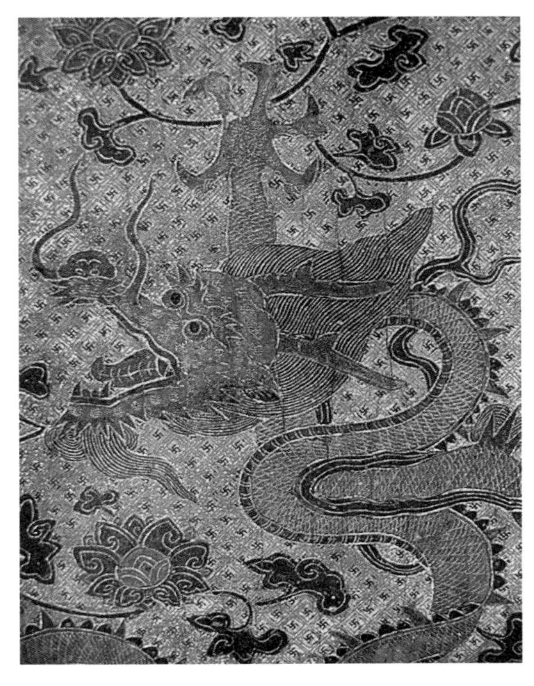

明　填漆戗金龙纹箱箱面局部
（转引自胡德生著，《故宫博物院藏明清宫廷家具大观》（下），紫禁城出版社，2006，图 642）

明早期 《洪武实录》金柜（局部）
长 136 厘米，宽 77.5 厘米，高 130 厘米
（故宫博物院藏）

明 万历款黑漆描金云龙纹箱式柜（局部）
长 73 厘米，宽 41.5 厘米，高 63 厘米
（故宫博物院藏）

发，多为两或三绺，外型饱满，自后向前倒飘[1]，如柜盖贴有满语文字的“万历款黑漆描金云龙纹箱式柜”柜内之屉面云龙，或如前举崇祯款填漆戗金云龙纹罗汉床。唯此分期是概括性的作为参考，并无绝对性。

（二）后妃专用的凤纹

与龙纹相对应的是凤纹，装饰凤纹的器用多为后妃专用，可谓“后宫至尊”。凤是自上古以来传说中出于东方君子之国的神鸟，见之则“天下大安”，故与龙一样被视为吉祥的象征。明初成祖北狩时，有白鹊之瑞，整个朝廷从监国（太子）到五府六部俱须进表以贺。太子的辅臣杨士奇写道：“与凤同类，跄跄于帝舜之廷，如玉有辉，翯翯在文王之囿。”[2]在杨士奇看来，即使再祥瑞之飞禽，至多就是与凤同类。上古时期认为凤的外形是“鸿前麐后，蛇颈鱼尾，鹳颡鸳思，龙文龟背，燕颔鸡喙，五色备举”[3]。意即凤鸟有一个龙纹龟背，蛇颈

[1] 徐乃湘等撰：《说龙》，紫禁城出版社，1987，页 48 ～ 49。
[2] 明・焦竑著：《玉堂丛语》，中华书局，2007，页 20。
[3] 《重刊本十三经注疏附校勘记・附释音春秋左传・注卷第九》，庄公二十二年，页 162。

唐　石刻凤纹，陕西乾县出土
（转引自蔡易安著，《中国龙凤艺术研究》，河南美术出版社，1987，页 211）

鱼尾；似燕鸟的下颌，如鸡般的啄喙，像鹤一样的前额，类如鸳的腮部，较之前述北宋郭若虚对龙“三停九似”的形象描述还要早数千年。但事实上“凤”是雄鸟，凰才是雌性，所谓“凤凰于飞，和鸣锵锵”，是雄在前、雌在后，雄雌一前一后同飞。[1]也许有机会可考证历史上的凤凰何时错位。无论如何，因为凤鸟的形象早定，所以唐代的凤纹即与明初永乐时期的一只剔红茶托上之凤纹即相当接近。文献上所见，明代宫廷家具或器用饰有凤纹的大皆为正式仪典所用，如皇后卤簿之车辂，整座以红髹朱漆为主，主要纹饰皆凤纹，车内的五山屏风就是“戗金鸾凤云文”，其坐椅靠背“雕木线金，五彩装凤”，两尺高的车辂顶上“抹金铜立凤顶，带仰莲覆座”，车辕亦为“抹金

[1]　李宗侗注译：《春秋左传今注今译》卷四《庄公二十二年春》，台湾商务印书馆，1993。

明永乐　剔红茶托
直径 22.1 厘米，高 7.3 厘米
(转引自 East Asian Lacquer – The Florence and Herbert Irving Collecti, The Metropolitan Museum of Art, New York, 1992, p.87)

铜凤头、凤尾，凤翎叶片装钉”[1]等。皇妃坐具称“凤轿”，与皇后车辂有别，轿顶上“抹金铜珠顶，四角抹金铜飞凤”，抬轿的“红髹枫【杠】，饰以抹金铜凤头、凤尾”。不过，现藏台北故宫的《明人出警入跸图》长卷，经学者考证应为万历十一年（1583）神宗驾幸昌平的谒陵活动。[2] 其中《出警图》中的凤轿顶部确如“舆服志”上所述有“抹金铜珠顶”，但轿顶四角中，前方两角饰龙头，后两角才是飞凤。同时，12名轿夫肩上所扛的红髹杠并非“抹金铜凤头、凤尾”，而是饰金的龙头、龙尾。依据史料，宋哲宗时期的皇太妃曾在外廷三省议定下坐“龙凤舆”，其伞盖是红、黄兼用，后继的宋徽宗时期亦如前制奉侍当时的圣瑞皇太妃。[3] 此“龙凤舆”的形制未多记载，因此，明人《出警图》中的凤轿上龙凤并饰，轿杠也是前金龙后金凤，是否即为宋代“龙凤舆”的余绪？唯万历登极后，隆庆的陈皇后依制封“仁圣皇太后”，但万历生母李贵妃也破例封“慈圣皇太后”[4]，因

[1] 清・张廷玉等撰：《明史》卷六五《志第四十一・舆服一》，中华书局，1995，页 1606 ～ 1607。

[2] 朱鸿撰：《〈明人出警入跸图〉本事之研究》，《故宫学术季刊》，2004 年秋季，页 183 ～ 213。

[3] 元・脱脱等撰：《宋史》卷一五〇《志第一百〇三・舆服二》，中华书局，1995，页 3504。

[4] 《明神宗实录》卷三，隆庆六年七月己丑，“中央研究院”历史语言研究所，1966。

此两宫并立。若承宋制，则此凤轿内所坐是否为皇太后，又是哪位皇太后？凡此都有待进一步探讨。

（三）龙纹与凤纹的组合称“龙凤呈祥”

凤纹与龙纹的组合称“龙凤呈祥”，现存嘉靖时期的漆作中就有不少龙凤呈祥。如故宫博物院所藏的“龙凤纹菊瓣形雕填漆盘”，或“方胜形雕填漆盒”。前者以菊瓣饰边，盘内外髹褐色漆为地，盘心填彩漆龙凤纹，中间开光内篆书“寿”字，所有纹饰皆细钩戗金。后者作方胜形，通体髹紫色地，并以红、绿、黄、黑四色填充各式吉祥纹饰，盖面雕填一边为云龙，另一边为云凤。而前举嘉靖时期的“银锭形雕填漆盒”，盖面也是雕填龙凤纹饰。目前所存装饰龙凤纹的明代家具，最为人知的就是故宫博物院收藏的“黄花梨五屏式龙凤文梳妆台”。整器最显著的是如建筑般的四围及其望柱，还有五扇小屏风。其中扇最高，依次向两侧递减。四围和屏风俱以镂雕缠枝莲为地，再饰蜿蜒的龙纹，只在屏风中扇的圆形开光内雕一升龙、一降凤的龙凤呈祥纹饰。在重重龙纹的围护下，将凤纹衬托得尊贵无比，但似也呈现“高处不胜寒”的孤寂。若为明代后宫所用，则此件虽雕饰龙凤，但未如传统宫廷家具以色漆标志身份，有可能系明代晚期之作。

至于明代定制官民人等俱不许用的古帝王后妃、圣贤人物故事等，有时也出现于宫廷家具或器用中。而宝相花、大西番莲、大云花样等各式花卉纹则与后期的“卍”字一样，大抵满饰在家具器用的框架、边角或地景，如众星捧月般环绕或捧护着主要纹饰，或满地开花似地作为衬景、地景之用。

（四）明代器用上的阿拉伯文纹饰

有明一代的器用纹饰也不能忽略瓷器上的阿拉伯文纹饰。虽然元代尊重伊斯兰教，但未见多少以阿拉伯文为主要纹饰的器用，一直到明代永乐、宣德时期在铜器、陶瓷上陆续出现，而以明武宗正德年

嘉靖　龙凤纹菊瓣形雕填漆盘
口径 25.6 厘米，高 4.6 厘米
（故宫博物院藏）

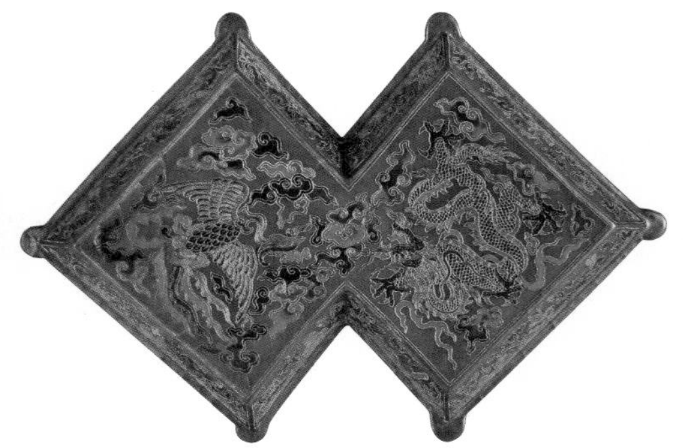

嘉靖　龙凤纹方胜形雕填漆盒
长 28.5 厘米，宽 15.3 厘米，高 11 厘米
（故宫博物院藏）

明　黄花梨五屏式龙凤文梳妆台及局部
长 49.5 厘米，宽 35 厘米，高 77 厘米（故宫博物院藏）

明　正德青花波斯文蕃莲尊

高 24.7 厘米，口径 11.2 、10.8 厘米
（台北故宫藏；转引自陈玉秀撰，《以纹识意——从阿拉伯文纹饰谈正德时期伊斯兰教的意涵》，《故宫文物月刊》，台北，2006 年 11 月，页 86）

明　正德红彩阿拉伯文盘

高 4.4 厘米，口径 21.1 厘米
（台北故宫藏；转引自陈玉秀撰，《以纹识意——从阿拉伯文纹饰谈正德时期伊斯兰教的意涵》，《故宫文物月刊》，台北，2006 年 11 月，页 89）

间最为普遍。目前收藏在台北故宫有十余件正德时期以阿拉伯文为主要纹饰的瓷器，其中盘九件，小罐、尊及花插各一件。用色有蓝、红，构图为圆形、同心圆、菱形、菱花边形等。文意以“真主的恩典”最多，也有“真主保佑，国政永续”文字较多的“青花波斯文蕃莲尊”，或是集合“真主是至高的，我们是穷的”“至高，清高，吉庆的真主说”“感谢真主，许多的感谢赞美真主”等文字于一器的“红彩阿拉伯文盘”。底款有阿拉伯文，或汉字书写“大明正德年制”。明代自洪武晚期以降，撒马儿罕与其他藩国一样，不时入贡。有学者研究，明武宗可能是伊斯兰教信徒。晚明文人记正德十年（1515）二

麦加天房罩幕

（转引自陈玉秀撰，《以纹识意——从阿拉伯文纹饰谈正德时期伊斯兰教的意涵》，《故宫文物月刊》，台北，2006 年 11 月，页 87）

月："时上好异，习胡语，自名忽必烈；习回回食，自名沙吉敖烂。"亦可为证。"沙吉敖烂"（shaykh âlam）中的"沙吉"有教长、老人、学者之意，在伊斯兰教中为长老，"敖烂"为宇宙、世界。[1]若这位自名为"世界的教长"或"宇宙的长老"系为明武宗的话，则与他自敕"总督军务威武大将军总兵官朱寿"，并自封"镇国公"，亲率六军，肃清边境，南讨宁王宸濠之乱等事，相互辉映。[2]台北故宫所藏理应不是当年正德时期所造的全部。[3]而从15世纪开始，伊斯兰教的穆斯林将其真主阿拉的若干真言嵌饰在圣地麦加的天门上来看[4]，推测正德时期其他器用或家具上可能也会有应时、应景的器作。当时宫中若出现雕饰有阿拉伯文纹饰的大门、盒、箱、坐墩、椅凳或几桌，应该也不会太令人意外或惊讶。果真如此，明代宫廷家具所蕴含的儒释道文化之外，又可增添一页伊斯兰教文化。

[1] 陈玉秀撰：《以纹识意——从阿拉伯文纹饰谈正德时期伊斯兰教的意涵》，《故宫文物月刊》，2006 年 11 月，页 78 ～ 91。

[2] 清·张廷玉等撰：《明史》卷一六《本纪第十六》，中华书局，1995，页 209 ～ 211。

[3] 目前可知故宫博物院、上海博物馆及科威特博物馆均各藏一件，参见翁宇雯撰：《谈正德官窑瓷器上的外文款识》，《故宫文物月刊》，2008 年 11 月，页 50 ～ 59。

[4] 陈玉秀撰：《以纹识意——从阿拉伯文纹饰谈正德时期伊斯兰教的意涵》，《故宫文物月刊》，2006 年 11 月，页 78 ～ 91。

第四节　明代宫廷家具的流布与影响

一　宫廷家具在宠臣宅邸与衙署间的流布

元末天下大乱，群雄竞起，朱元璋在鄱阳湖大战中击败最大的敌人陈友谅，陈友谅旧部复仁因恐屠城而受降，来归后奉使招谕前元部将。明朝开国后又奉谕绥抚安南。复仁性格直率清廉，议论慷慨，不为文饰，每次宴见皆赐坐，但拒受明太祖黄金、吉贝等之赏赐。他以弘文馆学士致仕时，明太祖特赐玉带、袭衣、名马、铁拄杖、饮食之具，以及坐墩。[1]前章节已讨论过，明代宫廷内朝见或召见时，赐坐是重臣之荣宠，所坐即为鼓腔式坐墩或无靠背的杌凳。致仕时受赐坐墩是无上之荣幸。

（一）明初赐臣坐墩、几榻、肩舆

除了坐墩，根据资料，朱元璋在往后洪武六年（1373）的五六月间，分别赐给翰林院编修王辉、王琏、张翀、马亮、陈敏，起居注官阎钝，给事中崔莘，秘书监直长、萧韶等官员“几榻帏帐衾褥”。[2]“帏帐衾褥”应是配合几与榻所用，就是整套的休憩用品，可谓设想周到。开国及前朝老臣董伦，在建文即位后官至嘉议大夫礼部右侍郎兼翰林院学士，并与方孝孺同入内阁侍经筵之讲，建文帝曾御书“怡老堂”颁赐，并另赐髹几和玉鸠杖等。[3]玉鸠杖是杖端饰以玉鸠的杖。鸠是不噎之鸟，而七八十岁的老人最忌噎呛。所赐之髹几应设于榻上，用以凭倚，所髹之色应为皇室用器的朱漆。明太祖对重臣最大手

[1]　《明太祖实录》卷八二，洪武四年夏四月甲辰，“中央研究院”历史语言研究所，1966。

[2]　《明太祖实录》卷八三，洪武六年五月丙辰、洪武六年五月庚午、洪武六年六月辛未、洪武六年六月甲辰，“中央研究院”历史语言研究所，1966。

[3]　明·俞汝楫等辑：《礼部志稿》卷五五，《景印文津阁四库全书》第598册，商务印书馆，2006。

笔的赏赐是肩舆，也就是轿夫以肩扛台的轿子。即位之初，三授翰林学士给陈遇，陈遇皆婉辞，明太祖“乃赐肩舆一乘，卫士十人护出入，以示荣宠”[1]。陈遇的先世是宋代的翰林学士，本身在元朝是温州教授，笃学博览，精象数之学，后被延请入侍帷幄，几次授官都推辞，连礼部尚书也不就，《明史》上说他：“宠礼之隆，勋戚大臣无与比者，数临幸其第，语必称先生，或呼为君子。”[2]如此尊崇，也许只有“肩舆一乘与卫士十人”堪与匹配。

相形之下，对成祖的“靖难之役”有不世之功的姚广孝[3]，永乐十六年（1418）时已八十四岁，病重无法上朝，成祖“车驾临视者再，语甚欢，赐以金唾壶”[4]。年老病重，不良于行，唾壶之赠可谓恰如其分。何况金器是皇室专用，此赐也是荣宠之至。其死后还追赠“荣禄大夫、上柱国、荣国公”，谥“恭靖”，也算倍极哀荣。明宣宗时期的元老重臣杨士奇，宣宗对其奏论皆虚怀听纳，亦曾微行夜访其宅，可见对他的宠信。杨士奇对同僚杨荣在宣宗面前的说长道短也宽容以对，使杨荣甚感惭愧，宣宗也因此更厚爱他，“先后所赐珍果牢醴、金绮衣币、书器无算”[5]。“珍果牢醴”就是奇珍异果、酒水牛羊；“金绮衣币”就是皇室专用的织金绮缎与金币；“书器”则指书籍与器用，器用包括诸多陈设或目前所说的家具。因此相信宣宗对杨士奇数不尽的赏赐中必少不了上述自开国以来太祖赐诸臣的坐墩、几榻等家具。宣宗对其他老臣如杨荣等也不例外，从现存江苏镇江市博物馆的《杏园雅集图》卷亦可略窥其究。

---

[1] 清·张廷玉等撰：《明史》卷一三五《列传第二十三》，中华书局，1995，页3913。

[2] 清·张廷玉等撰：《明史》卷一三五《列传第二十三》，中华书局，1995，页3914。

[3] 按：姚广孝僧名道衍，太祖崩后，密劝成祖起兵。三年的“靖难之役”，道衍未尝临阵，但成祖的战守机事皆决定于道衍。成祖之有天下，道衍论功为第一。参见清·张廷玉等撰：《明史》卷一四五《列传第三十三》，中华书局，1995，页4079～4081。

[4] 清·张廷玉等撰：《明史》卷一四五《列传第三十三》，中华书局，1995，页4081。

[5] 清·张廷玉等撰：《明史》卷一四八《列传第三十六》，中华书局，1995，页4134～4136。

明　谢环《杏园雅集图》（局部）
卷，绢本，设色，纵 37 厘米，横 401 厘米（镇江市博物馆藏）

（二）明代官员雅集中出现的御前器用

《杏园雅集图》描绘宣宗驾崩后两年的英宗正统二年（1437）三月一日，杨士奇、杨荣与另一位阁臣杨溥，及其他内阁阁员及作画者谢环等共十人[1]，在杨荣宅内杏园中聚会的场景。画中主人杨荣身穿红袍补服，当时的官衔是荣禄大夫、少傅、工部尚书兼谨身殿大学士，其左手边是当日雅集最尊贵的客人少傅杨士奇，两人共坐一榻。杨荣右边方向的榻旁陈设一朱漆高几，几旁一茶童正在备茶。不远处可见一名家仆蹲在一边，对着炉灶添柴；另有两名童仆面向宾客，正欲举步前去奉茶。其间有一张大桌，上摆一琴，又有烹茶、用茶等什器，其中多组朱漆的双层六角盒、茶盘、盏托等错落其间，至为突出，隐约间还可见其游龙蜿蜒的饰金纹案。若有机会观看原画，也许还可以细究其详。

依照前节所讨论洪武二十六年（1393）官民人等“器用之禁”：“木器不许用朱红及抹金、描金，雕琢龙凤文……百官，床面、屏风、

---

[1] 与会的十人，一是画家锦衣卫千户谢环，为卷末最后一人；其余九人依序至卷首成三人一组，为侍讲学士陈循、侍读学士李时勉、左庶子周述、少詹事王直、少傅杨士奇、荣禄大夫少傅工部尚书兼谨身殿大学士杨荣、少詹事王英、大宗伯礼部尚书杨溥、侍读学士钱习礼。本文所引各人之官衔系依照该画作卷末序所记，可能与正史或明人的笔记所述不尽相同。参见吴诵芬撰：《镇江本〈杏园雅集〉的疑问》，《故宫学术季刊》（第二十七卷，第一期），2009 年秋季。

（传）明　谢环《杏园雅集图》（局部）
卷，绢本，设色，纵 36.7 厘米，横 240.7 厘米（美国大都会博物馆藏）

槅子，杂色漆饰，不许雕刻龙文，并金饰朱漆。”[1] 杨荣身为朝廷的股肱重臣，有其举足轻重的地位，断不致在其同僚或部属前公然僭越或违禁，因此这些朱漆器用应当是皇上历次的赏赐。尤其在主宾杨士奇、主人杨荣与少詹事王英、大宗伯礼部尚书杨溥之间所陈设的朱红高几，在看似不经意的摆放中有意显露其受之于皇上的恩宠，当然对其余在座的“明日之星”——服侍太子的少詹事王直、左庶子周述，或侍讲学士陈循、侍读学士李时勉、侍读学士钱习礼等，隐然也有宣示其所受尊崇之用。

除镇江市博物馆所藏外，美国大都会博物馆也有一本传为谢环所作的《西园雅集图》卷。两本内容不尽相同，笔法各异，家具陈设各自有别。在卷尾有一株老松，稍远处是成排的竹林。老松右方是穿补服的侍读学士李时勉，边走边回头与身后的侍讲学士陈循说话；另一边则是在树荫掩映下露出一张束腰朱漆大桌，带有云纹式的角牙与牙条，腿柱间施云纹式花枨。而桌上的觚、鼎、书册之间还可见一只朱漆圆盒。不管画家为何，其欲表现画中主人所受皇恩之优渥，以及在官场位居显赫的用意是相当明确的。

同样的场景也出现在不少明代官员雅集的画作上。继三杨的“杏园雅集”之后，弘治十二年（1499），太子太傅吏部尚书屠滽援引

[1] 清・张廷玉等撰：《明史》卷六八《舆服四》，中华书局，1995，页 1672。

弘治 吕纪、吕文英合绘《竹园寿集》
绢本，设色，长 395.4 厘米，纵 33.8 厘米
（故宫博物院藏；转引自 *Power and Glory: Court Art of China's Ming Dynasty*, p.220）

“杏园雅集”以图文传世之例，延请两位宫廷画家吕纪、吕文英为其庆生宴作《竹园寿集图》。画中受邀与会的御史粡钟身穿红袍补服，与身穿青袍补服的左侍郎许进[1]，各自踞坐于圈背交椅上。两人面前有童子舞鹤，身旁各有褐紫色坐墩。舞鹤与坐墩旁可见一架朱红束腰高几，设色鲜艳，腿柱间似描金绘饰。紫色是洪武年间官民人等首批禁用之色，故紫色坐墩与朱红束腰高几必为皇帝钦赐无疑。许进与粡钟身后又可见一大张桌子，其颜色似已褪尽。相形之下，桌上的朱红四层圆盒与朱红鼓腔形器架，在琴、白壶、白碗、各色时果与绿竹掩映地衬托下更形突出。

稍后的弘治十八年（1505），以礼部尚书吴宽为首的五人，包括都御史长洲陈玉汝、礼部侍郎常熟李世贤、太仆寺卿吴江吴禹畴、吏部侍郎吴县王济之，以同时、同乡、同朝、同志、同道之“五同”，延请画师作《五同会图》。[2]画中吴宽与王鏊同坐一大榻，大榻两边各置一朱漆坐墩，全器明显可见图绘饰金，可能亦为皇帝赏赐。事实上，在此之前的弘治十六年，也有一场十人的聚会，在刑部尚书闵珪

[1] 《竹园寿集图》卷中各人像皆附榜题名氏与原籍。与会宾客除粡钟与许进外，其他尚有户部尚书周经，周经子周孟、周鲁，右副都御史顾佐，户部右侍郎李孟旸，户部尚书王继，太子少保左都御史闵珪，吏部右侍郎秦民悦等人。

[2] 五人之官衔系据画作中吴宽所写的《五同会序》，该序款署弘治十八年。又据《明史》，吴宽殁于礼部尚书任上，故知五同会后当年即殁。参见清・张廷玉等撰：《明史》卷一八四《列传第七十二》，中华书局，1995，页 4883 ～ 4885。

弘治　丁某绘《五同会图》
纸本，设色，长 181.7 厘米，纵 41 厘米
（故宫博物院藏）

弘治　《十同年会图》
卷，绢本，设色，纵 48.5 厘米，横 257 厘米
（故宫博物院藏）

的宅邸举行，由画工描绘其“形骸意态”，为《十同年会图》卷。[1]画中户部尚书李东阳身后两名童仆所据的高桌上，横放一琴与书册，桌下明显可见一具朱漆绘金的四层方盒，望之即为皇室器用。

明代的当朝要员作兴在雅集盛会中留图以志，画中有意或无意地陈设钦赐器用，也因此间接的呈现明代宫廷器用的流布。万历初期位居一人之下、万人之上的首辅张居正，得宠之时，年轻的万历皇帝除赐大红坐蟒、盘蟒外，与两宫太后一同又常其赐金币、彩币、白金、宝钞、羊酒、八宝金钉川扇、御膳、饼果、醪醴等等，可谓“赐赉无虚日”。既然没有一天不赏赐，相信其中必定少不了陈设类的器用家具，可惜的是迄今尚未发现任何画作之留存，否则必定品类丰富，应有尽有，可能还囊括大部分的皇室器用。不过，年轻的万历皇帝对张居正的慷慨优容，虽不一定是“前无古人”，但可能是“后无来者”，因为亲政后的万历，根据资料，对阁臣的赏赐每况愈下。万历十八年（1590）十二月，“以正旦令节赐辅臣吊屏、门神等物”[2]。门神是过年

[1] 《十同年会图》卷中其余八人为兵部尚书刘大夏、工部尚书曾鉴、工部右侍郎张达、户部左侍郎陈清、都察院左都御史戴珊、南京户部尚书王轼、南京礼部右侍郎谢铎、南京吏部左侍郎焦芳。参见杨新主编：《明清肖像画》，《故宫博物院藏文物珍品大系》，商务印书馆，2008，页 6。

[2] 《明神宗实录》，卷二三〇，万历十八年十二月壬辰，“中央研究院”历史语言研究所，1966。

贴门上的辟邪镇餍之物，吊屏就是挂在墙上的条屏，也属除旧布新所用，往后不管是对辅臣或日讲官的赏赉，一律是正旦令节的“吊屏”与“门神”[1]，不见他类赐物。然而，这可能还不是最“经济”或“拮据”地赐赉——晚明文人的笔记回忆以前讲官讲毕后的荣景：“进讲既毕，必奉玉音赐酒饭。所赐比常宴最为精腆。非时横赐，又不与焉，此儒者际遇之极荣也。”[2]可见“赐酒饭”被读书人认为是无上荣耀之事，但是此种所费不多之赏赐，在后来万历皇长子出阁讲学时也取消，改为讲官自携酒食。不仅如此，“至先朝银币、笔墨、节钱之赐，绝响”。不要说先朝皇帝常赐的银币、笔墨与过节赐金从未有过，“端午节不见一扇，圣上教子，可谓极严极俭者”[3]，连溽暑的端午节也没有区区扇子见赏。这些读书人慨叹之余，也只能说万历教子“极严”“极俭”。扇子虽是日常小物，但若为钦赐，则意义非凡。也由于万历皇帝亲政后的“极俭”，御前用器因赏赉而流布于臣属间的机会相对就减少了。

（三）明代衙署公用的内府造器

根据明人的笔记：“成化中，始赐内阁两连椅，借之以褥。又赐漆床、锦绮、衾褥三副，以便休息。”[4]可知宫廷之内官员的用器有时是受赐于皇帝。而宫廷器用在民间的流布，另有衙署所用的什器，数量不少。宣德六年（1431）五月，“行在礼部成，逾月，上命寮属入莅事，赐什器百六十二，刻‘礼部公用’四字其上。已，南礼部复析所藏古今图书百十二部，总二千八百册，以实之”[5]。也就是南京的礼

[1]　《明神宗实录》卷二三〇，万历十八年十二月壬辰；卷二八〇，万历二十二年十二月丁卯；卷三五四，万历二十八年十二月甲午；卷四二八，万历三十四年十二月甲午；卷四五三，万历三十六年十二月丁丑；卷五六四，万历四十五年十二月乙卯，“中央研究院”历史语言研究所，1966。

[2]　明·朱国祯撰：《涌幢小品》卷一《出阁》，“笔记小说大观”，新兴书局，1973。

[3]　明·朱国祯撰：《涌幢小品》卷一《出阁》，“笔记小说大观”，新兴书局，1973。

[4]　明·邓士龙编：《国朝典故》卷五六《謇斋琐缀录四》，北京大学出版社，1993。

[5]　明·焦竑著：《玉堂丛语》，中华书局，2007。页201。

部落成后一个月左右，宣宗特赐162件的什器当礼部公用。推测皇帝赐予官署的器用应不仅南礼部而已。此162件的什器究竟为何不见其详，但应可能包括桌椅、杌凳、条凳、橱柜等办公家具、办公桌上的文房四宝，以及用餐所需的碗盘食盒等什物，而且都是内廷相关监司所成造的大红朱漆之作，每件上刻“礼部公用”四字，当可让衙署上下一体感受当朝天子垂顾之心，也是另一种宠耀。

二　宫廷家具因赏赉藩国而远播中外

（一）内府造器因亲王之国带至籓地

御赐重臣之器用或衙署公用终究零散有限，尤其后者在用色、纹饰方面有其局限与等次之别。与皇帝御用之器最接近、数量最大、最完整的，要数亲王之国内府所造之器。《酌中志》记内府的御前作、内官监、御用监、司设监等所造多为上用，即皇帝御前所用。但据何士晋的《工部厂库须知》显示，除御前作外，其他三监亦成造后妃、亲王等用物。与此同时，内官监、御用监、司设监还负责亲王婚礼仪仗、妆奁等，亲王之国龙床、坐褥、板箱等，或“亲王之国钱粮、屋殿、轿乘、帐房、软床铺陈、帐幔、团幕”等。明太祖开国不久即分封诸子就藩各地以为京师屏障，亲王王府规格、典制、器用等大抵下天子一等，故内府造器因亲王之国而带至藩国。明中后期因宗室繁衍过巨，朝廷供给困难，甚至有其后人乞讨度日。内廷造器也可能因变卖、折让、被窃等流布民间。

（二）永乐对日本朱漆戗金器用的大量赏赐

本书前章所述，永乐元年（1403），明成祖颁赐日本国王王妃的礼物清单中有“红雕漆五十八件”，开明代宫廷家具远播海外之先河。58件的雕漆器中有各式的碗、盘、盒、香迭（多层叠起的食盒或奁具）、花瓶、桌器与鉴妆（梳妆镜类）。稍后于永乐四年又赏了日本国王“剔朱红漆器九十五件”，包括大桌子，交椅、大小香桌、香盒、碗、茶托，以及各式盘具等。交椅还附脚踏、坐褥等，一应俱全。此外，该次的赏赉中又有特别“皇帝颁赐日本国王源道义”的清单，有一帐“朱红漆戗金彩妆五山屏风帐架床”，两座“朱红漆戗金彩妆衣架”，以及一乘“朱红漆贴金彩妆轿子”等，几乎是成立一个新家所需的器用。永乐五年又更进一步地赏给日本国王“四明红漆彩妆戗金暖床一张”“朱红戗金竖柜一座”与“靠墩一个”。所赐予前几次并无重复，也几乎是宫廷器用有的品类都没有遗漏。此后在宣德八年（1433），宣宗特赐“朱红漆彩妆戗金轿一乘……朱红漆戗金交椅一对……朱红漆戗金交床二把……朱红漆金宝相花折迭面盆架二座镀金事件全，朱红漆戗金碗二十个……黑漆戗金碗二十个”[1]。往后的景泰、天顺、成化或正德时期亦迭有赏赉，不过多为纻丝、纱罗等织品类，或果品、海味、药物等，未见家具器用。但是，经过永乐初期到宣德时期频繁且大量的赏赉，相较之下，日本应当是有明一代，宫廷家具流布最广、最深、品类也最齐全的地区。

（三）朝鲜、琉球与东南亚地区

与大明帝国紧邻之朝鲜，历来与明朝关系匪浅。根据《李朝实录》，永乐元年（1403）二月在奉天门早朝时，明成祖曾要出使朝鲜的宦官黄俨代转其口谕：“外邦虽多，你朝鲜不比别处，君臣之间，父子之间。”[2]意即明朝与朝鲜的关系，如君臣，如父子。早在洪武年间，明太祖就赐朝鲜国王、王妃冠服，并定“国王一品准中朝三品”[3]，意即朝鲜国王若入朝觐见，排班站位仅在六部尚书之次。如此亲近的关系，看看明成祖永乐元年派内臣黄俨偕同翰林官、鸿胪寺行人等使臣捧诏前往给赐朝鲜国王、王父、世子、王妃之礼物清单：

---

[1] 牧田谛亮编著：『策彦入明記の研究』（上），法藏馆，1955，页 334 ～ 355。

[2] 《朝鲜李朝实录中的中国史料》（上编）卷二，中华书局，1980，页 184。

[3] 《朝鲜李朝实录中的中国史料》（上编）卷三，中华书局，1980，页 231。

“国王冠服一副……王妃冠服一部……朱红漆盛冠盝匣一个、朱红漆法服匣一座，线绦销钥、钉铰全。凡红油盛法服匣一个，锁钥全。”[1]其他也是冠服、金事件（内含金簪、金葵花、金条等）、衮服、玉圭、绵袜、包袱、包裹毡等，以及史册、书籍等，不见任何器用或家具，最多只是盛放冠服、法服的匣类器用而已。翻阅史料，永乐一朝赏赉朝鲜之物，也多为金、银、宝钞、纻丝、彩缎、金纱、罗缎等，或是果实、牛羊鱼醢[2]等杂什，往后各朝亦遵循此例，品类并未有所增添。[3]因此，明代宫廷家具器用是否不像日本般的播及朝鲜，或者其实因后宫妃嫔不少来自朝鲜，复以地利之便，已然流通频频，此日常器用不须列入赏赐清单？检视明武宗正德年间，朝鲜国王因与明朝的交往贸迁，深受通事需索之扰，以“通事辈凭借恣横，欲杜其源，以绝弊端，其问于该曹及政府：‘我国服用仪章，多有用唐物之处，其将何物以代之？’”[4]“通事”即翻译员，国王因通事的横行无理，需求无度，以为不用“唐物”即可断绝通事之扰，于是命其官员研议如何利用朝鲜自身的土产以取代国服仪章等之“唐物”。不意令下之后，其领议政、判中书府事、左参赞、右参赞、户曹判书、参判、参议等等众官立即群起上奏，认为国用仪章中如凉伞辇饰，无法用土产取代，就算其中的饰珠帘丝，可以用土产之乡丝取代，但乡丝还要下发民间制造，“则是亦有弊也”，就是民间制造还是会有弊端。因此，“岂为通事作弊之端废其御服哉！”[5]众官都不认为需要为一介通事之恶行而改变对“唐物”之取用。朝廷倚靠“唐物”如此，民间可能更为猖盛。嘉靖元年（1522），朝鲜国王的礼曹（如明朝之礼部）启奏国王说：“近来奢侈尤甚，服饰竞用唐物，上下无别，因此物价踊贵

[1] 朝鲜国史馆编纂委员会:《朝鲜王朝实录》卷六，太宗三年癸未十一月，朝鲜探求堂，1970，页 282。

[2] 《朝鲜李朝实录中的中国史料》（上编）卷三，中华书局，1980，页 194，232 ～ 233。

[3] 《朝鲜李朝实录中的中国史料》（上编）卷一四，中华书局，1980，页 898 ～ 899。

[4] 《朝鲜李朝实录中的中国史料》（上编）卷一四，中华书局，1980，页 898 ～ 899。

[5] 《朝鲜李朝实录中的中国史料》（上编）卷一四，中华书局，1980，页 898 ～ 899。

……婚姻之家，争尚奢靡。”[1] 婚姻之家所尚奢靡之物应包括成家所需之器用家具。如是推测，以朝鲜官民上下与明朝的关系如此紧密深远，朝鲜王朝一切典章俱来自明朝，应也包含器用家具在内。

成化十四年（1478）夏四月，明宪宗以兵科给事中董旻为正使，行人司右司副张祥为副使，前往琉球诏封琉球国世子尚真为中山王，并“赐以弁服、金箱、犀带，并以纻丝、罗等物赐王及其妃”[2]。此金箱若是盛装弁服所用，则明朝在赏赐藩国的国王及王后时，至少也有盛放赐品的其他大小容器，如匣、盒、箱等饰金器物，也就是皇室御用之器。而若系另行赏赐，则上述朝鲜与大明帝国的宗藩关系只怕比琉球国更为亲近，赐赉之品类只会更繁，数量也会更多。唯此部分有待日后搜集更多资料作进一步探讨。

明代宫廷家具也曾远播东南亚的浡泥国。永乐六年（1408），浡泥国王携王后、王子、臣僚及亲属一行，泛海来华陛见明朝皇帝。浡泥国即今日东南亚文莱地区达鲁萨兰国。成祖以亲王礼接见，并赐国王仪仗、交椅，银制水罐、水盆，以及织金文绮、纱罗、绫绢等。[3] 所赐虽不是以器用之家具为主，但交椅仍为家具之属。该国王在华期间病殁，成祖袭封其子为国王。幼王辞归之时，于赏赐玉带、金、银、钱钞之外，又有“锦绮、纱罗、衾褥、帐幔、器物”[4]。此“器物”应可能就包括日用陈设之诸般家具器用等。

[1] 《朝鲜李朝实录中的中国史料》（上编）卷一四，中华书局，1980，页 987 ～ 988。

[2] 《明宪宗实录》卷一七七，成化十四年四月丙午，“中央研究院”历史语言研究所，1966。

[3] 清・张廷玉等撰：《明史》卷一四八《列传第三十六》，中华书局，1995，页 8412 ～ 8413。

[4] 清・张廷玉等撰：《明史》卷一四八《列传第三十六》，中华书局，1995，页 8412 ～ 8413。按：浡泥国王停留月余后病殁于京师（南京），享年二十八岁，遗嘱希望“体魄托葬中华”。成祖为之辍朝三日，遣官致哀，谥为“恭顺”，赐葬南郊安德门外石子岗。今南京仍留浡泥国恭顺王墓碑，墓园保存尚佳。

三　公侯官员的私藏与内府太监的“乾坤大挪移”

弘治九年（1496）的进士刘麟，于嘉靖初年官拜工部尚书时，曾上疏抨击内府各监司的任情浪费，其中光禄寺年年题出修造器皿上万件，他认为：“一年之内，岂宜便坏，纵有损失，不过三四……所谓取之无度，用之无节者矣。盖缘禁御之中难于点视饮膳所到，逼近尊严，食器俱朽者有之，烧毁折裂者有之，繇是金朱布漆化为灰尽，公侯监督，得藏禁器。”[1]意即内府器用，尤其皇上饮食用膳之戗金器皿，无法近身去清点盘查。这些金朱布漆之器，部分可能会烧毁、折裂或年久朽坏，但不可能全毁，一年之内最多折损三四成，完好的部分一定是有的，为何年年要造办定额的万件之数？如刘麟所陈，身负督导之责的公侯或监督的“监守自盗”，也是内府或御用之器短缺、外流的管道之一。

正德十四年（1519），明武宗以宁王宸濠之乱南下亲征，大军所到之处，各地文武官员莫不战战兢兢，严阵以待，但为了迎驾事宜，也时生龃龉，相互攻奸。前节所举弘治十五年（1502）的进士王廷相，在其《王氏家藏文集》中有《答内守备赖公等书》一文。由于王廷相振笔疾书，义愤填膺地指控诸守备与参赞如何利用御驾南巡之际假公济私的诸般行径，也因此揭发在皇帝乘舆回銮之后，其御用之物竟然可以“尽入守备之囊橐”，或者“半充奸将之馈送”[2]，当做礼品馈赠予人。其他的玉带、宝石首饰不说，此武宗用过的“龙床三张”，不管是宫廷内府的御前作、御用监或内官监等成造后再随驾南下，或是当地匠人依御前器用之形制与纹饰成造，必定是朱红戗金，雕刻龙凤纹饰等，与宫内所用相差无几。若该案不了了之，受赠者依然拥有

[1]　明・刘麟撰：《应诏陈言疏》，《刘清惠公文集》，收入陈子龙等辑《皇明经世文编》卷一四三，《四库禁毁书丛刊》，北京出版社，2000。

[2]　明・王廷相撰：《答内守备赖公等书》，《王氏家藏文集》，收入陈子龙等辑《皇明经世文编》卷一四九，《四库禁毁书丛刊》，北京出版社，2000。

武宗临幸过的“龙床三张”，是则御用之器就由地方官员的贪渎而流布民间。

据史料所载：“文思院副使毕整盗内府纻丝罗绢等物至数百匹，法司论赎斩为民，诏免赎，编充隆庆卫军。”[1]此记录所盗并非器用，“文思院副使”虽依编制属工部营缮司下辖之营缮所，秩从九品，但有可能原为画士等匠役晋升，并非科举出身的官员[2]，但内府所属有十二监四司八局，共二十四衙门，各衙门官员匠役等庞杂无算，毕整之现象应仅系冰山一角。事实上，长年行走其间的太监也许才是宫廷器用外流的“主角”。前节所举万历年间曾任工部营缮司郎中的贺盛瑞在其《两宫鼎建记》所记，对诸太监暗中扣减的“阴耗”防不胜防，还发生“有中官在工，作卓椅等料藏于柴篓抬出者”[3]。就是曾揪出宫中太监欲暗度陈仓地将宫中桌椅等料放柴篓中挟带出宫。此旁门左道之私藏或挟带，未经举发的不知凡几，正如滴水涓漏，长流不尽，宫内器用或家具在此日积月累下之外流应不可胜数。晚明脍炙人口的小说《金瓶梅》中有一段写西门庆用一对金簪讨好潘金莲：“（西门庆）于是除了帽子，向头上拔将下来，递与金莲。金莲接在手内观看，却是两根番纹低板、石青填地金玲珑寿字簪儿，乃御前所制造，宫里出来的，甚是奇巧，金莲满心欢喜。”[4]潘金莲一眼就认出金簪是御前制造，宫里出来的，可见对皇室器用非常熟稔。当然，潘金莲也不是唯一“识货”的人。

不过此种“虾兵蟹将”式地混水中摸鱼，终不及皇帝面前得宠太

[1]　《明英宗实录》卷一九二《废帝郕戾王附录第十》，景泰元年五月壬子，“中央研究院”历史语言研究所，1966。

[2]　文思院副使虽为九品官员，也可能是因各地征召入宫的画士晋升而来，并非科举出身。参见吴美凤撰：《明代宫廷绘画史外一章——从慈圣皇太后的“绘造”谈起》，《故宫学刊》，总第十辑，2013。

[3]　明·贺盛瑞撰：《两宫鼎建记》（下），清道光辛卯六安晁氏活字印本，国家图书馆藏，页3。

[4]　明·笑笑生作：《金瓶梅词话》第十三回，影印明万历本，大安株式会社，1963，页306～307。

监的“乾坤大挪移”——明清之际的文人谈迁在他的文集《枣林杂俎》中有一段记崇祯初年因财政窘迫，太监魏忠贤被抄家后，给事中李遇知巡视内库，会同各官估内库诸物欲抵文武百官的官俸，看到内库收贮“有花梨木、雕花彩、黑彩漆、黑漆螺甸各项大椅二十五，上有龙文凤彩，万寿等字。问之内监，云神宗皇帝宝座，逆贤家籍出”[1]。这些原本应在大内的御用之器，居然在魏忠贤私宅抄出，而且还有25件之多，魏忠贤被抄家后才物归原主。连如此庞然重物也能乾坤大挪移，御前或禁中其他家具在这些可以“只手遮天”的得宠太监眼中应该有如囊中之物般流出。回顾武宗时的近身太监钱宁，因武宗的佞宠而赐姓“朱”，成为“朱宁”。武宗驾崩后被同样被继位的世宗籍没，抄家清单中的金玉珠宝以扛、箱或柜来数，不能入箱或柜的家具，有“螺钿屏风五十座、大理石屏风三十座、围屏五十三扛”。这些屏类家具固然有谄媚之徒的多方竞献，但也不排除其中应有部分是“宫里出来的”。

皇室器用外流的管道不胜枚举，太监之外，可能还有皇亲贵族。《金瓶梅》第四十五回，西门庆在家正与宾客赌酒打双陆时，小厮玳安儿进来说：“贲四拿了件大螺钿大理石屏风，两架铜锣铜鼓儿连档儿，说是自皇亲家的，要当三十两银子。”[2] 在场的宾客认为光是一架屏风就不只50两银子，何况还有两架铜锣铜鼓，怂恿西门庆买下来。此事也许是市井小匠之流冒用宫里式样造作，以抬高身价，也可能真是境况窘迫的皇亲国戚或没落的王孙后人将家传之物典当质用。虽为小说，但检视史料，崇祯即位诏有言：“天下宗藩，生齿日繁，岁禄难继。”又说：“各王府分封既久，宗支日繁，禄米岁增，民间地亩所出有限……以致养赡不周，深为可悯，诏书到日，抚按官严行设法征

[1] 谈迁著：《枣林杂俎》，中华书局，2006，页 599 ～ 600。

[2] 明·笑笑生作：《金瓶梅词话》第四十五回，影印明万历本，大安株式会社，1963，页 98 ～ 99。

给……毋致贫难失所，有辜亲亲之意。”[1] 据此推论，晚明时期王室宗藩、王府宗支等贫难皇族之器用流入民间是非常可能的，也是王室器用外流的管道之一，《金瓶梅》所述应有所本。

四　“上之所好，下必甚焉”
——晚明小说所记内府的朱漆饰金器用

到底宫廷器用在民间百姓间的分量为何？《西游记》中第五回描述齐天大圣受玉皇大帝宣诏，去管理蟠桃园。这大圣领旨后随即走马上任，驾云前往蟠桃园实地勘察。不几日即有王母娘娘大开宝阁，请西天诸佛、观音、菩萨、十洲仙翁，以及各地星君等仙界众神于瑶池中做蟠桃盛会。只见蟠桃宴中的宝阁陈设是“瑶台铺彩结，宝阁散氤氲。凤翥鸾腾形缥缈，金花玉萼影浮沉。上排着九凤丹霞扆，八宝紫霓墩，五彩描金桌，千花碧玉盆。桌上有龙肝和凤髓、熊掌与猩唇。珍馐百味般般美，异果嘉肴色色新”[2]。第七十回写孙悟空化身为名叫“有来有去”的送信小妖，直入麒麟山洞府内找寻金圣大妖魔，走着走着，“不觉又至二门之内，忽抬头，见一座八窗明亮的亭子，亭子中间有一张戗金的交椅，椅子上端坐着一个魔王，真个生得恶像”[3]。前者“九凤丹霞扆，八宝紫霓墩”是带有九只凤纹的屏风，与饰有八宝纹的紫色坐墩，纹饰与用色皆为官民禁用之制。其“五彩描金桌”与后者魔王端坐的“戗金的交椅”，又是彩绘描金，又是戗金装饰，更是皇室御用。虽是小说情节，但却以当代器用的外表装饰来衬映人物的尊卑与身份。在作者吴承恩的眼中，诸佛、神仙与道行高深的恶魔所用，是与高高在上的皇帝、皇族相当，不在禁制之列。但上述《金瓶梅》写西门庆讨好潘金莲的金簪，依制也是民间禁用。事实上，

---

[1] 《历代宝案》卷九《崇祯即位诏》，台湾大学，1972，页 70 ～ 71。
[2] 明·吴承恩著：《西游记》第五回，桂冠图书公司，1994，页 54。
[3] 明·吴承恩著：《西游记》第七十回，桂冠图书公司，1994，页 878。

《金瓶梅》中出现的违禁之物不少。第七十回，西门庆与夏提刑到京城谋事，在午门附近遇见了内府匠作监[1]的太监何公公。何公公延请两人入其直房内奉茶，只见直房内“都是明窗亮槅，里面笼的火暖烘烘的，卓上陈设的许多卓盒……于是叙礼毕，让坐，家人捧茶。金漆朱红盘，托盏递上茶去吃了”[2]。说的内府太监何公公是在直房（上班处）使用属于皇室的“金漆朱红盘”。第三十四回，西门庆居官提刑司，韩道国闯了祸，请应伯爵一起到西门庆家关说，两人被请入了花园内西门庆夏日纳凉的书房等候。此书房叫“翡翠轩”，两人进了书房，只见“里面地平安着一张大理石黑漆缕【镂】金凉床，挂着青纱帐幔，两边彩【彩】漆描金书橱，盛的都是送礼的书帕、尺头、几席、文具、书籍堆满。绿纱窗下，安放一只黑漆琴卓【桌】，独独放着一张螺钿交椅”[3]。此时的西门庆，正在李瓶儿房里瞧着她替儿子官哥儿裁衣服，李瓶儿房内是“洒金炕上，正铺着大红毡条”[4]。不但西门庆的书房陈设了彩漆描金与黑漆镂金的家具，连李瓶儿房内的炕也是“洒金”的。此外，西门庆把孟玉楼娶进门为四夫人，还是燕尔新婚之际，遇到西门庆女儿西门大姐的夫家通知欲提前迎娶过门，“西门庆促忙促急个攒造不出床来，就把孟玉楼陪来的一张南京描金彩漆拔步床陪了大姐”[5]。短促之间攒造不出，但也不是难求之物，因为不多久西门庆又将潘金莲纳为第五房，并收拾花园内楼下三间房作为新房，旋即“用十六两银子买了一张黑漆欢门描金床，大红罗圈金帐

[1] 据晚明刘若愚的《酌中志》所记，内府匠作有御前作、内官监、御用监、司设监等，并无“匠作监”。

[2] 明·笑笑生作：《金瓶梅词话》第七十回，影印明万历本，大安株式会社，1963，页 338 ～ 340。

[3] 明·笑笑生作：《金瓶梅词话》第三十四回，影印明万历本，大安株式会社，1963，页 333 ～ 335。

[4] 明·笑笑生作：《金瓶梅词话》第三十四回，影印明万历本，大安株式会社，1963，页 336。

[5] 明·笑笑生作：《金瓶梅词话》第八回，影印明万历本，大安株式会社，1963，页 165。

幔，宝象【相】花拣庄，卓椅锦杌，摆设齐整”[1]。种种铺张陈设，给潘金莲使用。

以何公公一介内府太监，在直房内公然使用皇室器用招待访客；西门庆以一个市井之徒攒上了一官半职的清河县提刑司，似乎也就全家上下都使着描金、镂金、洒金，或朱漆、黑漆、彩漆、金漆等装饰的器用。显然只要有几两银子，这些大明律内三令五申禁用之物都予取予求。除了说明明代中晚期内府太监与宫墙之外的民间，禁制不彰、律令废弛，违制与僭越的公然滥行外，从另一个角度观察，内府太监与民间竞相使用违禁之物，所图的并非全然是财力上的显赫，更多的可能是与皇家器用沾上边，借之提高己身的社会地位，由此也反映中晚明以后民间汲汲营求具有富贵品味的宫廷器用已蔚然成风。

五　官员籍没抄家之器用价银流入民间

民间要得到宫廷器用也有合法之途径。根据史料，嘉靖四十四年（1565），嘉靖皇帝下令籍没秉政20年的内阁首辅严嵩及其子严世蕃。负责抄家的官员将查抄所得详细分类造册，“所有袁州、南昌等府，分宜等县地方，房屋田地，金银珍宝、奇货细软之物，差官解赴户部，其房屋田地并家私器用等件，即行变卖价银，一体解部”[2]。“变卖价银”指即行变卖换得银两再上缴，是“金银珍宝、其货细软”以次之物。“变卖价银”逐件定价，清单中属于“家私器用”的大件家具明细如下表所示：

[1] 明・笑笑生作：《金瓶梅词话》第九回，影印明万历本，大安株式会社，1963，页192。

[2] 《天水冰山录》“附录”，“丛书集成初编”，商务印书馆，1937，页1。

表二十二 严嵩抄家变卖价银的家具

品目	每件价银	数量	备注
螺钿雕漆彩漆大八步床	15 两	52 张	
雕嵌大理石床	8 两	8 张	
彩漆雕漆八步中床	4 两 3 钱	145 张	
椐木刻诗画中床	5 两	1 张	
描金穿藤雕花凉床	2 两 5 钱	130 张	
山字屏风并梳背小凉床	1 两 5 钱	138 张	
素漆花梨木等凉床	1 两	40 张	小计 514 张
桌	2 钱 5 分	3051 张	
椅	2 钱	2493 把	
橱柜	1 钱 8 分	376 口	
櫈杌	5 分	803 条	
几并架	8 分	366 件	
脚櫈	5 分	355 条	

观察上表，价银一两以上的有514张床，其中474张俱为彩漆家具，约占92%。最贵的是“螺钿雕漆彩漆大八步床”，价银15两，依《金瓶梅》所记，凑合着可买3个丫头。[1] 最低的价银一两，是“素漆花梨木等凉床”，数量不到8%。“素漆”就是仅髹饰表面未加雕刻或镶嵌的单色漆，“花梨木”为上述范濂所记的细木之一，这些数量不多，但为范濂心目中“极其贵巧，动费万钱”的细木之作，又属大件的床具，为何在抄家官员的认定中只值一两？说明16世纪下半叶，漆作家具的价值似仍高于细木家具，而其所价银两对西门庆之流应非难事，这些显宦用器也因此轻易地流入民间。

[1] 依《金瓶梅》所记，西门庆从元配月娘房里的两个丫头中叫来一个服侍潘金莲，另用五两银子买一个小丫头替补，又用六两银子买一个上灶丫头供潘金莲差遣。明·笑笑生作：《金瓶梅词话》第九回，影印明万历本，大安株式会社，1963，页193。

六　“明式家具”与明代宫廷家具之间

17世纪初，也就是明代晚期，在中国已生活了近三十年的耶稣会士意大利人利玛窦，写成目前所知的《利玛窦中国札记》的原稿，介绍在华期间所见的风土民情、社会习尚、与中国人的交往酬酢。在叙述中国人的繁文缛节之余，也仔细描写中国人邀宴场所的布置与陈设：

> 这间房屋装饰得十分考究，但不用地毯，他们根本不用地毯，而是饰有字画、花瓶和古玩。每个人都有一张单独的桌子，有时在单独一个客人面前把两张桌子并在一起。这些桌子有好几英尺长，宽也差不多，铺着很贵重的桌布拖到地面，有如我们神坛的样子。椅子涂上厚厚一层沥青色，而且装饰着各种图画，有时是金的。[1]

“沥青色”即髹漆，就是外表装绘饰各种图画的漆作椅子。利玛窦的叙述反映明代晚期官民间筵宴的椅具是彩饰图绘的漆作，有时还是髹金。晚明文人的笔记也有一段记杨继宗事。杨继宗，字承芳，山西阳城人，历任嘉兴太守、刑部主事、浙江按察使、佥都御史等。居官有德政，离任时，“送者倾郡，内外不得行，愿乞一物示永永。解青纱衣与之，百姓藏之髹柜”[2]。百姓拥塞于途，送别心目中的良官，并将求到的纪念之物放入髹柜。可见这个上漆的“髹柜”可能是这百姓家最珍贵的家具之一。由此则地方官员与百姓间的真诚互动事件，以及利玛窦的在华亲身经历可知，从严嵩抄家的16世纪下半叶，进入17世纪的明代晚期，漆作家具在民间仍为主流，不但民间的筵宴酬酢使用，于百姓中并被视为尊贵之器。那么，近年来所谓“材美工良、

[1]　利玛窦、金尼阁著，何高济等译：《利玛窦中国札记》，中华书局，2001，页 69 ～ 70。
[2]　明・朱国祯撰：《涌幢小品》卷一三《杨太守》，“笔记小说大观”，新兴书局，1973。

造型优美”的原木之作“明式家具”，又是风行于何时、何地与何人，导致群起效尤。衙门皂快之徒也“细桌拂麈”，布置出一间“书房”，被文人如范濂者，讥为“不知皂快所读何书也”。[1]

范濂是华亭人（今上海松江县），讥讽衙门皂快的原文来自其撰述的《云间据目抄》：

> 细木家伙，如书桌禅椅之类，余少年不曾一见，民间只用银杏金漆方桌，自莫廷韩与顾、陆两家公子，用细木数件，亦从吴门购之。隆、万以来，虽奴隶快甲之家，皆用细器，而徽之小木匠，争列肆于郡治中，即嫁妆杂器，俱属之矣。纨绔豪奢，又以椐木不足贵，凡床橱几桌，皆用花梨、瘿木、乌木、相思木与黄杨木，极其贵巧，动费万钱，亦俗之一靡也。[2]

范濂所指的“细木”就是硬木，“细器”就是用硬木成造、不施髹漆的器用家具。吴门即今日的苏州地区，所言“隆、万以来”，是隆庆、万历时期。范濂所述被近年风行的“明式家具”奉为圭臬，更为王世襄说明“贵重家具（指硬木未漆家具）在16世纪后半叶大量生产和销售的情况”的重要证据之一。[3]

造成苏松地区“明式家具”的发展，宋室南迁、定都临安（杭州）应该是一个重要的背景因素，但与“姑苏人聪慧好古”的传统也许有密切关系。万历五年（1577）的进士王士性，游宦于大江南北之后，于万历二十五年的笔记杂文《广志绎》中写道：

> 姑苏人聪慧好古，亦善仿古法为之，书画之临摹，鼎彝

[1] 明·范濂撰：《云间据目抄》卷二，“笔记小说大观”，新兴书局，1973。
[2] 明·范濂撰：《云间据目抄》卷二，“笔记小说大观”，新兴书局，1973。
[3] 王世襄著：《明式家具研究》，南天书局，1989，页19～20。

之冶淬，能令真赝不辨。又善操海内上下进退之权，苏人以为雅者，则四方随而雅之，俗者，则随而俗之，其赏识品第本精，故物莫能违。又如斋头清玩、几案、床榻，近皆以紫檀、花梨为尚，尚古朴不尚雕镂。即物有雕镂，亦皆商、周、秦、汉之式，海内僻远皆效尤之，此亦嘉、隆、万三朝为盛。[1]

此种独领风骚、开风气之先的社会现象，应与苏州的文征明家族密不可分。文征明，初名璧，更字征仲，号衡山居士，诗文书画俱佳，曾仕翰林院待诏，画史上与唐寅、沈周、仇英合称“明四家”，文坛上又与唐寅、祝允明、徐祯卿并为“吴中四才子”，望重士林。其长子文彭居官国子监博士，次子文嘉官和州学正，皆工诗、书、画。其侄文伯仁、曾孙文从简、玄孙女文俶亦工诗文，为一方之彦。文征明本人后来又成为“吴门画派”之首，门人如陈淳、钱谷、陆治、陆师道等，都在晚明画坛上的山水、花鸟等方面各有天地。文氏一族不但在画派的开展中举足轻重，百余年来在苏州地区的经营，其生活器用之品味与赏鉴也颇有影响。[2]其玄孙文震亨曾官天启朝中书舍人，撰有《长物志》一书，品评身外之“长物”，包括室庐花木、衣饰器具等。其友人沈春泽[3]在其序文中写道：“君家先征仲太史，以醇古风流，冠冕吴趋者几满百岁，递传而家声香远，诗中之画，画中之诗，穷吴人巧心妙手，总不出君家谱牒。”[4]文征明当年如何望重士林，晚明文人的笔记记其盛事：“文征明家居，郡国守相连车骑，富

[1] 明・王士性撰：《广志绎》卷二《两都》，中华书局，1997，页 33。

[2] 吴美凤撰：《盛清家具流变形制研究》，紫禁城出版社，2007，页 82。

[3] 沈春泽，字雨若，江苏常熟人，移居白门（今南京），擅诗文，工于草书，画墨竹落笔苍秀，多带书法。参见徐沁著：《明画录・墨竹》，收入黄宾虹主编“美术丛书”（三集第七辑），艺文印书馆，1975。

[4] 明・文震亨撰：《长物志及其他二种・沈春泽序》，“丛书集成初编”，商务印书馆，1936。

商贾人珍宝填溢于里门外，不能博先生一赫蹏。……四夷贡道无门者，望先生里而拜，以不得见先生为恨。”[1]

至于文震亨，沈春泽在序言中说他“衣饰有王谢之风，舟车有武陵蜀道之想，蔬果有先家瓜枣之味，香茗有荀令玉川之癖”[2]。那么，《长物志》中他如何赏鉴日常器服中的家具呢？以天然几类而言，要求“或以古树根承之，不则用木如台面阔厚者，空其中，略雕云头如意之类，不可雕龙凤花草诸俗式”。书架之属，则“朱墨漆者，俱不可用”。盒类器用“忌描金及书金字”。至于床具，“若竹床及飘檐、拔步、彩漆、卍字回纹等式俱俗”。交床（胡床）是“金漆折迭者，俗不可用”。屏风则“以大理石镶，下座精细者尤贵。次则祁阳石，又次则花蕊石。……若纸糊及围屏、木屏，俱不入品”[3]。文震亨在器具篇还说：“古人制器尚用，不惜所费。故制作极备，非若后人苟且……今人见闻不广，又习见时世所尚，遂致雅俗莫辨，更有专事绚丽，目不识古，轩窗几案，毫无韵物而奢言陈设。”[4]

以文震亨的赏鉴品味，百年前贵如内阁首辅的严嵩父子所用洋洋洒洒的大批家具中，只有大理石及祁阳石屏风差堪入眼。宫廷家具既髹金朱漆，又是雕龙饰凤，岂是一个“俗”字了得，在其眼中俱不入品，完全在禁忌之列。然而，何者是“雅”，何者为“俗”，后世清代文人钱泳所说“富贵近俗，贫贱近雅”[5]，也许可供参考。文氏一族当然既非“贫”，也不是“贱”，反而可以说是书香世家，但终究并非富贵之流。写《西游记》的吴承恩，认为昆仑山的西王母及麒麟山的金圣大妖魔等仙界人物理当用“五彩描金桌”，坐“戗金的交椅”来彰

---

[1] 明・焦竑著：《玉堂丛语》，中华书局，2007，页 169。

[2] 明・文震亨撰：《长物志及其他二种・沈春泽序》，“丛书集成初编”，商务印书馆，1936。

[3] 明・文震亨撰：《长物志及其他二种》卷六，“丛书集成初编”，商务印书馆，1936，页 41 ～ 48。

[4] 明・文震亨撰：《长物志及其他二种》卷七，“丛书集成初编”，商务印书馆，1936，页 47。

[5] 清・钱泳撰：《履园丛话・臆论》（下），中华书局，1997，页 195。

显其异于凡人的仙家身份。而《金瓶梅》中内府太监或西门庆一家终日汲汲所求的不就是利用“金漆朱红盘”“大理石黑漆缕金凉床”“描金彩漆拔步床”或“彩漆描金书厨”“洒金炕”等，企图与宫廷的富贵气息沾染到边。

与此同时，万历皇帝在万历十二年（1584）一口气传造龙凤拔步床、一字床、四柱帐架床、梳背坐床等40张，推算时间应当是范濂写成《云间据目抄》的前后，据刘若愚在《酌中志》记一些内臣之间的“奢侈斗胜”：“万历、天启年间，所兴之床极其蠢重，有十余人方能移，皆听匠人杜撰极俗样式为耗骗之资，不三四年，又复目为老样子不新奇也。”此新兴的“细木家伙”可能是宫内近侍推荐给深居大内的万历皇帝。因为这40张床中，拔步床本身系由六柱架子床再设前檐与廊庑，有如“在架子床外增加了一间小木屋”，成为如屋似龛的“房中之房”，确实得十余人方能移动，不知是否就是刘若愚所谓“极俗样式”之属。由此可见，“雅”“俗”之称，见仁见智，往往因环境、地域、风土民情的差异或时空背景的不同而产生不同的解读。

由此看来，晚明时期苏州的“明式家具”，在整个大明帝国的流传，并非《西游记》与《金瓶梅》中汲汲营营于皇家富贵气息的凡夫俗子之所求。尽管如此，由于其流通于书香世家之间，也“直达天听”地进入宫掖，间或由皇室或行走其间的阁臣使用，此从前举万历时期的《徐显卿宦迹图》，可得到证明，也因此在整个明代宫廷家具史中也略占一席之地。不管是否如刘若愚所言的昙花一现，万历的皇孙朱由校的《明熹宗朝服像》，在传统的宝座、屏风之间增置一高桌以陈设鼎彝、书册、熏炉、瓶花等什物，却是明中晚期以降，民间祭祀坐像画辗转递变后所见，来自民间，也是“上之所好，下必甚焉”的反向流行最显著的影响。

再则，查抄的清单中还有一项是“差官解赴户部”，即送入内府给了皇帝的“金银珍宝、奇货细软之物”，此部分仅造册未价银，其中家具之属有108架屏风、17张床。不管是屏风或床类，其外表装饰不是描金、贴金、倭金、泥金、或彩漆、黑漆、雕漆等漆作，就是漆作之上再镶嵌螺钿、玳瑁、大理石、灵璧石、白石等。由此可知，当时官员的观念，也就是社会普遍的价值认知，是漆作家具再加上外表的金饰与镶嵌，才是最尊贵的家私器用，是无法核估的无价之宝。仅占8%不到的“素漆花梨木等凉床”，价值是床类中最低的，仅高于成百上千件的“桌椅橱柜”。而这些未逐项列出的“桌椅橱柜”，应该是官员心中的泛泛之属，其中应少不了江南文人眼中的新贵——未上漆的硬木“细器”，都概括性地以极低的每件一二钱折价。

前举魏忠贤籍没所得的万历皇帝宝座中有“花梨木、乌木”等硬木家具，再对照之前严嵩抄家中的家具清单，可知范濂“年少时不曾一见”的“细木家伙”，其实早就在深宅大院的高官府第间存在，至迟在万历皇帝的深宫中也开始使用，但一直到范濂二十九岁，也就是严嵩抄家的这一年，这些“细木家伙”在绝对多数的传统髹漆之作中仍然毫不显眼。一张素漆花梨木凉床仅值一两，其他的仅值数钱。《云间据目抄》成书年代不详，但至迟也应在范濂四五十岁之龄的16世纪80～90年代，也有可能更早一点，距严嵩父子被抄家的时间为10～20年，这期间的社会风气为何会有如此剧烈的转变，致使原值一两或数钱的“细木家伙”翻腾十倍，成为“动费万钱”的贵重家具？那么原来名列价银榜首的“螺钿雕漆彩漆大八步床”又值几何？难道已一文不值，无人问津了吗？

回顾上述众多朱漆饰金器用出现的《西游记》和《金瓶梅》，检视其作者及其成书年代也许可获得些许答案。《西游记》作者吴承恩在晚年写成此书，也就是大约隆庆、万历前期的1560～1580年之间。《金瓶梅》的作者“笑笑生”“兰陵笑笑生”到底是谁，自晚明以来就有王世贞说、屠隆说、贾三近说、汤显祖说或李开先说等。[1]成书时

---

[1] 《金瓶梅》成书年代大约是隆庆、万历十年到万历三十年之间，此说来自吴晗的《金瓶梅的著者时代及其社会背景》和郑振铎的《谈金瓶梅词话》等。至于作者为何，自晚明以来就有王世贞说、屠说、贾三近说、汤显祖说、李开先说等。以上参见魏子云撰:《深耕〈金瓶梅〉逾三十年》，文史哲出版社，2003，页 79 ～ 92。

明器，潘允征墓出土

代虽有明史学者吴晗考证约为万历十年至三十年间，但因作者之说分歧使得成书时间至今仍众说纷纭，无法确定，但无论如何，从上述四位可能作者的生卒年来看，成书年代的最大范围也就大致在16世纪下半叶至17世纪初。因此，范濂成书时所见可能仅是苏州一个地区的在十余年间的变化而已。而且，如果范濂到17世纪初仍然健在，其实是在他有生之年，江南其他地区金银镶嵌的漆作家具从未消停过。而王世襄所谓“贵重家具在十六世纪后半叶大量生产和销售的情况”，也应该有待商榷，最多也只能说在苏州一个地区而已，并非整个大明王朝的所辖地区与全部省份。而堪称“贵重”的家具，岂仅其所称的“明式家具”而已，明代宫廷家具金碧辉煌的皇家贵气，仍为民间竞相追逐，不惜违制与僭越，一如范濂少年时期在松江民间所用的金漆家具。如果从苏州虎丘的明代万历中期内阁首辅王锡爵墓，以及上海肇家滨潘允征墓等，所出土多为“细木家伙”之属[1]，也只能说在16世纪下半叶或17世纪初，苏松地区独树一帜的“细木家伙”，其发展有别于传统的漆作，并开始与宫廷家具金碧辉煌的品味分道扬镳而渐

[1]　前者参看苏州市博物馆撰：《苏州虎丘王锡爵墓清理纪略》，《文物》，1975 年 3 期，页 51 ～ 56。后者参看上海市文物保管委员会撰:《上海市卢湾区明潘氏墓发掘简报》，《考古》，1961 年 8 期，页 425。王正书撰：《上海潘允征墓出土明代家具模型刍议》，《上海博物馆集刊》第 7 期，页 304。

行渐远。

七　明代宫廷家具到盛清时期仍余波荡漾

虽然“明式家具”在晚明的宫廷中略占一席，但改朝换代初期，仿佛“船过水无痕”般，对清初宫廷家具的影响不大。目前所见清代宫廷画家所绘的《清太祖努尔哈齐画像》轴与顺治皇帝的《清世祖画像》轴，画中努尔哈齐与顺治皇帝俱身穿象征皇帝的黄色龙袍，两者宝座之整体形制与两百年前中国历代帝王画像中首位正向前方的明英宗几乎相同。[1]另一幅《孝庄文皇后便服像》，画中孝庄文皇后宝座的用色与靠背的三山形制明显可见16世纪初《明武宗朝服像》的踪影，而孝庄双肘所搁的小凭几，则源自明武宗之父《明孝宗朝服像》上开创性的宝座陈设。孝庄文皇后是康熙皇帝的祖母，驾崩时满人已入关近五十年。凡此可以说明，明代宫廷家具仍然余波荡漾地在清初宫廷内传承不息，甚至有愈演愈烈之趋势。[2]目前所见故宫博物院所藏有年款的康熙、雍正、乾隆三朝的家具，也多所承自明代宫廷器用的髹朱与饰金，而且还更繁复缛丽，更见璀璨夺目。除了龙凤纹的皇家传承之外，文震亨评论为俗气的“卍”字等纹饰也照单全收。

清　宫廷画家《清太祖努尔哈齐画像》 轴，绢本，设色，纵 279.6 厘米，横 202 厘米（中国国家博物馆藏）

不过，要说“明式家具”在清初宫廷器作上的影响还是有的，范濂与王士性在《云间据目钞》与《广志绎》所言几案、床榻所用之

[1]　虽然此画完成年代不详，但努尔哈齐崩于天启六年，皇太极在十年后才登基，改国号为“大清”。此画当为入关后清初的宫廷画家遥想太祖圣容补作。

[2]　吴美凤撰：《盛清家具流变形制研究》，紫禁城出版社，2007，页 157。

紫檀、花梨等“细木”，连同楠木，也常被称作“硬木”。清代记载内务府造办各项器用的《养心殿造办处各作成做活计清档》，雍正朝的流水账中常出现将上述硬木相互混作，如紫檀木边配楠木心，花梨木边配楠木心的桌面，有时还与上漆之作混搭成造。[1]或甚至将硬木上漆，如“太监王太平交来圆腿长方楠木杌子一张。传旨：‘着照样用楠木做黑漆的几张，红漆的几张。’”[2] 以至于乾隆时期仍见“紫檀镶楠木山水图罗汉床”“紫檀镶榉木藤心扶手椅”，以及“紫檀漆心百宝嵌宝座”等余韵。可知清初的宫廷家具受之于苏州“明式家具”的影响是选择性的——接受紫檀、花梨等硬木材质为新贵的风潮，但外表还是要维持传统漆作金碧辉煌的皇家富贵气息。事实上，一直到乾隆晚期，军机处“拟赏英吉利国王对象”的列表中，还有“雕漆小顶柜一对”“红雕漆炕桌一对”等。[3]即使时光已流转了近四百年，盛清时期的漆作家具，仍与明成祖、明宣宗一样的作为外交的利器。

清　宫廷画家《孝庄文皇后便服像》
轴，绢本，设色，纵 262 厘米，横 181.6 厘米
（故宫博物院藏）

而文震亨或文氏一族排斥漆作饰金的品位，显然也不尽然为所有十七八世纪的清初文人或官员所附和。乾隆年间爆发了多起官员贪渎案件，惩处办法照例是籍没抄家。查抄清单上依金银、钱文、宝石玉器、杂项什物、轿乘马匹等共分18项抄列[4]，其中杂什项目不乏“描金漆盒”“雕漆书架”“雕漆小厨”“雕漆文柜”“洋漆洒金盒”“洋漆

[1]　《养心殿造办处各作成作活计清档》，雍正十年十一月十五日，木作；雍正十一年三月二十九日，木作。

[2]　《养心殿造办处各作成作活计清档》，雍正六年二月十三日，木作。

[3]　英・斯当东著、叶笃义译：《英使谒见乾隆纪实》，三联书店，1994，页 499 ～ 501。

[4]　魏美月著：《清乾隆时期查抄案件研究》，文史哲出版社，1996，页 415 ～ 417。

清　康熙款填漆戗金云龙纹香几及局部

面径 25.5 厘米，底径 25.7 厘米，通高 50.4 厘米

（故宫博物院藏）

清　雍正款黑漆地识文描金长方套箱

外箱长 189 厘米，宽 50 厘米，通高 49 厘米，内箱长 178 厘米，宽 40.5 厘米，通高 35.5 厘米

（故宫博物院藏）

清　乾隆款红雕漆勾连纹绿地炕几

长 94.5 厘米，宽 25.5 厘米，高 34.5 厘米

（故宫博物院藏）

清乾隆　紫檀镶楠木山水图罗汉床
长 191.5 厘米，宽 107.5 厘米，高 108.5 厘米（故宫博物院藏）

几桌”“洋漆炕桌”等等各式漆作家具。[1] 此中“翘楚”当然首推“和珅跌倒，嘉庆吃饱”的主角之一和珅。嘉庆皇帝在乾隆仙逝后第四天即将他逮捕下狱，其洋洋洒洒的抄家清单中，除了包括为数惊人的家具新贵“铁黎、紫檀器库六间八千六百余件”外，还有“金唾壶一百二十个”“银唾壶六百余个”“金面盆五十三个”“银面盆一百五十个”“镶金八宝炕屏四十架”“镂金八

清乾隆　紫檀嵌桦木藤心扶手椅
长 85.5 厘米，宽 44 厘米，高 92.5 厘米（故宫博物院藏）

[1] 中国第一历史档案馆编：《乾隆惩办贪污档案选编》（第三册），中华书局，1994，页 2129，2133，2500 ～ 2503，2759，2761。

清乾隆　紫檀漆心百宝嵌宝座
长 127 厘米，宽 78 厘米，高 99 厘米（故宫博物院藏）

宝大屏二十三架”“镶金炕屏二十四架”“镶金炕床二十架”“镶金八宝炕床一百二十床”“金嵌玻璃炕床”等。[1]不是用金，就是镶金、镂金、嵌金等，如此金光闪闪、绚烂夺目，数量也令人咋舌。有“贪财”之名的万历皇帝地下有知，只怕对接收和珅全部赀财的嘉庆皇帝是既羡慕又妒忌。由此也反映出明代宫廷器用家具漆作饰金的品位，并未因改朝换代、宫廷易主，或者家具新贵花梨木或紫檀木的风行而消停，在清代皇室及其官员中仍然余波荡漾。

[1] 薛福成撰：《庸盦笔记》卷三，“笔记小说大观”，新兴书局，1978。

结论

一　明代宫廷家具的“功能主义”

近代以研究中国家具与物质文化著称的英国学者 Craig Clunas，在感慨“明式家具”与“明代家具”的混淆时说：

> If we take functionalism as our guide in the study of a culture where the polemical lines were just as sharply drawn as in our own, but drawn in a different direction over different ground, all we shall discover are reflections of our own prejudices.[1]

Clunas系针对数十年来“明式家具”风潮而发，认为如果我们用功能主义（functionalism）为引导去研究一种文化，会强烈地对所论述的范围进行自我设限，一旦换一个场域从不同的方向去观察，就会发现原先的偏见。的确，以偏概全的研究会导致偏差的结论，但若谓所有以“功能主义”为引导的研究，其结果都会产生偏颇也不尽然。以明代宫廷家具而言，几乎所有的坐具都带有强烈的“功能主义”。只不过，此“功能”非彼“功能”。坐具，顾名思义，就是人所用以休憩的器具，包括有靠背、无靠背的坐具。在开国的明太祖“以礼仪代

[1]　Craig Clunas: *Chinese Furniture, Victoria and Albert Museum – Far Eastern Series*, Springbourne Press Ltd.,England,1988, p.102. Craig Clunas.

替行政，以无可认真的道德当做法律”[1]的最高原则下，在明代宫廷家具史中，坐具的“功能”不仅是坐具，也作为一种象征的媒介，以衬托出用户的身份，去彰显皇帝的权力。在这样的礼仪规范下，经筵进讲的老师也只是皇帝陛下的一名臣子而已。偶蒙召见的臣属，若蒙赐食、赐坐，将是仕途的极致。若更有器用的赏赐，虽一只茶托、食盒，一具坐墩、几杌，将是毕生莫大的荣宠。钦赐的器物会适时而刻意地陈设在与同僚聚会的场合，凸显自己在当朝天子心目中的地位，或仕途上曾经有过的荣显。明代不少的雅集画作正是此中翘楚。正统二年（1437）以杨士奇、杨荣、杨溥三位内阁大学士为主的《西园雅集图》卷、弘治十二年（1499）太子太傅吏部尚书屠滽为自己庆生所作的《竹园雅集》、弘治十六年在刑部尚书闽珪宅邸举行的《十同年会图》，以及弘治十八年礼部尚书吴宽的《五同会图》等，代表“荣宠”的皇室器用一再出现，朱漆饰金的装饰陈设在或坐或站的主人与宾客间显得相当耀眼。内府御前得宠的太监也是如此，天启年间掌管御马监印的秉笔太监涂文辅，司礼监秉笔太监魏忠贤等，当宠之际，无不被赐予人舁的“櫈杌”，行走大内，好不威风。[2] 换言之，紫禁城高墙之内，经过天子的钦点赏赐，杌櫈已非杌櫈，反映的是皇帝与其周围的人与事之间，其主从、上下、尊卑、等次的关系。一只小小的杌櫈，在“功能主义”的大纛下，别具意义，有其深层的象征意蕴，也就是象征主义（symbolism）的展演。而明代宫苑内君臣之间起坐行卧的礼仪规范，如实反映唐代所谓“君尊如天，臣卑如地”的景象，与宋代临安朝廷馆阁内群臣所用之陈设简直有天壤之别，与明太祖开国时力追宋朝仪礼典制的精神也相去甚远。

[1] 黄仁宇著：《万历十五年》，食货出版社，2003，序 III。
[2] 明・刘若愚著：《酌中志》，古籍出版社，2001，页 79 ～ 85。

二 圈背交椅成为祖宗像所坐

明代宫廷另一种坐具——靠背交椅，是明太祖诸多“疑像”中所坐之一，其意蕴也非同小可。宋代朝廷敕封官员时必备的仪物中有一项就是交椅。受命的官员穿着公服，正襟危坐在交椅上，代表朝廷，是皇帝与皇权的延伸。踞坐交椅的官员代表对皇帝与皇权的大不敬，此交椅在功能上不仅是交椅而已。明太祖为了进一步“辨上下，定民志”，包括交椅在内的所有器用，禁止官民人等髹朱饰金或雕龙饰凤，此禁无疑给皇室的宫廷家具划出特征——民间凡是具此髹朱金饰、雕龙饰凤的器用就是违制、僭越，情节重大时会处以死罪。

具有象征意蕴的坐具还有圈背交椅。祖先端坐圈背交椅上的坐像是传统祭祀用的“祖宗像”，往后清代宫廷内遵循此制。晚清从闽粤地区渡海来台的移民，迄今民间仍有“娶某大姐，坐金交椅”的俚语，表示娶亲对象若较为年长，有如坐上“金交椅”一般的尊贵。至于明太祖“真容”所据的圈背金交椅，就其身上的黄袍对照其他“疑像”上的服饰与坐具，推测此所谓的“真容”是明成祖永乐时期的创作，诸多“疑像”才是明太祖的“本尊”，成画时间更早，可能完成于朱元璋力战群雄之时。

有“好圣孙”之称的明宣宗，除了坐在其祖父明成祖宝座上的坐像画外，另有一幅画像坐在椅盘满饰佛门“卍”字的圈椅上。此种编排为首见，应非偶然，也非比寻常，若单纯以宫内热衷佛事来带过可能有些勉强。一般对文物中符号的解读，有所谓的“深层含义”的探讨。“圆明园遗址中的每一处断垣残壁、废砖旧瓦都包含着‘失败的耻辱’这一概念。”[1]以此观照宣宗曾御驾亲征，兵不血刃地平定了汉王朱高煦的谋反，也抚定了蠢蠢欲动的赵王朱高燧。虽然没有太祖开基创业的丰烈伟业，也没有成祖四方征战的谋定江山，但其时四海升

[1] 张国田撰：《文物的符号特征》，《北方文物》，1992，总第 29 期，页 97 ～ 101。

平，国势渐兴，作为大明帝国的皇帝，身着龙袍，坐着椅盘满饰佛门“卍”字的椅盘，两侧是圈椅出头雕饰着昂然的龙首，此种“震慑”，已然足够表现帝王的威严与皇权的稳固。那么，以传统世俗的眼光去考虑宣宗此举所要表达或宣示的，是否是对绝对神权的觊觎或挑战？谁才是真正的天下第一？果真如此，这位相士袁珙口中的“万年天子”[1]，以热衷崇佛为表，隐藏其内的可能是雄才大略、欲与诸神争锋之思。

三　明英宗正襟危坐，正视前方

明英宗九岁登基，这位明代第六位皇帝在位共22年，帝位两上两下，宝座失而复得，皇帝之路颇为颠簸起伏，正统十四年（1449）“土木堡之役”的惨败一般认为是明史上由盛转衰的分水岭。姑不论政经大事的成否，英宗再度得位后释放“靖难之役”中被囚的“建庶人”（建文帝次子朱文圭）、临终遗诏废除传统嫔妃为皇帝殉葬之制，被史家赞为“盛德之事，可法后世”。[2]所见《明英宗坐像》，英宗本人不但正襟危坐，还肃穆雍容地正视前方，成为自宋以来的帝王肖像画中，第一位正坐、正视前方的皇帝，仿佛庄重地在“正视”他失而复得的宝座。《明英宗坐像》并一反其祖宗所披之黄袍，改服绣有十二团龙与十二章缀饰的“龙衮”[3]，后继的明代诸帝与异族入主的清代诸帝，其宝座之形制皆与其相仿，也都身穿龙衮，采正坐之姿，正视前方。凡此在明清宫廷史或中国家具史上都是“前无古人”、“后有来

[1]　成祖时的太常寺卿袁珙是国师姚广孝所推荐，原为相士，受成祖之命，看了皇子朱高炽及皇孙朱瞻基的相，对前者说了“后代皇帝”，对后者说了“万年天子”。

[2]　《明史・英宗本纪》。

[3]　清・胡敬撰：《南薰殿图像考》，收入《胡氏书画考三种》，汉华文化事业，1971，页334。

者”的创举，意义不凡。[1]

明宪宗的《元宵行乐图》中出现很多家具，也因此可看到明代皇帝坐像以外宫中宝座的形制与陈设。其子明孝宗坐像的宝座之后增设黼扆（屏风），双肘后添置一对用以凭倚的鼓凳式迎手，显示在承先之余，另有开创性的组合。但根据晚近西方学者对对宋徽宗《瑞鹤图》的研究，将该画中在殿脊上空遨然飞翔的群鹤解构为象征帝王的权力，以此视作“被发现的真实”。[2]若套用于明孝宗的坐像画，只见孝宗圣颜目光恍惚，抿嘴紧闭，神色看似惊恐，仿若对登基前被追杀的黑暗岁月余悸犹存，完全不若前朝诸帝坐像所见之雍容气度与帝王威仪。加设的鼓凳式迎手与三曲屏风，除了凸显其拥有之政治权力外，是否亦欲寻求更多凭倚与多重的屏帐来保护自己。果真如此，亦为另一种“被发现的真实”。

明武宗自诩“功盖乾坤，福被生民”，其宝座的安排也隐约透出“叛逆”。驾崩后，继承的明世宗因其父兴献王的称号，与群臣对峙经年，也就是历史上的“大礼议”事件。无独有偶的，目前两岸故宫各收藏一幅的《兴献王坐像》都与清人胡敬在嘉庆初年清点南薰殿收藏的记录不符，令人困惑，这两幅收藏恐怕也只能暂列为“疑像”。曾被下臣直指其“酒色财气”样样具备的明神宗，在位48年，其朝服坐像画所坐却与在位仅一年的明仁宗一样，都不是庄严华丽又隆重的宝座，而是圈背交椅，令人意外与不解。明熹宗，这位明代最后一位留有坐像画的皇帝，其黼扆、桌几与其上繁复的鼎彝、书册、瓶花等陈设，竟是“前无古人，后无来者”的绝响。探究其因，应是晚明民间坐像画之流风所致，也就是“上之所好，下必甚焉”的反向流行。

---

[1] 有学者研究指出，英宗之前的肖像身躯偏左或偏右侧，与太庙祭祖的顺序有关。太祖的高曾祖居向南的正中；太祖的曾祖、父亲与成祖排其右墙，面西；太祖的祖父、太祖与仁宗排其左墙，面东（《明宣宗实录》卷二）。因此，放眼望去，两排坐像相对，但都是望向正中的高曾祖。但这样无法解释为何英宗转为正向，因为终明一代，祭祖排列的顺序与位置都未曾改变，只是集体曾挪至景神殿与西苑而已。

[2] Peter C. Sturman: *Crane Above Kaifeng: The Auspicious Image at the Court of HuiZong.*

四 “榻前顾命”与如屋似龛的床

明代的正史或明人的文集中，对历朝皇帝驾崩的叙述，不是“病榻遗诏”就是“榻前顾命”。大渐的皇帝悲切地托孤，顾命的诸重臣在一旁涕泗纵横。要注意的是，大部分的皇帝都在“榻”上宾天，而不是“床”。万历初年，曾位极人臣的高拱，死前自言张居正与冯保阴夺其首辅之位的书名也叫“病榻遗言”。明代的皇帝，或位如高拱的大臣，为何都不是寿终正寝于“床”？

自古所谓的“榻”，其长短尺寸、有无遮栏或围板等大有相同。仅就明代诸画作，如正统二年（1437）的《西园雅集》、弘治十八年（1505）的《五同会图》、仇英的《清明上河图》、《九成宫图》，以及尤求的白描《汉宫春晓》等观察，从15世纪的明前期到16世纪进入明晚期，跨越时空两百年的五幅画作，先后出现三面围板或围栏、五屏式围板，以及宝座式的五山形制，其中也许只有最晚的尤求在《汉宫春晓》所绘汉成帝与赵飞燕缱绻所用的大榻才足以担此“榻前顾命”的大任，其余画中之榻或存世的实物中也称榻的“罗汉床”，或许仅为皇帝与诸臣议论国是所坐。

“榻前顾命”其实也是在床边完成的。以“床”而言，前元的宫廷内就有“诸王百寮宿卫官侍宴坐床”“小玉殿内左右从臣坐床”，各妃嫔院内的陈设是“三东西向为床”。也就是元代皇帝的妃嫔、亲信、大臣或扈从人等都是“坐床”随侍左右，说明称为“床”的也可以是坐具，不一定是卧寝之用。事实上，明代的床制，由于气候与地理环境的关系，有南船北马之差异。河北嘉靖时期工部营建的廖纪墓，其明器床有如具体而微的屋宇。此皇帝敕造的官墓，至少代表朝廷，形制与宫廷所用应相当接近。万历时期四川铜梁的张文锦夫妇墓，出土的明器床其实是一个坚实封闭的空间，整器外观也接近一座屋宇。张文锦之子张佳胤当时总督蓟辽、保定等军务，封太子太保，本人与内阁首辅杨廷和之子杨慎时相往来。有这样的家世背景，虽系明器，但其纹饰或形制的建筑化，应具体而微地反映当时显宦之所尚，也应作为皇室床制之参考。此外，上海博物馆所藏正德十一年（1516）、嘉靖三十七年（1558）的两组墓葬明器床，无不具有建筑物般的屋顶、外墙，还有高床板、槅扇门，甚至在双重槅扇门间留出廊庑，使床的外观如屋似龛，有如房中之房。此应亦可供明代宫廷御用床制之参考，而皇帝的“榻前顾命”可能仅是传统用词，是天子临终托付的代称。

五　朱漆戗金的御前用器——明中前期的外交尖兵

从20世纪日本京都大学出版的『策彥入明記の研究』可知，自洪武十六年（1383）奉明太祖之命制定“大明别幅并两国勘合”，与日本之间的“朝贡贸易”于焉展开。从永乐元年（1403）、四年、五年等，经宣德、正统，迄天顺八年（1464），共计九次，日本使团带来日本方物，也获得明朝皇帝丰厚的赏赐。永乐时期有碗、盘、盒、瓶、香迭、桌器、鉴妆，以及各样盏托、匙箸瓶、烛板、交椅、大小香桌、桌具、盘具、交椅等红雕漆器，还有御用的朱红戗金彩妆衣架、轿子、床、竖柜、靠墩等。宣德时期又有华丽耀眼的朱红漆彩妆戗金装饰的家具，如碗、面盆架、交椅、交床、轿乘等，不仅数量繁伙，其品目页包含甚广，各式器用应有尽有，几乎是一个家庭全部的日用所需。由目前日本及世界各博物馆的收藏所见，有不少明代永乐或宣德款器用，应即当年明朝宫廷的大内所出。明代宫廷的器用，经过数百年来的沧海桑田与聚散离合，在21世纪的今日，宛如开花结果般地成为世界各地重要博物馆的重要收藏，有如外交尖兵般地传播中华文化，应是明太祖、明成祖与明宣宗等帝王所始料未及。

而日本或琉球在与明朝的“朝贡贸易”中，也陆续进献其方物，包括日本的“泥金屏风”、琉球的“泗金果合【盒】、彩色屏风、彩色扇”，以及镶嵌各式螺钿的器用或屏风等。在明代宫廷家具史，尤其是中晚期以后的器用装饰之发展有锦上添花之作用，也反映十五六世纪明朝与邻近藩国间物质文化的交流。此外，南宋高宗避难镇江时，以“螺钿淫巧之物，不可留”[1]，将螺钿器用当众焚毁，还以身作则，指着自己的坐具说：“如一椅子，只黑漆便可，何必螺钿。”[2]朱元璋力战群雄之际，也曾销毁陈友谅类似孟昶“七宝溺器”的镂金床[3]，开国后也力行简朴。不过，根据现存实物，“淫巧之物”的螺钿器皿至迟在宣德时就在明朝的宫苑内“死灰复燃”，从朝鲜保留的明朝史料中也发现正德时期敕命朝鲜的贡品中有文蛤、回蛤、斑蛤、细巧文蛤等各类成造螺钿器用的原料。嘉靖时期严嵩的抄家清单中就有不少螺钿镶嵌的床和屏风，据传都入了内府。晚明太监刘若愚的《酌中志》中也明白记载内府御用监的成造项目包括“螺钿”器作。由螺钿一介小物在宫廷内之兴发与使用，正是小中见大、见微知著地见证明初宫廷的朴素无华至宣宗时已渐“由俭入奢”，到晚期的嘉靖、万历时期，似更一发不可收拾。

六 成化、嘉靖与万历三朝创造的数字令人瞠目结舌

嘉靖以外藩入继大统，不但在历史上引发“大礼议”之争，在器用造作上也令人侧目。以《大明会典》与万历时期何士晋汇整的《工部厂库须知》相互对照，发现明朝内府造办器用家具的相关监作，其匠役数额在嘉靖四十年（1561）时竟然高达18443名，直逼嘉靖二十九年“京师新被寇，议募民兵，以二万为率”[4]的京师民兵之数。又据《明史·兵志》：“洪武时，宣府屯守官军殆十万。正统、景泰间已不及额。弘治、正德以后，官军实有者仅六万六千九百有奇，而招募

[1] 《宋会要辑稿·刑法二·禁约二·高宗建炎二年》。
[2] 宋·李心传撰：《建炎以来系年要录》卷一七一，《钦定四库全书》。
[3] 清·张廷玉等撰：《明史》卷一二三《列传第十一》，中华书局，1995，页3687。
[4] 清·张廷玉等撰：《明史》卷九一《志第六十七·兵三》，中华书局，1995，页2250～2251。

与士兵居其半。他镇率视此。”[1] 可知当时驻守九边重镇所招募的官军也不过33000多人而已。紫禁城内皇帝御用的器作匠役员额竟然是其一半有余。即使经过大臣的折冲、汰弱与裁革，更新的定额也只少了1000余名。尤有甚者，根据《工部厂库须知》，嘉靖之孙万历皇帝用以进食的“戗金大膳桌”，每张费银近20两，若依约略同时代的《金瓶梅》所记晚明的物价指数，万历皇帝一张膳桌所费，在宫墙外的民间可买奴婢四名有余。祖孙两人创造的数字着实令人瞠目结舌，直逼1600年前汉代奢靡的“一杯棬用百人之力，一屏风用万人之功”，可能还有过之而无不及。

七 “与工部为敌体”的明代内府太监

惊异之事还有“明代内府与工部为敌体”[2]。嘉靖年间的御用太监黄锦，以成造龙床及御用器费银20余万为名，欲使南京各地抽分厂摊派所需，但每厂岁入所抽之税不过两万余，不及所需的十分之一，而且所抽之银两系专款专用，用于成造运输所需的船只与器具。此案虽经工部力请黄锦酌量缓急，但嘉靖最后还是“从锦所请”[3]。尤有甚者，若对内府御前太监的要求有所迕逆，相关官员可能就无法“善终”。万历二十四年（1596）火烧坤宁宫和乾清宫，工部营缮司郎中贺盛瑞采办备料重建之时，向四川木商买木16万根。木商欲以皇木之名挟带大量私木，以规避运输、关税而图谋暴利，贺盛瑞突出奇计地使其一无所获，也因此阻挡为其撑腰的东厂太监之财路。东厂大怒，贺盛瑞被参，并被缉捕下狱。[4] 隆庆二年（1568），工部尚书雷礼对太

[1] 清·张廷玉等撰：《明史》卷九一《志第六十七·兵三》，中华书局，1995，页2242。

[2] 单士元撰：《明代营造史料》，“中国营造学社汇刊”（第四卷，第一期），页117 ～ 120。

[3] 明·徐学聚著：《国朝典汇》卷一九五《采办内供物料》，台湾“中央图书馆”珍藏善本，学生书局印，1965，页2269。

[4] 明·贺盛瑞撰：《辨京察疏》，收入《两宫鼎建记》，清道光辛卯六安晁氏活字印本，国家图书馆藏。

监滕祥“传造橱柜”一事上疏，反对滕祥欲将工部所留用作建筑的大木料“斩截任意，用违其材”。隆庆皇帝看了很不高兴，让雷礼辞官走人。[1]

明代内府太监对家具器用之造办，动辄以皇帝御前所用为名而恣意作为，予取予求，即便是身为正二品的工部尚书，也只能徒呼负负。此中反映的是，十年寒窗苦读有成的知识分子，远不敌内府一名御前太监。即使官员公忠体国，殚尽心思地明察秋毫，终不及太监只手遮天。

皇帝在宫城内恣意挥霍，宫墙外的民间似也不遑多让，人人竞以穿金、用金为尚。小说《西游记》《金瓶梅》写尽晚明人间的庶民百态，也带出诸神或众生使用的器具。西王母等众仙本就不是凡人，蟠桃会上陈设“戗金交椅”也许无可厚非，但曾几何时，一介宫中太监使的是“金漆朱红盘”，西门庆和他的三妻四妾似乎都有个象征御用的朱红金饰之器，不是“彩漆描金书厨”，就是“描金彩漆拔步床”“黑漆欢门描金床”等。虽然自古即有“上之所好，下必甚焉”之说，但宫内重地、市井之间也如此明目张胆，还互为媲美，竞相追逐，令人恍惚有今夕何夕之感。明代前期因不当使用违制之物而获罪处死之事，此时似已成明日黄花。庶民违禁之例早已见怪不怪，百姓的僭越之举也习以为常。从物质文化发展的角度来看，《西游记》《金瓶梅》两本小说描写的是晚明经济生活蓬勃发展的繁华富盛；就明代仪典禁制而言，反映的却是官府的律令松弛，刑法不彰，以及明代宫廷家具器用的向外流布。

[1] 《明穆宗实录》卷二四，隆庆二年九月辛酉，“中央研究院”历史语言研究所，1966。

八　西方人眼中的“中国秘密”

明代称器用之一的家具，俗称建筑之“肚肠”，与建筑互为表里，有“大木作”与“小木作”之称，各部件用以接合的榫卯，直至21世纪的今日仍使西方惊艳，直指为“Chinese Secret”，殊不知此中国传统木制家具器用以接合的独门工艺，早在七千多年前的浙江河姆渡就已经存在。[1]至迟在战国时期基本的直榫、鸠尾榫、圆榫已经发展完备，并可进一步细分为14种不同的精密接合。往后的一千余年不断衍生出更为繁琐细致的各种榫接，到十四五世纪的明代，现代木工所须的接合方式已臻完善。二十世纪三四十年代来华的德籍建筑设计教授艾克对此大为惊艳，对所见的明代家具细部结构与榫卯接合进行巨细靡遗地剖析，与中国工程师杨耀合绘成 *Chinese Domestic Furniture in Photographs and Measured Drawings*，于1944年出版，中译为《中国花梨家具图考》，是中国第一部家具线绘测量图的专书，距离明代已有四五百年之久。虽是西方人所作，但也由此见证明代工艺之美历久弥新、华洋共赏。

此外，若以现代坐具的尺寸观察明代太师椅等坐具于使用上是否舒适，答案可能是否定的。明代宫廷家具成造尺寸之定夺或陈设位置，是否与紫禁城始建时关注风水问题一样，互为表里。是否以“财德”“进宝”“大吉”“贵子”等吉祥数字为考虑，经过工匠所用的门公尺等比对，所呈现的可能不是全数大吉，但因家具可能经过改造或修补，此数字部分目前暂时保留，无法完整地分析，而且此论题也可能见仁见智，信者恒信，不信者嗤之以鼻。不过，此或属“节外生枝”地试探，却有很大的讨论空间。若有更多的资料及发现，应可作进一步探讨。

[1] 杨鸿勋著：《建筑考古学论文集》，文物出版社，1987，页50。

九 “明式家具”与明代宫廷家具

万历十二年（1584），万历皇帝一口气传旨成造40张床，是所见明代皇帝与其器用最近身的记载。所成造床制的称名可能受到初兴于江南苏州的硬木家具，也就是所谓的“明式家具”之影响。若据此对照晚明太监刘若愚在《酌中志》中言及内府一些太监“奢侈争胜”所造“十余人方能移动”的“蠢重”之床，相信明代晚期宫廷内皇帝或皇族的用床，可能是两者合而为一，有江南硬木家具的形制，但具备传统皇室用器一贯的髹朱饰金，与嘉靖时期严嵩抄家所得各式金雕玉琢的床具相较，应该只有更加金碧辉煌、华丽璨烂。

特别一提，晚明江南文人所崇尚的物质文化，包含硬木无漆的“明式家具”，只是明代中国家具或文化的一部分。数据显示，万历御前传造40张床之后的晚明，大明帝国的国势日衰，边境不绥又战事频仍，一直到覆亡。要说此新兴之器对宫廷家具器用的发展有所影响，也是有限。何况，明初以来的造作传统也不会因此而在一夕之间巨变，原先的朱漆戗金之作被毁损或丢弃。从故宫博物院所藏万历年间一直到崇祯时期的各类家具，大多为朱漆髹金之作，可见明代宫廷家具的造作传统并未改变。换言之，苏州的“明式家具”在明代宫廷家具史上有一席之地，但不是全部的明代家具，当然也无法代表明代宫廷家具。

十 谁是真龙天子——明成祖华丽的大宝座之后

明代宫廷器用家具漆作饰金的品位，并未因改朝换代、宫廷易主，或者紫檀、黄花梨等家具新贵在17世纪的风行而消停，在清代皇室及官员中仍然余波荡漾。仔细回顾，明太祖有鉴元末兵燹连连，本身又来自民间，苦民所苦，开国后崇朴尚简，力行节约，可知器用家具之造作并非盛事，有所作为也是明尊卑、定等次的象征主义式的营求，当其之时宫廷家具的进程几乎停滞或空白。明成祖因缘际会，借由“百战金川靖难兵”打下建文帝，坐上皇帝的宝座，并营建北京，于永乐十九年（1421）正月朔旦正式御极紫禁城的奉天殿，诏告天下：“天地清宁，衍宗社万年之福。山河绥靖，隆古今全盛之基。”并正北京之名为京师。[1]明成祖坐像的华丽大宝座不但迥异于太祖，也全然不似明太祖制典作制所力追的宋代诸帝后。反倒与大宋开国的宋太祖，或北宋时期山西太原晋祠圣母殿中圣母的坐具较为接近。宋太祖赵匡胤因陈桥驿之变受推举而黄袍加身，史有明载。太原晋祠圣母殿所奉的“圣母”虽是上古周武王之妻邑姜，由于主殿建于天圣元年（1023），正是宋仁宗以十二岁幼龄即位、其母章献明肃刘太后临朝摄政之始。[2]由于当朝官员对刘太后欲仿“武则天第二”的质疑，以及民间对其有“狸猫换太子”之传言，对其权力取得的合法性不断质疑，刘太后是否欲借邑姜本身为周武王之妻、周成王之母的多重身份，彰显其临朝摄政之正当性与权力取得之不可置疑，已有学者提出讨论。[3]前后对照，朱棣以“靖难之师”取得大位，虽师出有名，终非理直气壮。其坐具如此贴近刘太后所坐，是不谋而合，或别具用心，俱令人好奇。当然，明成祖与明太祖两人宝座的悬殊差异，可能与明成祖长年滞留北方的背景有关，可能是“南船北马”具体而微地显现。无论如何，明成祖宝座成为往后明清皇帝坐像的滥觞，在明代宫廷、尔后的清代宫廷，甚至整个中国家具史上，都极具开创地位。虽然自宋元以来的，以定于一尊的五爪龙纹及朱漆用金的漆作家具，

[1] 清·于敏中等编纂：《钦定日下旧闻考》卷四，北京古籍出版社，2001，页66。

[2] 刘太后，太原人，出生不久即成孤儿，被人扶养后被一制银者带入汴京，十五岁进入襄王府。襄王即赵恒，后来的宋真宗。真宗即位后进为美人（内朝封号），因无宗族，改姓刘，复晋为修仪、德妃。章穆皇后薨，真宗即立其为皇后。当时宫内李宸妃生赵祯，即后来的宋仁宗，但刘皇后据为己子。真宗崩，仁宗继位。十年后刘太后薨，仁宗才得知生母实为李宸妃，非刘太后。参见《宋史》卷二四二《后妃》（上），中华书局，1995，页8612～8617。

[3] 李慧淑撰：《圣母、权力与艺术——章献明肃刘后与宋朝女性新典范》，“2007开创典范——北宋的艺术与文化研讨会”，台北故宫，2007年2月5～8日。

跨越时空地前后流通了500年有余，其“始作俑者”开创大明江山的明太祖理应当之无愧。但若问日后皇帝宝座形制之肇始及其影响，则兼具“祖”与“宗”的明成祖似乎才是“真龙天子”。

明代宫廷家具史的探讨，因为不像有清一代保留各朝《养心殿造办处各作成作活计清档》的煌煌巨册可供参考，相关数据散见正史、典章、敕疏、文牍或明人数不清的文集、家书中，不但繁琐零散，而且辽阔无边。不过，在“山随路转”式地搜罗与整理下，也暂时将整个明代宫廷家具的来龙去脉整理出一个大要的简表。表中黑体为家具来源，蓝体为家具流布。工部官员参奏内府太监所为，因与器作兴造有关，一并列上，并以红体示出。

图表三 明代宫廷家具的来源与流布

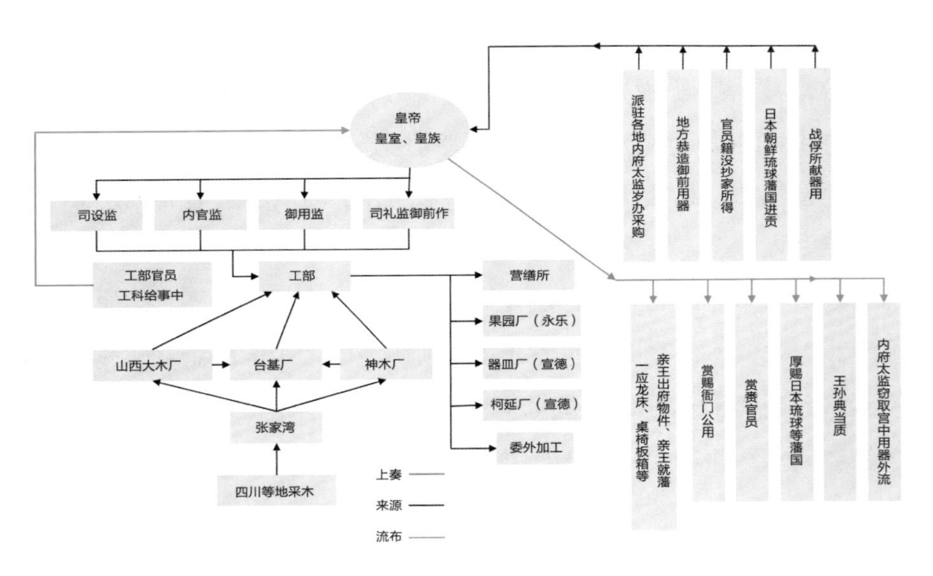

后记

本书图片经作者长期搜集、累积，再根据书中具体内容反复筛选，慎重配置，部分图片可能清晰度不够高，限于作者的能力和精力，或许只能如此滥竽充数。书中绝大多数图片均出自公开出版的专著、期刊或图录，可能有极少数未出版的图片，也是来自不同博物馆的公开展览。书中均注明图片的来源与出处，并感谢图片收藏单位或个人的大力支持。由于撰写时间较为仓促，加上无法具体联系图片的收藏者，作者谨此表达诚挚歉意，感谢当事人的合作与理解。

如果出现相关问题，本人愿意全力配合，争取妥善解决。

吴美凤

2016年12月2日

图书在版编目(CIP)数据

明代宫廷家具史 / 吴美凤著. -- 北京 : 故宫出版社, 2016.12
（明代宫廷史研究丛书）
ISBN 978-7-5134-0953-7

Ⅰ. ①明… Ⅱ. ①吴… Ⅲ. ①宫廷—家具—研究—中国—明代 Ⅳ. ①TS666.204.8

中国版本图书馆CIP数据核字(2016)第269178号

明代宫廷家具史

著　　者：吴美凤
出 版 人：王亚民
责任编辑：伍容萱　邓曼兰
装帧设计：李　猛
设计制作：杜英敏
出版发行：故宫出版社
地址：北京市东城区景山前街4号　邮编：100009
电话：010-85007808　010-85007816　传真：010-65129479
网址：www.culturefc.cn　邮箱：ggcb@culturefc.cn
印　　刷：北京方嘉彩色印刷有限责任公司
开　　本：787毫米×1092毫米　1/16
印　　张：33.25
字　　数：450千字
版　　次：2016年12月第1版
2016年12月第1次印刷
印　　数：1~3,000册
书　　号：ISBN 978-7-5134-0953-7
定　　价：166.00元